高职高专自动化类“十二五”规划教材

# 自动化仪表应用技术

徐咏冬　丁　炜　主　编
姚瑞英　解丽华　副主编
张　超　主　审

化学工业出版社
·北京·

本书详细讲述了流程工业中常用的自动检测仪表和自动控制仪表的应用技术。自动检测仪表部分主要包括温度、压力、流量、液位和自动成分分析等参数的测量方法，检测仪表的规格、型号和使用方法等。自动控制仪表主要包括常用的控制原理及控制器的用法，组成控制系统的辅助仪表，常用的执行器等内容。通过生产工艺实例，介绍运用自动化仪表构成自动控制系统的方法，了解自动控制工程的基本理论。自动化仪表应用技术实践性强，知识和操作技能涵盖面广，是生产过程自动化专业一门重要的专业课程。

本书可作为高等职业院校生产过程自动化、工业自动化及相关专业的教材，也可作为石油、化工、冶金、电力、国防、制药、纺织等多个行业自动化技术和工程设计的培训参考用书。

**图书在版编目（CIP）数据**

自动化仪表应用技术/徐咏冬，丁炜主编．—北京：化学工业出版社，2013.5

高职高专自动化类“十二五”规划教材

ISBN 978-7-122-16938-9

Ⅰ.①自…　Ⅱ.①徐…②丁…　Ⅲ.①自动化仪表-高等职业教育-教材　Ⅳ.①TH82

中国版本图书馆 CIP 数据核字（2013）第 067929 号

责任编辑：张建茹　刘　哲　　文字编辑：吴开亮

责任校对：蒋　宇　　装帧设计：尹琳琳

出版发行：化学工业出版社（北京市东城区青年湖南街 13 号　邮政编码 100011）

印　　装：三河市延风印装厂

787mm×1092mm　1/16　印张 15　字数 399 千字　2013 年 9 月北京第 1 版第 1 次印刷

购书咨询：010-64518888（传真：010-64519686）　售后服务：010-64518899

网　　址：http://www.cip.com.cn

凡购买本书，如有缺损质量问题，本社销售中心负责调换。

定　　价：30.00 元

高职高专自动化类“十二五”规划教材

# 编审委员会

# 前　言

高职高专教材建设是高职院校教学改革的重要组成部分，2009 年全国化工高职仪电类专业委员会组织会员学校对近百家自动化类企业进行了为期一年的广泛调研。2010 年 5 月在杭州召开了全国化工高职自动化类规划教材研讨会。参会的高职院校一线教师和企业技术专家紧密围绕生产过程自动化技术、机电一体化技术、应用电子技术及电气自动化技术等自动化类专业人才培养方案展开研讨，并计划通过三年时间完成自动化类专业特色教材的编写工作。主编采用竞聘方式，由教育专家和行业专家组成的教材评审委员会于 2011 年 1 月在广西南宁确定出教材的主编及参编，众多企业技术人员参加了教材的编审工作。

本套教材以《国家中长期教育改革和发展规划纲要》及 2006 年教育部《关于全面提高高等职业教育教学质量的若干意见》为编写依据。确定以“培养技能，重在应用”的编写原则，以实际项目为引领，突出教材的应用性、针对性和专业性，力求内容新颖，紧跟国内外工业自动化技术的最新发展，紧密跟踪国内外高职院校相关专业的教学改革。

随着仪表及过程控制技术的不断发展，过程检测技术和过程控制技术相互融合，控制功能向现场渗透，仪表的智能化发展迅猛，仪表应用的技术含量越来越高。这些行业发展的特点都要求将仪表应用方面的知识和技能作为教学重点，来开展过程检测仪表和过程控制仪表的教学。《自动化仪表应用技术》就是为适应行业发展特点而编写的生产过程自动化专业的一门主干课教材。

在编写内容上，根据“以市场需求为导向，以职业能力为本位，以培养高素质高技能人才为中心”的原则，注重以先进的科学发展观调整和组织教学内容，增强认知结构与能力结构的有机结合，强调培养对象对职业岗位（群）的适应程度，注意突出职业教育的特点，注重实践技能的培养。本书将编写重点放在仪表的应用上，减少仪表内部电路的分析；将理论知识与实践技能相结合，在相关章节加入具体的实践项目，培养学生的动手能力；并将必要的标准、表格融入到教学内容中。

全书分为 9 章：第 1 章，过程检测与控制基础；第 2 章，压力检测及仪表；第 3 章，物位检测及仪表；第 4 章，流量检测及仪表；第 5 章，温度检测及仪表；第 6 章，成分自动检测及仪表；第 7 章，控制室仪表；第 8 章，执行器；第 9 章，自动化仪表在工业生产中的应用。

参加本书编写的人员都是在高职高专院校从事生产过程自动化教学和研究的一线教学人员，其中第 1 章、第 2 章由姚瑞英编写，第 3 章由梁晓明编写，第 4 章由解丽华编写，第 5 章、第 8 章由徐咏冬编写，第 6 章由杨敏编写，第 7 章、第 9 章由丁炜编写。全书由徐咏冬统稿，徐咏东、丁炜任主编。

张超担任主审，在审稿过程中提出了许多宝贵意见，在此深表感谢。

由于编者水平有限，书中难免存在不足和疏漏，恳请广大读者批评指正。

全国化工高职仪电专业委员会

2011 年 7 月

# 目　录

# 第1章　过程检测与控制基础

## 1.1　生产过程自动化概述

工业生产过程都必须按规定的工艺变量（如温度、压力、流量、物位、浓度等）值要求稳定操作，确保工业生产实现优质、高产、安全、低消耗。但在生产过程中，由于自然或人为的原因，这些变量值往往发生波动，偏离工艺变量的规定值产生偏差。要达到稳定操作，就必须对它们及时进行检测，并对工艺生产过程实现控制，以消除这种偏差而使工艺变量恢复到规定值。

在工业生产过程中，如果采用自动化装置来显示、记录和控制过程中的主要工艺变量，使整个生产过程能自动地维持在正常状态，就称为实现了生产过程的自动控制。

过程控制的工艺变量一般指的是压力、物位、流量、温度和物质成分。

图1-1所示是化工厂中常见的列管式换热器温度控制系统。工艺上要求将冷流体加热至一定温度，过高或过低均不合要求。

如果冷流体进口温度、流量、蒸汽阀前压力、温度等均恒定不变，则依据热量平衡的原理，可以知道换热器物料出口温度亦将不变。在这种情况下，操作者不需要去改变蒸汽阀门的开启度。

但是实际上，上述条件常常是变动的，例如冷流体的处理量因前后工序的需要而变动，或是蒸汽阀前压力有波动等，因此被加热物料的换热器出口温度就不可能是恒定不变的。为了要保证这一温度为工艺的规定值，就必须按换热器出口温度与工艺规定值的偏差来开大或关小进换热器的蒸汽阀门，以改变加热蒸汽的流量，而使被加热物料的换热器出口温度符合工艺的规定值。这就是换热器的温度控制过程。

实现上述控制工程的方式有两种，一是人工控制，二是自动控制。后者是在人工控制的基础上发展起来的，它是利用自动化装置代替人的眼睛、大脑和手，实现观察、比较、判断、运算和执行功能，自动地完成控制过程。控制规律则是人工操作经验的模仿和发展。

图1-1中，自动化装置包括检测元件及变送器、控制器、控制阀三部分。热电阻（检测元件）和温度变送器的作用是检测换热器出口物料温度，并将其转化成相应的测量信号。控制器即根据温度变送器送来的测量信号，与设定值进行比较得出偏差，按已经设计好的控制规律对偏差进行运算，发出控制信号给控制阀，以开大或关小蒸汽阀门，实现控制作用，使换热器物料出口温度恢复到设定值或其附近。图1-2是其带控制点工艺流程图。

在化工自动化领域中，把生产过程中所要保持定值的工艺变量称为被控变量（本例中换热器物料出口温度）。包含被控变量的生产设备、机器或生产过程称为对象（本例中的换热器）。生产中要求保持不变的工艺指标称为设定值，设定值与被控变量的测量值之差称为偏差。控制加入对象或从对象中取出用以使被控变量保持在设定值附近的物料或能量（即流过控制阀的流量）称为操作变量（本例中的蒸汽流量）。把作用于对象，能引起被控变量偏离设定值的种种外来因素称为扰动（本例中的冷流体流量波动、蒸汽阀前压力变化等）。

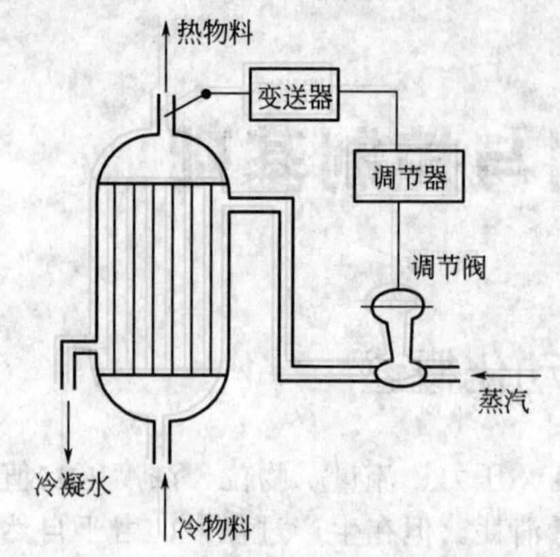


图 1-1 列管式换热器温度控制系统示意图

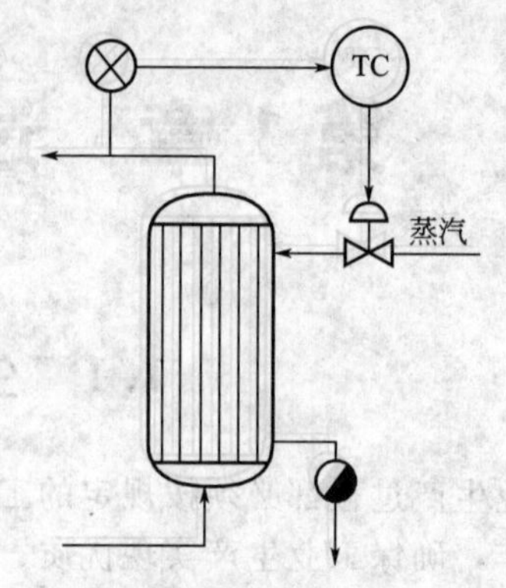


图 1-2 带控制点的工艺流程图

## 1.2 自动化仪表的分类

自动化仪表分类方法很多，根据不同原则可以进行相应的分类。

(1) 按仪表所使用的能源分类

按仪表所使用的能源，可以分为气动仪表、电动仪表和液动仪表（很少见）。

① 气动仪表　以压缩空气为能源，性能稳定、可靠性高、防爆性能好且结构简单。气信号传输速度慢、传送距离短且仪表精度低，不能满足现代化生产的要求，但由于其天然的防爆性能，使气动控制阀得到了广泛的应用。

② 电动仪表　以电为能源，信息传递快、传送距离远，是实现远距离集中显示和控制的理想仪表。

(2) 按功能不同分类

按功能不同，可以分为检测仪表、显示仪表、控制仪表和执行器。检测仪表包括各种变量的检测元件、传感器等；显示仪表有刻度、曲线和数字等显示形式；控制仪表包括气动、电动等控制仪表及计算机控制装置；执行器有气动、电动、液动等类型。

(3) 按仪表组合形式分类

按仪表组合形式，可以分为基地式仪表、单元组合仪表和综合控制装置。

① 基地式仪表　这类仪表集检测、显示、记录和控制等功能于一体，功能集中，价格低廉，比较适合于单变量的就地控制系统。

② 单元组合仪表　是根据自动检测系统和控制系统中各组成环节的不同功能要求，将整套仪表划分成能独立实现一定功能的若干单元（有变送、调节、显示、给定、计算、辅助、转换、执行八大单元），各单元之间采用统一信号进行联系。使用时，可根据需要对各单元进行选择和组合，从而构成多种多样、复杂程度各异的自动检测系统和控制系统。

③ 综合控制装置　是一种功能分离、结构组件化的成套仪表（或装置）。

(4) 按仪表信号的形式分类

根据仪表信号的形式，可分为模拟仪表和数字仪表。模拟仪表的外部传输信号和内部处理信号均为连续变化的模拟量（4～20mA DC，1～5V DC，20～100kPa 等）。数字仪表的外部传输信号有模拟信号和数字信号两种，但内部处理信号都是数字量（0，1），如可编程调节器等。

(5) 按仪表安装形式分类

按仪表安装形式，可以分为现场仪表、盘装仪表和架装仪表。

(6) 按是否带微处理器分类

根据仪表有否引入微处理器，可分为智能仪表与非智能仪表。

## 1.3 自动化仪表的历史及发展趋势

自 20 世纪 30 年代以来，自动化技术获得了惊人的成就，已在工业生产和国民经济各行业中起着关键的作用。自动化水平已成为衡量各行各业现代化水平的一个重要标志。过程控制通常是指石油、化工、电力、冶金、轻工、建材、核能等工业生产中连续的或按一定周期程序进行的生产过程自动控制，它是自动化技术的重要组成部分。在现代工业生产过程中，过程控制技术在为实现各种最优的技术经济指标、提高经济效益和劳动生产率、改善劳动条件、保护生态环境等方面起着越来越大的作用，而自动化仪表是生产过程自动控制的灵魂。

### 1.3.1 自动化仪表的发展阶段

自动化仪表的发展大致经历了以下几个阶段。

(1) 仪表化与局部自动化（20 世纪 50～60 年代）阶段

20 世纪 50 年代前后，自动化仪表在过程控制中开始得到发展。一些工厂企业实现仪表化和局部自动化。这是自动化仪表在过程控制发展中的第一个阶段。这个阶段的主要特点是：采用的过程检测控制仪表为基地式仪表和部分单元组合式仪表，而且多数是气动仪表；过程控制系统的结构绝大多数是单输入-单输出系统；被控参数主要是温度、压力、流量和液位四种工艺参数；控制的目的主要是保持这些工艺参数的稳定、确保生产安全；过程控制系统分析、综合的理论基础是以频率法和根轨迹法为主体的经典控制理论。

(2) 综合自动化（20 世纪 60～70 年代中期）阶段

在 20 世纪 60 年代，随着工业生产的不断发展，对自动化仪表提出了新的要求。电子技术的迅速发展，也为自动化技术工具的不断完善提供了条件，自动化仪表控制开始进入第二阶段。在这一阶段中，工业生产过程出现了一个车间乃至一个工厂的综合自动化。其主要特点是：大量采用单元组合仪表（包括气动和电动）和组装式仪表。与此同时，计算机开始应用于过程控制领域，实现了直接数字控制（Direct Digital Control，DDC）和设定值控制（Statistical Process Control，SPC）。在自动化仪表过程控制系统的结构方案方面，相继出现了各种复杂的控制系统，如串级控制、前馈-反馈复合控制、Smith 预估控制以及比值、均匀、选择性控制等，一方面提高了控制质量，另一方面也满足了一些特殊的控制要求。自动化仪表控制系统的分析与综合的理论基础，由经典控制理论发展到现代控制理论。控制系统由单变量系统转向多变量系统，以解决生产过程中遇到的更为复杂的问题。

(3) 全盘自动化（20 世纪 70 年代中期至今）阶段

20 世纪 70 年代中期以来，随着现代工业生产的迅猛发展、微型计算机的开发与应用，使自动化仪表的发展达到了一个新的水平，实现了全车间、全工厂甚至全企业无人或很少人参与操作管理，过程控制最优化与现代化的集中调度管理相结合的方式，即全盘自动化的方式，过程控制发展到现代过程控制的新阶段，这是自动化仪表发展的第三阶段。这一阶段的主要特点是：在新型的自动化技术工具方面，开始采用以微处理器为核心的智能单元组合仪表（包括可编程控制器等）；成分在线检测与数据处理的应用日益广泛；模拟调节仪表的品种不断增加，可靠性不断提高，电动仪表也实现了本质安全防爆，适应了各种复杂过程控制的要求。在过程控制系统的结构方面，由单变量控制系统发展到多变量系统，由生产过程的定值控制发展到最优控制、自适应控制，由自动化仪表控制系统发展到计算机分布式控制系统等。在控制理论的运用方面，现代控制理论应用到过程控制领域，如状态反馈、最优控制、解耦控制等在过程控制中的应用，加速了过程建模、测试以及控制方法设计、分析等控制技术和理论的发展。当前，自动化仪表控制已进入了计算机时代，进入了所谓计算机集成过程控制系统（Computer Integrated Process System，CIPS）的时代。CIPS利用计算机技术，对整个企业的运作过程进行综合管理和控制，包括市场营销、生产计划调度、原材料选择、产品分配、成本管理，以及工艺过程的控制、优化和管理等全过程。分布式控制系统、先进过程控制策略以及网络技术、数据库技术等将是实现CIPS的重要基础。

### 1.3.2 自动化仪表发展的主要特征

展望自动化仪表的发展，主要有以下四个特征。

（1）智能化

现代自动化仪表的智能化是指采用大规模集成电路技术、微处理器技术、接口通信技术，利用嵌入式软件协调内部操作，使仪表具有智能化处理的功能，在完成输入信号的非线性处理、温度与压力的补偿、量程刻度标尺的变换、零点的漂移与修正、故障诊断等基础上，还可完成对工业过程的控制，使控制系统的危险进一步分散，并使其功能进一步增强。

（2）总线化

过程控制系统自动化中的现场设备通常称为现场仪表。现场仪表主要有变送器、执行器、在线分析仪表及其他检测仪表。现场总线技术的广泛应用，使组建集中和分布式测试系统变得更为容易。然而，集中测控越来越不能满足复杂、远程及范围较大的测控任务的需求，必须组建一个可供各现场仪表数据共享的网络，现场总线控制系统（FCS）正是在这种情况下出现的。它是用于各种现场智能化仪表与中央控制之间的一种开放、全数字化、双向、多站的通信系统。

（3）网络化

现场总线技术采用计算机数字化通信技术，使自动控制系统与现场设备加入工厂信息网络，成为企业信息网络底层，可使智能仪表的作用得以充分发挥。随着工业信息网络技术的发展，有可能不久将会出现以网络结构体系为主要特征的新型自动化仪表，即IP智能现场仪表。其特点是：Ethernet贯穿于网络的各个层次，它使网络成为透明的，覆盖整个企业范围的应用实体。它实现了真正意义上的办公自动化与工业自动化的无缝结合，因而称它为扁平化的工业控制网络。其良好的互连性和可扩展性使之成为一种真正意义上的全开放的网络体系结构，是一种真正意义上的大统一。因此，基于嵌入式Internet的控制网络代表了新一代控制网络发展的必然趋势，新一代智能仪表——IP智能现场仪表的应用将会越来越广泛。

（4）开放性

现在的测控仪器越来越多采用以Windows CE、Linux、VxWorks等嵌入式操作系统为系统软件核心和高性能微处理器为硬件系统核心的嵌入式系统技术，未来的仪器仪表和计算机的联系也将会日趋紧密。

## 1.4 检测仪表的基本概念

由于生产过程参数种类繁多，生产条件各有不同，过程测量仪表也是多种多样。但是，从过程检测仪表的组成来看，基本上是由三部分组成：即检测环节，传送、放大环节和显示部分。检测环节直接感受被测量，并将它变换成适于测量的信号，经传送、放大环节对信号进行放大、传送，最后由显示部分进行指示或记录。

### 1.4.1 测量过程及误差

（1）测量过程

在工业生产过程中，虽然所应用的测量方法及仪表种类很多，但从测量过程的实质来看，却都有相同之处。例如，弹簧管压力表之所以能用来测量压力，是由于弹簧管受压后的弹性形变，把被测压力变换为弹性变形位移，然后再通过机械传动放大，变成压力表指针的偏转，并与压力刻度标尺上的测量单位相比较而显示出被测压力的数值；又如各种的长度。间接测量是将直接测量得到的数据代入一定的公式，计算出所要求的被测参数值。例如用节流装置测量流量时，在测出节流装置前后的差压以后，带入流量方程式就可以计算出所对应的流量值。

(2) 测量误差的分类

根据误差本身的性质，可将测量误差分为以下三类。

① 系统误差　这种误差是指对同一被测量在同一条件下多次测量时，绝对值和符号保持不变或按某种确定规则变化的误差。系统误差通常是由于在测量中仪表使用不当或测量时外界条件变化等原因所引起的。

必须指出，单纯地增加测量次数，无法减少系统误差对测量结果的影响，但在找出产生误差的原因之后，便可通过对测量结果引入适当的修正值而加以消除。例如采用标准孔板测量蒸汽流量时，如果工作时蒸汽压力和温度与设计孔板孔径时的数值不同，就会引起系统误差，如果已知变动后的工作状态的蒸汽压力和温度数值，则可以通过关系式的计算，对仪表的指示值进行修正，以消除测量的系统误差。

② 疏忽误差　由于观察者的主观过失、仪表的误动作等原因使该次测量失效的误差称为疏忽误差。例如读错数据、充水的差压信号管路中偶然存在气泡等。这类误差的数值很难估计，带有这类测量误差的测量结果也毫无意义，因此，这类误差应尽量避免。

③ 随机误差　在对某一参数进行多次重复测量时，即使消除了上述两项误差，每一次的测量结果彼此仍不可能完全相等，每一个测量值与被测参数的真实值之间或多或少存在着差别，这类误差就称为随机误差。随机误差的存在主要是由于客观事物内部的矛盾运动非常复杂。平常人们只注意对测量影响较大的那些因素，而其他一些小的因素不是人们尚未认识，就是人们无法控制（如电子线路中的噪声干扰），而这些因素正是造成随机误差的原因。

按误差的表示方式分为绝对误差和引用误差。

① 绝对误差　绝对误差指仪表指示值与被测参数真值之间的差值，即

$$\Delta x=x-x_t \quad 或 \quad \Delta x=x-x_0$$

式中　$x$——仪表指示值；

$x_t$——被测量的真值；

$x_0$——约定真值。

② 引用误差（相对百分误差）　也叫相对百分误差，用仪表示值的绝对误差与仪表量程之比的百分数来表示。

$$\delta=\frac{x-x_0}{标尺上限值-标尺下限值}\times 100\%=\frac{\Delta x}{M}\times 100\%$$

式中　$M$——仪表量程。

### 1.4.2　仪表的品质指标

(1) 精确度（准确度）

仪表的精确度简称精度，是描述仪表测量结果准确程度的指标。仪表的精度是仪表最大引用误差去掉正负号和百分号后的数值。

工业仪表的精确度常用仪表的精度等级来表示，是按照仪表的精确度高低划分的一系列标称值。国家规定的仪表精度等级如下。

Ⅰ级标准表：0.005、0.02、0.05。

Ⅱ级标准表：0.1、0.2、0.35、0.5。

一般工业用仪表：1.0、1.5、2.5、4.0。

所以，利用仪表最大引用误差求取的精度还需系列化。

仪表精度等级值越小，精确度越高，这意味着仪表既精密又准确，即随机误差和系统误差都小。精度等级确定后，仪表的允许误差也就随之确定了。仪表的允许误差在数值上等于"±精度%"。例如精度为 1.5 级的仪表，其最大允许误差的引用误差形式为 $\delta_{表允}=\pm1.5\%$，如果该仪表的量程（$M$）为 4MPa，则根据引用误差公式，仪表允许误差的绝对形式为

$$\Delta_{表允}=\delta_{表允}\times M=\pm1.5\%\times4=\pm0.06\ (\text{MPa})$$

一般来说，一台合格仪表至少要满足以下条件。

$$|\delta_{引\max}|\leqslant|\delta_{表允}|(\text{表允许误差})\leqslant|\delta_{工允}|(\text{工业允许误差})$$

$$|\Delta_{\max}|\leqslant|\Delta_{表允}|(\text{表允许误差})\leqslant|\Delta_{工允}|(\text{工业允许误差})$$

下面通过例题来说明确定仪表精度和选择仪表精度的方法。

**【例 1-1】** 某台温度检测仪表的测温范围为 100～600℃，校验该表时得到的最大绝对误差为 3℃，试确定该仪表的精度等级。

**解** 由引用误差公式可知，该测温仪表的最大引用误差为

$$\delta_{引\max}=\frac{\Delta_{\max}}{M}\times100\%=\frac{3}{600-100}\times100\%=0.6\%$$

去掉百分号后，该表的精度值为 0.6，介于国家规定的精度等级中 0.5 和 1.0 之间，而 0.5 级表和 1.0 级表的允许误差 $\delta_{表允}$ 分别为±0.5%和±1.0%。这台测温仪表的精度等级只能定为 1.0 级。

**【例 1-2】** 现需选择一台测温范围为 0～500℃的测温仪表。根据工艺要求，温度指示值的误差不允许超过±4℃，试问精度等级应选哪一级？

**解** 工艺允许误差为

$$\delta_{工允}=\frac{\Delta_{工允}}{M}\times100\%=\frac{\pm4}{500-0}\times100\%=\pm0.8\%$$

去掉正、负号和百分号后，该表的精度值为 0.8，介于 0.5～1.0 之间，而 0.5 级表和 1.0 级表的允许误差 $\delta_{表允}$ 分别为±0.5%和±1.0%。应选择 0.5 级的仪表才能满足工艺上的要求。

从以上两个例子可以看出，根据仪表校验数据来确定仪表精度等级时，仪表的精度等级应向低靠；根据工艺要求来选择仪表精度等级时，仪表精度等级应向高靠。

仪表的精度等级在仪表面板上的表示符号通常为 (1.5)、△1.0 等。

(2) 检测仪表的恒定度

变差是指在外界条件不变的情况下，用同一仪表对被测量在仪表全部测量范围内进行正反行程（即被测参数逐渐由小到大和逐渐由大到小）测量时，被测量值正行程和反行程所得到的两条特性曲线之间的差值，如图 1-3 所示。

$$变差=\frac{最大绝对差值}{标尺上限值-标尺下限值}\times100\%$$

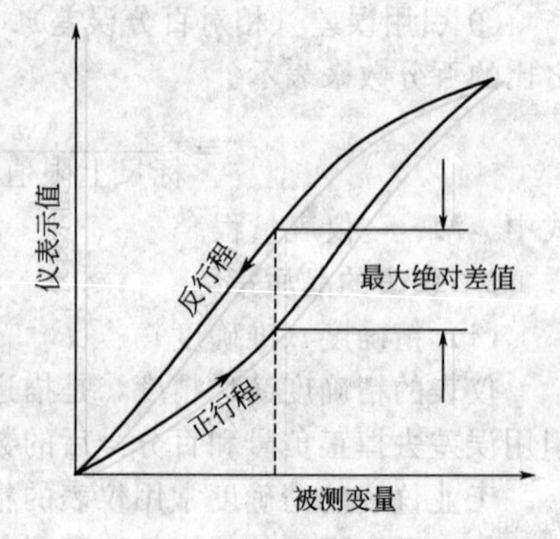


图 1-3 测量仪表的变差

仪表的变差不能超出仪表的允许误差，否则应及时

检修。

(3) 灵敏度与灵敏限

仪表的灵敏度是指仪表指针的线位移或角位移，与引起这个位移的被测参数变化量的比值。即

$$S=\frac{\Delta\alpha}{\Delta x}$$

式中　$S$——仪表的灵敏度；

$\Delta\alpha$——指针的线位移或角位移；

$\Delta x$——引起 $\Delta\alpha$ 所需的被测参数变化量。

仪表的灵敏限是指能引起仪表指针发生动作的被测参数的最小变化量。通常仪表灵敏限的数值应不大于仪表允许绝对误差的一半。

注意：上述指标仅适用于指针式仪表；在数字式仪表中，往往用分辨率表示。

(4) 反应时间

反应时间是用来衡量仪表能不能尽快反映出参数变化的品质指标。反应时间长，说明仪表需要较长时间才能给出准确的指示值，就不宜用来测量变化频繁的参数。仪表反应时间的长短，实际上反映了仪表动态特性的好坏。

仪表的反应时间有不同的表示方法：当输入信号突然变化一个数值后，输出信号将由原始值逐渐变化到新的稳态值，仪表的输出信号由开始变化到新稳态值的 63.2%（95%）所用的时间，可用来表示反应时间。

(5) 线性度

线性度是表征线性刻度仪表的输出量与输入量的实际校准曲线与理论直线的吻合程度。通常总是希望测量仪表的输出与输入之间呈线性关系。如图 1-4 所示。

$$\delta_{\mathrm{f}}=\frac{\Delta f_{\max}}{\text{仪表量程}}\times 100\%$$

式中　$\delta_{\mathrm{f}}$——线性度（又称非线性误差）；

$\Delta f_{\max}$——校准曲线对于理论直线的最大偏差（以仪表示值的单位计算）。

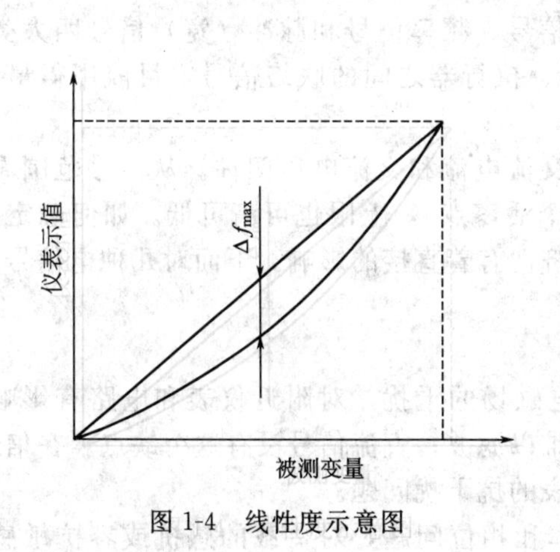


图 1-4　线性度示意图

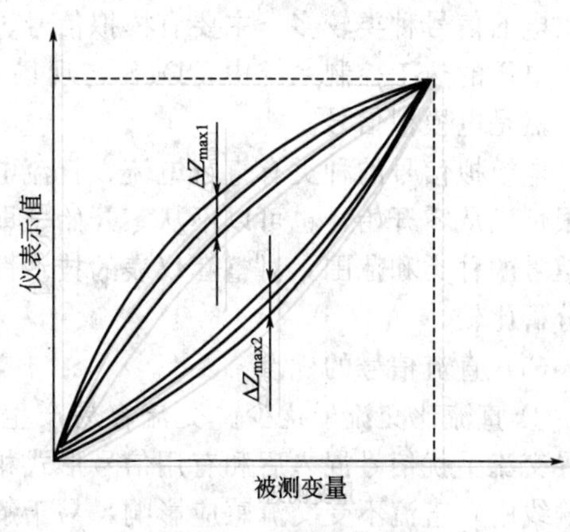


图 1-5　重复性示意图

(6) 重复性

重复性表示检测仪表在被测参数按同一方向做全量程连续多次变动时所得标定特性曲线不一致的程度。若标定的特性曲线一致，重复性就好，重复性误差就小，如图 1-5 所示。

$$\delta_{Z}=\frac{\Delta Z_{\max}}{\text{仪表量程}}\times 100\%$$

# 1.5 过程控制仪表的基本概念

## 1.5.1 控制仪表的信号制

信号制是指在成套系列仪表中，各个仪表的输入、输出信号采用何种统一的联络信号的问题。只有采用统一信号，才能使各个仪表间的任意连接成为可能。

(1) 模拟气动信号标准

根据国际标准 IEC 382《过程控制系统用模拟气动信号》，中国制定了国家标准 GB 777《工业自动化仪表用模拟气动信号》。该标准规定的模拟气动信号下限值和上限值如表 1-1 所示。

表 1-1 模拟气动信号标准

| 下限 | 上限 |
|---|---|
| 20kPa | 100kPa |

(2) 模拟直流电流信号标准

在国际标准 IEC 381 和 IEC 381A《过程控制系统用模拟直流电流信号及其第一次补充》的基础上，中国颁布了国家标准 GB 3369《工业自动化仪表用模拟直流电流信号》。模拟直流电流信号及其负载电阻如表 1-2 所示。

表 1-2 模拟直流电流信号标准

| 序号 | 电流信号 | 负载电阻 |
|---|---|---|
| 1 | 4～20mA | 250～750Ω |
| 2 | 0～10mA | 0～1500Ω；0～3000Ω |

以上气动、电动模拟仪表的标准信号不适用于传感器和仪表内部，因为内部气路或电路的信号没有必要标准化，可以自由设计。

电的信号种类较多，主要有模拟信号、数字信号、频率信号和脉冲（宽）信号四大类。在火电厂的热工控制系统中，DCS 与现场变送器、执行器之间的联络信号，目前用得最多的仍然是电模拟信号。

电模拟信号的种类有直流电流、直流电压、交流电流和交流电压四种。从信号范围看，下限可以从零开始，也可以不从零开始（即有一个活零点），上限也可高可低。如何确定统一信号的种类和范围，对整套仪表的技术性和经济性有着直接的影响。下面对几种电信号进行分析比较。

(3) 直流信号的优点

① 直流比交流干扰少。交流容易产生交变电磁场的干扰，对附近仪表和电路有影响，外界交流干扰信号混入后和有用信号形式相同，难以滤波；直流信号没有这个缺点。在信号传输线中，直流不受交流感应影响，易于解决仪表的抗干扰问题。

② 直流信号对负载的要求简单。交流有频率和相位问题，对负载的感抗或容抗敏感，使得影响增多，计算复杂；直流电路只需考虑电阻。直流不受传输线路的电感、电容及负荷性质的影响，不存在相位移问题，使接线简化。

③ 用直流信号便于进行模/数转换和统一信号，采用直流信号便于现场仪表与数字控制仪表配用。

④ 直流信号容易获得基准电压，因此，世界各国都以直流电流和直流电压作为统一

信号。

(4) 信号上下限大小的比较

表1-2中，传输信号的下限值（零点）电流不一样，序号1规定为4mA，序号2规定为0mA。后者称为“真零”信号，前者称为“活零”信号。

信号下限从零开始，便于进行模拟量的加、减、乘、除、开方等数学运算。“真零”信号最为直观，处理起来十分方便。但是它难以区别正常情况下的下限值和电路故障（例如断线），容易引起误解或误操作。“活零”信号在正常的下限值时是4mA，一旦出现0mA，肯定是发生了断线、短路或是停电，能及时发现故障，对生产安全极为有利。

采用“活零”信号不但为两线制变送器创造了工作条件，而且还能避开晶体管特性曲线的起始非线性，这也是4～20mA信号比0～10mA信号优越之处。

在运算处理“活零”信号之前，要先把对应于零点的信号值减掉，运算完的结果还要把零点信号加上去。这固然不方便，但在广泛应用运算放大器和微处理机的仪表里，减或加某个常数（相当于电压1V）是非常容易的，所以采用“活零”信号也就不成问题了。

信号电流范围的上限值受到电路功率的限制，不宜过大，以免输出电路的设计和器件选择不便。而且，信号电流过大还容易使导线和元器件发热，不利于安全防爆。国外的电动仪表，一般信号的上限都不超过50mA。从减小直流电流信号在传输线中的功率损失和减小仪表体积，以及提高仪表的防爆性能等方面看，希望电流信号上限小些好。但是，信号上限值选得过小也不好，因为微弱信号易受干扰，而且要求接收的仪表有较高的灵敏度，这给仪表的输入和放大电路带来设计上的困难。

当确定采用“活零”信号后，上限值与下限值之比最好是5∶1，以便与气动模拟信号的上下限有同样的比值，这样，电流信号和气压信号就有一一对应的关系，容易相互换算。所以，中国规定的4～20mA及其辅助联络信号1～5V和20～100kPa具有同样的上下限比值。

### 1.5.2 控制仪表之间的连接方式

20世纪70年代中国开始生产DDZ-Ⅲ型电动单元组合仪表，并采用国际电工委员会(IEC)的过程控制系统用模拟信号标准，仪表传输信号采用4～20mA DC，联络信号采用1～5V DC，即采用电流传输、电压接收的信号系统。采用4～20mA DC信号，现场仪表就可实现两线制。但限于条件，当时两线制仅在压力、差压变送器上采用，温度变送器等仍采用四线制。现在国内两线制变送器的产品范围大大扩展了，应用领域也越来越多。同时，从国外引进的变送器也是两线制的居多。

所谓两线制，即电源、负载串联在一起，有一个公共点，而现场变送器与控制室仪表之间的信号联络及供电仅用两根电线，这两根电线既是电源线又是信号线。两线制变送器由于信号起点电流为4mA DC，为变送器提供了静态工作电流，同时仪表电气零点为4mA DC，不与机械零点重合，这种“活零”有利于识别断电和断线等故障。而且，两线制还便于使用安全栅，利于安全防爆。

两线制变送器如图1-6所示，其供电为24V DC，输出信号为4～20mA DC，负载电阻为250Ω；24V电源的负线电位最低，它就是信号公共线；对于智能变送器，还可在4～20mA DC信号上加载HART协议的FSK键控信号。

由于4～20mA DC（1～5V DC）信号制的普及和应用，在控制系统应用中为了便于连接，就要求信号制的统一，为此要求一些非电动单元组合的仪表，如在线分析、机械量、电量等仪表，能采用输出为4～20mA DC的信号制。但是由于其转换电路复杂、功耗大等原因，难以全部满足条件，而无法做到两线制，只能采用外接电源的方法来做输出为4～20mA DC的四线制变送器。

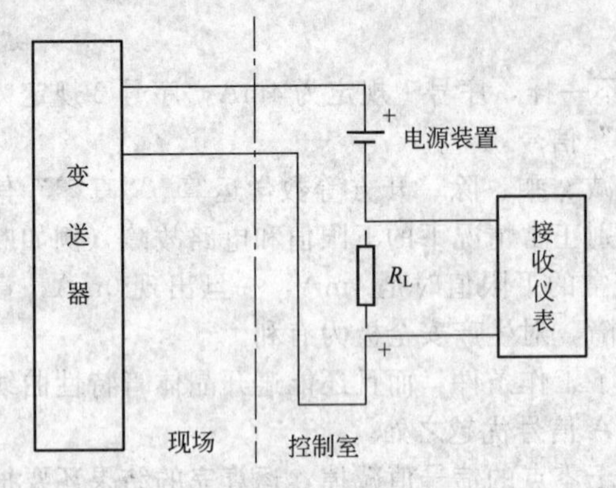

图 1-6 两线制变送器接线示意图

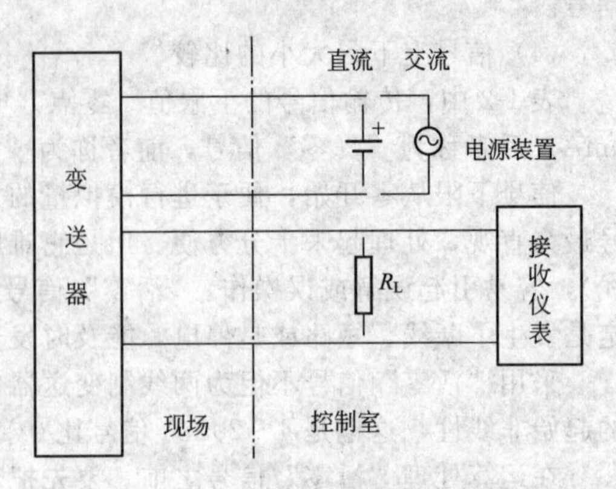

图 1-7 四线制变送器接线示意图

四线制变送器如图 1-7 所示，其供电大多为 220V AC，也有供电为 24V DC 的。输出信号为 4～20mA DC、负载电阻为 250Ω，或者输出信号为 0～10mA DC、负载电阻为 0～1.5kΩ；有的还有 mV 信号，但负载电阻或输入电阻因输出电路形式不同而数值有所不同。

有的仪表厂为了减小变送器的体积和重量并提高抗干扰性能、简化接线，把变送器的供电由 220V AC 改为低压直流供电，如电源从 24V DC 电源箱取用。由于是低压供电，就为负线共用创造了条件，这样就有了三线制的变送器产品。

三线制变送器如图 1-8 所示。所谓三线制，就是电源正端用一根线，信号输出正端用一根线，电源负端和信号负端共用一根线。其供电大多为 24V DC，输出信号为 4～20mA DC、负载电阻为 250Ω，或者 0～10mA DC、负载电阻为 0～1.5kΩ；有的还有 mV 信号，但负载电阻或输入电阻因输出电路形式不同而数值有所不同。

在图 1-6～图 1-8 中，输入接收仪表的是电流信号，将电阻 $R_L$ 并联接入时，则接收的就是电压信号了。

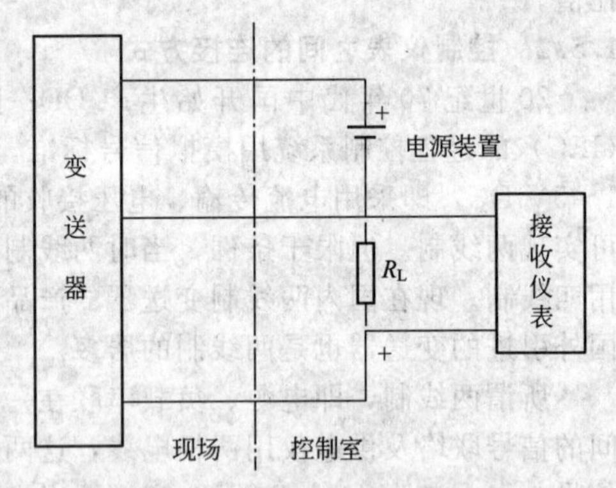

图 1-8 三线制变送器接线示意图

从上面叙述可看出，由于各种变送器的工作原理和结构不同，从而出现了不同的产品，也就决定了变送器的两线制、三线制、四线制接线形式。对于用户而言，选型时应根据本单位的实际情况，如信号制的统一、防爆要求、接收设备的要求、投资等问题来综合考虑选择。

要指出的是，三线制和四线制变送器输出的 4～20mA DC 信号，由于其输出电路原理及结构与两线制的是不一样的，因此在应用中其输出负端能否和 24V 电源的负线相接、能否共地，这是要注意的，必要时可采取隔离措施，如用配电器、安全栅等，以便和其他仪表共电、共地及避免附加干扰的产生。

## 1.6 自动化仪表的防爆知识

在石油、化工等工业部门中，某些生产场所存在着易燃易爆的固体粉尘、气体或蒸气，它们与空气混合成为具有火灾或爆炸危险的混合物，使其周围空间成为具有不同程度爆炸危险的场所。安装在这些场所的检测仪表和执行器，如果产生的火花或热效应能量点燃危险混合物，则会引起火灾或爆炸。因此，用于这些危险场所的仪表和控制系统，必须具有防爆性能。

气动仪表的能源是140kPa的压缩空气，本质上是防爆的。电动仪表只有采取必要的防爆措施才具有防爆性能，下面主要介绍电动仪表的防爆性能。

### 1.6.1　危险区域和非危险区域

危险区域：爆炸性气体环境大量出现或预期可能大量出现，以致要求对电气设备的结构、安装和使用采取专门措施的区域。

非危险区域：爆炸性气体环境预期不会出现，不要求对电气设备的结构、安装和使用采取专门措施的区域。

### 1.6.2　防爆概念

(1) 爆炸必须具备的三个条件

① 爆炸性物质：能与氧气（空气）反应的物质，包括气体、液体和固体（气体：氢气，乙炔，甲烷等。液体：酒精，汽油。固体：粉尘，纤维粉尘等）。很多生产场所都会产生某些可燃性物质。煤矿井下约有三分之二的场所存在爆炸性物质；化学工业中，约有80%以上的生产车间区域存在爆炸性物质。

② 助燃物：空气或氧气。

③ 点燃源：包括明火、电气火花、机械火花、静电火花、高温、化学反应、光能等。在生产过程中大量使用电气仪表，各种摩擦的电火花、机械磨损火花、静电火花、高温等不可避免，尤其当仪表、电气发生故障时。

客观上，很多工业现场都满足爆炸条件。当爆炸性物质与氧气的混合浓度处于爆炸极限范围内时，若存在点火源，将会发生爆炸，因此采取防爆措施就显得很必要了。

(2) 防爆

防止爆炸的产生必须从爆炸的三个必要条件来考虑，限制了其中的一个，就限制了爆炸的产生。

在工业过程中，通常从下述三个方面着手对易燃易爆场合进行处理。

① 预防或最大限度地降低易燃物质泄漏的可能性。

② 不用或尽量少用易产生电火花的电器元件。

③ 采取充氮气之类的方法维持惰性状态。

### 1.6.3　危险区域的等级分类

危险场所区域的含义是对该地区实际存在危险可能性的量度，由此规定其可适用的防爆形式。

国际电工委员会、欧洲电工委员会划分的危险区域的等级分类如下。

0区（Zone 0）：易爆气体始终或长时间存在；连续地存在危险性大于1000小时/年的区域。

1区（Zone 1）：易燃气体在仪表的正当工作过程中有可能产生或存在；断续地存在危险性为10～1000小时/年的区域。

2区（Zone 2）：一般情形下，不存在易燃气体且即使偶尔发生，其存在时间亦很短；事故状态下存在的危险性为0.1～10小时/年的区域。

### 1.6.4　防爆仪表的标准

防爆仪表必须符合国家标准GB 3836.1—2000《爆炸性气体环境用电气设备　第一部分：通用要求》的规定。

(1) 防爆仪表的分类

按照国家标准GB 3836.1—2000规定，防爆电气设备分为两大类。

Ⅰ类：煤矿用电气设备。

Ⅱ类：除煤矿外的其他爆炸性气体环境用电气设备。

Ⅱ类又可分为ⅡA、ⅡB、ⅡC类。标志ⅡB的设备可适用于ⅡA设备的使用条件；ⅡC可适用于ⅡA、ⅡB的使用条件。ⅡC标志是较高的防爆等级，但并不表示该设备性能最好。

Ⅱ类电气设备又分为八种类型。这八种类型及其标志为：d—隔爆型；c—增安全型；i—本质安全型；p—正压型；o—充油型；q—充沙型；n—无火花型；s—特殊型。

电动仪表主要有隔爆型（d）和本质安全型（i）两种。本质安全型又分为两个等级：ia和ib。

（2）防爆仪表的分级和分组

在爆炸性气体或蒸气中使用的仪表，有两方面原因可能引起爆炸。

① 仪表产生能量过高的电火花或仪表内部因故障产生的火焰通过表壳的缝隙引燃仪表外的气体或蒸气。

② 仪表过高的表面温度。

因此，根据上述两个方面对Ⅱ类防爆仪表进行了分级和分组，规定其适用范围。

对隔爆型电气设备，易燃易爆气体或蒸气按最大试验安全间隙（MESG）进行分级。

对本质安全型电气设备，易燃易爆气体或蒸气按IEC 79-3规定测得的其最小点燃电流MIC与实验室用甲烷的最小点燃电流的比值$R_{MIC}$进行分级。Ⅱ类易燃易爆气体或蒸气分为A、B、C三级，如表1-3所示。

**表1-3 易燃易爆气体或蒸气的分级**

| 级别 | $\delta_{max}$/mm | $R_{MIC}$ |
|---|---|---|
| ⅡA | $\delta_{max} \geqslant 0.9$ | $R_{MIC} > 0.8$ |
| ⅡB | $0.5 < \delta_{max} < 0.9$ | $0.45 \leqslant R_{MIC} \leqslant 0.8$ |
| ⅡC | $\delta_{max} \leqslant 0.5$ | $R_{MIC} < 0.45$ |

电气设备在规定范围内的最不利运行条件下工作时，可能引起周围爆炸性环境点燃的电气设备任何部件所达到的最高温度称为最高表面温度。最高表面温度应低于可燃温度。

例如：传感器使用环境的爆炸性气体的点燃温度为100℃，那么传感器在最恶劣的工作状态下，其任何部件的最高表面温度应低于100℃。

根据最高表面温度，防爆仪表的最高表面温度分为$T_1$～$T_6$组，如表1-4所示。

**表1-4 防爆仪表的最高表面温度分组**

| 温度组别 | $T_1$ | $T_2$ | $T_3$ | $T_4$ | $T_5$ | $T_6$ |
|---|---|---|---|---|---|---|
| 最高表面温度/℃ | 450 | 300 | 200 | 135 | 100 | 85 |

防爆仪表的分级和分组，是与易燃易爆气体或蒸气的分级和分组相对应的。易燃易爆气体或蒸气的具体级别和组别如表1-5所示。仪表的防爆级别和组别，就是仪表能适应的某种爆炸性气体混合物的级别和组别，即对于表1-5中相应级别、组别的上方和左方的气体或蒸气的混合物均可以防爆。

（3）防爆仪表的标志

防爆仪表的防爆标志为“Ex”，仪表的防爆等级标志的顺序为：防爆形式、类别、级别、温度组别。

控制仪表常见的防爆等级为iaⅡC$T_5$和dⅡB$T_3$两种。前者表示Ⅱ类本质安全型ia等级C级$T_5$组，由表1-5可见，它适用于ⅡC级别$T_5$温度组别及其左方和上方的所有爆炸性气体或蒸气的场合；后者表示Ⅱ类隔爆型B级$T_3$温度组别，由表1-5可见，它适用于级别和组别为ⅡA$T_1$、ⅡA$T_2$、ⅡA$T_3$、ⅡB$T_1$、ⅡB$T_2$和ⅡB$T_3$的爆炸性气体或蒸气的场合。

表 1-5　易燃易爆气体或蒸气的级别和组别

| 级别＼组别 | $T_1$ | $T_2$ | $T_3$ | $T_4$ | $T_5$ | $T_6$ |
| --- | --- | --- | --- | --- | --- | --- |
| ⅡA | 甲烷、氨气、乙烷、丙烷、丙酮、苯、甲苯、一氧化碳、丙烯酸、甲酯、苯乙烯、醋酸、氯苯、醋酸甲酯 | 乙醇、丁醇、丁烷、醋酸乙酯、醋酸丁酯、醋酸戊酯、环戊烷、丙烯、乙苯、甲醇、丙醇 | 环己烷、戊烷、己烷、庚烷、辛烷、汽油、煤油、柴油、戊醇、己醇、环己醇 | 乙醛、三甲胺 | | 亚硝酸乙酯 |
| ⅡB | 丙烯酯、二甲醚、环丙烷、焦炉煤气 | 环氧丙烷、丁二烯、乙烯 | 二甲醚、丙烯醛、碳化氢 | 乙醚、二乙醚 | | |
| ⅡC | 氢气 | 乙炔 | | 二硫化碳 | 硝酸乙酯 | |

### 1.6.5　自动化仪表防爆措施

防爆型控制仪表主要有隔爆型和本质安全型。

（1）隔爆型防爆仪表

采用隔爆型防爆措施的仪表称为隔爆型防爆仪表。其特点是仪表的电路和接线端子全部置于防爆壳体内，其表壳强度足够大，接合面间隙深度足够大，最大的间隙宽度又足够小。这样，即使仪表因事故在表壳内部产生燃烧或爆炸时，火焰穿过缝隙过程中，受缝隙壁吸热及阻滞作用，将大大降低其外传能量和温度，从而不会引起仪表外部规定的易爆性气体混合物的爆炸。

隔爆型防爆结构的具体防爆措施是采用耐压 800～1000kPa 以上的表壳，表壳外部的温升不得超过由易爆性气体或蒸气的引燃温度所规定的数值；表壳接合面的缝隙宽度及深度，应根据它的容积和易爆性气体的级别采用规定的数值。

隔爆型防爆仪表在安装及维护正常时能达到规定的防爆要求，但是在揭开仪表表壳后，它就失去了防爆性能。此外，这种防爆结构长期使用后，由于表壳接合面的磨损，缝隙宽度将会增大，因而长期使用会逐渐降低防爆性能。

（2）本质安全型防爆仪表

采用本质安全型防爆措施的仪表称为本质安全型防爆仪表（简称本安仪表），也称安全火花型防爆仪表。所谓“安全火花”，是指这种火花的能量很低，它不能使爆炸性气体混合物产生爆炸。这种防爆结构的仪表，在正常状态下或规定的故障状态下产生的电火花和热效应能量均不会引起规定的易爆性气体混合物爆炸。正常状态是指在设计规定条件下的工作状态。故障状态是指电路中非保护性元件损坏或产生短路、断路、接地及电源故障等情况。本质安全型防爆仪表有 ia 和 ib 两个等级。ia 级在正常工作、一个和两个故障状态时均不能点燃爆炸性气体混合物；ib 级在正常工作和一个故障状态时不能点燃爆炸性气体混合物。

本质安全型防爆仪表在电路设计上采用低工作电压和小工作电流。通常采用不大于 24V DC 工作电压和不大于 20mA 的工作电流。对处于危险场所的电路，适当选择电阻、电容和电感的参数值，用来限制火花能量，使其只产生安全火花；在较大电容和电感回路中并联双二极管，以消除不安全火花。

常用本质安全型防爆仪表有电动单元Ⅲ型的差压变送器、温度变送器、电气阀门定位器以及安全栅等。

必须指出，将本质安全型防爆仪表在其所适用的危险场所中使用，还必须考虑与其配合的仪表及信号线可能对危险场所的影响，应使整个测量或控制系统具有安全火花防爆性能。

### 1.6.6　安全火花防爆系统的构成

构成安全火花防爆系统的要求如下。

① 在危险场所使用本安仪表。

② 在控制室仪表与危险场所仪表之间设置安全栅。

这样构成的系统就能实现安全火花防爆系统，如图 1-9 所示。

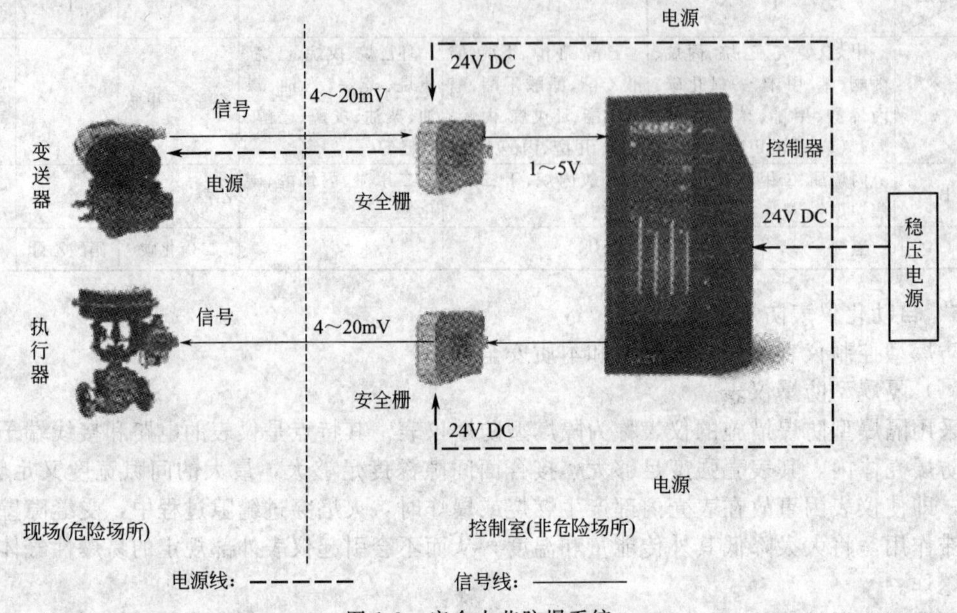


图 1-9　安全火花防爆系统

如果上述系统中不采用安全栅，而由分电盘代替，分电盘只能起信号隔离作用，不能限压、限流，故该系统就不再是安全火花防爆系统了。同样，有了安全栅，但若某个现场仪表不是本安仪表，则该系统也不能保证本质安全的防爆要求。

## 习　题

1-1　什么是生产过程自动化？

1-2　自动化仪表按功能可以分为几大类？各部分有何作用？

1-3　什么叫测量误差？检测仪表的误差有哪几种表示方式？

1-4　精度高的仪表灵敏度一定高这种说法是否正确？为什么？

1-5　一块测温仪表，测量范围为 300～800℃，1 级精度，经检定结果如下：

| 被测温度/℃ | 300 | 400 | 500 | 600 | 700 | 800 |
|---|---|---|---|---|---|---|
| 仪表读数/℃ | 299 | 398 | 503 | 597 | 699 | 798 |

试问：

① 该表最大的允许误差为多大？

② 该表的基本误差为多少？

③ 判断该表是否合格，说明原因。

1-6　工业温度测量仪表的基本误差是 2%，仪表的测量范围是 1500～2500℃，求仪表示值为 2000℃时对应的实际温度是多少？

1-7　什么是仪表信号制？采用直流信号有什么优点？

1-8　什么是两线制？

1-9　自动化仪表的防爆措施如何实现？

# 第 2 章　压力检测及仪表

## 2.1　压力检测基本知识

(1) 压力的定义

压力就是垂直而均匀作用在物体单位面积上的力。它在数值上由两个因素决定，即受力面积和垂直作用力的大小。其数学表达式为

$$p=\frac{F}{A} \tag{2-1}$$

式中　$p$——压力（压强），Pa；

　　$F$——垂直作用力，N；

　　$A$——受力面积，$m^2$。

由式可知，在受力面积为定值的情况下，其垂直作用力越大则压力越高；同样，在垂直作用力不变的情况下，受力面积越小则压力越高。

(2) 压力的测量单位

目前中国的压力测量单位以国际单位制为主，又辅以某些并用单位。

国际单位制：压力的单位是牛顿/米$^2$，称为帕斯卡，简称帕，表示符号为 Pa，即 1 牛顿的力垂直作用在 1 平方米的面积上所产生的压力值为 1 帕（Pa）。在实际使用中，根据压力测量值的大小，还采用千帕（kPa）、兆帕（MPa）、毫帕（mPa）。其换算关系如下。

$$1MPa=10^6Pa$$

$$1kPa=10^3Pa$$

$$1mPa=10^{-3}Pa$$

并用单位：$mmH_2O$（毫米水柱）、mmHg（毫米汞柱）、$kgf/cm^2$（工程大气压）、atm（物理大气压）。

以上压力单位的换算关系如表 2-1 所示。

**表 2-1　压力单位换算表**

| 压力单位 | 工程大气压 | mmHg | $mmH_2O$ | atm | 帕斯卡 |
|---|---|---|---|---|---|
| mmHg | $1.359\times10^{-3}$ | 1 | 13.595 | $1.316\times10^{-3}$ | $1.3332\times10^2$ |
| $mmH_2O$ | $10^{-4}$ | $7.3556\times10^{-2}$ | 1 | $9.678\times10^{-5}$ | 9.087 |
| Pa | $1.0197\times10^{-5}$ | $0.75\times10^{-2}$ | $1.0197\times10^{-1}$ | $9.869\times10^{-6}$ | 1 |
| $kgf/cm^2$ | 1 | $7.3556\times10^2$ | $10^4$ | 0.9678 | $9.807\times10^4$ |
| atm | 1.0332 | 760 | $1.033\times10^4$ | 1 | $1.0133\times10^5$ |

(3) 压力的表示方法

工程上压力的表示方法有五种。

① 大气压力：是由于空气的重力作用在底面积上所产生的压力，其近似值为 100kPa。

② 表压力：压力表上所指示的压力，是以大气压力为基准的压力，是绝对压力和大气

压力之差，即表压力＝绝对压力－大气压力。

③ 绝对压力：是以绝对压力零线为基准的压力，是表压力和大气压力之和，即绝对压力＝表压力＋大气压力。

④ 负压力（真空度）：是以大气压力为基准，低于大气压力的压力，大气压力与绝对压力之差，即负压力（真空度）＝大气压力－绝对压力。

⑤ 压力差：是指工程设备某两处压力的较大值（高压力）与较小值（低压力）之差，即压力差＝正压力－负压力。

以上压力的五种表示方法如图 2-1 所示。

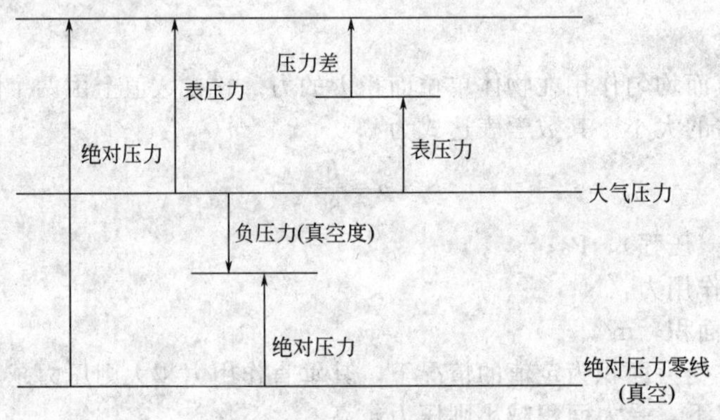


图 2-1　五种压力表示方法

（4）压力检测方法

测量压力的仪表种类很多，按其转换原理可大致分为以下四种。

① 液柱式压力表　液柱式压力表是根据静力学原理，将被测压力转换成液柱高度来测量压力的。这类仪表包括 U 形管压力计、单管压力计、斜管压力计等。

② 弹性式压力表　弹性式压力表是根据弹性元件受力变形的原理，将被测压力转换成元件的位移来测量压力的。常见的有弹簧管压力表、波纹管压力表、膜片（或膜盒）式压力表。

③ 活塞式压力计　活塞式压力计是利用流体静力学中的液压传递原理，将被测压力转换成活塞上所加砝码的重量进行压力测量的。这类测压仪表的测量精度很高，允许误差可小到 0.05％～0.2％，所以普遍用作标准压力发生器或标准仪器对其他压力表或压力传感器进行校验和标定。

④ 压力传感器和压力变送器　压力传感器和压力变送器是利用物体某些物理特性，通过不同的转换元件将被测压力转换成各种电量信号，并根据这些信号的变化来间接测量压力。根据转换元件的不同，压力传感器和压力变送器可分为电阻式、电容式、应变式、电感式、压电式、霍尔片式等多种形式。

## 2.2　弹性式压力表

应用弹性变形测量压力时，当被测压力作用于弹性元件，弹性元件便产生相应的变形（位移），根据变形的大小，便可测知被测压力的数值。

### 2.2.1　弹性和特性元件

常用的弹性测压元件如表 2-2 所示，其中薄膜式和波纹管式多用于微压和低压测量，单圈和多圈弹簧管可用于高、中、低压直到真空度的测量。

表 2-2　弹性测压元件的结构和特性

| 类别 | 名称 | 示意图 | 测量范围/MPa | | 输出特性 | 动态性质 | |
|---|---|---|---|---|---|---|---|
| | | | 最小 | 最大 | | 时间常数/s | 自振频率/Hz |
| 薄膜式 | 平薄膜 | 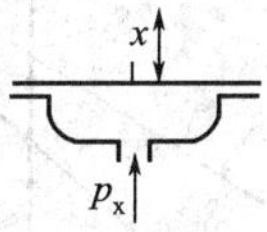 | $0\sim10^{-2}$ | $0\sim10^{2}$ | 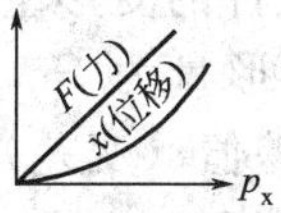 | $10^{-5}\sim10^{-2}$ | $10\sim10^{4}$ |
| | 波纹膜 | 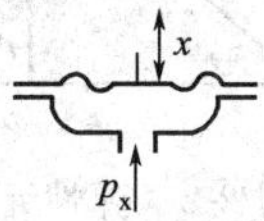 | $0\sim10^{-6}$ | $0\sim1$ | 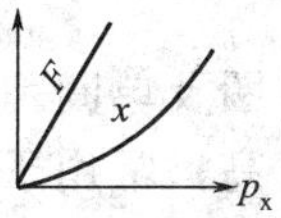 | $10^{-2}\sim10^{-1}$ | $10\sim100$ |
| | 挠性膜 | 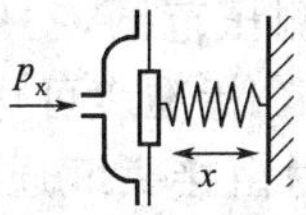 | $0\sim10^{-8}$ | $0\sim0.1$ | 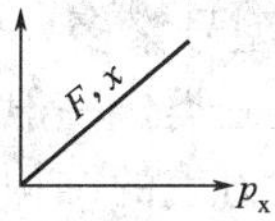 | $10^{-2}\sim1$ | $1\sim100$ |
| 波纹管式 | 波纹管 | 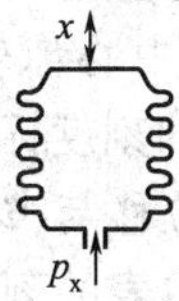 | $0\sim10^{6}$ | $0\sim1$ | 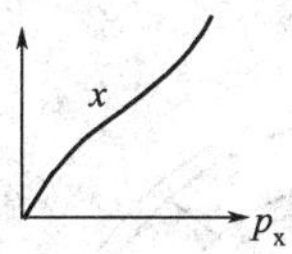 | $10^{-2}\sim10^{-1}$ | $10\sim100$ |
| 弹簧管式 | 单圈弹簧管 | 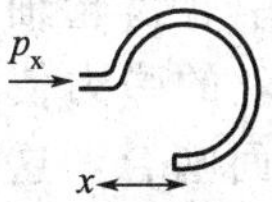 | $0\sim10^{-4}$ | $0\sim10^{3}$ | 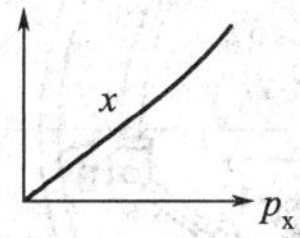 | — | $100\sim1000$ |
| | 多圈弹簧管 | 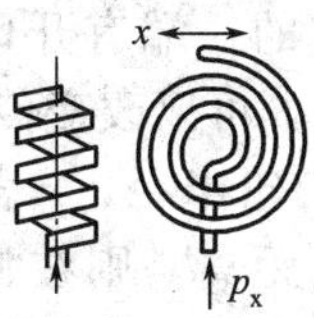 | $0\sim10^{-5}$ | $0\sim10^{2}$ | 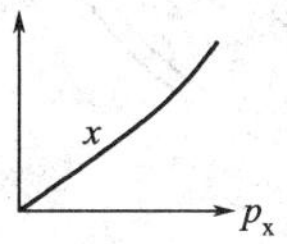 | — | $10\sim100$ |

弹性元件的测压原理是当弹性元件在轴向受到外力作用时，即

$$F=CS \tag{2-2}$$

式中　$F$——轴向外力，N；

$S$——位移，m；

$C$——弹性元件的刚度系数，N/m。

根据

$$F=Ap \tag{2-3}$$

式中　$A$——弹性元件承受压力的有效面积，$m^2$；

$p$——被测压力，Pa。

则

$$S=Ap/C \tag{2-4}$$

由于弹性元件通常是工作在弹性特性的线性范围内，即符合虎克定律，所以可近似地认为 $A/C$ 为常数，这样就保证了弹性元件的位移与被测压力呈线性关系，因此就可以通过测量弹性元件的位移知道被测压力的大小。

另外，要保证测量精度，弹性元件的弹性后效和弹性滞后要小。所谓弹性后效，即在弹

性极限内，当作用在弹性元件上的压力很快去掉时，它不能立即恢复原状时，还有一个数值不大的 $S_0$（图 2-2），经过一段时间才能恢复原状。弹性滞后表现为压力增加或减少时，弹性元件的变形量不一致。因此，当压力由低压升到 $p_1$ 时变形量为 $S_1$，而由高压降至 $p_1$ 时变形量为 $S_2$，有一个差值（变差）$\Delta S = S_2 - S_1$，显然这些现象会影响测量精度。

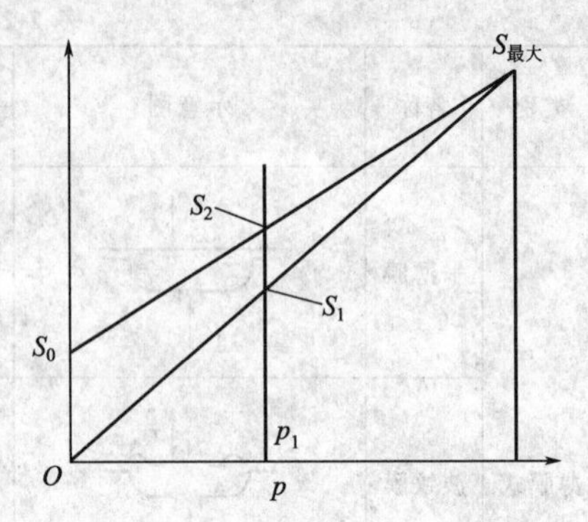

图 2-2 弹性元件的滞后和变差

### 2.2.2 弹簧管式压力表

弹簧管式压力表分多圈及单圈弹簧管式压力表。多圈弹簧管式压力表灵敏度高，常用于压力式温度计。单圈弹簧管式压力表可用于真空测量，也可用于高达 $10^9$ Pa 的高压测量，品种型号繁多，使用最为广泛。根据其测压范围，一般又分为压力表、真空表及压力真空联成表三类。一般精度等级为 1.0～4.0 级，标准表可达 0.25 级。

普通单圈弹簧管式压力表的结构如图 2-3 所示。被测压力由接头 9 通入，迫使弹簧管 1 自由端 B 向右上方扩张。自由端 B 的弹性变形位移由拉杆 2 使扇形齿轮 3 做逆时针偏转，于是指针 5 通过同轴的中心齿轮 4 的带动而做顺时针偏转，从而在面板 6 的刻度标尺上显示出被测压力的数值。由于自由端的位移与被测压力之间具有比例关系，因此弹簧管式压力表的刻度标尺是线性的。

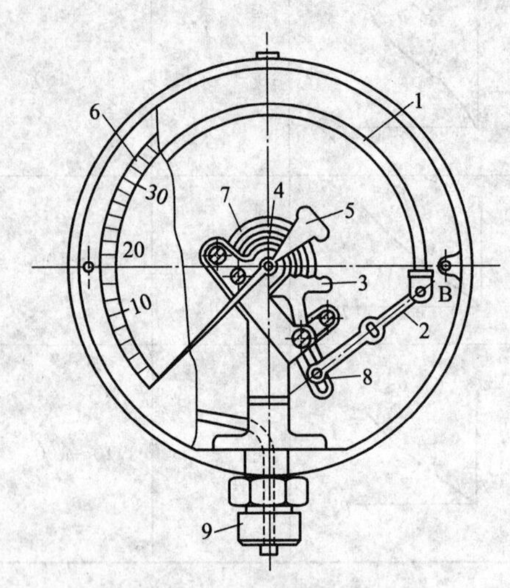

图 2-3 弹簧管式压力表

1—弹簧管；2—拉杆；3—扇形齿轮；4—中心齿轮；5—指针；6—面板；7—游丝；8—调整螺钉；9—接头

游丝 7 的一端与中心齿轮轴固定，另一端固定在支架上，借助于游丝的弹力使中心齿轮与扇形齿轮始终只有一侧啮合面啮合，这样可以消除扇形齿轮与中心齿轮之间固有啮合间隙而产生的测量误差。扇形齿轮与拉杆相连的一端有开口槽，改变拉杆和扇形齿轮的连接位置，可以改变传动机构的传动比。若用 $R$ 来表示扇形齿轮半径，$r$ 表示扇形齿轮轴到与拉杆连接点之间的距离，则在弹簧管自由端位移量相同的情况下，$R/r$ 的比值越大，指针的转角越大，仪表的量程越小。所以，改变 $R/r$ 的比值可以改变仪表的传动放大系数，从而可实现量程满度值的调节。

弹簧管的材料因被测介质的性质、被测压力的高低而不同。一般在 $p<20$MPa 时，采用磷铜；$p>20$MPa 时，则采用不锈钢或合金钢。但是，使用压力表时，必须注意被测介质的化学性质。例如，测量氨气压力必须采用不锈钢弹簧管，而不能采用铜质材料；测量氧气压力时，则严禁沾有油脂，以免着火甚至爆炸；测量硫化氢压力必须采用 Cr18Ni12Mo2Ti 合金弹簧管，它具有耐酸、碱腐蚀能力。

弹簧管式压力表的安装地点距离被测对象取压位置一般不能太远，以免压力信号管道太长而产生信号传递的延迟，同时对于高温高压对象而言，压力信号管道过长也是不安全的。因此，通常采用各种远传变送装置将感受元件的输出信号就地转变为电信号，然后用导线实现信号的远传。

### 2.2.3 电气式压力仪表

电气式压力仪表是利用某些机械或电器元件将压力转换成频率、电压、电流等信号来进行测量的仪表，如霍尔式压力变送器、应变片式压力计、电阻式压力表等。

这类压力计因其检测元件动态性能好、耐高温，因而适用于快速变化、脉动压力和超高压等场合的测量。

(1) 电位器式远传压力表

由一块弹簧管式压力表和一个滑线电阻式发送器组成，仪表电路如图 2-4 所示。仪表机械部分的作用原理与一般弹簧管压力表相同。由于滑线电阻发送器设置在齿轮传动机构上，因此当扇形齿轮轴偏转时，滑线电阻式发送器的转臂（电刷）也相应地发生偏转，由于电刷在滑线电阻上滑行，使被测压力值的变化变换成电阻值的变化，从而传至显示仪表上，指示出相应的读数值。同时，一次仪表也指示出相应的压力值。

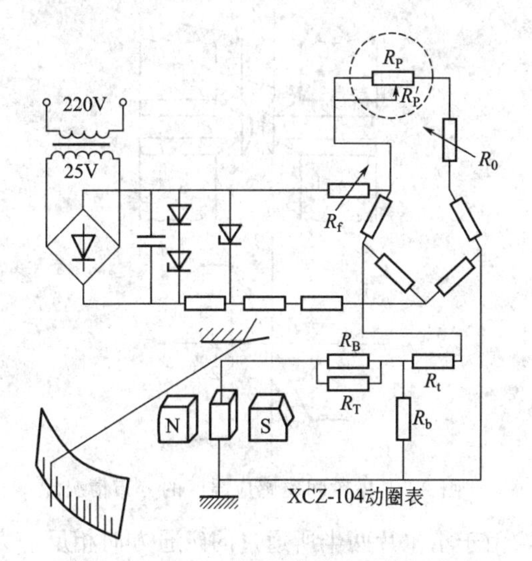


图 2-4　YTZ-150 型电位器式远传压力表及显示仪表接线

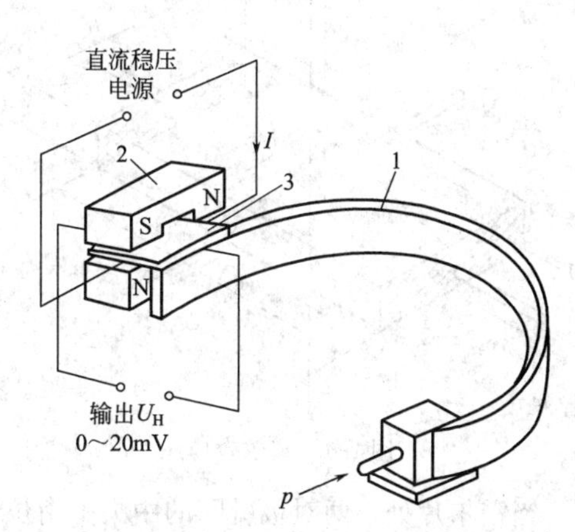


图 2-5　霍尔片式远传压力表结构示意
1—弹簧管；2—磁钢；3—霍尔片

电位器式远传压力表结构简单，维修方便，输出信号大，抗电磁干扰较好。缺点是滑线电阻的滑臂有接触不良的现象，不耐振动与冲击。YTZ-150 型显示仪表的精度为 1.5 级。

(2) 霍尔片式远传压力表

霍尔片式远传压力表是利用霍尔效应将弹性元件的位移信号转换成霍尔直流电势信号。中国目前生产的霍尔片式远传压力表有 YSH-1 型和 YSH-3 型等。前者是霍尔微压远传压力表，弹性元件采用膜盒；后者是霍尔压力变送器，弹性元件采用弹簧管。二者的输出信号均为 0～20mV 直流信号。现以 YSH-3 型为例进行分析。

这种远传压力表的测压实质是利用霍尔片式压力传感器实现压力→位移→霍尔电势 $U_H$ 的转换，传感器的结构如图 2-5 所示。被测压力由弹簧管 1 的固定端引入，弹簧管自由端与霍尔片 3 连接，在霍尔片的上、下方垂直安放两对磁极，使霍尔片处于两对磁极形成的非均匀磁场中。霍尔片的四个端面引出四根导线，其中与磁钢 2 相平行的两根导线和稳压电源相连接；另两根导线用来输出信号。当被测压力引入后，弹簧管自由端产生位移，因而改变了霍尔片在非均匀磁场中的位置，将机械位移量转换成霍尔电势 $U_H$，以便将压力信号（电量形式）进行远传和显示。

① 霍尔电势的产生　霍尔片为一半用导体（例如锗、砷化镓）材料所制成的薄片。如图 2-6 所示，在霍尔片的 $Z$ 轴方向加一磁感应强度为 $B$ 的恒定磁场，在 $Y$ 轴方向加有外电场（接入直流稳压电源），并有恒定电流沿 $Y$ 轴方向通过（电子逆 $Y$ 轴方向运动）。电子在霍尔片中运动时，由于受电磁力的作用而使电子运动的轨道发生偏移，造成霍尔片的一个端面上有电子积累，另一个端面上正电荷过剩，于是在霍尔片的 $X$ 轴方向出现电位差。这一

电位差称为霍尔电势，这样一种物理现象称为霍尔效应。

② 霍尔效应在压力传感器中的应用　由上述霍尔电势产生的原理可知，对于材料和结构已定的霍尔片，其霍尔电势仅与 $B$ 和 $I$ 有关。如果磁感应强度 $B$ 在磁极间的分布呈线性的非均匀状态，则当弹簧管自由端位移使霍尔片处于线性非均匀磁场中的不同位置时，由于其所受到的磁感应强度 $B$ 的不同，即可得到与弹簧管自由端位移成比例的霍尔电势，这样就实现了位移-电势的线性转换。磁极极靴间的磁感应强度，由于极靴的特殊几何形状而形成线性不均匀的分布情况，如图 2-7 所示。

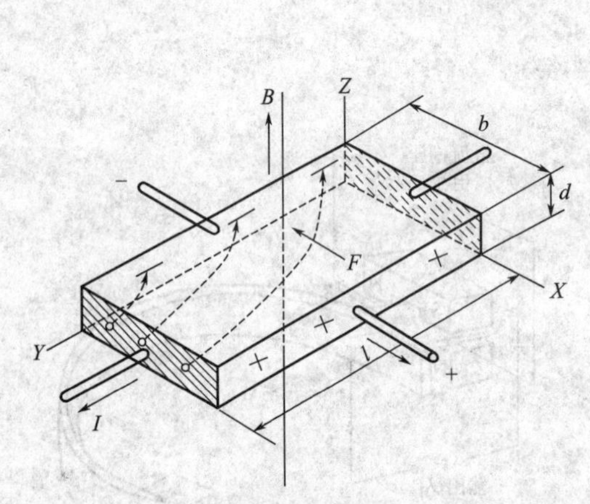

图 2-6　霍尔效应

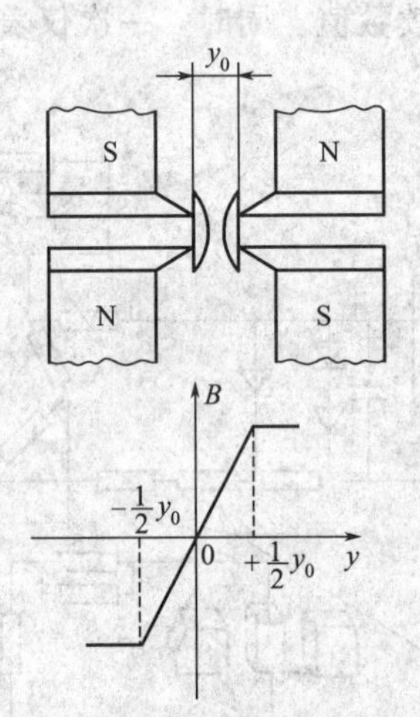

图 2-7　极靴间磁感应强度的分布情况

当霍尔片处于两对极靴间的中央平衡位置时，由于霍尔片两半所通过的磁通方向相反，大小相同，而且是对称的，故由两个相反方向磁场作用而产生的霍尔电势大小相等，极性相反，因此，从霍尔片两端导出的总电势为零。当压力传感器通入被测压力 $p$ 后，弹簧管自由端的位移带动霍尔片做偏离其平衡位置的移动，这时霍尔片两端所产生的两个极性相反的电势之和就不再为零，由于沿霍尔片的偏移方向上磁感应强度的分布呈线性非均匀状态，故由霍尔片两端导出的电势与弹簧管自由端位移呈线性关系，从而实现了压力→位移→电势的转换。

由于霍尔片对温度变化比较敏感，需要采取温度补偿措施，以削弱温度变化对传感器输出特性的影响。霍尔片的外加直流电源应具有恒流特性，以保证通过霍尔片的电流恒定。

③ 霍尔片式远传压力表线路　霍尔片式远传压力表线路如图 2-8 所示。由于霍尔元件输入电流（控制电流）要求为恒定值，因此电源采用了桥式整流参数稳压的晶体管恒流源，$VD_1$～$VD_4$ 为桥式整流，$VS_1$、$VS_2$ 为稳压，$VT_1$ 为恒流用，电位器 $R_{w1}$ 可调整仪表满度，$R_{10}$、$R_{11}$、$R_{w2}$ 可调整仪表的零点，$R_4$～$R_9$ 和 $R_T$ 桥路用以补偿仪表的温度漂移。

YSH-3 型霍尔片式远传压力表配套的显示仪表可采用 XCZ-103 型、XCT-123 型（带上、下限控制）动圈表和 XWD 型电子电位差计。也可选用 XTMA-2000 型数字显示仪。

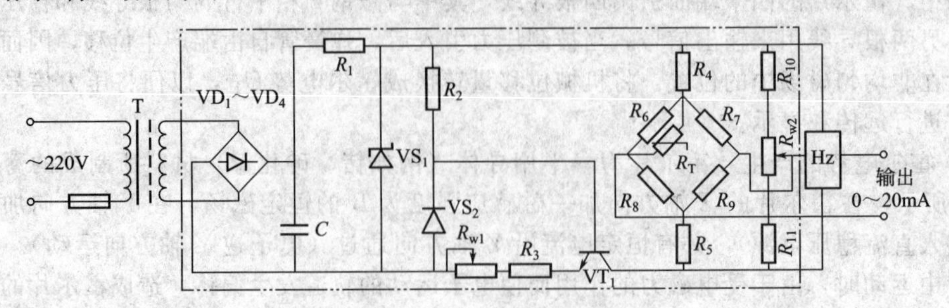

图 2-8　霍尔片远传压力表线路

YSH-3 型精度为 1.5 级。

(3) 应变片式压力表

应变片式压力表是通过应变片将被测压力 $p$ 转换成电阻值 $R$ 的变化，远传至桥式线路获得相应的毫伏级电量输出信号，在指示或记录仪表上显示出被测压力值的一种压力表。

应变片式压力表是通过测量弹性元件在压力或差压作用下产生的应变大小来实现压力信号变换的。所谓应变，就是指物体在力作用下所产生的相对变形。应变的测量元件通常采用电阻应变片。

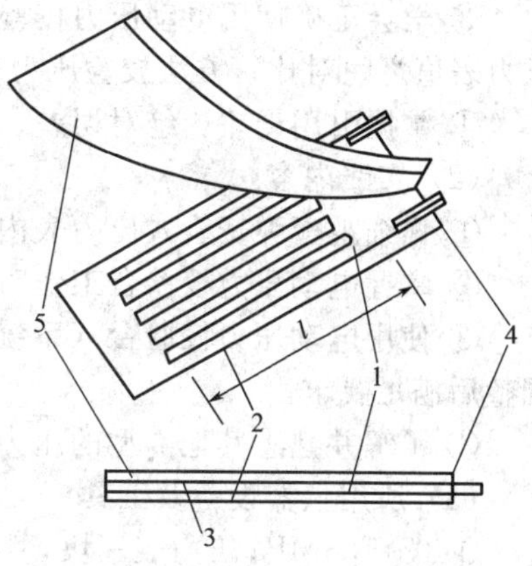

图 2-9　电阻应变片的构造
1—电阻栅；2—基片；3—黏合剂；4—引线；5—覆盖片

电阻应变片是由电阻丝盘绕的电阻栅，以及基片、覆盖片、引线等所组成，结构如图 2-9 所示。

电阻栅一般采用直径 0.01～0.05mm 康铜丝盘绕，基片及覆盖片一般采用 0.05mm 的薄纸或有机聚合物制作。

国内生产的电阻栅大多数为康铜丝，基底的材料有多种。PZ 型应变片是以绝缘纸为基底，PJ 型应变片是以聚乙烯醇缩甲乙醛膜为基底。最近推出的 BB 型应变片是以玻璃纤维纸浸胶为基底的，BA 型应变片是以聚酰亚胺树脂为基底的；它们耐热性好、蠕变小、热滞后小、黏结力强。

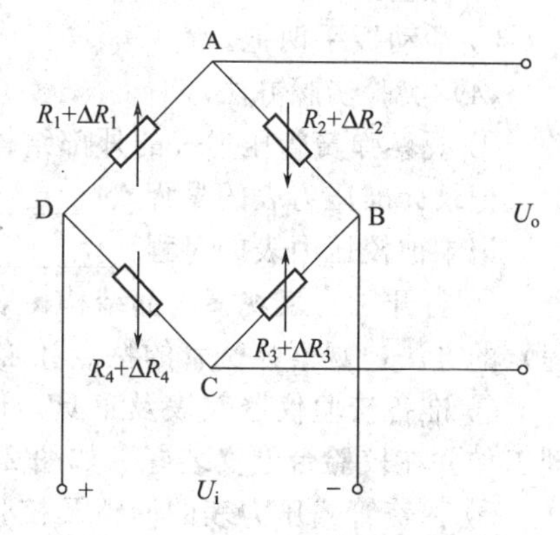

图 2-10　电阻应变片式压力传感器的全桥测量电路

应变片式压力计由弹性元件、电阻应变片和测量电路组成。弹性元件用来感受被测压力的变化，并将被测压力的变化转换为弹性元件表面的应变。电阻应变片粘贴在弹性元件上，将弹性元件的表面应变转换为应变片电阻值的变化，然后通过测量电路将应变片电阻值的变化转换为便于输出测量的电量，从而实现被测压力的测量。目前工程上使用最广泛的电阻应变片有金属电阻应变片和半导体应变片。

图 2-10 所示为应变式压力检测仪表的测量电桥，电桥的四个桥臂都接有应变片，此时相邻桥臂所接的应变片承受相反应变，相对桥臂的应变片承受相同应变，即有 $R_1=R_2=R_3=R_4=R$，$\Delta R_1=\Delta R_3=\Delta R$，$\Delta R_2=\Delta R_4=-\Delta R$。通过桥臂电阻的变化，将压力转换为输出电势 $U_o$。

由于应变片具有较大的电阻温度系数，其电阻值往往随环境温度而变化，因此常采用 2 个或 4 个静态性能完全相同的应变片，使它们处在同一电桥的不同桥臂上，实现温度的补偿。

应变片式压力计具有较大的测量范围，被测压力可达几百兆帕，并具有良好的动态性能，适用于快速变化的压力测量。但尽管测量电桥具有一定的温度补偿作用，应变片式压力计仍具有比较明显的温漂，因此，这种压力检测仪表多应用于一般要求的动态压力检测，测量精度一般在 0.5%～1.0%左右。

## 实践项目　压力表的校验

(1) 实践目的

① 熟悉弹簧管压力表的组成、基本结构和原理。

② 了解弹簧管压力表中杠杆、齿轮传动的基本原理。

③ 学会正确使用电动压力校验台、标准压力表的方法及用对比（标准压力表值与被校压力表值之间对比）方法校验压力表。

④ 掌握引用误差、绝对误差、变差和精度等基本概念及其计算方法。

(2) 实践内容

① 详细观察弹簧管式压力表内部传动部分的结构、组成及其调整方法。

② 掌握电动压力校验台工作时正确的操作方法及注意事项。

③ 使用电动压力校验台（系统）校验压力表，采用对比方法校验压力表时被校压力表调整后满足要求。

④ 了解并熟悉其他类型的压力计。

(3) 所用仪器设备及工具

① 0～1.0MPa 压力表一块，1.5 级

② 电动压力校验台（HB6500Ⅺ型）一台，数字式标准压力表一块，0.1 级。

③ 取针器一个。

④ 螺丝刀一把。

⑤ 活动扳手两把。

(4) 实验步骤方法

① 观察弹簧管压力表的外部结构。

记录标准压力表的量程＿＿＿＿＿＿，精度＿＿＿＿＿。

记录被校压力表的量程＿＿＿＿＿＿，精度＿＿＿＿＿，最小分度＿＿＿＿＿。

② 打开压力表观察内部结构。观察杠杆、齿轮传动的基本原理和调整传动比（即调量程）的方法，观察弹簧管的特点和游丝的作用。

③ 准备校验仪器仪表及工具。做好压力表的清理工作并在校验台上安装好，如图 2-11 所示。

④ 弹簧管式压力表的调整及校验。

• 确定记录压力表整个量程范围内的压力指示值（以被校压力表为基准，在全量程范围内均匀取 5 点）。

• 将电动压力校验台的微调阀旋至中间的位置，关闭回检阀和截止阀。

• 按一下智能压力控制器上的电源按钮，气压泵开始工作，缓慢打开截止阀，观察被检仪表指针（示值）变化，加压至接近被校压力值时，关闭截止阀，通过调节微调阀达到被校压力值。依此类推，直到检定至最大值，被校压力值每次均由低压逐渐递增到被校压力值，称为上行读数。由标准压力表上读取所需数据，填入数据表格。

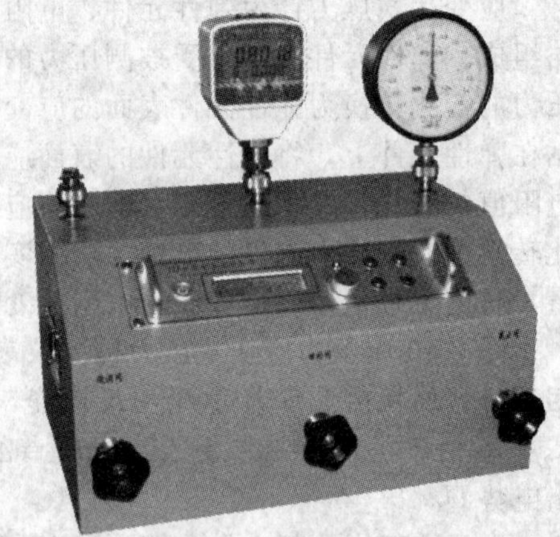

图 2-11 压力表校验台

• 逐渐递减降压到所需被校压力值，被校压力值每次由高压逐渐递减到被校压力值，称为下行读数。由标准压力表上读取所需数据，填入数据表格。

• 初步分析数据，判别被校压力表是否符合要求，若不符合要求应该进行调整。

• 根据记录的数据，判别被校压力表量程偏高还是偏低。

• 打开压力表进行调整（改变调整螺钉的位置），重复以上步骤，直到所测得的上、下行读数符合精度要求为止，并将最终合格数据填入表格内，作为调整后的数据。

(5) 实验报告要求

① 实验报告中内容应全面、整洁，图表齐全。

② 阐述分析产生调校前误差原因。

③ 交实验报告时，应附实验时的原始记录。

④ 在数据表格之后，列出各项误差公式及计算举例。

（6）实验数据记录表格

实验数据记录表格见表 2-3。

**表 2-3　压力表校验实验数据记录表格**

<table>
<tr><td colspan="8">被校压力表　型号________　测量范围________　精度________<br>标准压力表　型号________　测量范围________　精度________<br>压力表校验仪表名称________　型　号________　绝对误差________</td></tr>
<tr><td rowspan="2">标准表示值/MPa</td><td colspan="2">被校压力表/MPa</td><td colspan="2">轻敲后被校表示值/MPa</td><td colspan="2">绝对误差/MPa</td><td rowspan="2">正反行程示值之差</td></tr>
<tr><td>正行程</td><td>反行程</td><td>正行程</td><td>反行程</td><td>正行程</td><td>反行程</td></tr>
<tr><td></td><td></td><td></td><td></td><td></td><td></td><td></td><td></td></tr>
<tr><td></td><td></td><td></td><td></td><td></td><td></td><td></td><td></td></tr>
<tr><td></td><td></td><td></td><td></td><td></td><td></td><td></td><td></td></tr>
<tr><td></td><td></td><td></td><td></td><td></td><td></td><td></td><td></td></tr>
<tr><td></td><td></td><td></td><td></td><td></td><td></td><td></td><td></td></tr>
<tr><td></td><td></td><td></td><td></td><td></td><td></td><td></td><td></td></tr>
<tr><td colspan="2">外观检查记录</td><td colspan="6"></td></tr>
<tr><td colspan="2">零值误差</td><td colspan="6"></td></tr>
<tr><td colspan="2">实测基本误差</td><td colspan="6"></td></tr>
<tr><td colspan="2">实测变差</td><td colspan="6"></td></tr>
<tr><td colspan="2">轻敲位移量</td><td colspan="6"></td></tr>
<tr><td colspan="8">结论及分析：</td></tr>
</table>

# 习　题

2-1　什么叫绝对压力、大气压力、表压力及真空度？它们的相互关系是怎样的？

2-2　测压仪表有哪几类？各基于什么原理？

2-3　作为感测压力的弹性元件有哪几种？各有何特点？

2-4　如果某反应器最大压力为 0.6MPa，允许最大绝对误差为±0.02MPa。现用一台测量范围为 0～1.6MPa、准确度为 1.5 级的压力表来进行测量，能否符合工艺上的误差要求？若采用一台测量范围为 0～1.0MPa、准确度为 1.5 级的压力表，能符合误差要求吗？试说明其理由。

# 第3章　物位检测及仪表

## 3.1　物位检测方法

### 3.1.1　物位检测的概念和用途

物位是指容器（开口或密封）中液体介质液面的高低（称为液位）、两种液体介质分界面的高低（称为界面）和固体粉末或颗粒状物质的堆积高度（称为料位）。用来检测液位的仪表称为液位计，检测分界面的仪表称为界面计，检测固体料位的仪表称为料位计，它们统称为物位计。

物位检测在工业生产过程中具有重要的地位。通过物位检测可以确定容器中被测介质的储存量，以保证生产过程的物料平衡，也为经济核算提供可靠依据；通过物位检测并加以控制，可以使物位维持在规定的范围内，这对于保证产品的产量和质量、保证安全生产具有重要意义。例如，锅炉汽包液位的高低是保证生产安全的重要参数，若汽包液位过高，将使蒸汽带液增加，不仅蒸汽质量变差，还会加重管道和汽轮机积垢，严重时会使汽轮机发生事故；若汽包液位过低，就有可能出现因缺水干烧而发生爆炸的危险。因此，必须对汽包液位进行准确的检测，并把它控制在一定的范围之内。

### 3.1.2　物位检测仪表的分类

物位检测仪表的种类很多，按其测量原理不同，可分为直读式、静压式、浮力式、电磁式、核辐射式、超声波式和光学式等类型。现将各种物位检测仪表测量原理、主要特点和应用场合列于表3-1。

表3-1　物位检测仪表分类比较

<table>
<tr><th colspan="3">物位检测仪表的种类</th><th>测量原理</th><th>主要特点</th><th>应用场合</th></tr>
<tr><td rowspan="2">直读式</td><td colspan="2">玻璃管</td><td rowspan="2">连通器原理</td><td rowspan="2">结构简单，价格低廉，显示直观，但玻璃易碎</td><td rowspan="2">可用于压力不高、现场就地指示的液位测量</td></tr>
<tr><td colspan="2">玻璃板</td></tr>
<tr><td rowspan="3">静压式</td><td colspan="2">压力式</td><td rowspan="3">流体静力学原理，静止介质内某一点的静压力与介质上方自由空间压力之差与该点上方的介质高度成正比</td><td rowspan="3">能远传</td><td rowspan="3">可用于敞口或密封容器中，工业上多用差压变送器</td></tr>
<tr><td colspan="2">吹气式</td></tr>
<tr><td colspan="2">差压式</td></tr>
<tr><td rowspan="3">浮力式</td><td rowspan="2">恒浮力式</td><td>浮子式</td><td rowspan="2">浮于液面上的物体随液位的高低而产生位移的原理</td><td rowspan="2">结构简单，价格低廉</td><td rowspan="2">可用于储罐的液位测量</td></tr>
<tr><td>浮筒式</td></tr>
<tr><td>变浮力式</td><td>沉筒式</td><td>沉浸在液体中沉筒的浮力随液位变化而变化的原理</td><td>可连续测量敞口或密闭容器中的液位、界位</td><td>可用于需远传显示、控制的场合</td></tr>
<tr><td rowspan="3">电磁式</td><td colspan="2">电阻式</td><td rowspan="3">将物位的变化转换成电阻、电容、电感等电量的变化来实现测量</td><td rowspan="3">仪表轻巧、测量滞后小，能远传，但线路复杂，成本较高</td><td rowspan="3">可用于高压腐蚀性介质的物位测量</td></tr>
<tr><td colspan="2">电容式</td></tr>
<tr><td colspan="2">电感式</td></tr>
<tr><td colspan="3">核辐射式</td><td>核辐射透过物料时，其强度随物质层的厚度而变化的原理</td><td>非接触测量，能测各种物位，但成本高，使用和维护不便</td><td>可用于腐蚀性介质的液位测量</td></tr>
<tr><td colspan="3">超声波式</td><td>超声波在气、液、固体中的衰减程度、穿透能力和辐射声阻抗各不相同的原理</td><td>非接触测量，能测各种物位，但成本高，使用和维护不便</td><td>可用于对测量精度要求高的场合</td></tr>
<tr><td colspan="3">光学式</td><td>物位对光波的遮断和反射原理</td><td>非接触测量，能测各种物位，但成本高，使用和维护不便</td><td>可用于对测量精度要求高的场合</td></tr>
</table>

# 3.2　差压式液位测量

## 3.2.1　差压式液位测量原理

（1）工作原理

差压式液位计是根据容器内液位的高度 $H$ 与液柱上下两端面的静差压成比例的原理而工作的。如图 3-1 所示，根据流体静力学原理，A 点与 B 点的压力差（差压）$\Delta p$ 为

$$\Delta p = p_A - p_B = \rho g H \tag{3-1}$$

通常被测介质的密度 $\rho$ 是已知的，重力加速度 $g$ 又是常量，所以 $\Delta p$ 正比于 $H$，即液位 $H$ 的测量问题转换成了差压 $\Delta p$ 的测量问题。因此，差压检测仪表只要量程合适，都可以用来测量液位。图 3-1 是用差压变送器测量密闭容器中液位的示意图，差压变送器正压室接容器的底部，感受静压力 $p_A$，差压变送器负压室接容器的上部，感受液面上方的静压力 $p_B$。在介质密度 $\rho$ 确定后，即可得知容器中的液面高度 $H$。对于敞口容器，无需接气相，将差压变送器的负压室通大气即可。

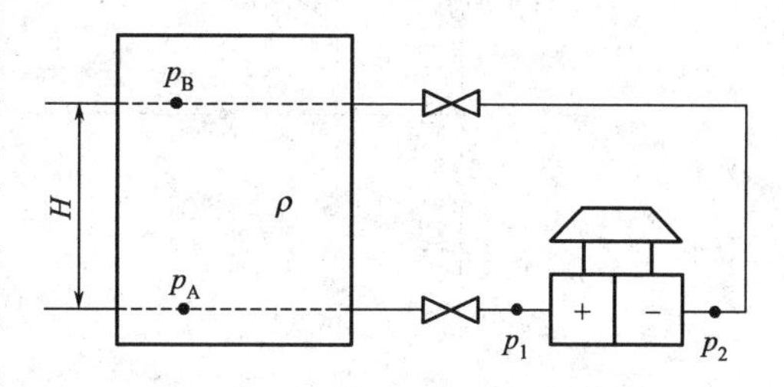


图 3-1　差压变送器测液位的示意图

（2）零点迁移问题

在实际使用中，由于周围环境的影响，差压检测仪表不一定正好与容器底部点在同一水平面上，如图 3-2 所示；或由于被测介质是强腐蚀性的液体，因而必须在引压管上加装隔离装置，通过隔离液来传递压力信号，如图 3-3 所示。在这种情况下，差压变送器接收到的差压信号 $\Delta p$ 不仅与被测液位的高低有关，还受到一个与高度液位无关的固定差压的影响，从而产生测量的误差。为了使差压式液位变送器能够正确地指示液位高度，变送器需要进行零点迁移。

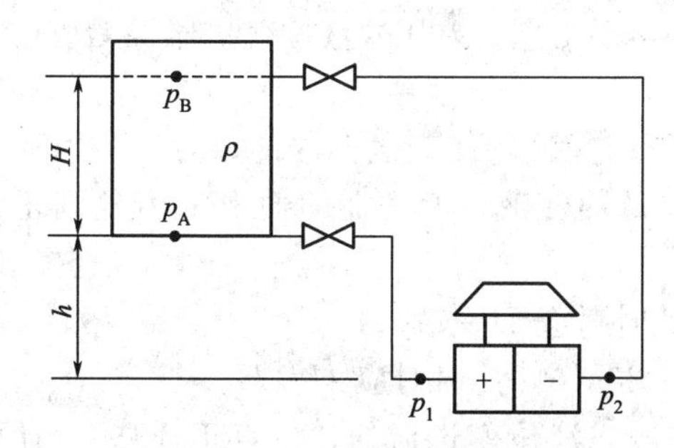


图 3-2　测量高处容器液位的示意图

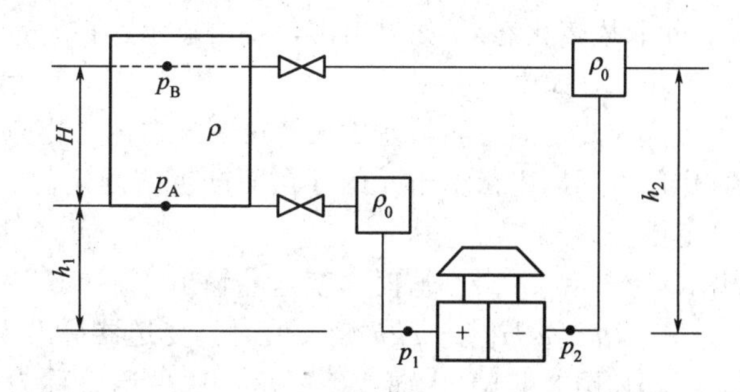


图 3-3　加装隔离罐的示意图

① 无迁移　如图 3-1 所示，差压变送器的正、负压室分别接受来自容器中 A 点和 B 点处的静压。如果被测液体的密度为 $\rho$，则有

正压室压力　$p_1 = p_A = \rho g H + p_B$

负压室压力　$p_2 = p_B$

即　$\Delta p = p_1 - p_2 = \rho g H$

当液位由 $H=0$ 变化到 $H=H_{max}$ 最高液位时，差压变送器输入信号 $\Delta p$ 由 0 变化到最大值 $\Delta p_{max} = \rho g H_{max}$，如图 3-4（a）中曲线 1 所示。相应的电动Ⅲ型差压变送器的输出 $I_0$ 为4～20mA。

$$I_0=\frac{(20-4)}{\Delta p_{max}-0}\times\Delta p+4=16\frac{\Delta p}{\Delta p_{max}}+4 \tag{3-2}$$

如图 3-4(b) 中曲线 1 所示，此时差压变送器为无迁移状态，变送器的测量范围是 0～$\rho gH_{max}$，变送器的量程为 $\rho gH_{max}$。

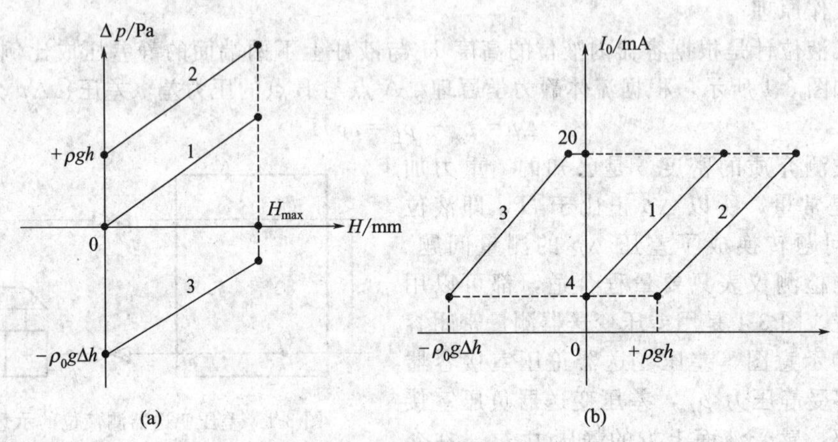


图 3-4 差压变送器迁移原理示意图

② 正迁移 如图 3-2 所示，差压变送器的安装位置低于容器底部取压点，且距离为 $h$，则有

正压室压力 $p_1=p_A+\rho gh=\rho gH+p_B+\rho gh$

负压室压力 $p_2=p_B$

即 $\Delta p=p_1-p_2=\rho gH+\rho gh$

当液位由 $H=0$ 变化到 $H=H_{max}$ 最高液位时，变送器接收到的静差压由 $\Delta p=\rho gh$ 增加至 $\Delta p=\rho gH_{max}+\rho gh$，如图 3-4(a) 中曲线 2 所示。由式(3-2) 可得变送器输出的 $I_0$ 最小值>4mA，$I_0$ 最大值>20mA。事实上，变送器输出电流 $I_0$ 不可能出现高于 20mA 的情况(除非故障状态)，如果出现，将给显示、控制带来错误信息，差压式液位变送器将无法正常工作。

为此，通过调整差压式液位变送器的“零点迁移弹簧”，使变送器内部产生一个附加的作用力用以平衡由于 $h$ 的存在而产生的固定静压，从而使液位变送器的输出 $I_0$ 恢复到正常范围，即

$\Delta p=\rho gh$ 最小值时，变送器输出 $I_0=4$mA，此时对应 $H=0$；

$\Delta p=\rho gH_{max}+\rho gh$ 最大值时，变送器输出 $I_0=20$mA，此时对应 $H=H_{max}$。

如图 3-4(b) 中曲线 2 所示，这种调整称为差压式液位变送器的“零点正迁移”。迁移量为 $\rho gh$；变送器的测量范围是 $\rho gh\sim\rho gH_{max}+\rho gh$；变送器的量程是 $\rho gH_{max}$。

③ 负迁移 如图 3-3 所示，为防止容器中具有腐蚀性的介质进入变送器，造成腐蚀现象，在变送器的正、负取压管线上分别装有隔离罐，内充隔离液，密度为 $\rho_0$（设 $\rho_0>\rho$），则有

正压室压力 $p_1=p_A+\rho_0 gh_1=\rho gH+p_B+\rho_0 gh_1$

负压室压力 $p_2=p_B+\rho_0 gh_2$

即 $\Delta p=p_1-p_2=\rho gH+\rho_0 g(h_1-h_2)$

因 $h_1<h_2$ 并设 $\Delta h=h_2-h_1$

则 $\Delta p=p_1-p_2=\rho gH+\rho_0 g(h_1-h_2)=\rho gH-\rho_0 g\Delta h$

当液位由 $H=0$ 变化到 $H=H_{\max}$ 最高液位时，变送器接收到的静差压由 $\Delta p=-\rho_0 g\Delta h$ 增加至 $\Delta p=\rho g H_{\max}-\rho_0 g\Delta h$，如图 3-4(a) 中曲线 3 所示。由式(3-2) 可得变送器输出的 $I_0$ 最小值$<$4mA，$I_0$ 最大值$<$20mA。事实上，变送器输出电流 $I_0$ 是不可能出现低于 4mA 的情况（除非故障状态），如果出现，将给显示、控制带来错误信息，差压式液位变送器将无法正常工作。

为此，通过调整差压式液位变送器的“零点迁移弹簧”，使变送器内部产生一个附加的作用力用以平衡由于隔离罐的存在计 $h_1$ 和 $h_2$ 的影响而产生的固定静压，从而使液位变送器的输出 $I_0$ 恢复到正常范围，即

$\Delta p=-\rho_0 g\Delta h$ 最小值时，变送器输出 $I_0=4$mA，此时对应 $H=0$；

$\Delta p=\rho g H_{\max}-\rho_0 g\Delta h$ 最大值时，变送器输出 $I_0=20$mA，此时对应 $H=H_{\max}$。

如图 3-4(b) 中曲线 3 所示，这种调整称为差压式液位变送器的“零点负迁移”。迁移量为 $\rho_0 g\Delta h$；变送器的测量范围是 $-\rho_0 g\Delta h \sim \rho g H_{\max}-\rho_0 g\Delta h$；变送器的量程是 $\rho g H_{\max}$。

从上述分析可知，通过调整变送器的“零点迁移弹簧”，其变送器同时改变测量范围的上、下限，而量程的大小不变，进行了相应的迁移，达到了使液位变送器的输出正确反映被测液位高低的目的。

当 $H=0$ 时：

若变送器感受到的 $\Delta p=0$，则变送器不需迁移；

若变送器感受到的 $\Delta p>0$，则变送器需要正迁移；

若变送器感受到的 $\Delta p<0$，则变送器需要负迁移。

（3）法兰式差压液位变送器的使用

采用普通的差压式变送器检测液位，一般是用导压管与被测对象相连，被测介质直接通过导压管进入变送器的正、负压室。当被测介质黏性很大，容易沉淀、结晶或腐蚀性很强的情况下，就极易引起导压管的堵塞或仪表的腐蚀。为此，使用法兰式差压液位变送器来进行液位测量。

法兰式差压变送器分两大类：单法兰式和双法兰式，如图 3-5(a)、(b) 所示。法兰的

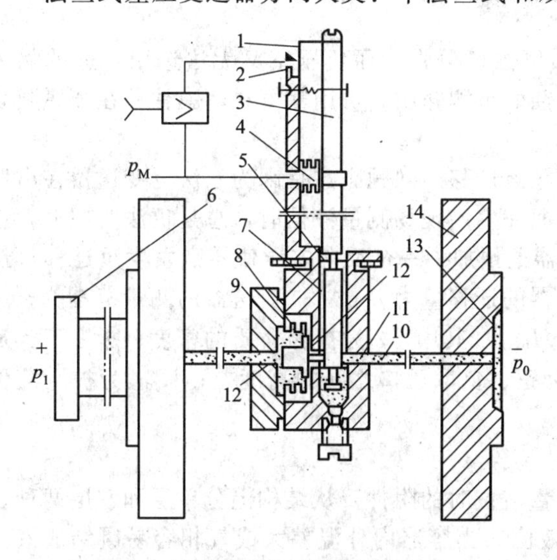


(a) 单法兰插入式差压变送器结构

1—挡板；2—喷嘴；3—杠杆；4—反馈波纹管；5—密封片；6—插入法兰；7—负压室；8—测量波纹管；9—正压室；10—硅油；11—毛细管；12—密封环；13—膜片；14—平法兰

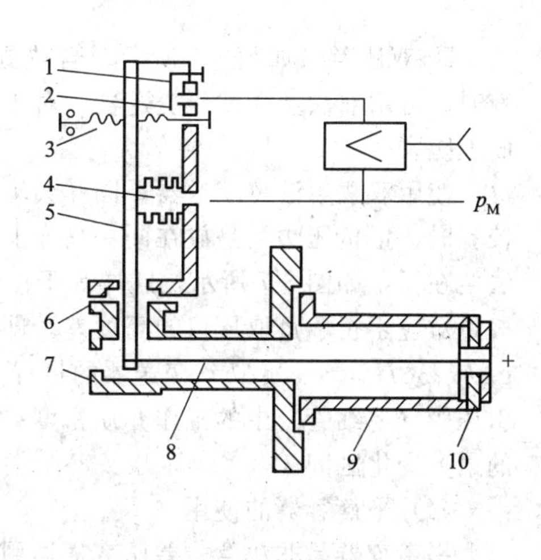


(b) 双法兰式差压变送器结构

1—挡板；2—喷嘴；3—弹簧；4—反馈波纹管；5—杠杆；6—密封片；7—壳体；8—连杆；9—插入筒；10—膜盒

图 3-5　法兰式差压变送器

构造又分平法兰和插入式法兰两种。

不同结构形式的法兰可使用在不同场合。选择原则如下。

① 平法兰　如图 3-6 所示。用以检测介质黏度大，易结晶、沉淀或聚合引起堵塞的场合。

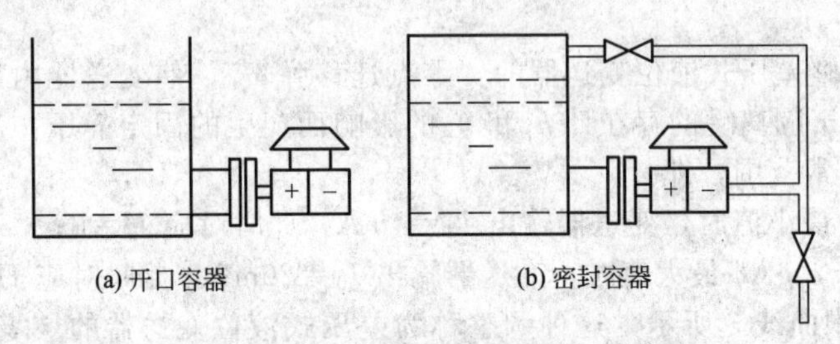


图 3-6　平法兰式差压变送器测量示意图

② 插入式法兰　如图 3-7(b)、(c) 所示。被测介质有大量沉淀或结晶析出，致使容器壁上有较厚的结晶或沉淀，宜采用插入式法兰。

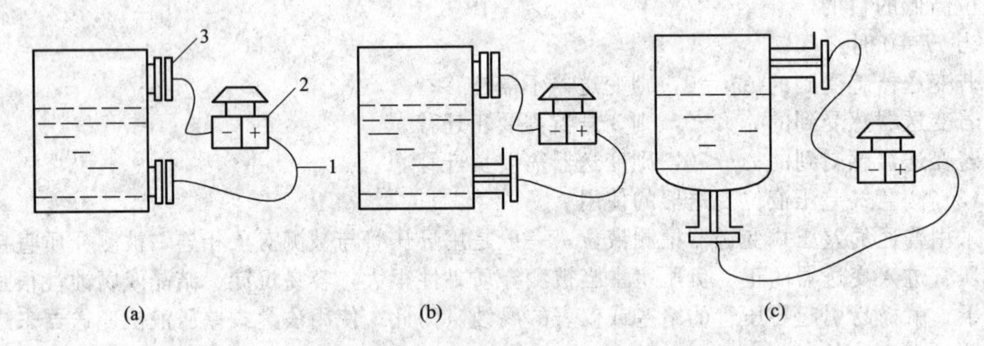


图 3-7　双法兰式差压变送器测量示意图

1—毛细管；2—差压变送器；3—法兰测量头

③ 双法兰　如图 3-7 所示。当被测介质腐蚀性较强，而负压室又无法选用合适的隔离液时，可用双法兰式差压变送器。对于强腐蚀的被测介质，可用氟塑料薄膜粘贴在金属膜表面上防腐。

使用双法兰液位变送器，同样会出现“零点迁移”问题。这是因为双法兰变送器在出厂校验时，正负压法兰是放在同一高度上的。而在生产现场测量液位时，总是负法兰在上，正法兰在下，如图 3-7 所示，这样等于在变送器上预加了一个反向差压使零点发生负迁移，迁移量对应于正、负取压口的高度差。即变送器的迁移量为 $\rho_0 g\Delta h$；变送器的测量范围为 $-\rho_0 g\Delta h \sim \rho g H_{\max}-\rho_0 g\Delta h$；变送器的量程为 $\rho g H_{\max}$。其中，$\rho$ 为被测介质的密度；$\rho_0$ 为正、负引压管（毛细管）中的工作介质密度；$\Delta h$ 为正、负取压口之间的高度差；$H_{\max}$ 为被测液位的最大变化区间。

（4）平衡容器的使用

平衡容器是非法兰式差压变送器用于测量液位时的附件，从结构上分单层和双层两种。

① 单层平衡容器用于测量低压容器的液位　当容器内外温差大或气相容易凝结成液体时，将有冷凝液进入负导压管线至负压室，造成变送器感受到的信号不是容器液位的单值函数而产生测量误差。在负导压管线上安装单层平衡容器（有时又称冷凝器）后，能保持 $\Delta p$ 的稳定，从而使变送器的输入 $\Delta p$ 仅为液位的单值函数。图 3-8 所示为单层平衡容器系统连接图（设正、负压室内液体密度 $\rho$ 一致）。

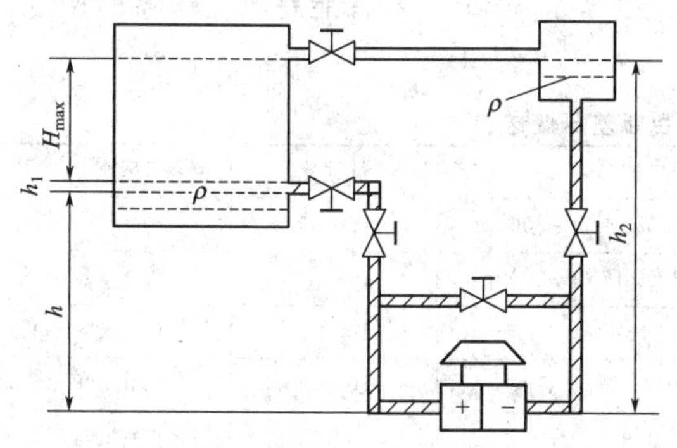


图 3-8　单层平衡容器系统连接图

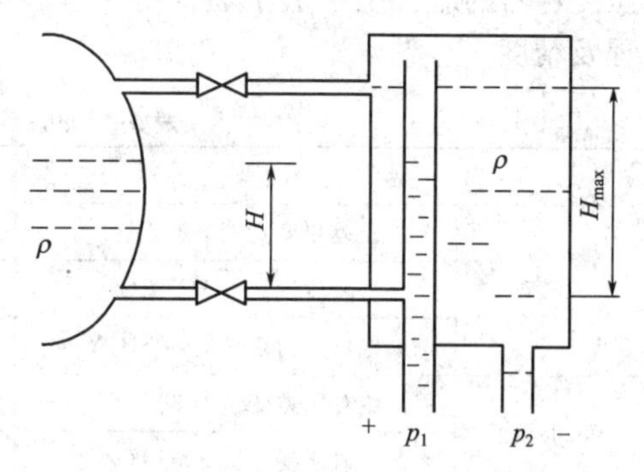


图 3-9　双层平衡容器系统连接图

② 双层平衡容器用于测量锅炉汽包水位的高度　系统连接图如图 3-9 所示。平衡容器与锅炉汽包内蒸汽部分相通，并保持水位恒定在上。水位管与汽包内水的部分相连。其水位高度与汽包内水位一致（设 $\rho$ 相同），在蒸汽压力和温度恒定时，变送器输入 $\Delta p=p_1-p_2=\rho gH-\rho gH_{\max}$。当 $H=0$ 时，$\Delta p=-p_2=-\rho gH_{\max}$；当 $H=H_{\max}$时，$\Delta p=0$。此时，变送器应进行负迁移，且相应的迁移量为 100%（迁移量/量程）。

实际上，平衡容器内液体的温度与汽包内温度不完全相同，会出现测量误差。因此，实际应用时，需采用电气压力校正系统对液位测量进行校正，以显示出正确的 $H$。

### 3.2.2　差压（压力）变送器

（1）变送器概述

能直接感受被测变量并将其转换成标准信号输出的传感转换装置称为变送器。变送器是单元组合仪表八大单元之一，其作用是将被测的工艺变量转换为统一的标准信号，送给指示仪、记录仪、控制器或计算机控制系统，从而实现对被测变量的自动检测和控制。

差压变送器可将液体、气体或蒸汽的差压、压力、液位、流量等被测变量转换成统一的标准信号。差压变送器类型很多，有矢量机构式、微位移式以及利用通信器组态来进行仪表调校及参数设定的智能式。

矢量机构式差压变送器是依据力矩平衡原理工作的，变送器的体积大、重量大，受环境温度影响大，因有机械杠杆和电磁反馈环节，所以易损坏，机电一体化结构给调校、维修带来困难。

随着过程控制水平的提高，可编程调节器、可编程控制器、DCS 等高精度、现代化的控制仪表及装置广泛应用于工业过程控制，对测量变送环节提出了更高的要求。于是，没有机械传动装置、最大位移量不超过 0.1mm 的微位移式压力（差压）变送器便应运而生。根据所用的测量元件不同，常见的微位移式压力（差压）变送器有电容式、电感式、扩散硅式和振弦式等。

智能式变送器是由传感器和微处理器结合而成的。它充分利用了微处理器的存储能力，可对传感器的数据进行处理，包括对测量信号的处理（如滤波、放大、A/D 转换等）、数据显示、自动校正和自动补偿等。

前面第 2 章压力检测及仪表中已经介绍了应变式、霍尔式、压阻式、电容式压力检测仪表，现在重点介绍常用的智能式差压变送器。

（2）3051 系列智能差压变送器

图 3-10　3051 系列智能差压变送器实物图

3051 系列差压变送器由美国罗斯蒙特公司开发的智能差压变送器，其实物图如图 3-10 所示。它以微处理器为核心，在传统电容式差压变送器的基础上增加了通信等功能。表 3-2 给出了 3051 系列智能差压变送器的型号、量程及精度。

表 3-2 3051 系列智能差压变送器

| 型号 | | 校验量程 | 量程比 | 精度 |
|---|---|---|---|---|
| 3051C 型 | 差压变送器 3051CD | 0～0.5in$H_2O$～2000psi | 100∶1 | 0.075% |
| | 表压变送器 3051CG | 0～2.5in$H_2O$～2000psi | 100∶1 | 0.075% |
| | 绝对压力变送器 3051CA | 0～0.167psi～2000psi | 100∶1 | 0.075% |
| 3051T 型 | 绝对压力变送器 3051TA | 0～0.3～1Mpsi | 100∶1 | 0.075% |
| | 表压变送器 3051TG | 0.3～1Mpsi | 100∶1 | 0.075% |
| 3051L 型 | 液位变送器 3051L | 2.5～83in$H_2O$ | 100∶1 | 0.075% |
| 3051H 型 | 差压变送器 3051HD | 0～0.62kPa～13800kPa | 100∶1 | 0.075% |
| | 表压变送器 3051HG | 0～0.62kPa～13800kPa | 100∶1 | 0.075% |
| 3051P 型 | 差压变送器 3051PD | 0～0.62kPa～240kPa | 10∶1 | 0.05% |
| | 表压变送器 3051PG | 0～0.62kPa～13800kPa | 10∶1 | 0.05% |

注：3051C 型低功耗压力变送器 6～12V 直流供电，耗电 18～36mW，4～20mA 输出；有 0.8～3.2V 与 1～5V 输出可选。

3051 系列智能差压变送器的原理框图如图 3-11 所示。该系列智能差压变送器由传感膜头和电子线路板两部分组成。

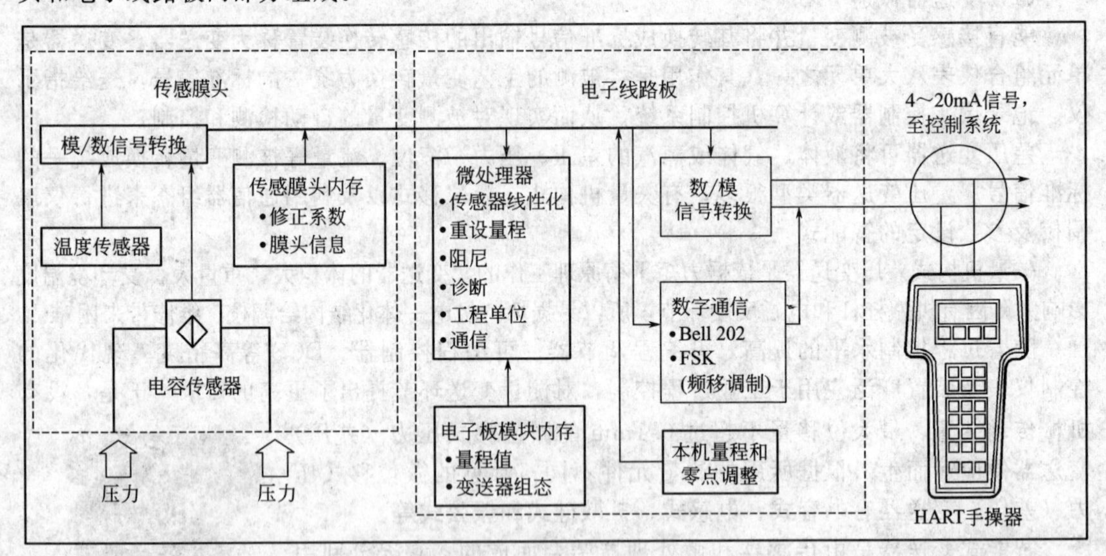


图 3-11 3051 系列智能差压变送器原理框图

传感膜头部分由电容传感器、温度传感器、模/数（A/D）信号转换和传感膜头内存组成。

传感膜头的测量原理与传统的电容式差压变送器相同，被测介质压力通过电容传感器转换为与之成正比的差动电容信号。传感膜头同时还进行温度的测量，用于补偿温度变化的影响。上述电容和温度信号通过 A/D 转换器转换为数字信号，输入到电子线路板模块。

在工厂的特性化过程中，所有的传感器都经受了整个工作范围内的压力与温度循环测试。根据测试数据所得到的修正系数，都储存在传感膜头内存中，从而保证变送器在运行过程中能精确地进行信号修正。

电子线路板模块部分由微处理器、数/模信号转换、数字通信和电子板模块内存 EEPROM 等组成。

电子线路板模块接收来自传感膜头的数字输入信号和修正系数，然后对信号加以修正与线性化。电子线路板模块的输出部分将数字信号转换成 4～20mA DC 电流信号，并与手持通信器进行通信。

在电子线路板模块的永久性 EEPROM 存储器中存有变送器的组态数据，当遇到意外停电，其数据仍可保存，所以恢复供电之后，变送器能立即工作。数字通信格式符合 HART 协议，该协议使用了工业标准 Bell 202、频移调制（FSK）技术，通过在 4～20mA DC 输出信号上叠加高频信号来完成远程通信。罗斯蒙特公司采用这一技术，能在不影响回路完整性的情况下实现同时通信和输出。

图 3-12　DPharp EJA 系列智能差压变送器的实物图

3051 系列智能差压变送器的特点是变送器配有单片微机，因此功能强、灵活性高、性能优越、可靠性高；测量范围从 0～1.24kPa 到 0～41.37MPa，量程比达 100∶1；可用于差压、压力（表压力）、绝对压力和液位的测量，最大负迁移为 600%，最大正迁移为 500%；0.1%以上的精确度长期稳定可达 5 年以上；一体化的零位和量程按钮；具有自诊断能力；压力数字信号叠加在输出 4～20mA DC 电流信号上，适用于控制系统通信。

（3）DPharp EJA 系列智能差压变送器

DPharp EJA 系列智能差压变送器是由日本横河电机株式会社于 1994 年开发的高性能智能式差压（压力）变送器，采用了世界上最先进的单晶硅谐振式传感器技术，自投放市场以来，以其优良的性能受到客户好评。DPharp EJA 系列智能差压变送器的实物图如图 3-12 所示。表 3-3 给出了 DPharp EJA 系列智能差压变送器的类型、量程、测量范围的参数。

① EJA 差压变送器的特点　采用世界首创的单晶硅谐振式传感器；采用微电子机械加工高新技术（MEMS）；传感器直接输出频率信号，简化与数字系统的接口；高精度，一般为±0.075%；高稳定性和可靠性；连续十万次过压试验后影响量≤0.03%/16MPa；连续工作五年不需要调校零点；BRAIN、HART、FF 三种现场总线通信协议供选择；完善的自诊断及远程设定通信功能；可无需三阀组而直接安装使用；基本品的接液膜片材质为哈氏合金 C-276（小型标准为 3.9kg）；外部零点/量程调校。

② 工作原理　如图 3-13 所示，由单晶硅谐振式传感器上的两上 H 形的振动梁分别将差压、压力信号转换成频率信号，送到脉冲计数器，再将两频率之差直接传递到 CPU 进行数据处理，经 D/A 转换器转换为与输入信号相对应的 4～20mA DC 的输出信号，并在模拟信号上叠加一个 BRAIN/HART 数字信号进行通信。膜盒组件中内置的特性修正存储器存储传感器的环境温度、静压及输入/输出特性修正数据，经 CPU 运算，可使变送器获得优良的温度特性和静压特性及输入/输出特性。通过 I/O 口与外部设备（如手持智能终端 BT200 或 BT375 以及 DCS 中的带通信功能的 I/O 卡）以数字通信方式传递数据，即高频 2.4kHz（BRAIN 协议）或 1.2kHz（HART 协议）数字信号叠加在 4～20mA 信号线上，在进行通信时，频率信号对 4～20mA 信号不产生任何的影响。

• 结构原理　图 3-14 所示为单晶硅谐振传感器的核心部分，即在一单晶硅芯片上采用微电子机械加工技术（MEMS），分别在其表面的中心和边缘作成两个形状、大小完全一致的 H 形状的谐振梁（H 形状谐振器有两个谐振梁），且处于微型真空腔中，使其即不与充灌液接触，又确保振动时不受空气阻尼的影响。

表 3-3 DPharp EJA 系列智能差压变送器

| 型号 | 应用 | 类型 | 量程 | 测量范围 | | 最大工作压力 | |
|---|---|---|---|---|---|---|---|
| | | | | kPa | in$H_2O$ | MPa | psi |
| EJA110A | 差压和液位 | 常规安装① | L | 0.5～10 | 2～40 | 16④ | 2250④ |
| | | | L(接液材质代码为“S”) | 0.5～10 | 2～40 | 16 | 2250 |
| | | | M | 1～100 | 4～400 | 16 | 2250 |
| | | | H | 5～500 | 20～2000 | 16 | 2250 |
| | | | V | 0.14～14MPa | 20～2000psi | 16 | 2250 |
| EJA115 | 流量 | 内藏孔板 | L | 1～10 | 4～40 | 3.5 | 500 |
| | | | M | 2～100 | 8～400 | 14 | 2000 |
| | | | H | 20～210 | 80～830 | 14 | 2000 |
| EJA118W<br>EJA 118N<br>EJA 118Y | 差压和液位<br>(隔膜密封式) | 凸膜片<br>平膜片<br>一平一凸 | M | 2.5～100 | 10～400 | 基于法兰规格 | |
| | | | H | 25～500 | 100～2000 | | |
| EJA120A | 微差压 | 常规安装① | E | 0.1～1 | 0.4～4 | 50kPa | 7.25 |
| EJA130A | 差压和液位 | 常规安装 | M | 1～100 | 4～400 | 32(42) | 4500(5900) |
| | | | H | 5～500 | 20～2000 | 32(42) | 4500(5900) |
| EJA210A<br>EJA 220A | 液位开口<br>闭口容器 | 平膜片<br>凸膜片 | M | 1～100 | 4～400 | 基于法兰规格 | |
| | | | H | 5～500 | 20～2000 | | |
| EJA310A | 绝对压力②<br>(真空) | 常规安装① | L | 0.67～10 | 2.67～40 | 10kPa | 40in$H_2O$ |
| | | | M | 1.3～130 | 0.38～38inHg | 130kPa | 18.65 |
| | | | A | 0.03～3MPa | 4.3～430psi | 3000kPa | 430 |
| EJA430A | 压力 | 常规安装① | M | 1～100 | 4～400 | 100kPa | 430 |
| | | | A | 0.03～3MPa | 4.3～430psi | 3 | 430 |
| | | | B | 0.14～14MPa | 20～2000psi | 14 | 2000 |
| EJA438N | 压力<br>(隔膜密封式) | 凸膜片远传 | M | 2.5～100 | 10～400 | 基于法兰规格 | |
| | | | A | 0.06～3MPa | 9～430psi | | |
| | | | B | 0.46～7MPa | 66～1000psi | | |
| EJA438W | 压力<br>(隔膜密封式) | 平膜片嵌入 | M | 2.5～100 | 10～400 | 基于法兰规格 | |
| | | | A | 0.06～3MPa | 8～430psi | | |
| | | | B | 0.46～14MPa | 66～2000psi | | |
| EJA440A | 高压 | 常规安装① | C | 5～32MPa | 720～4500psi | 32 | 4500 |
| | | | D | 5～50MPa | 720～7200psi | 50 | 7200 |
| EJA510A<br>EJA530A | 绝对压力和<br>表压力③ | 直接安装 | A | 10～200 | 1.45～29psi | 200kPa | 29 |
| | | | B | 0.1～2 | 14.5～290psi | 2 | 290 |
| | | | C | 0.5～10 | 72.5～1450psi | 10 | 1450 |
| | | | D | 5～50 | 720～7200psi | 50 | 7200 |

① 常规安装为 1/4-18NPTF 过程连接（过程接头为 1/2-14NPTF）。

② 测量值为绝对压力值。

③ EJA510A 测量值为绝对压力值。

④ 当接液膜片材质代码为 H、M、T、A、D 和 B 时，此值为 3.5MPa（500psi）。

• 谐振梁振动原理　如图 3-15 所示，硅谐振梁处于由永久磁铁提供的磁场中，与变压器、放大器等组成一个正反馈回路，让谐振梁在回路中产生振荡。

• 受力情况　当单晶硅片的上下表面受到压力并形成压力差时将产生形变，中心处受到压缩力，边缘处受到张力，因而两个谐振梁分别感受不同应变作用，其结果是中心谐振梁受压缩力而频率减少，边侧谐振梁因受张力而频率增加，两频率之差对应不同的压力信号。如

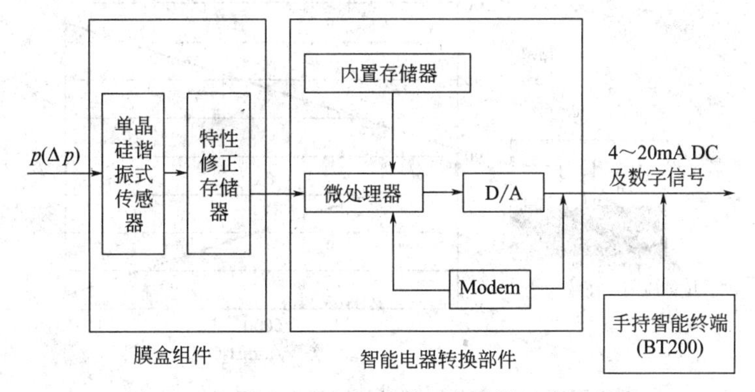


图 3-13　DPharp EJA 智能差压变送器工作原理图

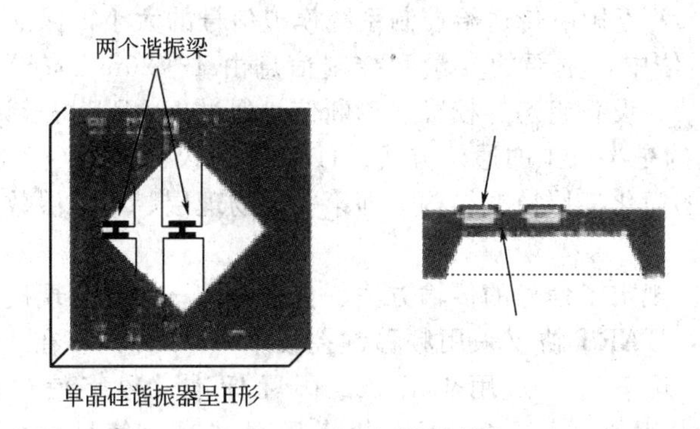


图 3-14　硅谐振梁的结构

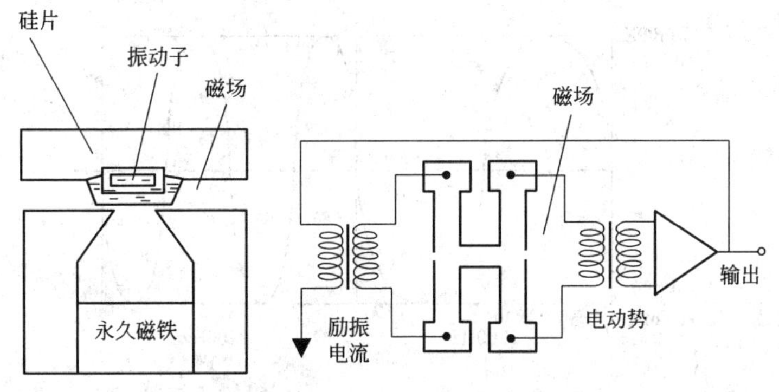


图 3-15　硅谐振器的自激振荡

图 3-16 所示。

### 3.2.3　智能差压变送器的通信协议

3.2.3.1　HART 协议

(1) HART 协议简介

HART (Highway Addressable Remote Transducer)，可寻址远程传感器高速通道的开放通信协议，是美国罗斯蒙特公司于 1985 年推出的一种用于现场智能仪表和控制室设备之间的通信协议。HART 装置提供具有相对低的带宽，适度响应时间的通信。经过 30 多年的发展，HART 技术已经十分成熟，并已成为全球智能仪表的工业标准。

HART 协议采用基于 Bell 202 标准的 FSK 频移键控信号，在低频的 4～20mA 模拟信号上叠加幅度为 0.5mA 的音频数字信号进行双向数字通信，数据传输率为 1.2kbps。由于

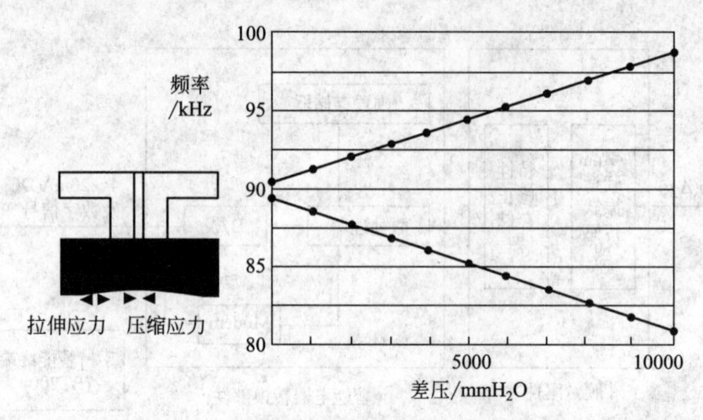


图 3-16 由差压形成的谐振器的频率变化

FSK 信号的平均值为 0，不影响传送给控制系统模拟信号的大小，保证了与现有模拟系统的兼容性。在 HART 通信中，主要的变量和控制信息由 4～20mA 传送，在需要的情况下，另外的测量、过程参数、设备组态、校准、诊断信息通过 HART 协议访问。

HART 通信采用的是半双工的通信方式。HART 协议参考 ISO/OSI（开方系统互联参考）模型，采用了它的简化三层模型结构，即第一层物理层、第二层数据链路层和第七层应用层。

第一层：物理层。规定了信号的传输方法、传输介质，为了实现模拟通信和数字通信同时进行而又互不干扰，HART 协议采用频移键控技术（FSK），即在 4～20mA 模拟信号上叠加一个频率信号，频率信号采用 Bell 202 国际标准，数字信号的传输速率设定为 1200bps，1200Hz 代表逻辑“1”，2200Hz 代表逻辑“0”，信号幅值 0.5mA，如图 3-17 所示。

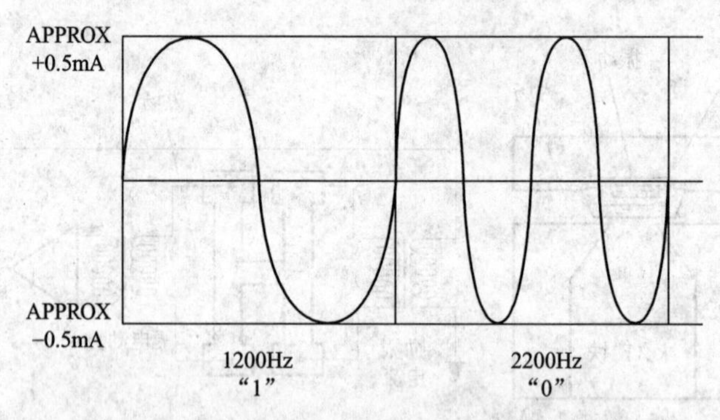


图 3-17 基于 Bell 202 标准的 FSK 频移键控信号

通信介质的选择视传输距离长短而定。通常采用双绞线、同轴电缆作为传输介质，最大传输距离可达到 1500m。线路总阻抗应在 230～1100Ω 之间。

第二层：数据链路层。规定了 HART 帧的格式，实现建立、维护、终止链路通信功能。HART 协议根据冗余检测码信息，采用自动重复请求发送机制，消除由于线路噪声或其他干扰引起的数据通信出错，实现通信数据无差错传输。

现场仪表要执行 HART 指令，操作数必须合乎指定的大小。每个独立的字符包括 1 个起始位、8 个数据位、1 个奇偶校验位和 1 个停止位。由于数据的有无和长短并不恒定，所以 HART 数据的长度也是不一样的，最长的 HART 数据包含 25KB。

第七层：应用层。为 HART 命令集，用于实现 HART 指令。命令分为三类，即通用命令、普通命令和专用命令。

（2）HART 协议远程通信硬件

现场仪表的 HART 协议部分主要完成数字信号到模拟电流信号的转换，并实现对主要变量和过程参数的测量、设备组态、校准及诊断信息的访问。图 3-18 所示是 HART 协议通信模块结构框图。

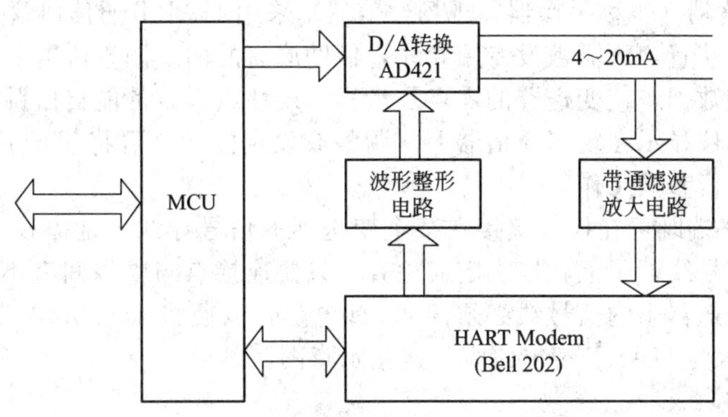


图 3-18　HART 协议通信模块结构框图

HART 通信部分主要由 D/A 转换和 HART Modem 及其附属电路来实现。其中，D/A 转换作用是直接将数字信号转换成 4～20mA 电流输出，以输出主要的变量。HART Modem 及其附属电路的作用是对叠加在 4～20mA 环路上的信号进行带通滤波放大后，HART 通信单元如果检测到 FSK 频移键控信号，则由 HART Modem 将 1200Hz 的信号解调为“1”、2200Hz 信号解调为“0”的数字信号，再通过串口送到 MCU，MCU 接收命令帧，进行相应的数据处理，然后 MCU 产生要发回的应答帧，应答帧的数字信号由 Modem 调制成相应的 1200Hz 和 2200Hz 的 FSK 频移键控信号，波形整形后，经 AD421 叠加在环路上发出。

D/A 转换器采用 AD421，它是美国 ADI 公司推出的一种单片高性能数/模转换器，由环路供电，16 位数字信号以串行方式输入，可以将数字信号直接转换成 4～20mA 电流输出。

HART Modem 采用 SMAR 公司的 HT2012，是符合 Bell 202 标准的半双工调制解调器，实现 HART 协议规定的数字通信的编码或译码。它一方面与 MCU 的异步串行通信口进行串行通信，另一方面将输入不归零的数字信号调制成 FSK 信号，再经 AD421 叠加在 4～20mA 的回路上输出，或者将回路信号经带通滤波、放大整形后取出 FSK 信号解调为数字信号，从而实现 HART 通信。

由于 HART 数字通信的要求，有 0.5mA 的正弦波电流信号叠加在 4mA 电流上，因此整个硬件电路必须保证在 3.5mA 以下还能正常工作，因此实现系统的低功耗设计非常重要。

（3）HART 通信软件

HART 通信程序也即为 HART 协议数据链路层和应用层的软件实现，是整个现场软件设计的关键。在 HART 通信过程中，主机（上位机）发送命令帧，现场仪表通过串行口中断接收到命令帧后，由 MCU 进行相应的数据处理，产生应答帧，由 MCU 触发发送中断，发出应答帧，从而完成一次命令交换。

① 在加上电源或复位后，主程序要对通信部分进行初始化，主要包括波特率设定、串口工作方式设定、清除通信缓冲区、开中断等。

② 在初始化完成后，通信部分就一直处在准备接收状态下，一旦上位机有命令发来，HT2012 的载波检测口变为低电平，触发中断，启动接收，程序就进入接收部分，然后完成主机命令的解释并根据命令去执行相应的操作，最后按一定的格式生成应答帧并送入通信缓冲区，启动发送，完成后关闭 SCI。

③ 在发送应答帧之后，再次进入等待状态，等待下一条上位机命令。

HART 协议因具有结构简单、工作可靠、通用性强的特点，使得它成为全球应用最广的现场通信协议，已成为工业上实际的标准。

3.2.3.2 HART375 智能终端

HART 智能终端（也称手操器、现场通信器）采用 HART 通信协议，是带有小型键盘和显示器的便携式装置，不需敷设专用导线，借助原有的两线制直流电源兼信号线，用叠加脉冲法传递指令和数据，使变送器的零点及量程、线性或开方都能自由调整或选定，各参数分别以常用物理单位显示在现场通信器上。调整或设定完毕，可将现场通信器的插头拔下，变送器即按新的运行参数工作。

HART 智能终端既可在控制室接在某个变送器的信号导线上远方设定或检查，也可接在现场变送器的信号线端子上就地设定或检查。只要连接点与电源间有不小于 250Ω 电阻就能进行通信，而变送器来的信号线必须接 250Ω 电阻，以便将 4～20mA 变为 1～5V 的联络信号。图 3-19 所示为 HART 智能终端的连接示意图。

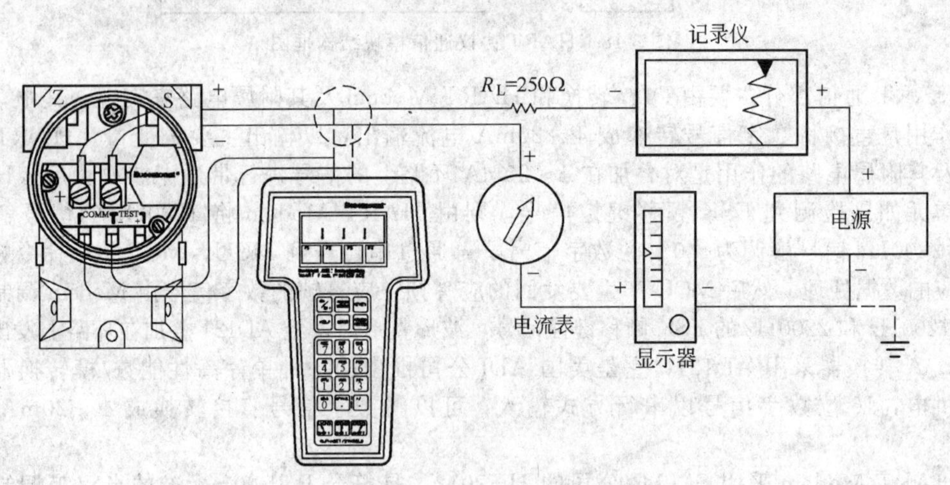


图 3-19 HART 智能终端的连接示意图

HART375 智能终端是与具有 HART 协议的仪表进行通信的设备之一，主要用于工业现场对 HART 智能仪表进行组态、管理、维护、调整，以及对运行过程中的仪表进行过程变量的监测。它可与 3051、EJA 等使用 HART 协议的仪表进行通信。接口采用全汉化中文菜单提示，操作更方便。HART375 智能终端的外形如图 3-20 所示，它主要由触摸显示屏幕和键盘组成（使用方法详见产品说明书）。

3.2.3.3 BRAIN 协议

BRAIN 协议是横河智能仪表的协议，在横河变送器、涡街流量计、电磁流量计等仪表中都有这个协议，在仪表的输出信号栏上的代码为“D”。和 BRAIN 协议配套使用的手持智能终端是 BT200，使用 BT200 在 BRAIN 协议的支持下可对变送器进行设定、更改、显示、打印参数、调零等操作。

3.2.3.4 BT200 智能终端

BT200 智能终端是一种便携式终端，它与采用 BRAIN 协议的仪表一起使用，对其进行设定、更改、显示和打印参数（如牌号、输出方式、范围等），监控输入/输出值和自诊断结果，设定恒电流的输出和调零。BT200 智能终端的外形如图 3-21 所示。

BT200 智能终端的主要功能有：低电压报警；自动关闭电源；设置密码；向上/向下批量传输数据；打印输出；ID（确认号）设置；语言选择（英文/日文）；LCD 对比度调节；

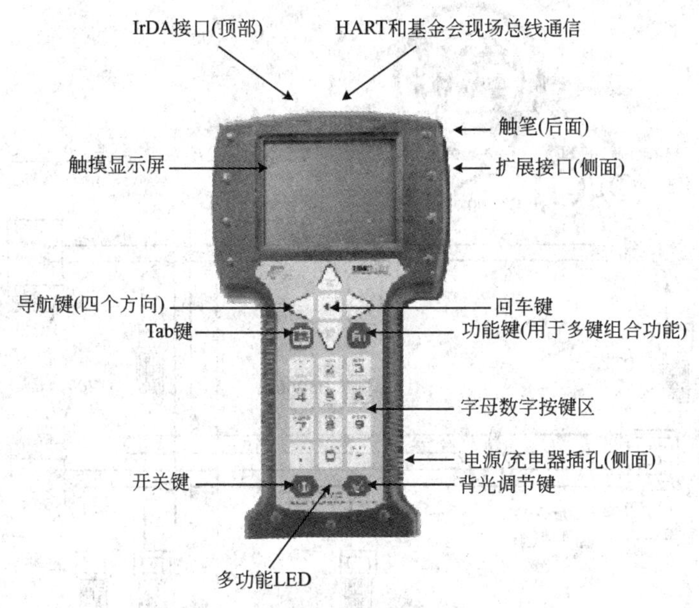


图 3-20　HART375 智能终端外形图

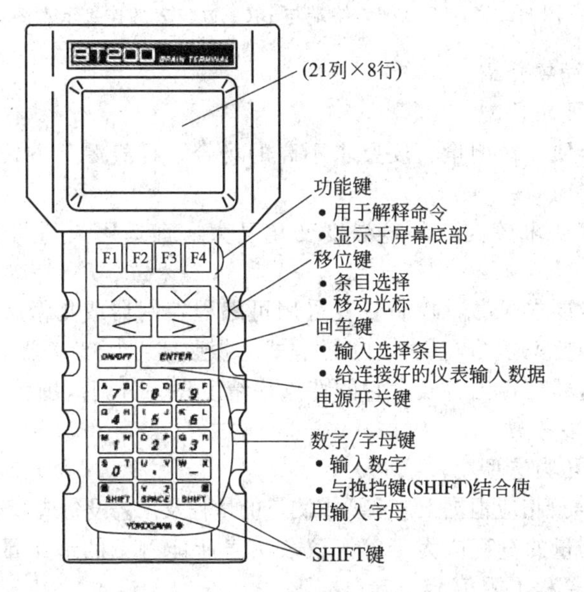


图 3-21　BT200 智能终端外形图

打印深浅调节。

在现场连接 BRAIN 智能终端与 BRAIN 系列仪表时，使用带 IC 钩针的 BRAIN 智能终端电缆，如图 3-22 所示，接插脚和智能终端电缆都标记了电极，即使连接反向，也不会造成任何损坏。

当系统开动或维持操作时，只要把 BT200 接在 4～20mA 通信信号线上，或把它接在 ESC（信号调节通信卡）提供的接口上，就可使用 BT200。

### 3.2.4　差压变送器的选用

差压变送器的选型，一般根据精度、量程（或测量范围）、工作压力、介质性质、防爆等级、防腐与安装等要求而定。下面就精度、测量范围、工作压力、介质性质等要求确定差

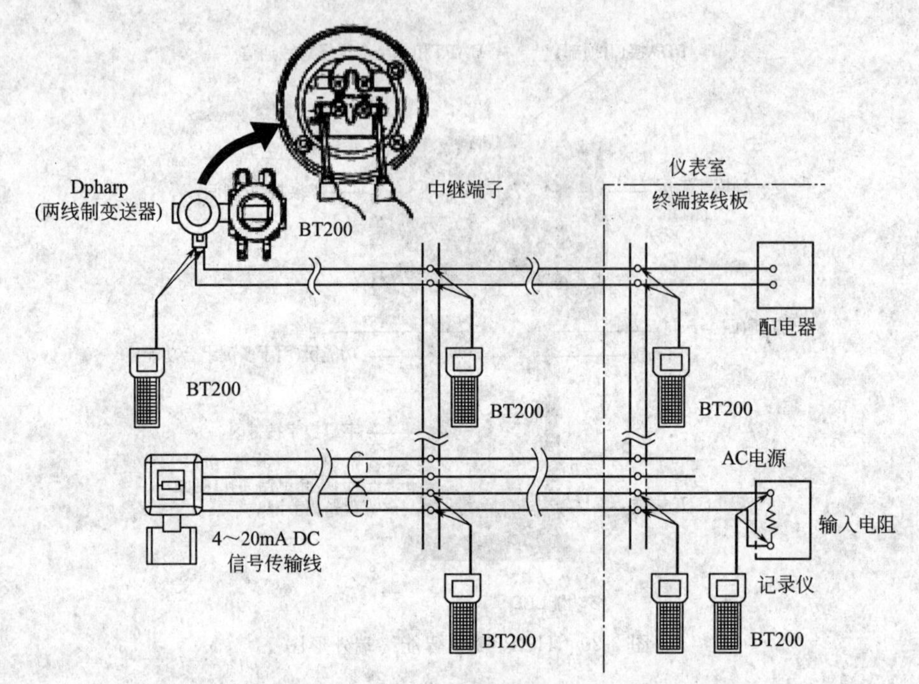


图 3-22　BT200 智能终端与 BRAIN 仪表的连接示意图

压变送器的选型进行简要介绍。

(1) 按测量精度要求选型

① 对于一般性介质，在测量精度要求不高的场合，且气源又方便，则可选用气动差压变送器。

② 对于测量精度要求较高，环境温度变化又大，宜选用矢量机构式电动Ⅲ型差压变送器。

③ 对于测量精度要求很高，控制装置采用可编程控制器或集散控制系统的，则可用测量精度高、故障低的电容式、电感式、扩散硅式、振弦式差压变送器。

④ 目前智能变送器已相当普及，它的特点是精度高、可调范围大，而且调整非常方便、稳定性好，选型时应多考虑。

(2) 范围与工作压力选型

差压变送器的型号规格应根据工艺上要求测量的量程及工艺设备或管道内工作压力来确定。

① 变送器实际测量的量程应大于等于仪表本身所能测量的最小量程，而小于等于仪表本身所能测量的最高量程上限值。

② 变送器应用场合的实际工作压力（即静态工作压力）应小于等于变送器所能承受的额定工作压力。

(3) 被测介质性质选型

① 被测介质黏度大，易结晶、沉淀或聚合引起堵塞的场合，宜采用单平法兰式差压变送器。

② 被测介质有大量沉淀或结晶析出，致使容器壁上有较厚的沉淀或结晶时，宜采用单插入式法兰差压变送器，若上部容器壁和下面的一样，也有较厚的结晶层时，常用双插入式法兰差压变送器。

③ 被测介质腐蚀性较强而负压室又无法选用合适的隔离液时，可选用双平法兰式差压变送器。

## 3.3　其他液位测量仪表

### 3.3.1　直读式液位仪表

直读式液位计是根据连通器原理，将容器内介质液体引至外部，通过透明玻璃直接显示容器内液位实际高度。主要有玻璃管液位计和玻璃板液位计等。图 3-23 所示为直读式液位计的测量原理。

(1) 玻璃管液位计

玻璃管液位计（图 3-24）是一种直读式液位测量仪表，适用于工业生产过程中一般储液设备中的液体位置的现场检测。其具有结构简单，测量准确，直观可靠，经久耐用等优点，是传统的现场液位测量工具。该液位计两端各装有一个针形阀，当玻璃管发生意外事故而破碎时，针形阀在容器压力作用下自动关闭，以防容器内介质继续外流。

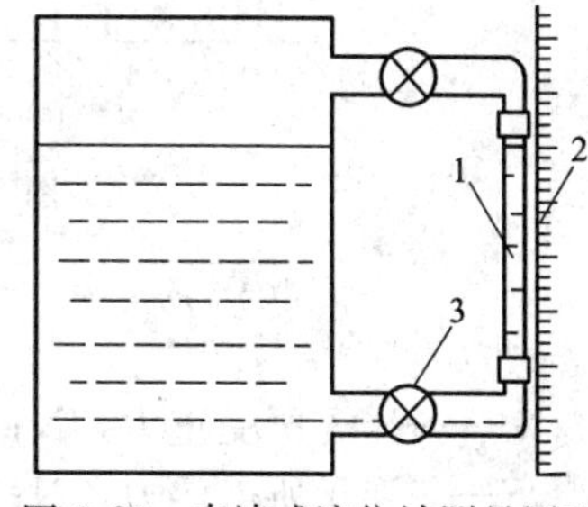


图 3-23　直读式液位计测量原理
1—玻璃管或玻璃板；2—标尺；3—阀

(2) 玻璃板液位计

玻璃板液位计（图 3-25）可用来直接指示密封容器中的液位高度，具有结构简单，直观可靠，经久耐用等优点。但容器中的介质必须是与钢、钢纸及石墨压环不起腐蚀作用的。HG5 型玻璃板液位计适用于直接指示各种塔、罐、槽、箱等容器内介质液位。仪表的上下阀上都装有螺纹接头，通过法兰与容器连接构成连通器，透过玻璃板可直接读得容器内液位的高度。上下阀内都装有钢球，当玻璃板因意外事故破坏时，钢球在容器内压力作用下阻塞通道，这样容器便自动密封，可以防止容器内的液体继续外流。仪表的阀端有阻塞孔螺钉，可供取样时用，或在检修时放出仪表中的剩余液体时用。

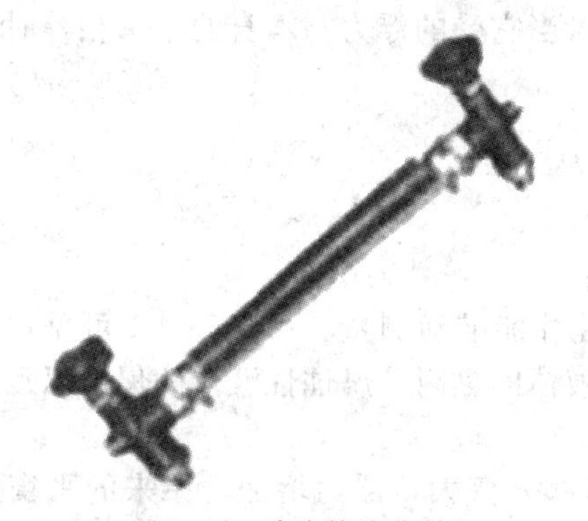

图 3-24　玻璃管液位计

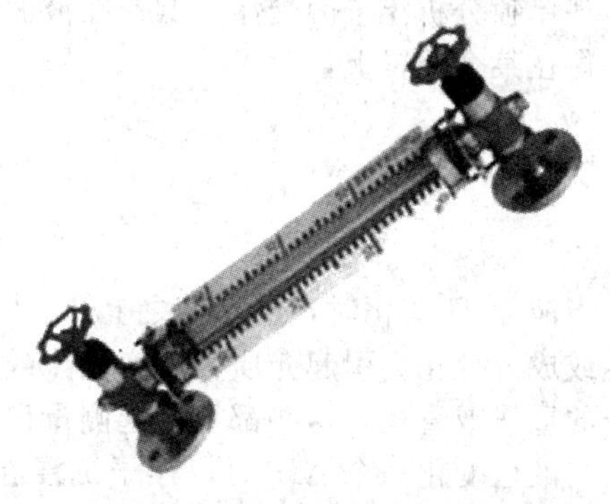

图 3-25　玻璃板液位计

### 3.3.2　浮力式液位仪表

利用液体浮力原理来测量液位的方法应用广泛。通常可分为两种类型：通过浮子随液位升降的位移反映液位变化的，属于恒浮力式液位仪表；通过液面升降对浮筒所受浮力的改变反映液位的，属于变浮力式液位仪表。

#### 3.3.2.1　恒浮力式液位计

(1) 测量原理

典型的恒浮力式液位计为浮子式液位计，如图 3-26 所示。

将浮子 1 由绳索经滑轮 2 与容器外的平衡重物 3 相连，利用浮子所受重力和浮力之差与平衡重物的重力相平衡，使浮子漂浮在液面上，则平衡关系为

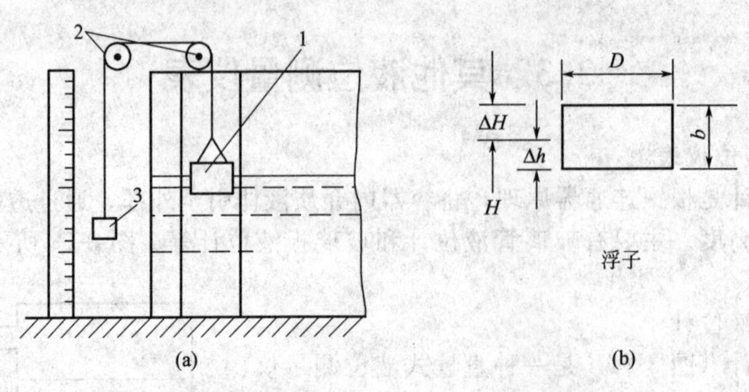


图 3-26 恒浮力式液位计工作原理图

1—浮子；2—滑轮；3—平衡重物

$$W-F=G \tag{3-3}$$

式中 $W$——浮子所受重力，N；

$F$——浮子所受浮力，N；

$G$——平衡重物的重力，N。

一般使浮子浸没一半时，满足平衡关系。当液位上升时，浮子被浸没的体积增加，浮力 $F$ 增加，则 $W-F<G$，使原有平衡关系破坏，则平衡重物会使浮子向上移动，直到重新满足平衡关系为止，浮子停留在新的液位高度上，反之亦然，从而实现了浮子对液位的跟踪。若忽略绳索的重力影响，由式(3-3) 可见，$W$ 和 $G$ 可认为是常数，因此浮子停留在任何高度的液面上时，$F$ 的值也应为常数，故称恒浮力法。这种方法实质上是通过浮子把液位的变化转换为机械位移的变化。

如图 3-26(b) 所示，设浮子为扁圆柱形，其直径为 $D$、高度为 $b$、重量为 $W$，浮子浸没在液体中部分高度为 $\Delta h$，液体介质密度为 $\rho$，液面高度为 $H$。

现单独分析浮子因受浮力漂浮在液面上的情况，当它受的浮力与本身的重量相等时，浮子平衡在某个位置上，此时

$$W=\frac{\pi D^2}{4}\Delta h\rho g$$

则

$$\Delta h=\frac{4W}{\pi D^2\rho g} \tag{3-4}$$

当液面 $H$ 变化时，浮子随之上升 $\Delta h$，应不变化才能准确测量。由式(3-4) 可见，由于温度或成分变化会引起介质密度变化，或由于黏性液体的黏附、腐蚀性液体的侵蚀以致改变浮子的重量或直径，这些都会引起测量误差。

当液位变化一个 $\Delta H$ 时，浮子沉浸在液体中的部分变大，浮力增加，原来的平衡关系被破坏，浮力上浮，浮力变化 $\Delta F$ 为

$$\Delta F=\frac{\pi D^2}{4}\Delta H\rho g \tag{3-5}$$

浮子随液位变化而上下浮动的原因是浮力的变化 $\Delta F$，只有在浮力 $\Delta F$ 大到能够使浮子动作时，才能反映出液位的变化。

由于仪表各部分具有摩擦，所以只有当浮力变化 $\Delta F$ 达到一定数值 $\Delta F'$，能克服摩擦时，浮子才开始动作，这就是仪表产生不灵敏区的原因。$\frac{\Delta H}{\Delta F'}$表示液位计的不灵敏区，$\Delta F'$ 为浮子开始移动时的浮力。

$$\frac{\Delta H}{\Delta F'}=\frac{4}{\pi D^2\rho g} \tag{3-6}$$

由式(3-6) 可知，在设计浮子时，适当地增加浮子的直径 $D$，可有效地减小仪表的不灵敏区，提高仪表的测量精度。

(2) 恒浮力式液位计的种类及应用

常见的恒浮力式液位计可分为带有钢丝绳（或钢带）的浮子式液位计、带杠杆的浮子式液位计和依靠浮子电磁性能传递信号的液位计。

① 带有钢丝绳（或钢带）的浮子式液位计 目前，大型储罐多使用这类液位检测仪表。如浮子重锤液位计，液位的高低通过连接浮子的钢丝绳传递给平衡重锤，由它的位置高低显示出相应的液位。这种液位计测量的精度不够高，信号不能远传。为此，将浮子重锤液位计加以改进，成为浮子钢带液位计。图 3-27 所示为浮子钢带液位计测量原理图。图 3-28 为 UHZ 系列浮子钢带液位计原理系统示意图。

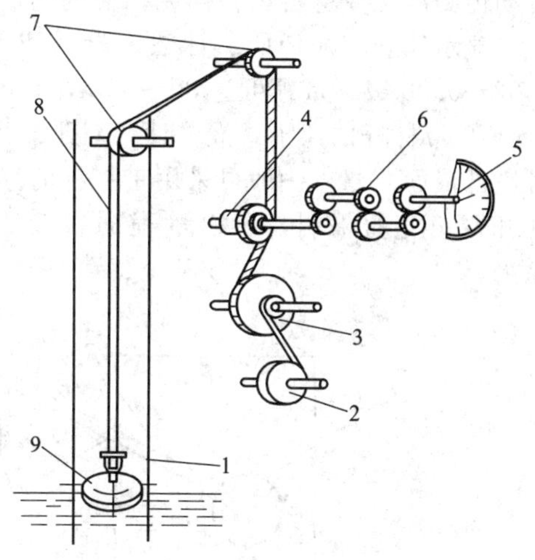


图 3-27 浮子钢带液位计测量原理

1—导向钢管；2—盘簧轮；3—钢带轮；4—链轮；5—指示盘；6—齿轮；7—导轮；8—钢带；9—浮子

UHZ 系列浮子钢带液位计由传感器和显示变送器组成。如图 3-28 所示，传感器安装在罐顶上，从传感器顶部伸出一根测量钢带，钢带的端部吊有浮子，当浮子在全量程范围内上下移动变化时，钢带对浮子的拉力基本不变。浮子的自重大于钢带的拉力，浮子部分浸入液体中。由于拉力不变，所以浮子浸入液体的深度不变，因而可以认为，浮子与液位严格同步运动，扣除一固定初值后，浮子的位置就代表了液位。

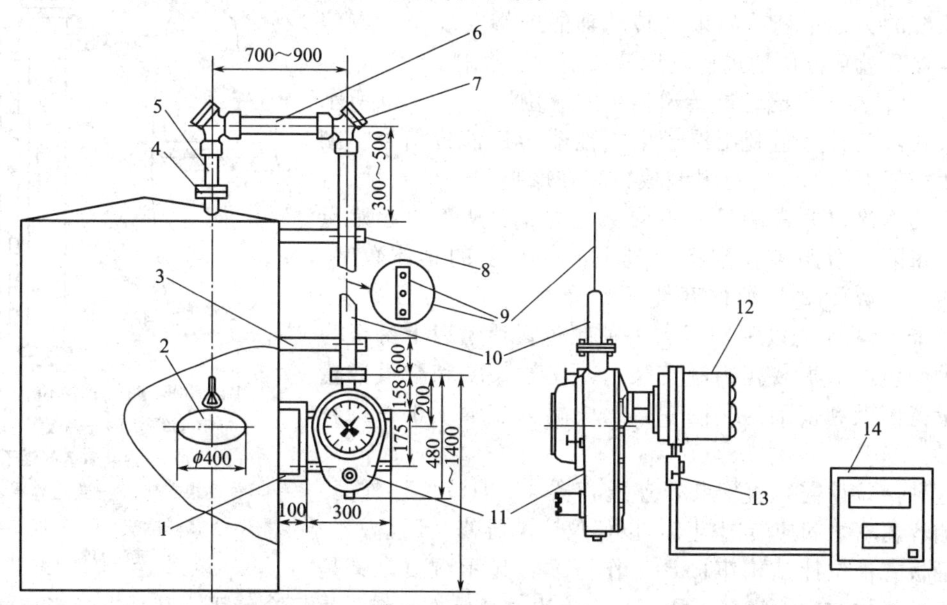


图 3-28 UHZ 系列浮子钢带液位计原理系统示意图

1—仪表固定支座；2—浮子；3—护管支撑；4—法兰；5,6,10—护管；7—90°导轮；8—卡箍；9—测量钢带；11—传感器；12—液位变送器；13—隔爆接线盒；14—显示仪表

浮子的位置用钢带伸出传感器的长度来计量，钢带上每隔 50mm 穿一个小孔，链轮上装有 4 枚定位针，两针相距也是 50mm。钢带运动时，定位计恰好穿进钢带的小孔内，钢带通过定位针带动链轮转动。钢带移动 200mm，链轮旋转一周，用磁性耦合的方法将链轮的

转动传到液位变送器，转换成相应的电信号。

显示仪表完成译码、计数、显示和 D/A 转换功能。通过 5 位数字显示，精度可达到 0.02～0.03 级，量程可达 20～30m，并可带有串行异步通信功能。

② 带杠杆的浮子式液位计　对于黏度比较大的液体介质的液位测量，如炼油厂的减压塔底部液面测量，一般可采用带杠杆的浮子式液位计，如图 3-29 所示。这种仪表由于机械杠杆臂长度的限制，所以量程通常较小，常用于液位控制系统中的液位高度变化量的检测。

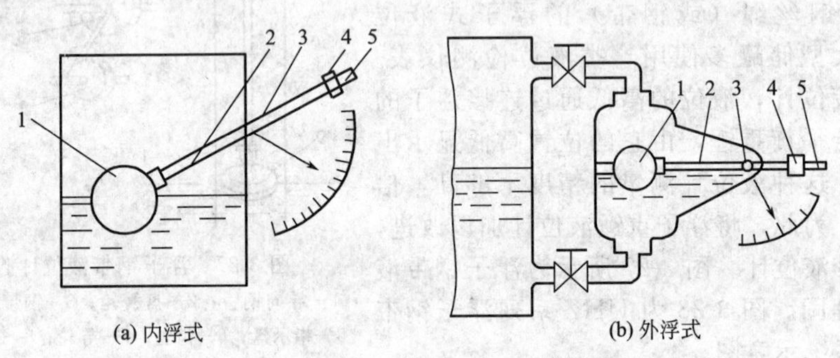


(a) 内浮式　　(b) 外浮式

图 3-29　带杠杆的浮子（浮球）式液位计

1—浮子（浮球）；2—连杆；3—转动轴；4—平衡锤；5—杠杆

浮球式液位计分内浮球式和外浮球式两种。浮球由钢或不锈钢制成。浮球通过连杆与转动轴连接。转动轴的另一端与容器外侧的杠杆相连接，并在杠杆上加平衡物组成以转动轴为支点的杠杆系统。一般设计要求在浮球一半浸没在液面时实现系统的力矩平衡。如果在转动轴的外端安装指针或信号转换器，就可方便地进行就地液位指示、控制。

③ 依靠浮子电磁性能传递信号的液位计　图 3-30 所示为翻板式液位计，它利用浮子电磁性能传递液位信号。翻板 1 用极轻而薄的导磁材料制成，装在摩擦很小的轴承上，翻板的两侧涂以非常醒目的不同颜色的漆。从液位起始点开始，每隔一段距离在翻板上刻上液位高度的具体数字。带有磁性的浮子 2 随液位变化而升降时，吸动翻板翻转。若从 A 向看，浮子以下翻板为一种颜色，浮子以上翻板为另一种颜色，翻板装在铝制支架上，支架长度和翻板数量随测量范围及精度而定。图中，三块翻板表示了正在翻转的情形。

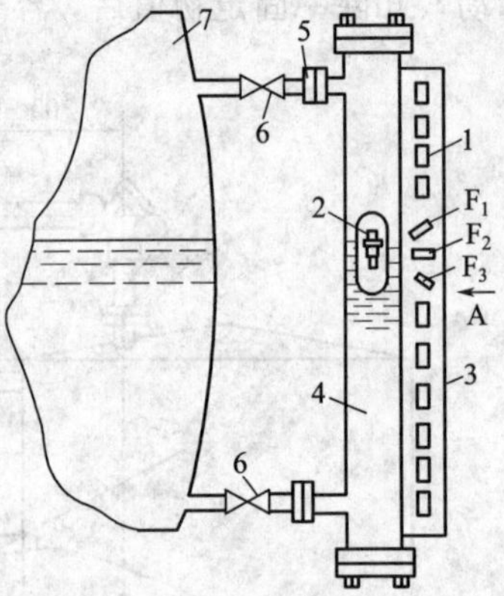

图 3-30　翻板式液位计

$F_1$，$F_2$，$F_3$—翻板

1—翻板；2—内装磁钢的浮子；3—翻板支架；4—连通容器；5—连接法兰；6—阀门；7—被测容器

这种液位计需垂直安装，连通容器 4（即液位计外壳）与被测容器 7 之间应装阀门 6，以便仪表的维修、调整。

翻板式液位计结构牢固，工作可靠，显示醒目，又是利用机械结构和磁性联系，故不会产生火花，宜在易燃易爆场合使用。其缺点是当被测介质黏度较大时，浮子与器壁之间易产生黏附现象，使摩擦增大，严重时，可能使浮子卡死而造成指示错误并引起事故。

#### 3.3.2.2　浮筒式液位变送器

浮筒式液位变送器用于对生产过程中容器内液位进行连续测量、远传，配合调节仪表还可构成液位控制系统。它是变浮力式液位计。

(1) 测量原理

图 3-31 所示为浮筒式液位计测量原理图。将一封闭的中空金属筒悬挂在容器中，筒的重量大于同体积的液体重量，筒的重心低于几何中心，使筒总是保持直立而不受液体高度的影响。设筒重为 $W$，浮力为 $F_{浮}$，则悬挂点受到的作用力 $F$ 为

$$F=W-F_{浮}$$

式中，$F_{浮}=AH\rho g$。其中，$A$ 为浮筒截面积；$H$ 为从浮筒底步算起的液位高度；$\rho$ 为液体密度。所以

$$F=W-AH\rho g$$

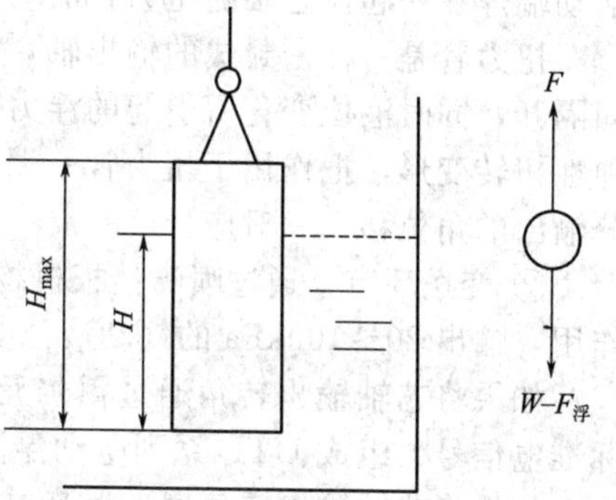

图 3-31　浮筒式液位测量原理图

当液位 $H=0$ 时，悬挂点所受到的作用力 $F=W=F_{max}$为最大。随着液位 $H$ 的升高，悬挂点所受作用力 $F$ 逐渐减小，当液位 $H=H_{max}$时，作用力 $F=F_0$为最小。式中，$W$、$A$、$\rho$、$g$ 均为常数，所以作用力 $F$ 与液位 $H$ 成反向的比例关系。

由式及图可以知道，浮筒式液位计的测量范围由浮筒的长度决定。从仪表的结构及测量稳定的角度出发，$H$ 测量范围在 300～2000mm 之间。

应当注意，浮筒式液位仪表的输出信号不仅与液位高度有关，而且还与被测介质的密度有关，因此在密度发生变化时，必须进行密度修正。

浮筒式液位仪表还可以用于测量两种密度不同的液体分界面。

(2) 浮筒式液位测量仪表的组成

浮筒式液位测量仪表按传输信号的种类可分成两大类：气动和电动。

气动浮筒式液位测量仪表的典型系列是 UTQ 型。它由检测环节、变送环节、调节环节三部分构成，属于就地式检测调节仪表，主要优势是安全防爆性，在炼油厂及相关危险场所得到广泛使用。

电动浮筒式液位测量仪表主要由检测环节和变送环节构成。典型的有输出 0～10mA 标准信号的 UTD 系列和输出 4～20mA 标准信号的 SBUT 系列。

① 检测环节　检测环节由浮筒、浮筒室、扭力管等组件构成。其测量原理如图 3-32 所示。

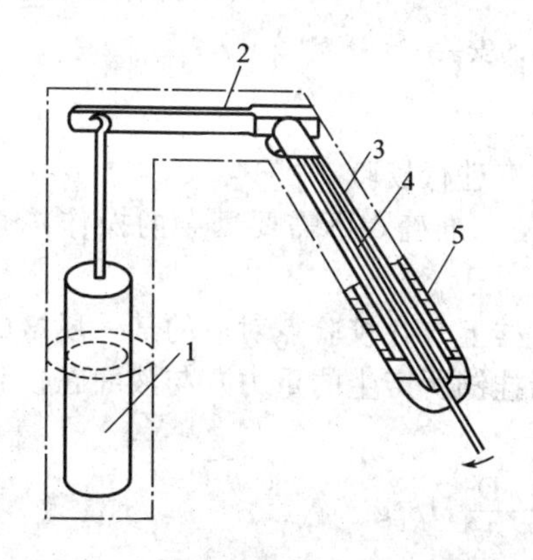


图 3-32　用扭力管平衡的浮筒测量原理

1—浮筒；2—杠杆；3—扭力管；4—芯轴；5—外壳

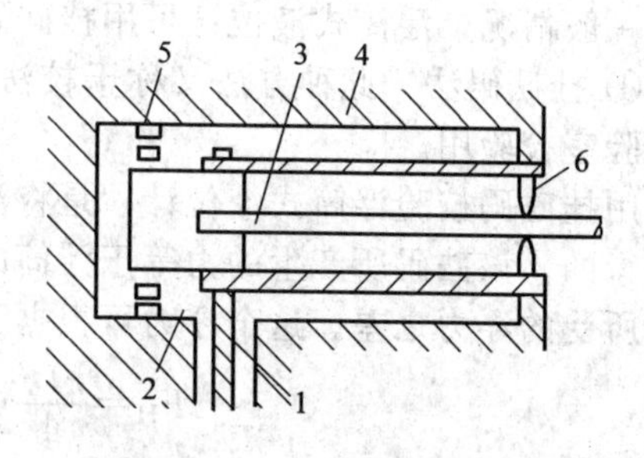


图 3-33　扭力管结构示意图

1—杠杆；2—扭力管；3—芯轴；4—外壳；5—滚针轴承；6—玛瑙轴承

浮筒浸没在被测液体中检测液位变化。浮筒杠杆吊在扭力管一端，扭力管另一端固定。当被测液位变化时，浮筒所受浮力变化，扭力管产生角位移。穿在扭力管中的芯轴与扭力管

活动端焊在一起，芯轴随扭力管活动端转动从而输出转角位移 $\Delta\phi$（$\Delta\phi$ 最大值约 5°）。

扭力管是一种密封式的输出轴，结构如图 3-33 所示，它一方面能将被测介质与外部空间隔开，同时液位变化所引起的浮力变化使扭力管产生相平衡的弹性反作用力，扭力管利用弹性扭转变形，把作用于扭力管一端的力矩变换成芯轴的角位移输出，使液位变化与检测部分输出的角位移一一对应。

② 变送环节　通过喷嘴挡板机构将角位移 $\Delta\phi$ 转换成气压信号，再经放大、反馈机构的作用，输出 20～100kPa 的气动液位变送信号，组成了气动浮筒液位仪表。

如果将芯轴输出转角通过霍尔元件的转换，再经 mV/mA 转换器，就可输出 0～10mA 标准电信号，组成 UTD 系列电动浮筒液位仪表。

如果将芯轴输出转角通过涡流差动变压器的转换，再经 mV/mA 转换器，就可输出 4～20mA 标准电信号，组成 SBUT 系列电动浮筒液位仪表。

③ 安装环节

浮筒式液位计的安装分外浮筒、顶底式，内浮筒、侧置式和内浮筒、顶置式几种安装类型，如图 3-34 所示。

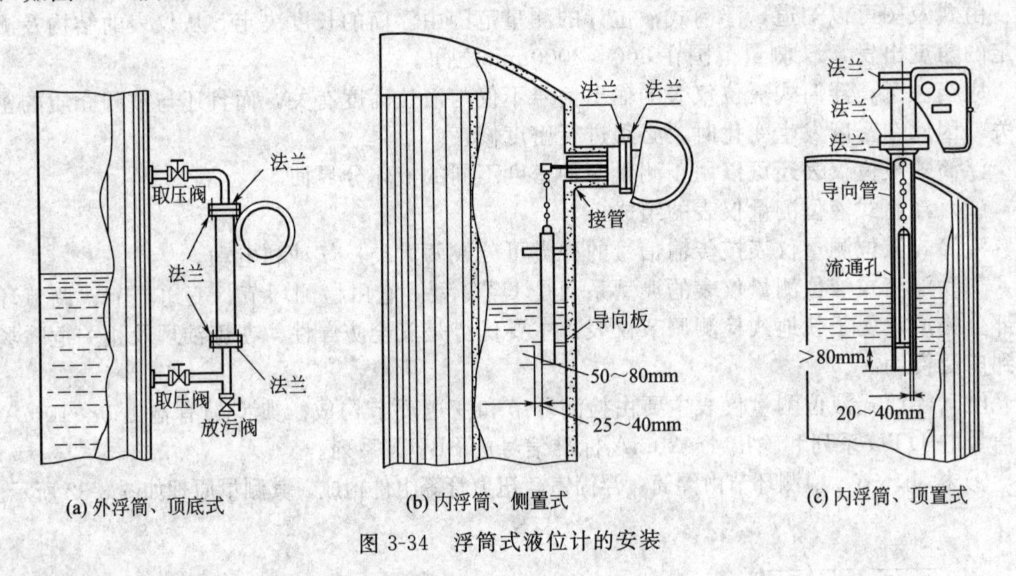


图 3-34　浮筒式液位计的安装

(3) 浮筒式液位变送器的示值校验

一般情况，浮筒式液位计可用挂砝码法或水校法来进行校验。

① 挂砝码法　此种方法又称干校法。它校验方便、准确，不需要繁杂的操作，通常用于实验室校验用。

用挂砝码校验浮筒式液位计，是将浮筒取下后，挂上与各校验点对应的某一质量的砝码来进行的。该砝码所产生的力等于浮筒的重力（包括挂链所产生的重力）与液面在校验点时浮筒所受的浮力之差。这个浮力可根据下式求出。

$$F_{\mathrm{H}}=\frac{\pi D^2}{4}(L-H)\rho_2 g+\frac{\pi D^2}{4}H\rho_1 g$$

$$=\frac{\pi D^2}{4}[L\rho_2+H(\rho_1-\rho_2)]g$$

式中　$F_{\mathrm{H}}$——液面在被校点 $H$ 处时浮筒所受浮力，N；

$D$——浮筒外径，m；

$L$——仪表量程，m；

$H$——液面高度，m；

$\rho_1$——被测气体的密度，$kg/m^3$；

$\rho_2$——气体介质的密度，$kg/m^3$。

测液面高度时，$\rho_1$为被测重组分液体密度，$kg/m^3$；$\rho_2$为被测轻组分液体密度，$kg/m^3$。当$\rho_1 \gg \rho_2$，式可简化为

$$F_H = \frac{\pi D^2}{4} g H \rho_1$$

② 水校法　此种校验法又称为湿校法，主要用于已安装在现场不易拆开的外浮筒液位测量仪表的校验中。将外浮筒与工艺设备之间隔断，打开外测量筒底部阀门，放空液体后关闭，再加入清洁的水，就可开始校验了。

设浮筒的一部分被水（$l_水$）或被被测液体（$l_x$）浸没时，浮筒的指示作用力（浮筒所产生的重力与所受浮力之差）分别为$F_水$和$F_x$，用下式表示

$$F_水 = W - A l_水 \rho_水 g$$

$$F_x = W - A l_x \rho_x g$$

式中　$W$——质量为$m$的浮筒所产生的重力。

由于扭力管的扭角是由浮筒的指示作用力所决定，所以用水来代替被测介质进行校验时，对应于相应的输出值，浮筒的指示作用力必须相等。即

$$F_水 = F_x$$

由式可知，用水校验时，浮筒应被水浸没的相应高度为

$$l_水 = \frac{\rho_x}{\rho_水} l_x$$

式中　$l_x$——被测液体浸没浮筒的高度，$l_x = H$。

在校验时，$H=0$，$l_x=0$，$l_水=0$。

$H=L$（量程）时

$$L_水 = \frac{\rho_x}{\rho_水} L_x$$

### 3.3.3　电磁式液位仪表

电磁式液位测量仪表是利用敏感元件直接把液位变化转换为电量参数的变化。根据电量参数的不同，可分为电阻式、电感式和电容式等。

（1）电阻式液位计

电阻式液位计既可进行定点液位控制，也可进行连续测量。所谓定点液位控制是指液位上升或下降到一定位置时引起电路的接通或断开，引发报警器报警。电阻式液位计的原理是基于液位变化引起电极间电阻变化，由电阻变化反映液位情况。图3-35所示为用于连续测量的电阻式液位计原理图。

液位计的两根电极是由两根材料、截面积相同的具有大电阻率的电阻棒组成，电阻棒两端固定并与容器绝缘。整个传感器电阻为

$$R = \frac{2\rho}{A}(H-h) = \frac{2\rho}{A}H - \frac{2\rho}{A}h = K_1 - K_2 h$$

传感器的材料、结构与尺寸确定后，$K_1$、$K_2$均为常数，电阻大小与液位高度成正比。电阻的测量可用图中的电桥电路完成。

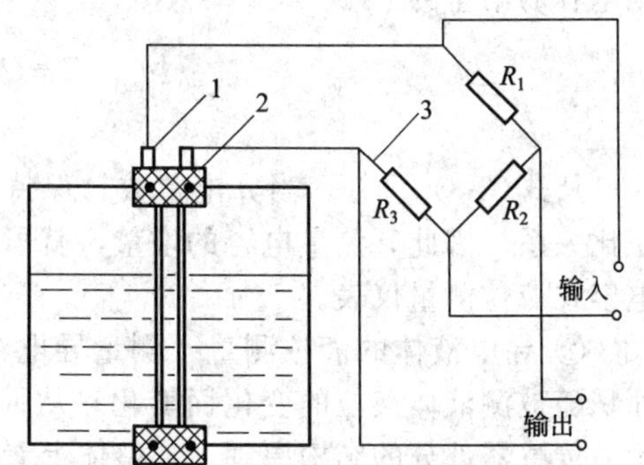

图3-35　电阻式液位计原理图
1—电阻棒；2—绝缘套；3—测量电桥

（2）电感式液位计

电感式液位计利用电磁感应现象，液位变化

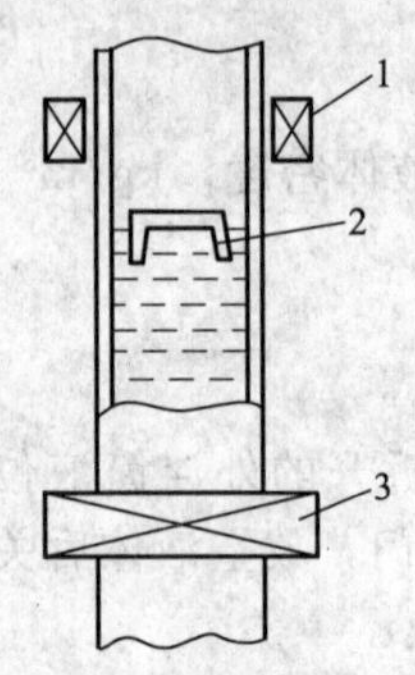


图 3-36 电感式液位控制器的原理图
1,3—上下限线圈；2—浮子

引起线圈电感变化，感应电流也发生变化。电感式液位计既可进行连续测量，也可进行液位定点控制。

图 3-36 所示为电感式液位控制器的原理图。传感器由不导磁管子、导磁性浮子及线圈组成。管子与被测容器相连通，管子内的导磁性浮子浮在液面上，当液面高度变化时，浮子随着移动。线圈固定在液位上下限控制点，当浮子随液面移动到控制位置时，引起线圈感应电势变化，以此信号控制继电器动作，可实现上、下液位的报警与控制。

(3) 电容式液位计

电容式液位计利用液位高低变化影响电容器电容量大小的原理进行测量。它的适用范围非常广泛，对介质本身性质的要求不像其他方法那样严格，对导电介质和非导电介质都能测量。此外，还能测量有倾斜晃动及高速运动的容器的液位，不仅可作液位控制器，还能用于连续测量。

① 电容式液位计的基本原理　如图 3-37 所示，处于电场中的两个同轴圆筒形金属导体，长度为 $L$，半径分别为 $D$ 和 $d$，在两圆筒间充以介电常数为 $\varepsilon_0$ 的气体介质，则圆筒电容器的电容量为

$$C_0=\frac{2\pi\varepsilon_0 L}{\ln\dfrac{D}{d}} \tag{3-7}$$

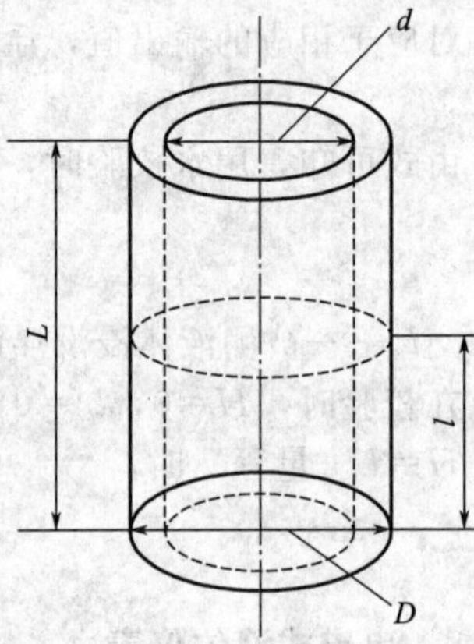

如果两极间加入液体，高度为 $l$，则上半部气体的电容量为

$$C_1=\frac{2\pi\varepsilon_0(L-l)}{\ln\dfrac{D}{d}}$$

下半部液体的电容量为

$$C_2=\frac{2\pi\varepsilon_x l}{\ln\dfrac{D}{d}}$$

式中　$\varepsilon_x$——液体的介电常数。

图 3-37 圆柱形电容

此时电容器的电容量为

$$C=C_1+C_2=\frac{2\pi\varepsilon_0 L}{\ln\dfrac{D}{d}}+\frac{2\pi(\varepsilon_x-\varepsilon_0)l}{\ln\dfrac{D}{d}}=C_0+\Delta C$$

则电容的增量为

$$\Delta C=C-C_0=\frac{2\pi(\varepsilon_x-\varepsilon_0)l}{\ln\dfrac{D}{d}}=Kl \tag{3-8}$$

从式(3-8) 可知，当介电常数 $\varepsilon_x$ 保持不变时，电容的增量 $\Delta C$ 与电极被浸没的长度 $l$ 成正比关系。因此，测量电容的增量，就可以知道液位 $l$ 的高低。根据这种原理，就可以制成电容式液位测量仪表。

② 导电液体的液位测量　测量导电液体的电容式液位计主要利用传感器两电极的覆盖面积随被测液体液位的变化而变化，从而引起电容量变化的关系进行液位测量。图 3-38 所示为传感器部分的结构原理。从整体上看，不锈钢棒 3、聚四氟乙烯套管 4 及容器 2 内的被测导电液体 1 共同构成一圆柱形电容器，其中不锈钢棒是电容器的一个电极（相当于定片），被测导电液体则是电容器的另一个电极（相当于动片），套在不锈钢棒上的聚四氟乙烯套管

为两电极间的绝缘介质。可见，液位升高时，两电极极板覆盖面积增大，可变电容传感器的电容量就成比例地增加；反之，电容量就减少。因此，通过测量传感器的电容量大小就可以获知被测液体液位的高低。

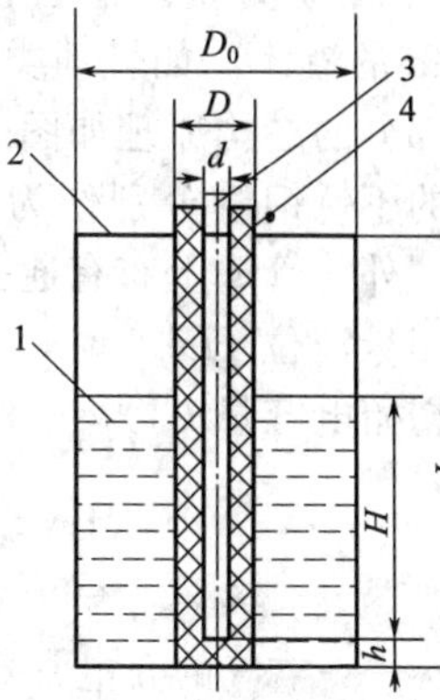

当被测液位 $H=0$ 时，即容器内实际液位低于 $h$（非测量区），传感器与容器之间存在分布电容，这时电容量 $C_0$ 为

$$C_0=\frac{2\pi\varepsilon_0' L}{\ln\dfrac{D_0}{d}} \tag{3-9}$$

式中　$\varepsilon_0'$——聚四氟乙烯套管和容器内气体的等效介电常数，F/m；

$L$——液位测量范围（可变电容器两电极的最大覆盖长度），m；

$D_0$——容器内径，m；

$d$——不锈钢棒直径，m。

图 3-38　导电液体的液位测量

1—被测导电液体；2—容器；3—不锈钢棒；4—聚四氟乙烯套管

当液位高度为 $H$ 时，传感器电容量 $C_H$ 为

$$C_H=\frac{2\pi\varepsilon H}{\ln\dfrac{D}{d}}+\frac{2\pi\varepsilon_0'(L-H)}{\ln\dfrac{D_0}{d}} \tag{3-10}$$

式中　$\varepsilon$——聚四氟乙烯的介电常数，F/m；

$D$——聚四氟乙烯套管外径，m。

因此，当容器内的液位由零增加到 $H$ 时，传感器的电容变化量 $\Delta C$ 为

$$\Delta C=\frac{2\pi\varepsilon H}{\ln\dfrac{D}{d}}-\frac{2\pi\varepsilon_0' H}{\ln\dfrac{D_0}{d}}$$

通常，$D_0\gg D$，而且 $\varepsilon>\varepsilon_0'$，因而上式中的第二项的数值要比第一项小得多，可以忽略，则

$$\Delta C\approx\frac{2\pi\varepsilon H}{\ln\dfrac{D}{d}} \tag{3-11}$$

在式(3-11) 中，当电极确定后，$\varepsilon$、$D$ 和 $d$ 都是定值，故可以将式子改写为

$$\Delta C=KH \tag{3-12}$$

$$K=\frac{2\pi\varepsilon}{\ln\dfrac{D}{d}}$$

可见，只要参数 $\varepsilon$、$D$ 和 $d$ 的数值稳定，不受压力、温度等因素的影响，即 $K$ 为常数，那么传感器的电容变化量与液位变化量之间有良好的线性关系。因此，测量传感器的电容变化量就可方便地求出被测液位。另外，式(3-12) 表明，绝缘材料的介电常数 $\varepsilon$ 较大，绝缘层厚度较薄，即 $D/d$ 较小时，传感器的灵敏度较高。

以上介绍的液位传感器适用于导电率不小于 $10^{-2}$S/m 的液体，但被测液体黏度不能大，否则，当液位下降时，被测液体会在电极套管上产生黏附层，该黏附层将继续起着外电极的作用，从而产生虚假电容信号，以致形成虚假液位，使仪表指示液位高于实际液位。另外，这种液位传感器的底部约有 10mm 的非测量区（见图 3-38 中的 $h$）。

③ 非导电液体的液位测量　测量非导电液体的电容式液位计主要利用被测液体液位变化时，可变电容传感器两电极之间充填介质的介电常数发生变化，从而引起电容量变化这一

特性进行液位测量。适合测量的对象包括电导率小于 $10^{-9}$S/m 的液体，如轻油类、部分有机溶剂和液态气体。传感器部分的结构原理如图 3-39 所示。两根同轴装配、相互绝缘的不锈钢管分别作为圆柱形可变电容传感器的内、外电极，外管管壁上布有通孔，以便被测液体自由进出。

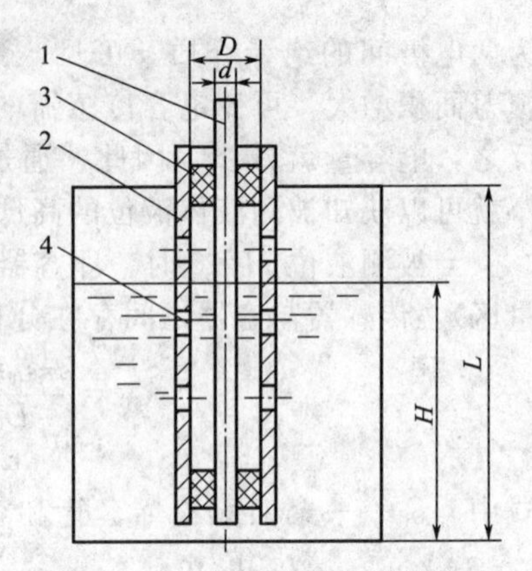


图 3-39 非导电液体的液位测量
1—内电极；2—外电极；
3—绝缘套；4—流通小孔

当测量液位 $H=0$ 时，两电极间介质是空气，这时传感器的初始电容量 $C_0$ 为

$$C_0=\frac{2\pi\varepsilon_0 L}{\ln\dfrac{D}{d}} \tag{3-13}$$

式中 $\varepsilon_0$——空气的介电常数，F/m；

$L$——两电极的最大覆盖长度，m；

$D$——外电极的内径，m；

$d$——内电极的外径，m。

当被测液体的液位上升为 $H$ 时，传感器的电容量 $C_H$ 为

$$C_H=\frac{2\pi\varepsilon H}{\ln\dfrac{D}{d}}+\frac{2\pi\varepsilon_0(L-H)}{\ln\dfrac{D}{d}} \tag{3-14}$$

式中 $\varepsilon$——被测液体的介电常数，F/m。

因此，当容器内的液体由零增加到 $H$ 时，传感器的电容变化量 $\Delta C$ 为

$$\Delta C=\frac{2\pi(\varepsilon-\varepsilon_0)H}{\ln\dfrac{D}{d}} \tag{3-15}$$

可见，当电极给定后，参数 $\varepsilon$、$D$ 和 $d$ 均为定值，故传感器的电容变化量是液位的单值函数，即测取传感器电容量就可确定被测液位。

以上所述电容式液位计的基本工作原理反映了将液位测量转换为电容测量的过程。在此基础上，液位计的测量电路将完成电容量的测量，并最终显示相应的液位。目前，电容量的测量方法很多，常用的有交流电桥法、充放电法和谐振法等。

④ 电容量检测 工业生产中应用的电容式液位计，在其量程范围内的电容变化量一般都很小，采用直接测量都比较困难，因此常常需要较复杂的电子线路放大转换后，才能显示和远传。测量电容的方法及电子线路的形式较多，这里介绍充放电法。此法可以大大减少连接导线或者减小电缆分布电容的影响，干扰也较小。其电容的测量是在以环形二极管为主的前置测量线路中完成的，如图3-40所示。下面简要介绍充放电法前置线路工作原理。

为了缩短桥路与电极间的电缆线长度，减少分布电容，以降低起始电容 $C_0$，故测量前置线路直接装在电容测量电极的上部。它由反相器、功率放大器及二极管环形桥路组成。当某一频率的方波经多芯电缆送入后，首先经集成电路反相器 M 消除由于长距离传输中造成的脉冲畸变，经整形后送入功率放大器放大到足够的功率，再经稳压管 $VZ_1$ 和 $VZ_2$ 限幅，以保持方波的幅值稳定，最后经隔直电容 $C_6$ 送给二极管环形桥路。电桥的 B 点经 $C_1$ 与电容传感器 $C_2$ 连接，D 点经平衡电容 $C_{10}$ 接地。由于 $C_7$、$C_1$ 的电容量远比 $C_2$ 大，故其容抗很小，因而 C 点的电位将高于 B 点的电位，于是二极管 $VD_2$ 为反向偏置，由 C 点流经 $L_2$ 的输出充电电流 $I_C$ 为

$$I_C=(E_2-E_1)fC_7-(E_2-E_1)fC_{10} \tag{3-16}$$

当输入方波由 $E_2$ 跃变为 $E_1$ 时，$C_{10}$ 经 $VD_4$ 放电，$C_2$ 经 $VD_2$、$C_7$ 放电，二极管 $VD_3$ 呈反向偏置。在放电期间，自 C 点流经 $L_2$ 输出的放电电流 $I_f$ 为

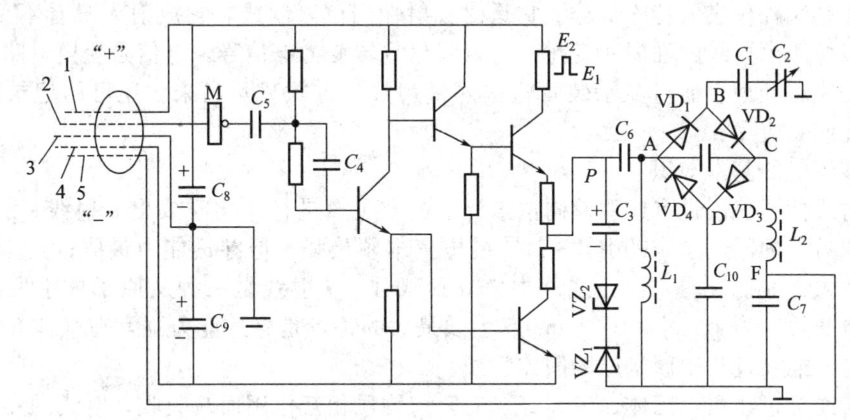


图 3-40　充放电法前置测量线路原理

1—电源；2—输入方波；3—地；4—电源；5—输出

$$I_f=(E_2-E_1)fC_2-(E_2-E_1)fC_7 \tag{3-17}$$

因为C点对地有电容隔离，所以产生的直流只通过直流阻抗很小的$L_2$输出并可把交流滤去，充放电时流过$L_2$的部分平均直流为式(3-16) 与式(3-17) 之和，即

$$I=I_C+I_f=(E_2-E_1)f(C_2-C_{10})=fA\Delta C_2 \tag{3-18}$$

式中　$f$，$A$——方波的频率和幅值。

由于频率和幅值均能稳定不变，故上式可简化成为

$$I=K\Delta C_2$$

式中　$K$——仪表常数，取决于方法、频率和幅值。

式(3-18) 表明，环形桥路输出的电流仅取决于液位引起的电容传感器的电容变化量，这样，就将传感器的电容量的变化转变成电流的变化。

利用电容充放电法来测量电容的液位计方框图如图 3-41 所示。电容液位检测元件把液位的变化变为电容的变化，测量前置电路利用充放电原理把电容变化成直流电源，经与调零单元的零点电流比较后，再经直流放大，然后进行指示或远传，晶体管振荡器用来产生高频恒定和方波电源，经分频后，通过多芯屏蔽电缆传给测量前置电路完成充放电过程。

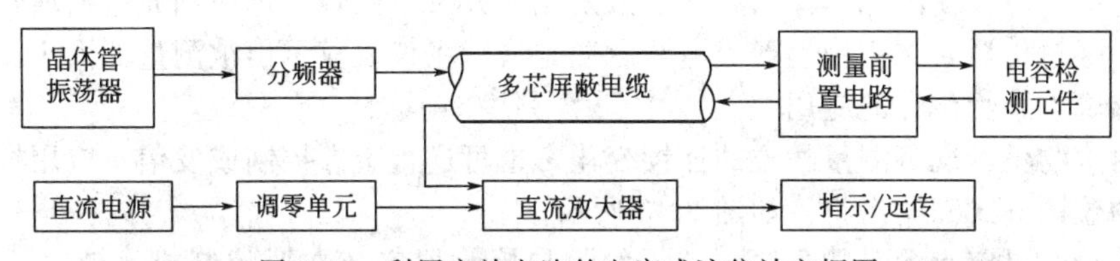


图 3-41　利用充放电法的电容式液位计方框图

### 3.3.4　核辐射式液位仪表

核辐射式液位仪表是根据被测物体对射线的吸收、反射或射线对被测物质的电离激发作用而进行工作的一种仪表。

核辐射式检测仪表一般由放射源、探测器、电信号变换电路和显示装置等四部分组成。如图 3-42 所示。

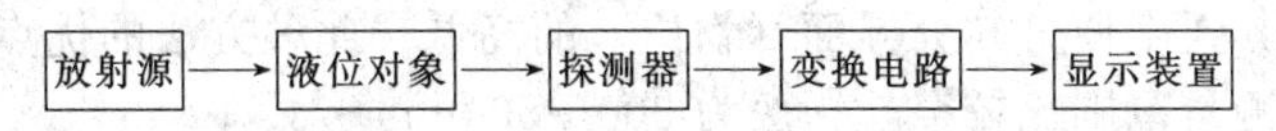


图 3-42　核辐射式检测仪表原理组成

放射源是这种仪表的特殊部分，它是由放射性同位素制成，它放射人眼看不见的射线。探测器可以探测出射线的强弱和变化，将射线信号转变为电信号。电信号变换电路将电信号进行各种变换和处理。通过显示装置将被测量用数字方式显示出来。还可用记录仪打印结果，以方便配套应用。

（1）核辐射的基本知识

核辐射式检测仪表带有放射性同位素源，其原子核进行变化时放出α射线、β射线或γ射线而变成另外的同位素。其中，α射线的电离本领最强，但穿透能力最弱；β射线是电子流，电离本领比α射线弱，而穿透能力较α射线强；γ射线是一种从原子核中发出的电磁波，它的波长短，为$10^{-18}$～$10^{-10}$m。γ射线最大的特点是穿透能力强，在气体介质中的射程为数百米，能穿过几十厘米厚的固体物质。

当γ射线穿过物质（固体、液体等）时，与物质相互作用而被吸收，射线的穿透程度随吸收物质的厚度（或高度）变化而呈指数关系，即

$$I=I_0 e^{-\mu h} \tag{3-19}$$

式中 $I$，$I_0$——射入介质层前和通过介质层后的射线强度；

$\mu$——介质对射线的线性吸收系数；

$h$——被测物质（介质）的厚度（高度）。

介质不同，吸收射线的能力也不相同。固体介质最强、液体次之、气体最弱。

当放射源和介质一定时，$I_0$和$\mu$都为常数，物质的高度$h$与射线强度$I$是单值的函数关系，测出$I$即可获得$h$的大小。

$$h=\frac{1}{\mu}\ln I_0-\frac{1}{\mu}\ln I \tag{3-20}$$

（2）核辐射式仪表的主要部件

① 放射源 通常选用$Co^{60}$、$Cs^{137}$等半衰期较长的放射性同位素作放射源。放射源的强度随时间按指数规律下降。

② 探测器 又称核辐射接收器，用途是将核辐射信号转换成电信号，从而探测出射线的强弱和变化。闪烁计数器是一种常用的射线探测器。闪烁计数器先将辐射能变为光能，然后将光能变换为电能进行探测，它由闪烁晶体、光电倍增管和输出电路组成。

闪烁晶体是一种受激发光物质，有固态、液态、气态三种，分有机和无机两类。当γ射线射进闪烁晶体时，使闪烁晶体的原子受激发光，先透过闪烁晶体射到光电倍增管的阴极上产生电子，经过倍增，在阳极上形成电流脉冲，最后用仪表显示出被测量的大小。

（3）核辐射式物位计的应用

核辐射式物位计既可测量物位的连续变化，也可进行定点控制或发信。应用核辐射式物位计测量物位的方式和输出特性如图3-43所示。

图3-43(a)是定点测量的方法，即放射源与接收器安装在要控制或发信的给定水平面上，由于分界面上下两介质的吸收系数相差很大，故界面超过或低于某给定位置时，接收器收到的射线强度明显不同，利用这一差别可实现液位的定点控制或报警发信。这种方法的特点是准确性高，结构简单。

图3-43(b)是自动跟踪方法，即通过电动机带动放射源和接收器沿导轨对物位进行自动跟踪，它既具有定点的优点，同时又可以实现连续测量。缺点为结构较复杂。

图3-43(c)是在容器外按一定角度安装放射源及接收器，分界面不同时，接收器收到的射线强度不同，由其强度便可知分界面（物位）的高低。此种方法的优点是安装、维护和调整都方便。缺点为测量范围比较窄，一般为300～500mm。

对于测量范围比较大的物位，可以采用放射源多点组合［图3-43(d)］，或接收器多点

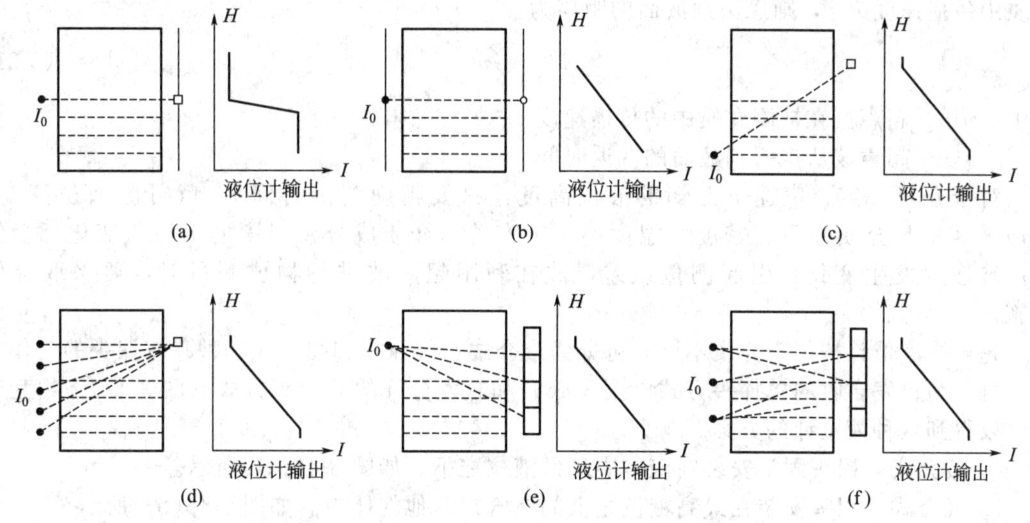


图 3-43　核辐射式物位计测量物位的方式和输出特性

组合［图 3-43(e)］，或两者并用［图3-43(f)］。这样可以改善测量特性，但安装和维护较困难。若采用线状放射源（放射线从铅室中的狭缝中放射出），由于放射源均匀分布在测量范围内，且接收器主要接收穿过上部气体的射线，而不受被测介质密度变化的影响，既可以适应宽量程的需要，又可以改善线性关系。

对卧式容器，可以把放射源安装在容器的下面，把接收器放在容器上部的相对应的位置，如图 3-44 所示。

由于放射线能穿透各种物位（如容器用的钢板等），因而测量元件能够完全不接触被测物质，同时，放射源的衰变不受温度、压力、湿度以及电磁场等影响，所以核辐射式物位计可用于高温高压容器内的物位测量，亦可用于强腐蚀、剧毒、易爆、易结晶、沸腾状态介质，以及高温熔体等物位的测量，适宜在恶劣环境下且不需有人的地方工作。要特别指出的是，放射线对人体有害，所以对其使用剂量及安装、使用、维护等应严格按有关规定进行。

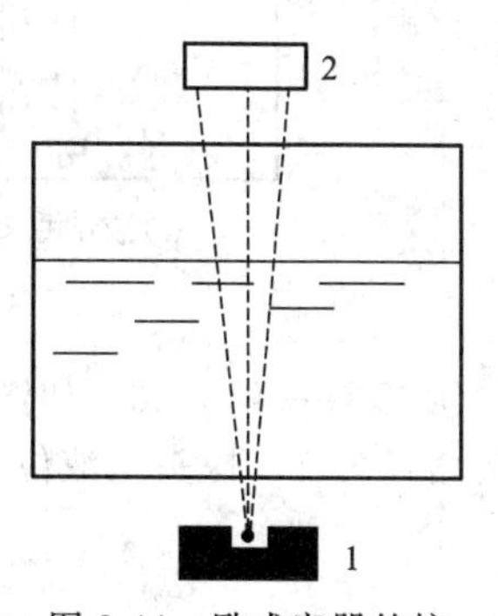


图 3-44　卧式容器的核辐射式物位计的安装
1—放射源；2—接收器

### 3.3.5　超声波式液位仪表

（1）测量原理

人耳能听到的声波频率在 20～20000Hz，频率超过 20000Hz 的叫超声波，频率低于 20Hz 的叫次声波。超声波类似于光波，具有反射和折射的性质。当超声波入射到两种不同介质的分界面上时会发生反射、折射和透射现象，这就是应用超声波技术测量物位常用的一个物理特性。

透射式测量方法，一般是利用有液位或无液位时对超声波透射的显著差别作为超声波液位开关，产生开关量信号，作为液位高、低限报警信号使用。

反射式测量方法，是通过测量入射波和反射波的时间差，进而计算出液位高度，测量原理如图 3-45 所示。

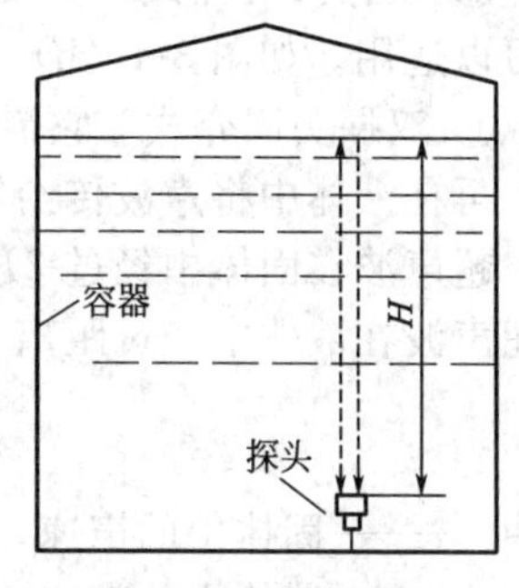


图 3-45　超声波液位计测量原理图

超声波探头向液面发射一短促的超声脉冲，经过时间 $t$ 后，探头接收到从液面反射回来的反射波脉冲。设超声波在

介质中传播速度为 $v$，则探头到液面的距离为

$$H=\frac{1}{2}vt \tag{3-21}$$

式中 $v$——超声波在被测介质中的传播速度；

$t$——超声波从探头到液面的往返时间。

对于介质一定、声速 $v$ 已知的液位高度，只要精确测出时间 $t$，就可测液位高度。超声波速 $v$ 与介质性质、密度、温度、压力有关。介质成分及温度的不均匀变化都会使超声波速度发生变化，引起测量误差，故在利用超声波进行物位测量时，要采取补偿措施。

超声波液位计按传声介质不同，可分为液介式、气介式和固介式三种；按探头的工作方式，可分为自发自收的单探头方式（图 3-46）和收发分开的双探头方式（图 3-47）。相互组合可以得到六种液位计的方案。

① 液介式　探头固定安装在液体中最低液位之下。如图 3-46(a) 所示。

② 气介式　探头安装在最高液位之上的空气或其他气体中。如图 3-46(b) 所示。

③ 固介式　把一根传声固体插入液体中，上端要高出最高液位之上，探头安装在传声固体的上端。如图 3-46(c) 所示。

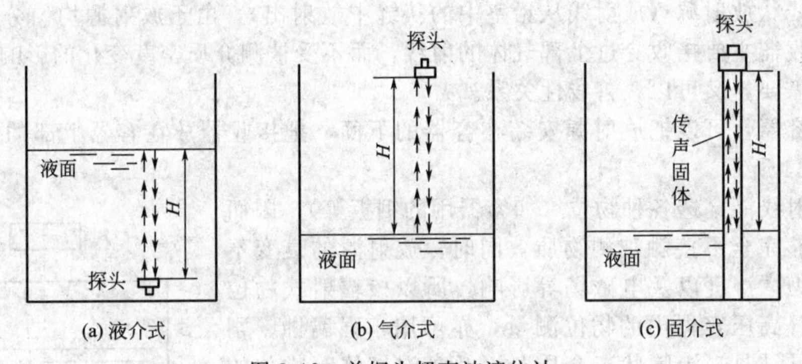


图 3-46　单探头超声波液位计

④ 双探头液介式　如图 3-47(a) 所示。若两探头中心间距为 $2a$，声波从探头到液位的斜向路径为 $S$，探头至液位的垂直高度为 $H$，则

$$S=\frac{1}{2}vt \tag{3-22}$$

而

$$H=\sqrt{S^2-a^2}$$

⑤ 双探头气介式　只要将 $v$ 理解为气体中的声速，则上面关于双探头液介式的讨论完全可以适用。如图 3-47(b) 所示。

⑥ 双探头固介式　它需要采用两根传声固体，超声波从发射探头经第一根固体传至液面，再在液体中将声波传给第二根固体，然后沿第二根固体传至接收探头。如图 3-47(c) 所示。超声波在固体中经过 $2H$ 距离所需的时间，将比从发到收的时间略短，所缩短的时间就是超声波在液体中经过距离 $d$ 所需的时间，所以

$$H=\frac{1}{2}v\left(t-\frac{d}{v_{\mathrm{H}}}\right) \tag{3-23}$$

式中 $v$——固体中的声速，m/s；

$v_{\mathrm{H}}$——液体中的声速，m/s；

$d$——两根传声固体之间的距离，m。

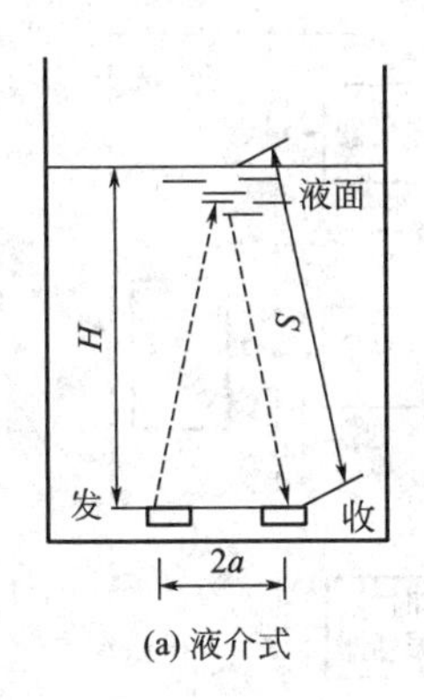

(a) 液介式

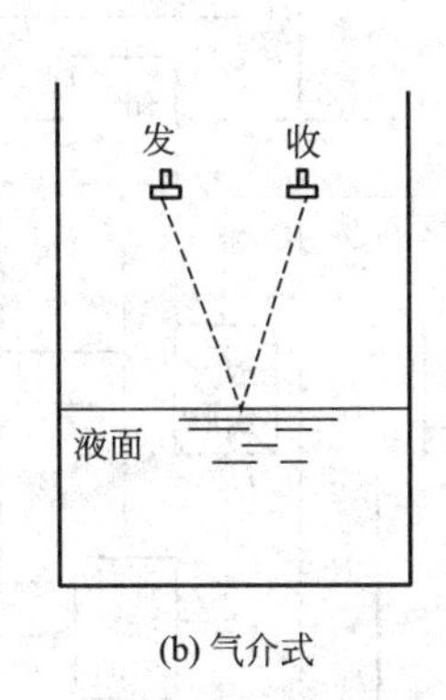

(b) 气介式

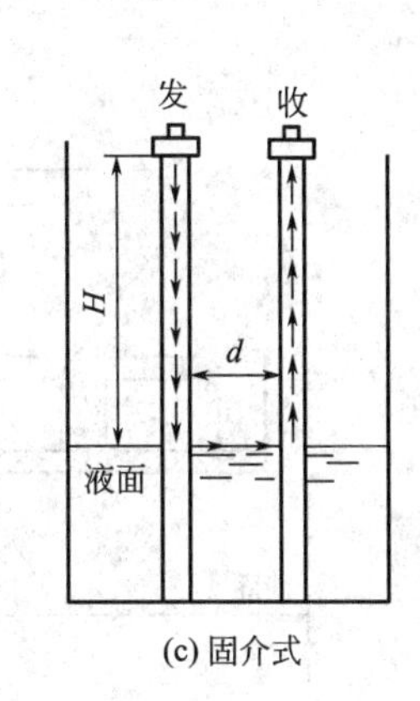

(c) 固介式

图 3-47　双探头超声波液位计

当固体和液体中的声速 $v$、$v_H$ 已知，两根传声固体之间的距离 $d$ 固定时，则可根据测得的 $t$ 值求得 $H$。

(2) 超声波的发射和接收

超声波液位计中，用于产生和接收超声波的探头（换能器）均是利用压电元件构成的。

发射超声波利用逆压电效应，在压电晶体上施加频率高于 20kHz 的交流电压，压电晶体就会产生高频机械振动，实现电能与机械能的转变，从而发出声波；接收超声波利用正压电效应，压电晶体在受到声波声压的作用时，晶体两端会产生与声压同步的电荷，从而把声波转换成电信号，以接收超声波。由于压电晶体具有可逆特性，所以用同一压电晶体元件即可实现发射和接收超声波。压电晶体探头的结构形式如图 3-48所示。

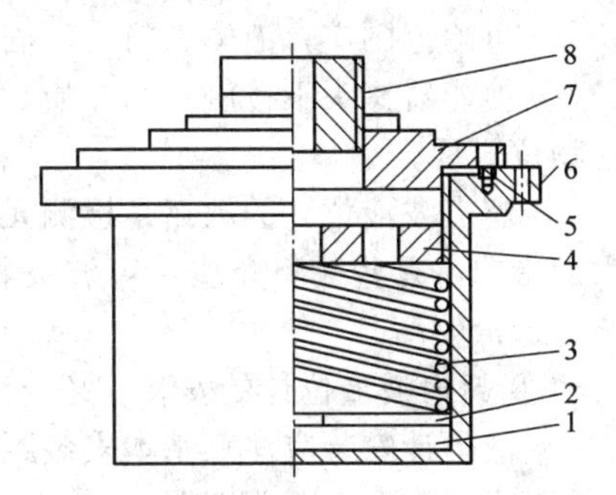

图 3-48　压电晶体探头的结构

1—晶片；2—托板；3—弹簧；4—隔板；5—橡胶垫片；6—外壳；7—顶盖；8—插头

换能器主要由外壳、压电元件、保护膜、吸收块和外接线组成。压电片的厚度与超声频率成反比，两面敷有银层作为导电的极板，保护膜可以避免压电片与被测介质直接接触。为了使超声波穿透率最大，保护膜的厚度取二分之一波长的整倍数，阻尼块又称吸收块，用于在电振荡脉冲停止时吸收能量，防止惯性振动，保证脉冲宽度，提高分辨率。

(3) 超声波液位计的组成与安装

① 超声波液位计的组成　气介式超声波液位计原理框图如图 3-49 所示。这种液位计具有发射换能器和接收换能器两个探头。

测量时，时钟电路定时触发输出电路，向发射换能器输出超声电脉冲，同时触发计时电路开始计时。当发射换能器发出的声波经液面反射回来时，在此触发计时电路，停止计时。计时电路测出超声波从发射到回声返回换能器的时间差，经运算得到换能器到液面之间的距离 $h$（空高），已知换能器的安装高度 $L$（从液位的零基准面算起），便可求出被测液位的高度 $H$，并在指示仪表显示出来。

气介式超声波液位计的声速受气象温度、压力影响较大，需要采取相应的修正补偿措施来避免声速变化所引起的误差。

② 超声波液位计的特点

• 超声波液位计无可动部件，结构简单，寿命长。

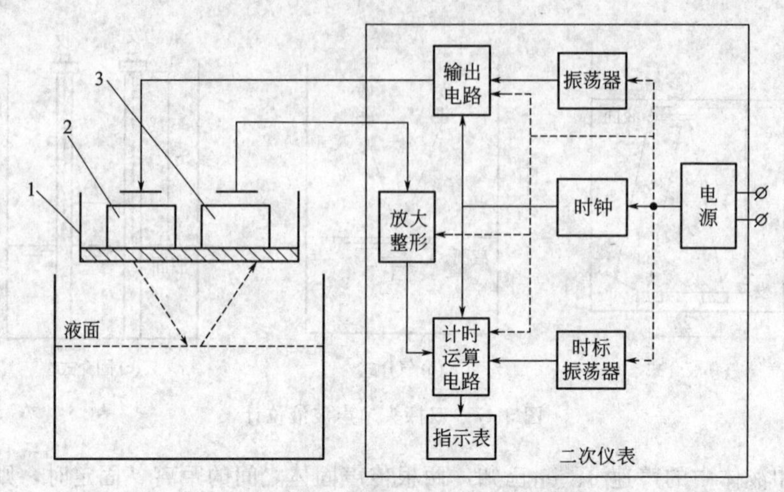


图 3-49 气介式超声波液位计原理框图

1—探头座；2—发射换能器；3—接收换能器

• 仪表不受被测介质黏度、介电常数、电导率、热导率等性质的影响。

• 可测范围广，液体、粉末、固体颗粒的物位都可测量。

• 换能器探头不接触被测介质，因此，适应于强腐蚀性、高黏度、有毒介质和低温介质的物位测量。

• 超声波液位计的缺点是检测元件不能承受高温、高压，声速又受传播介质的温度、压力的影响，有些被测介质对声波吸收能力很强，故其应用有一定的局限性；另外，电路复杂，造价较高。

③ 超声波液位计的安装　超声波传感器的安装如图 3-50 所示，应注意以下问题。

• 液位计安装应注意基本安装距离，与罐壁安装距离为罐直径的 1/6 较好，液位计室外安装应加装防雨、防晒装置。

• 不要装在罐顶的中心，因罐中心液面的波动较大，会对测量产生干扰，更不要装在加料口的上方。

• 在超声波波束角 $\alpha$ 内避免安装任何装置，如温度传感器、限位开关、加热管、挡板等，均可能产生干扰。

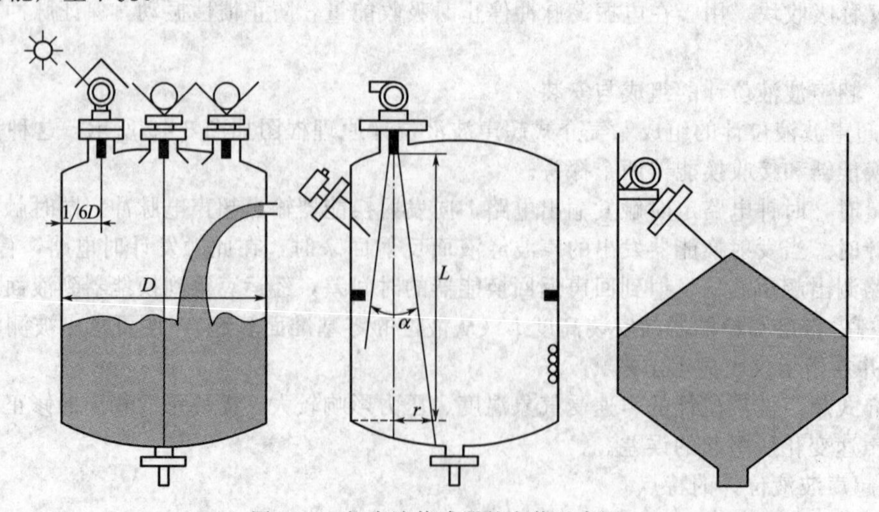


图 3-50 超声波传感器的安装示意图

• 如测量料位和粉料，传感器应垂直于介质表面。

### 3.3.6　光学式液位仪表

随着光纤传感技术的不断发展，其应用范围日益广泛。在液位测量中，光纤传感技术的有效应用，一方面缘于其灵敏度高，另一方面是由于它具有优异的电磁绝缘性能和防爆性能，从而为易燃易爆介质的液位测量提供了安全的检测手段。

(1) 全反射型光纤液位计

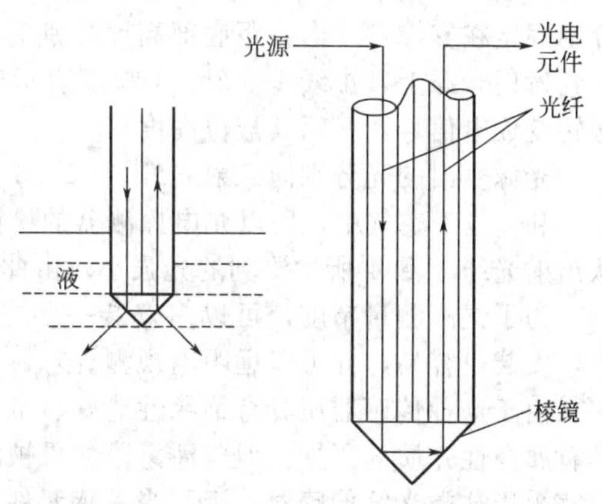

图 3-51　全反射型光纤液位传感器结构原理

全反射型光纤液位计由液位敏感元件、光纤、光源和光检测原件等组成。图 3-51 所示为光纤液位传感器部分的结构原理图。棱镜作为液位的敏感原件，它被烧结或黏结在两根大芯径石英光纤的端部。这两根光纤中的一根与光源耦合，称为发射光纤；另一根与光电元件耦合，称为接收光纤。棱镜的角度设计必须满足以下条件：当棱镜位于气体（如空气）中时，由光源经发射光纤传到棱镜与气体介面上的光线满足全反射条件，即入射光线被全部反射到接收光纤上，并经接收光纤传送到光电检测单元中；而当棱镜位于液体中时，由于液体折射率比空气大，入射光线在棱镜中全反射条件被破坏，其中一部分光线将透过界面而泄漏到液体中去，致使光电检测单元收到的光强减弱。

设光纤折射率为 $n_1$，空气折射率为 $n_2$，液体折射率为 $n_3$，光入射角为 $\phi_1$，入射光功率为 $P_i$，则单根光纤对端面分别裸露在空气中时和淹没在液体中时的输出光功率 $P_{01}$ 和 $P_{02}$ 分别为

$$P_{01}=P_i\frac{(n_1\cos\phi_1-\sqrt{n_2^2-n_1^2\sin^2\phi_1})^2}{(n_1\cos\phi_1+\sqrt{n_2^2-n_1^2\sin^2\phi_1})^2}=P_iE_{01} \tag{3-24}$$

$$P_{02}=P_i\frac{(n_1\cos\phi_1-\sqrt{n_3^2-n_1^2\sin^2\phi_1})^2}{(n_1\cos\phi_1+\sqrt{n_3^2-n_1^2\sin^2\phi_1})^2}=P_iE_{02} \tag{3-25}$$

二者差值为

$$\Delta P_0=P_{01}-P_{02}=P_i(E_{01}-E_{02}) \tag{3-26}$$

由式(3-26) 可知，只要检测出有差值 $\Delta P_0$，便可确定光纤是否接触液面。

由上述工作原理可以看出，这是一种定点式的光纤液位传感器，适用于液位的测量与报警，也可用于不同折射率介质（如水和油）的分界面的测定。另外，根据溶液折射率随浓度变化的性质，还可以用来测量溶液的浓度和液体中小气泡含量等。若采用多头光纤液面传感器结构，便可实现液位的多点测量，如图所 3-52 示。

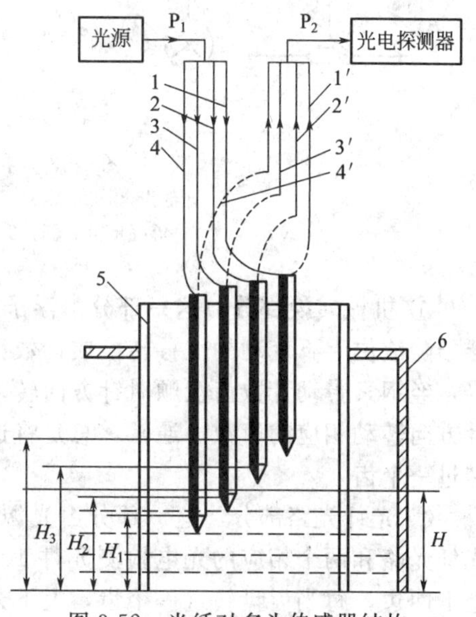

图 3-52　光纤对多头传感器结构

$P_1$—入射光纤；$P_2$—出射光纤

1,2,3,4—入射光纤；1′,2′,3′,4′—出射光纤；

5—管状支撑部件；6—大储水槽

由图 3-52 可见，在大储水槽 6 中，储水深度为 $H$，5 为垂直放置的管状支撑部件，其直径很细，侧面穿很多孔，图中所示采用了多头结构 1-1′、2-2′、3-3′和 4-4′。如图所示，同样的光纤对

分别固定在支撑件 5 内，距底部高度分别为 $H_1$、$H_2$、$H_3$、$H_4$。入射光纤 1、2、3 和 4 均接到发射光源上，虚线 1′、2′、3′和 4′表示出射光纤，分别接到各自光电探测器上，将光信号转变成电信号，显示其液位高度。

光源发出的光分别向入射光纤 1、2、3 和 4 送光，因为结合部 3 和 4 位于水中，而结合部 1 和 2 位于空气中，所以光电探测器的检测装置从出射光纤 1′和 2′所检测到的光强大，而从出射光纤 3′和 4′所检测到的光强小。由此可以测得水位 $H$ 位于 $H_2$ 和 $H_3$ 之间。

为了提高测量精度，可以多安装一些光纤对，由于光纤很细，故其结构体积可做得很小，安装也容易，并可以远距离观测。

由于这种传感器还具有绝缘性能好、抗电磁干扰和耐腐蚀等优点，故可用于易燃易爆或具有腐蚀性介质的测量。但应注意，如果被测液体对敏感元件（玻璃）材料具有黏附性，则不宜采用这类光纤传感器，否则当敏感元件露出液面后，由于液体黏附层的存在，将出现虚假液位，造成明显的测量误差。

(2) 浮沉式光纤液位计

浮沉式光纤液位计是一种复合型液位测量仪表，它由普通的浮沉式液位传感器和光信号检测系统组成，主要包括机械转换部分、光纤光路部分和电子电路部分，其工作原理及检测系统如图 3-53 所示。

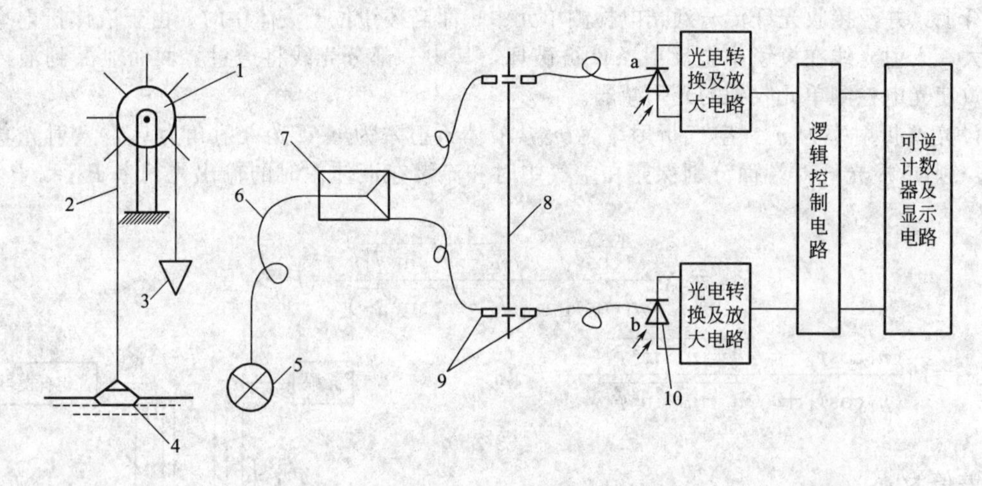


图 3-53 浮沉式光纤液位计工作原理

1—计数齿盘；2—钢索；3—重锤；4—浮子；5—光源；6—光纤；7—等强度分束器；8—齿盘；9—透镜；10—光电检测元件

① 机械转换部分　这一部分由浮子 4、重锤 3、钢索 2 及计数齿盘 1 组成，其作用是将浮子随液位上下变动的位移转换成计数齿盘的转动齿数。当液位上升时，浮子上升而重锤下降，经钢索带动计数齿盘顺时针方向转动相应的齿数；反之，若液位下降，则计数齿盘逆时针方向转动相应的齿数。通常，总是将这种对应关系设计成液位变化一个单位高度时，齿盘转过一个齿。

② 光纤光路部分　这一部分由光源 5（激光器或发光二极管）、等强度分束器 7、两组光纤光路和两个相应的光电检测元件 10（光电二极管）等组成。两组光纤分别安装在齿盘上下两边，每当齿盘转过一个齿，上下光纤光路就被切断一次，各自产生一个相应的光脉冲信号。由于对两组光纤的相对位置做了特别的安排，从而使得两组光纤光路产生的光脉冲信号在时间上有一很小的相位差。通常，光纤的脉冲信号用作可逆计数器的加减指令信号，而另一组光纤光路的脉冲信号用作计数信号。

如图 3-53 所示，当液位上升时，齿盘顺时针转动，假设是上面一组光纤光路先导通，即该光路上的光电元件先接收到一个光脉冲信号，那么该信号经放大和逻辑电路判断后，就提供给可逆计数器作为加法指令（高电位）。紧接着导通的下一组光纤光路也输出一个脉冲信号，该信号同样经放大和逻辑电路判断后提供给可逆计数器做计数运算，使计数器加 1。相反，当液位下降时，齿盘逆时针转动，这时先导通的是下面一组光纤光路，该光路输出的脉冲信号经放大和逻辑电路判断后提供给可逆计数器做减法指令（低电位），而另一光路的脉冲信号作为计数信号，使计数器减 1。这样，每当计数齿盘顺时针转动一个齿，计数器就加 1，计数齿盘逆时针转动一个齿，计数器就减 1，从而实现了计数齿盘转动齿数与光电脉冲信号之间的转换。

③ 电子电路部分　该部分由光电转换及放大电路、逻辑控制电路、可逆计数器及显示电路等组成。光电转换及放大电路主要是将光脉冲信号转换为电脉冲信号，再对信号加以放大。逻辑控制电路的功能是对两路脉冲信号进行判别，将先输入的一路脉冲信号转换成相应的“高电位”或“低电位”，并输出送至可逆计数器的加减法控制端，同时将另一路脉冲信号转换成计数器的计数脉冲。每当可逆计数器加 1（或减 1），显示电路则显示液位升高（或降低）1 个单位（1cm 或 1m）高度。

浮沉式光纤液位计可用于液位的连续测量，而且能做到液体储存现场无电源、无电信号传送，因而特别适用于易燃易爆介质的液位测量，属本质安全型测量仪表。

## 3.4 料位测量

### 3.4.1 料位测量方法

（1）电容式料位计

用电容法可以测量固体块状、颗粒及粉料的料位。

由于固体摩擦力较大，容易“滞留”，所以一般不用双电极式电容。可用电极棒及容器壁组成电容器的两极来测量非导电固体料位。

图 3-54 所示为用金属电极棒插入容器来测量料位，它的电容量变化与料位升降的关系为

$$C_x=\frac{2\pi(\varepsilon-\varepsilon_0)H}{\ln\dfrac{D}{d}} \tag{3-27}$$

式中　$D$，$d$——分别为容器的内径和电极的外径；

$\varepsilon$，$\varepsilon_0$——分别为物料和空气的介电常数。

电容式料位计的传感部分结构简单、使用方便。但由于电容变化量不大，要精确测量，就需借助于较复杂的电子线路才能实现。此外，还应注意介质浓度、温度变化时，其介电常数也要发生变化这一情况，以便及时调整仪表，达到预想的测量目的。

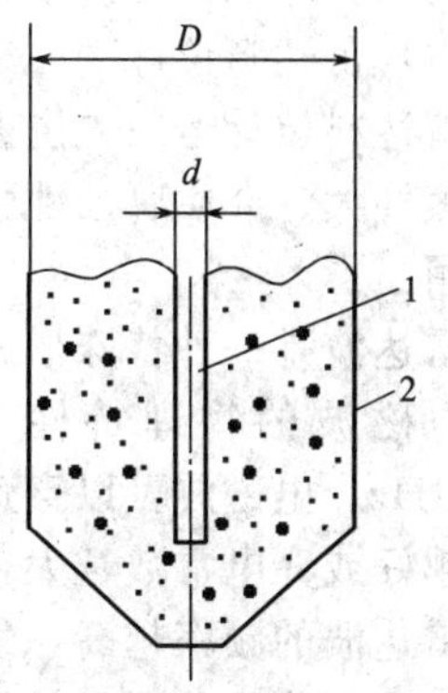


图 3-54　电容式料位计原理图
1—金属棒内电极；2—容器壁

（2）重锤式料位计

重锤式料位计由重锤探测器和仪表两部分组成，探测器置于仓顶，壁挂式仪表可根据需要安装在附近位置。探测器采用先进的传动技术和传感器技术，运行稳定可靠；仪表采用单片机、数字显示，具有多项测量、计算、控制、报警功能。

① 测量原理　重锤探测法原理示意图如图 3-55 所示。重锤连在与电动机相连的鼓轮

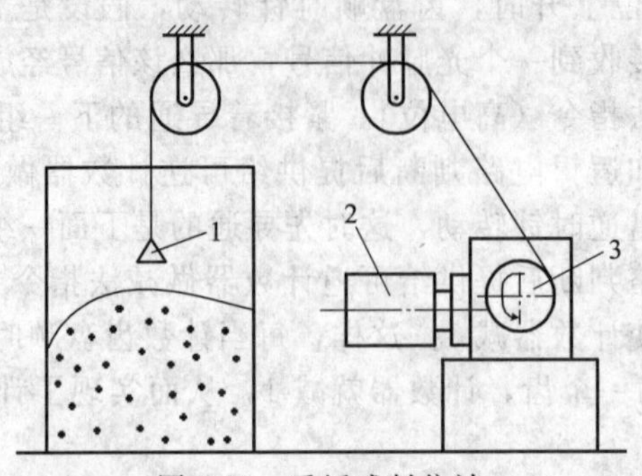

图 3-55　重锤式料位计
1—重锤；2—伺服电动机；3—鼓轮

上，电动机动作使重锤在执行机构控制下动作，从预先定好的原点处靠自重开始下降，通过计数或逻辑控制记录重锤下降的位置；当重锤碰到物料时，产生失重信号，控制执行机构停转→反转，使电动机带动重锤迅速返回原点位置。

② 应用场合　重锤式料位计常用于电厂灰库、煤仓、渣仓、泥浆池等重粉尘环境下的料位测量；可以避免超声波料位计无法穿透重粉尘，避免雷达料位计天线根部积灰的重要缺陷；可测量饲料、化学品、塑料颗粒、水泥、石块、PVC 粉末、骨料、液体、煤、石灰石、研磨塑料砂子、粉末、谷物等颗粒度较小的固体；大尺寸矿石不适用。安装位置一般选在 1/6 料仓直径左右，安装重锤式料位计时要尽量避开进料口、障碍物、搅拌桨等干扰因素。

(3) 称重式料位计

称重式料位计的工作原理如图 3-56 所示。在料仓的金属支撑体上安装称重传感器，当料仓内料位变化时，料仓金属支撑体上的受力也随之变化，称重传感器感受到重量后，应力传感器变形，其电阻（电压、电容）值发生变化，通过信号处理来实现料位测量。该测量装置的优点是维护工作量小，但由于安装方式的特殊性，也带来了使用的局限性，另外，其料位的测量是通过重量测量来转化的。

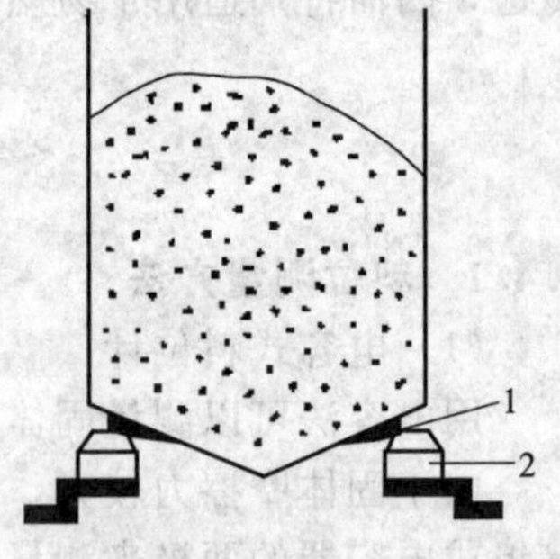

图 3-56　称重式料位计
1—支撑；2—称重传感器

(4) 雷达料位计

雷达料位计运用先进的雷达测量技术，以其优良的性能，尤其是在槽罐中有搅拌、温度高、蒸气大、介质腐蚀性强、易结疤等恶劣的测量条件下，在工业生产中发挥着越来越重要的作用。

雷达波是一种特殊形式的电磁波，雷达料位计利用了电磁波的特殊性能来进行料位检测。电磁波的物理特性与可见光相似，传播速度相当于光速。其频率为 300MHz～3000GHz。电磁波可以穿透空间蒸气、粉尘等干扰源，遇到障碍物易于被反射，被测介质导电性越好或介电常数越大，回波信号的反射效果越好。

雷达波的频率越高，发射角越小，单位面积上能量（磁通量或场强）越大，波的衰减越小，雷达料位计的测量效果越好。

① 雷达料位计的基本原理　雷达料位计是利用微波的回波测距法测量料位到雷达天线的距离，即通过测量空高来测量物位。

雷达料位测量的基本原理如图 3-57 所示。微波从喇叭状或杆状天线向被测物料面发射微波，微波在不同介电常数的物料界面上会产生反射，反射微波（回波）被天线接收，测出微波的往返时间 $t$，即可计算出物位的高度 $H$。

$$d=\frac{t}{2}C \tag{3-28}$$

$$H=L-d=L-\frac{t}{2}C \tag{3-29}$$

式中　$C$——电磁波的传播速度，km/s；

$d$——被测料位到天线的距离，m；

$t$——雷达波的往返时间，s；

$L$——天线到罐底的距离，m；

$H$——料位高度，m。

由于电磁波的传播速度较快，要精确测量雷达波的往返时间比较困难。目前，雷达探测器对时间的测量有微波脉冲测量法和连续调频波法两种方式。

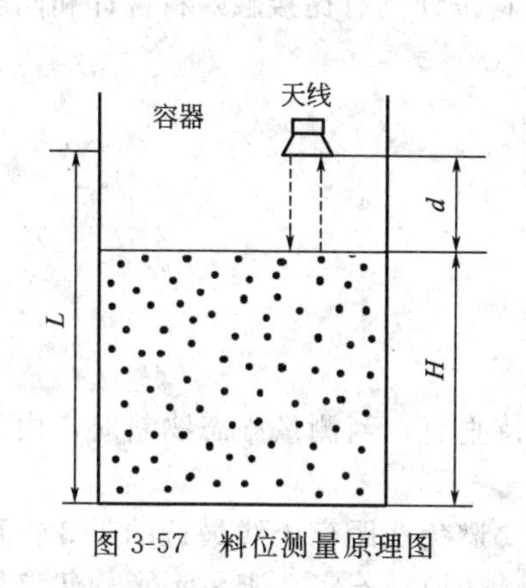

图 3-57　料位测量原理图

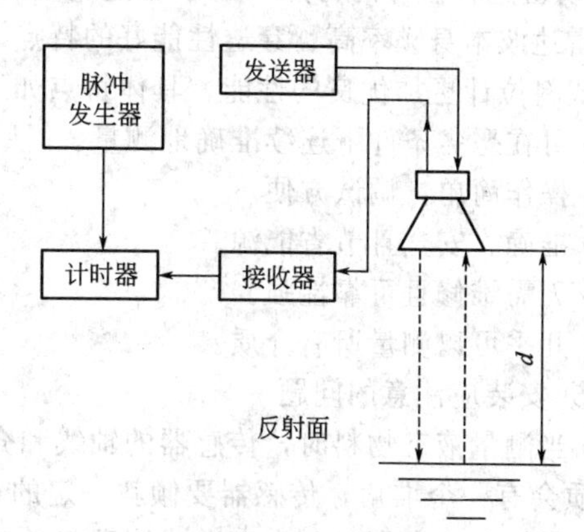

图 3-58　微波脉冲测量法测量示意图

② 微波脉冲测量法　微波脉冲测量法是由变送器将发送器生成的一个脉冲微波通过天线发出，经液面反射后由接收器接收，再将信号传给计时器，从计时器得到脉冲的往返时间，即可计算出料位高度。测量示意图如图 3-58 所示。微波脉冲测量法的辐射频率大多采用5～6GHz，发射脉冲宽度约 8ns。

③ 连续调频波法　连续调频波法雷达液位计主要由微波信号源、发射器、天线、接收器、混频器和数字信号处理器等组成，系统组成及原理如图 3-59 所示。

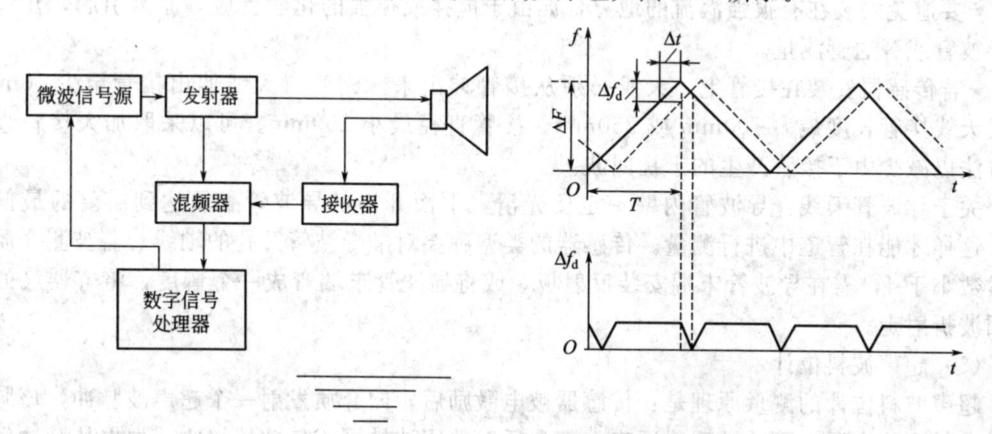

图 3-59　连续调频波法系统组成及原理示意图

天线发出的微波是连续变化的线性调制波，微波频率与时间成线性正比关系，经物料面反射后回波被天线接收到时，天线发射的微波频率已经改变，使回波和发射波形成一频率差

$\Delta f_d$，正比于微波往返延迟时间 $\Delta t$，即可计算出料位高度。连续调频波法一般采用 10GHz 的载波辐射频率，三角波或锯齿波作调制信号。

反射信号与发射信号的滞后时间 $\Delta t$ 和差频信号 $\Delta f_d$ 的关系为

$$\Delta t=\frac{\Delta f_d}{\Delta F}T \tag{3-30}$$

天线与物位的距离为

$$d=\frac{\Delta t}{2}C=\frac{T}{2}\times\frac{\Delta f_d}{\Delta F}C \tag{3-31}$$

当微波的传播速度 $C$、三角波的周期 $2T$、发射信号的频率偏差 $\Delta F$ 确定后，天线与料位的距离与差频信号 $\Delta f_d$ 成正比，被测液位 $H=L-d$ 由变送器计算后显示。

④ 雷达料位计的特点　由于雷达料位计采用了上述先进的回波处理和数据处理技术，加上雷达波本身频率高、穿透性能好的特点，所以雷达料位计具有比接触式料位计和同类非接触式料位计更加优良的性能。具体特点如下。

- 可在恶劣条件下连续准确地测量。
- 操作简单，调试方便。
- 准确、安全且节省能源。
- 无需维修且可靠性强。
- 几乎可以测量所有介质。

⑤ 安装应注意的问题

- 当测量液态物料时，传感器的轴线和介质表面保持垂直；当测量固态物料时，由于固体介质会有一个堆角，传感器要倾斜一定的角度。
- 尽量避免在发射角内有造成假反射的装置。特别要避免在距离天线最近的 1/3 锥形发射区内有障碍装置（因为障碍装置越近，虚假反射信号越强）。若实在避免不了，建议用一个折射板将过强的虚假反射信号折射走，这样可以减小假回波的能量密度，使传感器较容易地将虚假信号滤除。
- 要避开进料口，以免产生虚假反射。
- 传感器不要安装在拱形罐的中心处（否则传感器收到的虚假回波会增强），也不能距离罐壁很近安装，最佳安装位置在容器半径的 1/2 处。
- 要避免安装在有很强涡流的地方，如由于搅拌或很强的化学反应等原因引起，建议采用导波管或旁通管测量。
- 若传感器安装在接管上，天线必须从接管伸出来。喇叭口天线伸出接管至少 10mm。棒式天线接管长度最大 100mm 或 250mm。接管直径最小 250mm。可以采取加大接管直径的方法以减少由于接管产生的干扰回波。

关于导波管天线：导波管内壁一定要光滑，下面开口的导波管必须达到需要的最低料位，这样才能在管道中进行测量。传感器的类型牌要对准导波管开孔的轴线。若被测介质介电常数小于 4，需在导波管末端安装反射板，或将导波管末端弯成一个弯度，将容器底的反射回波折射走。

（5）超声波料位计

超声波料位计的测量原理是：传感器被电激励后，向介质发射一个超声波脉冲，该脉冲穿过空气到达介质表面后被反射回来，部分反射的回波被同一传感器接收，根据从脉冲发射到接收所用的时间，可计算出传感器到介质表面的距离，即 $H=\frac{1}{2}ct$（$c$ 为声速，$t$ 为传输时间），由此也就得到了料位的高度。

该测量装置的优点是维护工作量少，缺点是容易受噪声和粉尘的干扰。

(6) 光学式料位计

光学式料位计包括普通光学式和激光式两种。

① 普通光学式料位计　如图 3-60 所示，由光源 1 发射普通光，经透镜 2 和被测料位 3 照射到光电接收元件（如光电池）4 上。当被测介质遮断光线时，光电接收元件接收到的光能发生改变，再由检测线路获得信号。但普通光束的扩散角比较大，单色性差，并易受其他光的干扰。

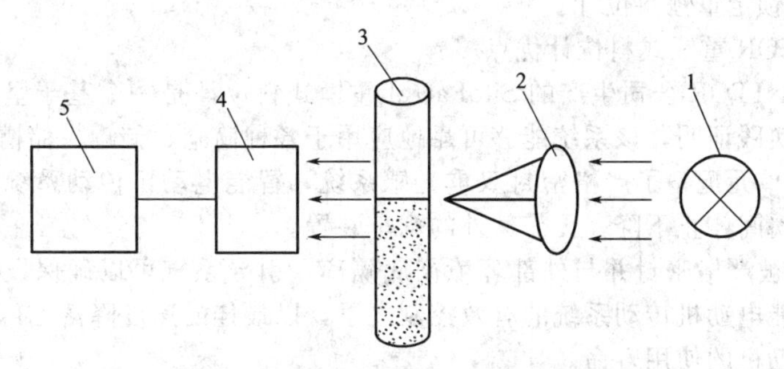


图 3-60　普通光学式料位计原理图

1—光源；2—透镜；3—被测料位；4—光电接收元件；5—检测线路

② 半导体激光料位计　激光的光束扩散角很小，单色性很纯，能量集中在很小的波长范围内，且不易受其他光干扰。激光式料位计分为遮断式和反射式两种。这里仅简单介绍一下遮断式半导体激光料位计。

遮断式半导体激光料位计的工作原理如图 3-61 所示。它的发射部分是砷化镓半导体激光发射器，发出波长为 0.9$\mu$m 的红外线，它是一种脉冲光，其重复频率约 180Hz，脉宽为 0.2$\mu$s，峰值由几十安到 100A，扩散角为 16°。该激光器的电源是通过稳压和倍压整流获得高压直流，再用弛张电路及开关电路控制其频率并形成脉冲。接收部分是（硅）光电三极管，它的灵敏波长恰好与砷化镓激光的波长相等，不受可见光影响。光电响应时间为 $10^{-5}$s，工作距离可达 20m 以上，可进行报警或控制。其报警或控制信号由（硅）光电三极管接收器接收，然后经检测线路传给继电器。

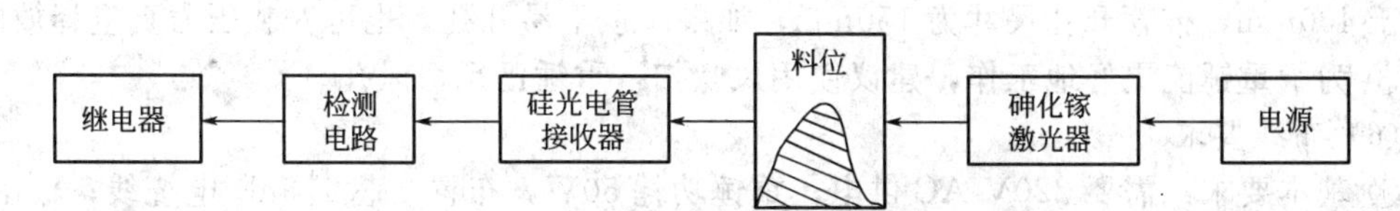


图 3-61　遮断式半导体激光料位计原理框图

### 3.4.2　料位测量实例

下面以重锤式料位计在粉煤灰库料位测量中的应用为例，介绍料位测量的具体应用。

(1) 现场工况

粉煤灰库，常温、常压（有时为负压），气相输灰，灰料有结块现象。大库直径 16m、直筒深 25m，小库直径 10.5m、直筒深 16m。

(2) 组成方案

每库装重锤式料位计一套，各部分如下。

① MONITOR 重锤式料位计：型号 6-8531-1122；量程 45.7m。

② 现场控制箱：一台，含一块数显表、一只点动按钮、一只拨动开关、一只状态指

示灯。

(3) 功能说明

① 重锤式料位计测量灰库料位高度，使用 220V AC 电源。

② 测量结果输出 4～20mA 信号。

③ 可以就地显示测量结果，也可同时将测量结果变送输出至 PLC。

④ 可以定时测量，时间从 15min～168h 任意调节。

⑤ 可以远程控制测量，时间任意设定。

⑥ 可以远程锁定重锤料位计。

(4) MONITOR 重锤式料位计优点

① 美国 MONITOR 公司生产的 SiloPatrol 重锤式料位计是一个基于坚固的钢缆结构的智能传感系统。实践证明，该系统能够可靠地应用于各种筒仓、储罐、储槽中的料位测量。

② 核心检测单元配备了严格密封双重光感系统，智能电动机传动系统可以确保在重锤接触介质表面的瞬间停止下降，无需额外的刹车装置。

③ 光感系统被严格密封并与外部环境彻底隔离，引导系统可以确保设备的长周期稳定运转。重锤在智能电动机传动系统的有效控制之下，以最佳的速度降落，可以排除钢缆松弛的干扰，延长电动机的使用寿命。

④ 增加了斜面检测系统，当料位表面是倾斜的时候，该系统能快速检测到，保证传感器能快速准确地停在斜面上，这样就不会使传感器滑到斜面的底部，减少了埋锤的风险。

⑤ 重锤式料位计能提供自动定时测量功能、手动测量功能，测量时能向外提供一组开关信号，和其他设备形成互锁，保证料位计的安全。

⑥ 重锤式料位计配备了铸铝材质的传感器（锤头），可适应密度大于 $320kg/m^3$ 的物料，也可以根据客户需要，定制不同材质及规格的传感器。还配备了 1.5mm 直径的带尼龙护套的钢缆，保证足够的抗拉力。

⑦ 为了最大限度地保证安全，重锤式料位计还在内部软件中增加了保护程序，一旦产生了埋锤现象，料位计有三次试提的程序，避免了强行提绳引起的断缆现象。

(5) 安装要求

① 安装位置：距仓壁 1m 以上，同时距进料口 1.5m 以上。

② 安装方式：顶部安装，要求开孔直径不小于 100mm。如果灰库顶部为水泥结构，厚度大于 400mm，推荐开孔尺寸为 150mm，如果库顶不易开孔，也可安装压力真空释放阀。

③ 为了重锤能更好地工作，建议使用风吹扫，重锤已预留风孔。

(6) 布线要求

① 基本要求：需要 220V AC 供电；重锤功耗 50W，布置 2 芯 $1.5m^2$ 电缆线；输出 4～20mA 信号，布置 2 芯 $1.5m^2$ 屏蔽线。

② 重锤可以采用远程启动方式工作，需要提供 24V DC 点动信号，布置 2 芯 $1.5m^2$ 屏蔽线。

③ 重锤可以提供状态报警等信号，输出一对继电器信号，布置 2 芯 $1.5m^2$ 屏蔽线。

④ 重锤还有远程关闭功能，可以在不断电情况下临时关闭重锤，需要提供 24V DC 开关信号，布置 2 芯 $1.5m^2$ 屏蔽线。

⑤ 重锤式料位计支持现场二次仪表显示。

⑥ 重锤式料位计定时工作时间可在 15min～168h 范围调整，如需更短或更长时间设定，可以由 DCS 通过远程启动功能实现。也可另外选择专用定时仪表。

(7) 维护及注意事项

① 使用前，要将紧固螺栓拧紧，保证密封良好。

② 重锤式料位计下部有“M”标志的椭圆形盖板为清灰孔，如无必要，不需打开。

③ 料位计机械仓内各转动部件不能加注润滑油，以免加油后沾上灰尘后影响转动。

④ 重锤式料位计在无故障时不需维护。

## 3.5 物位检测仪表的选用

物位检测仪表应在深入了解工艺条件、被测介质的性质、测量控制系统要求的前提下，根据物位仪表自身的特性进行合理的选配。见表3-4。

根据仪表的应用范围，液面和界面测量应优选差压式仪表、浮筒式仪表和浮子式仪表。当不满足要求时，可选用电容式、辐射式等仪表。

仪表的结构形式和材质应根据被测介质的特性来选择。主要考虑的因素为压力、温度、腐蚀性、导电性；是否存在聚合、黏稠、沉淀、结晶、结膜、汽化、起泡等现象；密度和黏度变化；液体中含悬浮物的多少；液面扰动的程度以及固体物料的粒度。

仪表的显示方式和功能，应根据工艺操作及系统组成的要求确定。当要求信号传输时，可选择具有模拟信号输出功能或数字信号输出功能的仪表。

仪表量程应根据工艺对象实际需要显示的范围或实际变化范围确定。除供容积计量用的物位仪表外，一般应使正常物位处于仪表量程的50%左右。

仪表计量单位采用“m”和“mm”时，显示方式为直读物位高度值的方式。如计量单位为“%”时，显示方式为0～100%线性相对满量程高度形式。

仪表精度应根据工艺要求选择，但供容积计量用的物位仪表，其精度等级应在0.5级以上。

**表3-4　物位检测仪表选型推荐表**

| 检测方式及名称 | | 直读式 | | 浮力式 | | | 差压式 | | | | 电磁式 | | |
|---|---|---|---|---|---|---|---|---|---|---|---|---|---|
| | | 玻璃管液位计 | 玻璃板液位计 | 浮子式液位计 | 浮球式液位计 | 浮筒式液位计 | 压力式液位计 | 吹气式液位计 | 差压式液位计 | 油罐称重仪 | 电阻式物位计 | 电容式物位计 | 电感式物位计 |
| 检测元件 | 测量范围/m | <1.5 | <3 | 20 | | 2.5 | | | 20 | | | 2.5～30 | |
| | 测量精度 | | | | ±1.5% | ±1% | | | ±1% | ±0.1% | ±10mm | ±2% | |
| | 可动部分 | 无 | 无 | 有 | 有 | 有 | 无 | 无 | 无 | 有 | 无 | 无 | 无 |
| | 与介质接触与否 | 接 | 接 | 接 | 接 | 接 | 接,不 | 接 | 接 | 接 | 接 | 接 | 接,不 |
| 输出方式 | 连续测量或定点控制 | 连续 | 连续 | 连续 | 连续，定点 | 连续 | 连续 | 连续 | 连续 | 连续 | 定点 | 连续，定点 | 定点 |
| | 操作条件 | 就地目视 | 就地目视 | 远传计数 | 报警 | 指示报警调节 | 远传显示调节 | | 远传指示记录调节 | 远传数字显示 | 报警调节 | 指示 | 报警调节 |
| 被测对象 | 所测物位 | 液 | 液 | 液 | 液、界 | 液、界 | 液、料 | 液 | 液、界 | 液 | 液、料 | 液、料、界 | 液 |
| | 工作压力/kPa | <1600 | <4000 | 常压 | 1600 | 32000 | 常压 | 常压 | | | | 32000 | <6400 |
| | 介质工作温度/℃ | 100～150 | 100～150 | | <150 | <200 | | | －20～200 | | | －200～200 | |
| | 防爆要求 | 本质安全 | 本质安全 | 可隔爆 | 本质安全,隔爆 | 可隔爆 | 可隔爆 | 本质安全 | 气动防爆 | 可隔爆 | | | |
| | 对黏性介质(结晶悬浮物) | | | | | | 法兰式可用 | | 法兰式可用 | 钟盖引压可用 | | | |
| | 对多泡沫沸腾介质 | | | | 适用 | 适用 | 适用 | 适用 | 适用 | 适用 | | | |

续表

| 检测方式及名称 | | 超声波式 | | | | 核辐射式 | | | 其他形式 | | | | | |
|---|---|---|---|---|---|---|---|---|---|---|---|---|---|---|
| | | 气介式超声波物位计 | 液介式超声波物位计 | 固介式超声波物位计 | 超声波物位信号器 | 核辐射物位计 | 核辐射物位计信号器 | 中子物位计 | 射流物位计 | 激光物位计 | 微波物位计 | 振动式物位计 | 重锤式料位测重仪 | 旋转翼板物位信号器 |
| 检测元件 | 测量范围/m | 30 | 10 | | | 15 | | | | | | | 30 | |
| | 测量精度 | ±3% | ±5mm | | ±2mm | ±2% | ±2.5mm | | | | | | | ±2.5mm |
| | 可动部分 | 无 | 无 | 无 | 无 | 无 | 无 | | 无 | 无 | 无 | 有 | 有 | 有 |
| | 与介质接触与否 | 不 | 接,不 | 接 | 不 | 不 | 不 | 不 | 接 | 不 | 不 | 接 | 接 | 接 |
| 输出方式 | 连续测量或定点控制 | 连续 | 连续 | 连续 | 定点 | 连续 | 定点 | | 定点 | 定点 | 定点 | 定点 | 连续 | 定点 |
| | 操作条件 | 数字显示 | 数字显示 | | | 要防护远指示 | 要防护远传调节 | 要防护 | 调节报警 | 调节报警 | | | | |
| 被测对象 | 所测物位 | 液、料 | 液、界 | 液 | 液、料 | 液、料 | 液、料 | | 液 | 液、料 | 液、料 | 液、料 | 液、界 | 料 |
| | 工作压力/kPa | | | | | | | | | 常压 | | 常压 | 常压 | 常压 |
| | 介质工作温度/℃ | 200 | | 高温 | | | 1000 | | | 不接触1500 | | | | |
| | 防爆要求 | | | | | 不接触介质 | 不接触介质 | | 本质安全 | 不接触介质 | | | | |
| | 对黏性介质(结晶悬浮物) | 适用 | 适用 | 适用 | 适用 | 适用 | 适用 | 适用 | 适用 | 适用 | | | | |
| | 对多泡沫沸腾介质 | | | 适用 | 适用 | 适用 | 适用 | | | | | | | |

## 习　题

3-1　什么是物位？什么是液位计？什么是界面计？什么是料位计？

3-2　按工作原理不同，物位测量仪表有哪些主要类型？

3-3　差压式液位计的工作原理是什么？当测量有压容器时，差压计的负压室为什么一定要与容器的气相连接？

3-4　利用差压变送器测液位时，为什么要进行零点迁移？如何实现迁移？其实质是什么？

3-5　根据图 3-62 所示的曲线特性，说明各曲线所表示的迁移情况，并求出曲线的迁移量。

3-6　用差压变送器测量某容器内的液位，如图 3-63 所示，已知被测介质密度 $\rho_1=0.83\text{g/cm}^3$，隔离液密度 $\rho_2=0.96\text{g/cm}^3$，最高液位 $H_{\max}=2000\text{mm}$，$h_1=1000\text{mm}$，$h_2=4000\text{mm}$。问：

① 差压变送器的零点出现正迁移还是负迁移？迁移量是多少？

② 零点迁移后，测量的上、下限值分别是多少？

3-7　简述电容式物位计测量导电介质和非导电介质液位时，测量原理有什么不同？

3-8　浮力式液位计测量原理是什么？恒浮力式和变浮力式液位计的区别是什么？

3-9　什么是电磁式物位检测？常用的方法有哪些？

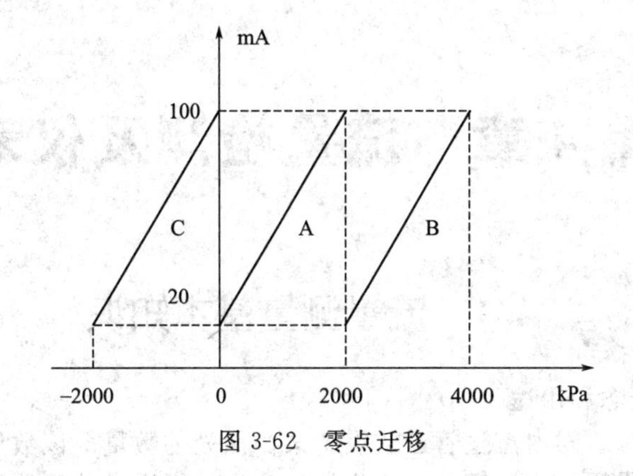


图 3-62　零点迁移

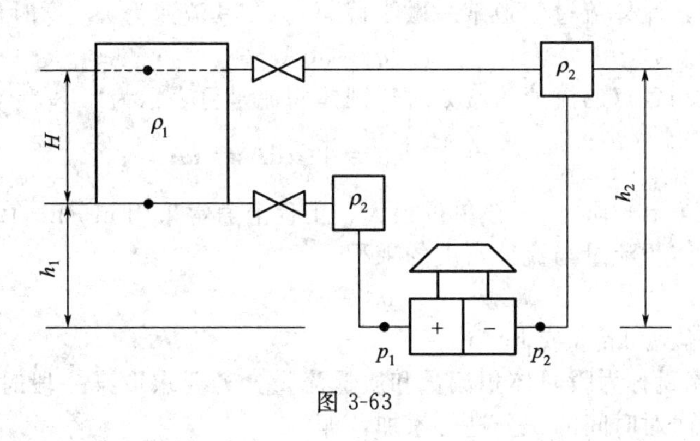


图 3-63

3-10　重锤式料位计的测量原理是什么？

3-11　超声物位计的测量原理是什么？超声探头是由什么构成的？

3-12　全反射型光纤液位传感器的测量原理是什么？它的测量系统由什么组成？

3-13　核辐射式液位计的测量原理是什么？

3-14　雷达料位计根据测量时间的方式不同可分为哪两种？各有什么特点？

3-15　所学习过的物位检测方法中，哪些是非接触式测量？

3-16　物位仪表选择时要有什么要求？

# 第4章　流量检测及仪表

## 4.1　流量测量基本知识

### 4.1.1　流量测量的概念和用途

流量是流体在单位时间内流过管道或设备某截面处的数量。该数量可以用体积、质量来表示，流体流过的数量用体积计算的，称为体积流量，用质量计算的称为质量流量。

体积流量定义：流体流过管道某一微小截面 $dA$，其流速为 $u$，这时相应的体积流量是

$$dq_v = u dA \tag{4-1}$$

若某一截面上当各点的流速为常数时，则体积流量可表示为

$$q_v = \int_A dq_v = \int_A u dA = uA \tag{4-2}$$

体积流量单位为 $m^3/s$，由于该单位很大，工程上通常采用 $m^3/h$、L/min。

质量流量：是体积流量与流体密度的乘积。

$$q_m = \rho q_v \tag{4-3}$$

质量流量的单位为 kg/s 或 kg/h。

上述 $q_v$ 和 $q_m$ 流量称为瞬时体积流量和质量流量，若要求取某一段时间内流经管道的总体积和质量，则可由对时间的积分进行累加，即

$$V = \int q_v d_t \tag{4-4}$$

$$M = \int q_m d_t \tag{4-5}$$

当流体的流速稳定和密度不变时，总体积流量和总质量流量则为

$$V = q_v T \tag{4-6}$$

$$M = \rho V \tag{4-7}$$

流体总量单位分别为 $m^3$、kg、t（吨）等。

流量测量是工业生产过程操作与管理的重要依据。在具有流动介质的工艺过程中，物料通过工艺管道在设备之间来往输送和配比，生产过程中的物料平衡和能量平衡等都与流量有着密切的关系。

工业生产过程对流体流量的正确测量和控制，有利于了解生产过程的状况，是保证生产过程安全经济运行、提高产品质量、降低物质消耗、提高经济效益、实现科学管理的基础。

### 4.1.2　流量测量的方法

流量检测仪表种类繁多，其分类目前还没有统一的规定，根据不同的原则有不同的分类方法，如目的、原理、方法和结构、流体的形式以及用途等。在此，按测量原理介绍应用于封闭管道的流量检测仪表分类。

（1）速度式流量计

以测量流体在管道内的平均流速作为测量依据来计算流量的仪表。如差压式流量计、转子式流量计、电磁式流量计、涡轮式流量计等。这类流量计由于发展比较成熟，是目前应用最多的流量计。但是随着温度、压力的变化，流体的密度也会发生变化，使测量值产生

误差。

（2）容积式流量计

以单位时间内所排出的流体的固定容积的数目作为测量依据来计算流量的仪表。一般采用容积分界的方法，即由仪表壳体和转子组成流体的计量室，流体经过仪表时，在仪表的入口、出口之间产生压力差，此流体压力差对测量件产生驱动力矩，测量件旋转，将流体一份一份地排出，测量出其流量。如椭圆齿轮式流量计、腰轮式流量计等。这类流量计测量精度高，可达±0.2%；测量范围宽，可达10：1；可以测量小流量，几乎不受黏度的影响；对仪表前的直管段长度没有严格要求；主要用于测量黏度大的流体。但应在仪表前装设过滤器，以防固体颗粒卡死仪表的运动部件，测量大流量时，重量大，维护不方便。

（3）质量式流量计

以测量流体流过的质量 $M$ 为依据的流量计。质量流量计分直接式和间接式两种，如克里奥利质量流量计、差压式质量流量计等。这类流量计具有测量精度不受流体的温度、压力、黏度等变化的影响的优点，常用于物料平衡、热平衡及储存、经济核算等对流体质量的测量，是一种发展中的流量测量仪表。

## 4.2　差压式流量测量

差压式（又称节流式）流量检测仪表是根据安装于管道中流量检测元件产生的差压、已知的流体条件和检测元件与管道的几何尺寸来测量流量的仪表。

差压式流量计由三部分组成。第一部分为节流装置，其作用是将被测量值转换成差压值；第二部分为信号传输管线；第三部分为差压计或差压变送器，用来检测差压并转换成标准电流信号，由显示仪显示出流量。具体组成如图4-1所示。

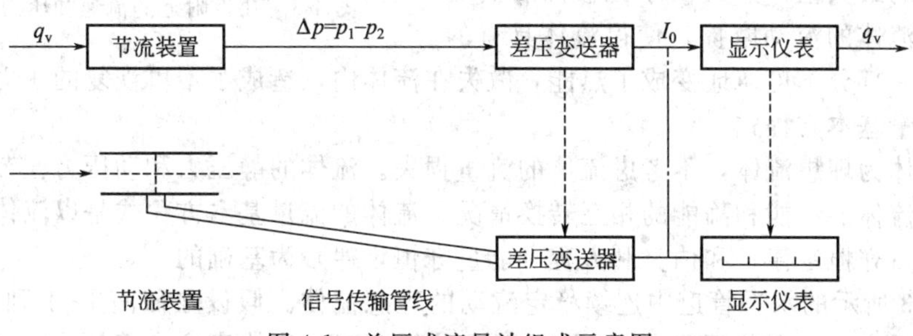


图4-1　差压式流量计组成示意图

### 4.2.1　差压式流量测量原理

#### 4.2.1.1　节流装置及节流原理

（1）节流装置

节流装置就是安装在流体流经的管道上，使流体的流通截面积、流动速度发生变化，引起流体产生压力差，通过测量此压力差来实现流量检测的一种装置。

节流装置包括两个部分，即节流件和取压装置。节流件实现流体流量与压力差的转换，取压装置用来实现取压。常见的节流件有孔板、喷嘴、文丘里管、文丘里喷嘴等几种形式，具体结构形式如图4-2所示。

（2）节流原理

充满管道的流体，当它流经管道内的节流件时，流束将在节流件处形成局部收缩，因而使流速增加，静压力降低，于是在节流件前后产生压力差。流体流量越大，产生的压差越大，压差 $\Delta p$ 与 $q_v$ 之间有一定的函数关系，这样可依据压差来反映流量的大小。

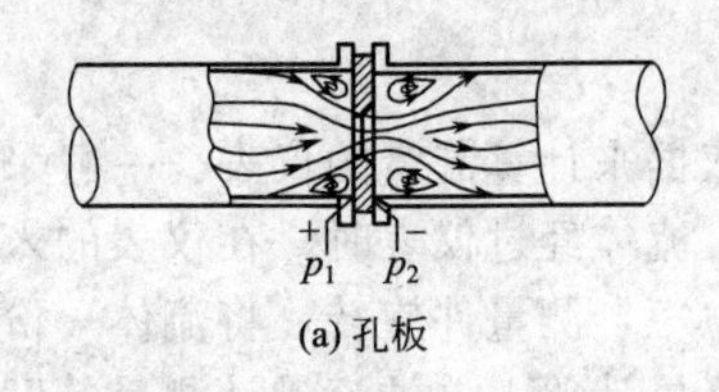

(a) 孔板

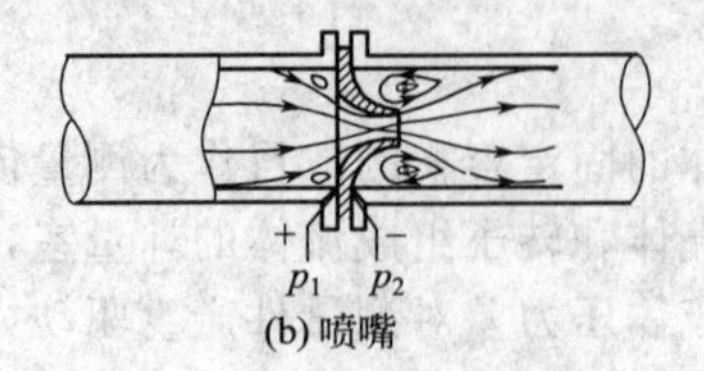

(b) 喷嘴

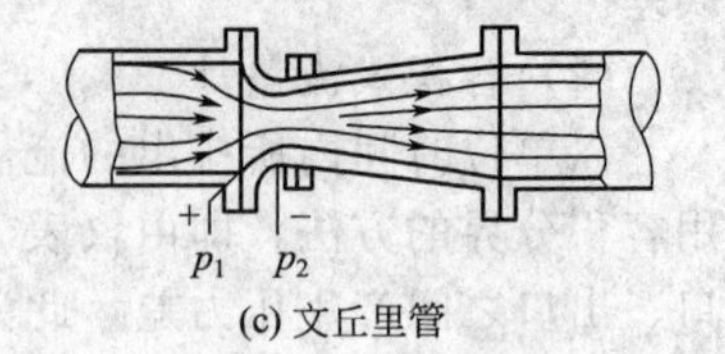

(c) 文丘里管

图 4-2 常用节流件示意图

如图 4-3 所示为流体在水平管道中通过节流件（以孔板为例）前后压力和流速变化情况示意。流体通过孔板前就已经开始收缩，靠近管壁处的流体开始向管道的中心处加速，动压力开始下降，靠近管壁处有涡流形成，使静压力也略有增加。由于惯性作用，流束通过孔板后还将继续收缩，直到在孔板后一定距离处达到最小流束截面，此时流体的平均流速达到最大值，动压力最大，静压力最低。之后，流束又逐渐扩大到充满整个圆管，流体的流速也恢复到节流件前的状态。

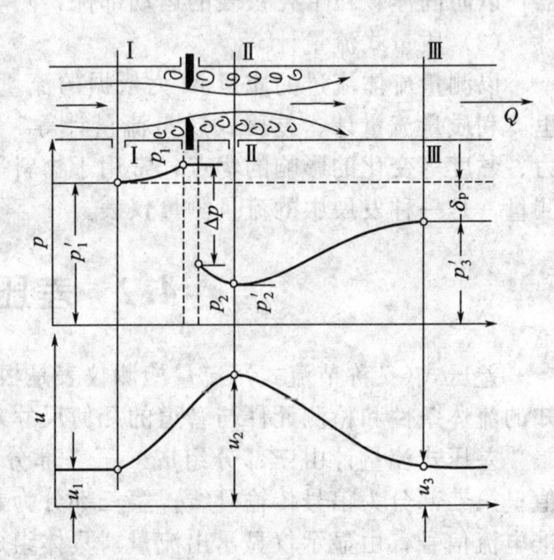

图 4-3 孔板附近的流速和压力的分布

在孔板前，由于孔板对流体的阻力，造成部分流体局部滞止，使得管道壁面上的静压力比上游压力稍有升高；通过孔板之后，由于流通截面突然扩大，流体压力突然降低，并随着流束缩小、流速的提高而减小，之后又随着流束的扩张而升高，最后恢复到某一个比节流件前压力略低的最大值。这是由于孔板前后涡流的形成以及流体的流动摩擦，使得流体具有的总机械能的一部分不可逆地变成了热能，散失在流体内，造成了不可恢复的压力损失。

（3）流量基本方程式

假设流体为理想流体，不考虑流体的流量损失。流体的静压力和动压力在节流件前后的变化反映了流体的动能和静能的相互转换情况。流体的流量基本方程式是以流体流动的连续性方程（质量守恒定律）和伯努利方程（能量守恒定律）为基础的。

如图 4-3 所示的水平管道中连续稳定流动的理想流体。假设在截面Ⅰ-Ⅰ到Ⅱ-Ⅱ截面之间没有能量损失，且在截面Ⅰ-Ⅰ到Ⅱ-Ⅱ截面处的流速、流体密度和静压力分别为 $u_1$、$u_2$、$\rho_1$、$\rho_2$、$p_1'$、$p_2'$，由此可写出两截面上流体的伯努利方程为

$$\frac{p_1'}{\rho_1}+\frac{u_1^2}{2}=\frac{p_2'}{\rho_2}+\frac{u_2^2}{2} \tag{4-8}$$

因流体为理想流体，故可认为通过节流件前后的流体密度不变，即 $\rho_1=\rho_2=\rho$。又因为图中的 $p_1'$、$p_2'$测量比较困难，故用 $p_1$、$p_2$来分别代替 $p_1'$、$p_2'$。这样处理后，式(4-8) 可改写为

$$u_2^2-u_1^2=\frac{2}{\rho}(p_1-p_2) \tag{4-9}$$

式中 $p_1$，$p_2$——流体通过节流件前后近管壁处的压力值。

流体的连续性方程为

$$A_1u_1\rho_1=A_2u_2\rho_2 \tag{4-10}$$

式中 $A_1$——Ⅰ-Ⅰ截面处的管道截面积 $A_1=\frac{\pi}{4}D^2$（$D$ 为管道直径）；

$A_2$——Ⅱ-Ⅱ截面处的流束截面积 $A_2=\frac{\pi}{4}d^2$（$d$ 为节流件的开孔直径）。

令$\frac{d}{D}=\beta$，故式(4-10) 可改写成

$$u_1=u_2\frac{A_2}{A_1}=u_2\beta^2 \tag{4-11}$$

将（4-11）代入（4-9）式中得

$$u_2^2-(u_2\beta^2)^2=\frac{2}{\rho}(p_1-p_2)$$

整理

$$u_2^2(1-\beta^4)=\frac{2}{\rho}(p_1-p_2)$$

所以

$$u_2=\frac{1}{\sqrt{1-\beta^4}}\sqrt{\frac{2}{\rho}(p_1-p_2)} \tag{4-12}$$

根据质量流量定义，可得出 $q_m$ 与差压 $\Delta p$ 之间的流量方程式，即

$$q_m=A_2u_2\rho=\frac{A_2}{\sqrt{1-\beta^4}}\sqrt{\frac{2}{\rho}\rho^2(p_1-p_2)}=\frac{1}{\sqrt{1-\beta^4}}\times\frac{\pi d^2}{4}\sqrt{2\rho\Delta p} \tag{4-13}$$

根据体积流量定义，可得出 $q_v$ 与差压 $\Delta p$ 之间的流量方程式，即

$$q_v=\frac{1}{\sqrt{1-\beta^4}}\times\frac{\pi d^2}{4}\sqrt{\frac{2}{\rho}\Delta p} \tag{4-14}$$

以上式(4-13)、式(4-14) 为流量与差压之间的理论流量方程式，是在一系列的假定条件下推出的。而实际流体因有黏性，在流经节流件时必然会有压力损失，又因用 $p_1$、$p_2$ 和节流件开孔直径来代替伯努力方程式中的 $p_1'$、$p_2'$ 及Ⅱ-Ⅱ截面处流束直径，故实际流体的流量要比按此式计算的流量值小。考虑以上因素，需引入相关的系数以对其进行修正，从而得到实际流体的流量方程式，即

$$q_m=\frac{C}{\sqrt{1-\beta^4}}\varepsilon\frac{\pi d^2}{4}\sqrt{2\rho\Delta p} \tag{4-15}$$

或

$$q_m=\frac{C}{\sqrt{1-\beta^4}}\varepsilon\frac{\pi}{4}\beta^2D^2\sqrt{2\rho\Delta p}$$

$$q_v=\frac{C}{\sqrt{1-\beta^4}}\varepsilon\frac{\pi d^2}{4}\sqrt{\frac{2}{\rho}\Delta p} \tag{4-16}$$

或

$$q_v=\frac{C}{\sqrt{1-\beta^4}}\varepsilon\frac{\pi}{4}\beta^2D^2\sqrt{\frac{2}{\rho}\Delta p}$$

式中　$q_m$——质量流量，kg/s；

$q_v$——体积流量，$m^3/s$；

$C$——流系出数（或流量系数 $\alpha=CE=C\frac{1}{\sqrt{1-\beta^4}}$，$E$ 为渐进速度系数）；

$\varepsilon$——气体的可膨胀性系数；

$d$——工作状态的孔板节流孔直径，m；

$D$——工作状态的管道直径，m；

$\beta$——直径比，$\beta=\dfrac{d}{D}$；

$\rho$——被测流体工作状态下的密度，$kg/m^3$；

$\Delta p$——差压计显示的差压值，Pa。

式(4-15) 和式(4-16) 称为差压式流量计的实际流量方程式，表明在流量测量过程中，流体的流量 $q_m(q_v)$ 与差压 $\Delta p$ 之间成开方关系，即可简单表达为

$$q_m(q_v)=K\sqrt{\Delta p} \tag{4-17}$$

4.2.1.2 标准节流装置

节流装置是差压式流量计的核心装置，它包括有节流件、取压装置以及前后相连的直管段配管。当流体流经节流装置时，将在节流件的上、下游侧产生与流体流量有确定关系的压力差。其具体组成如图 4-4 所示。

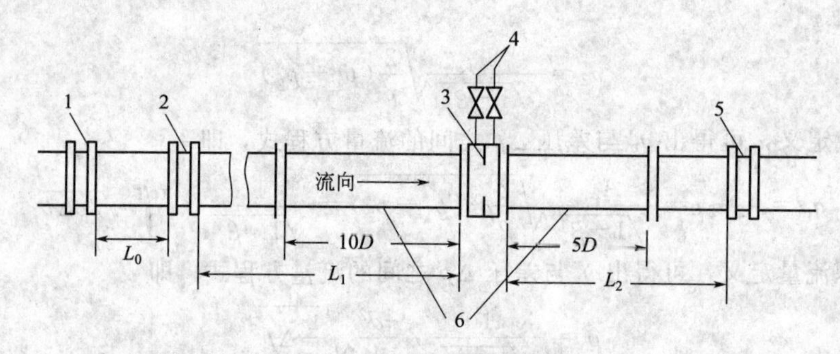


图 4-4 标准节流装置的组成

1,2—节流件上游侧第一、第二局部阻力件；3—节流件和取压装置；4—差压信号管路；5—节流件下游侧第一局部阻力件；$L_0$—上游侧两个局部阻力件之间的直管段；$L_1$,$L_2$—节流件上、下游侧的直管段

节流装置按其标准化程度分为标准型和非标准型两大类。所谓标准节流装置，就是在某些确定条件下，规定了节流件的形式、取压方式、流体参数以及管道要求等标准，按照标准文件设计、制造、安装和使用，无须经实流校准即可确定其流量值并估算流量测量误差。而非标准化的节流装置是成熟度较差，没有统一的设计、制造、使用等规范，尚未列入标准文件中的节流装置。

标准节流装置是工业生产中检测气体、蒸气、液体流量最常用的一种流量检测仪表。据统计，在世界范围内，各式差压式流量检测仪表销售量在流量仪表总量中，台数占 50%～60%（每年约百万台），金额占 30%左右；中国销售台数约占流量仪表总量的 35%～42%（每年约 6～7 万台）。

目前国际标准已作规定的标准节流装置有：角接取压标准孔板、法兰取压标准孔板、$D$ 和 $D/2$ 取压标准孔板、角接取压标准喷嘴、$D$ 和 $D/2$ 取压长颈喷嘴、经典文丘里管、文丘里喷嘴。中国使用的标准为 GB/T 2624—2008 标准，同时等效于国际标准 ISO 5167。

国家标准 GB/T 2624—2008 规定，标准节流装置中的节流件为孔板、ISA1932 喷嘴、长颈喷嘴、经典文丘里喷嘴和文丘里管；取压方式为角接取压法，法兰取压法，径距取压法（$D$ 和 $D/2$ 取压法）。运用条件为：流体必须充满圆管和节流装置，流体通过测量段的流速必须是亚音速，稳定地仅随时间缓慢变化，流体必须是单相流体或者可以认为是单相流体；工艺管道公称直径在 50～1200mm 之间，管道雷诺数高于 3150。

(1) 标准节流件

国家标准 GB/T 2624—2008 规定标准节流件为标准孔板、标准喷嘴和标准文丘里管，

其几何结构分别如图 4-5～图 4-7 所示，且对节流件的形状、结构参数以及使用范围都有严格的规定。

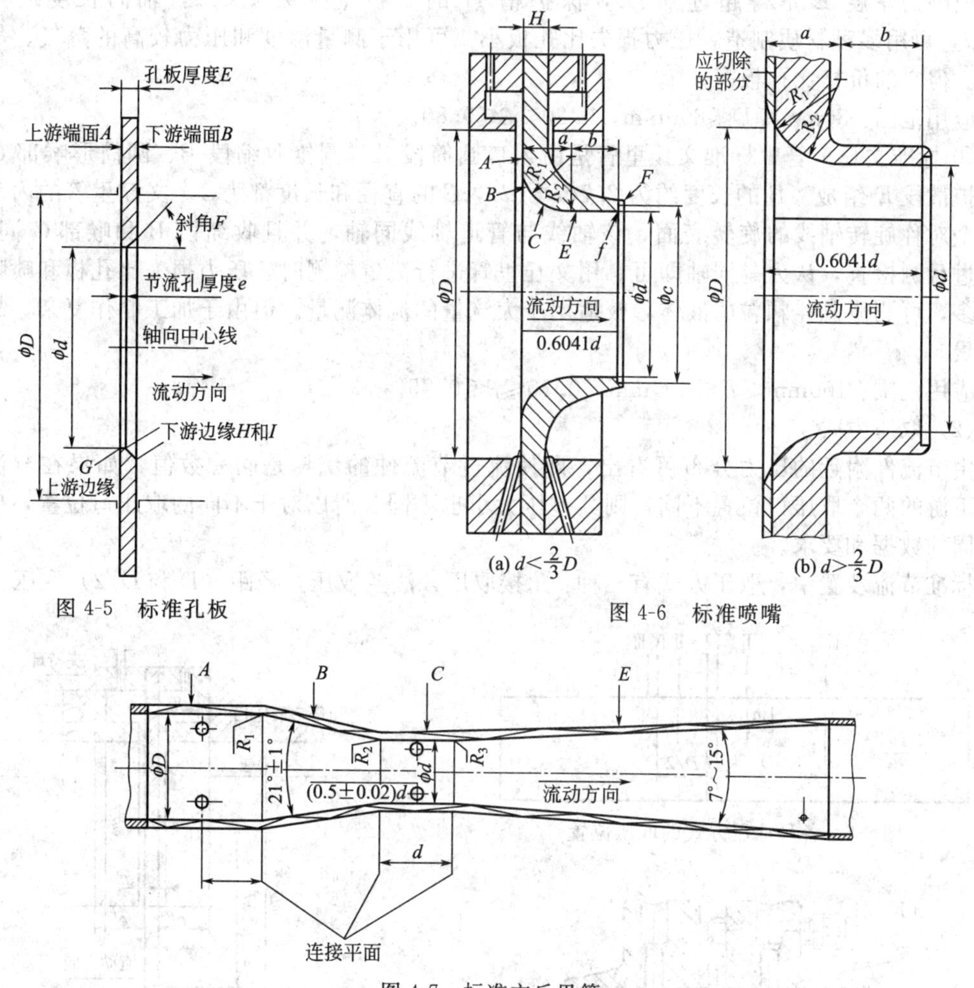


图 4-5 标准孔板

图 4-6 标准喷嘴

图 4-7 标准文丘里管

① 标准孔板 标准孔板是用不锈钢或其他金属材料制造的薄板，它具有圆形开孔并与管道同心，其直角入口边缘非常锐利，且相对于开孔轴线是旋转对称的。上游端面 $A$ 应是平的，连接孔板表面上任意两点的直线与垂直于轴线的平面之间的斜度应小于±0.5%。必须在节流装置明显部位设有流向标志，在安装后应看到该标志，以保证孔板相对于流体流动方向安装正确。下游端面 $B$ 应与 $A$ 面平行，技术要求可通过目测检查判断。孔板的开孔直径是重要的尺寸，应通过实测得到，其值为圆周上等角距测量 4 个直径的平均值，且单一测量值与平均值之差应小于±0.05%，同时要求 $d$ 应不小于 12.5mm。节流孔的厚度 $0.005D \leqslant e \leqslant 0.02D$，孔板的厚度 $E$ 应在 $e \sim 0.05D$ 之间，当 $50\text{mm} \leqslant D \leqslant 64\text{mm}$ 时，允许 $E=3.2\text{mm}$。

应用范围：$50\text{mm} \leqslant D \leqslant 1000\text{mm}$，$0.20 \leqslant \beta \leqslant 0.75$。

② 标准喷嘴 标准喷嘴是一个以管道喉部开孔轴线为中心线的旋转对称体，包括 ISA1932 喷嘴和长径喷嘴。ISA1932 喷嘴由进口端面 $A$、两个圆弧曲面 $B$、$C$ 构成的收缩部分及与之相接的圆筒形喉部 $E$ 和圆筒形出口边缘保护槽 $F$ 所组成。圆弧 $B$ 与 $A$ 相切，圆弧 $C$ 分别与 $B$ 及喉部 $E$ 相切，$B$、$C$ 半径 $R_1$、$R_2$ 分别为：

$\beta < 0.5$ 时，$R_1 = 0.2d \pm 0.02d$，$R_2 = d/3 \pm 0.03d$；

$\beta \geqslant 0.5$ 时，$R_1 = 0.2d \pm 0.006d$，$R_2 = d/3 \pm 0.01d$。

喷嘴的厚度 $E$ 不得超过 $0.1D$，保护槽 $H$ 的直径至少为 $1.06d$，轴向长度最大为 $0.03d$，可用多种材质制造，压力损失比孔板小，可用于测量温度和压力较高的蒸气、气体流量。但它的价格比孔板高。

应用范围：$50\text{mm} \leqslant D \leqslant 800\text{mm}$，$0.20 \leqslant \beta \leqslant 0.80$。

③ 标准文丘里管　标准文丘里管是由入口圆筒段 $A$、圆锥收缩段 $B$、圆筒形喉部 $C$ 和圆锥扩散段 $E$ 组成。$B$ 的长度约为 $2.7(D-d)$，$C$ 的直径和长度都为 $d$。文丘里管的内表面是一个对称旋转轴线的旋转表面，该轴线与管道轴线同轴，并且收缩段 $B$ 和喉部 $C$ 同轴，可通过目测检查，认为是同轴即可。用文丘里管进行流量检测时，压力损失比孔板和喷嘴都小很多，可测量悬浮颗粒的液体，较适用于大流量的流体测量。但由于加工制作复杂，故价格昂贵。

应用范围：$100\text{mm} \leqslant D \leqslant 800\text{mm}$，$0.30 \leqslant \beta \leqslant 0.75$。

(2) 取压方式

由节流件附近的压力分布可看出，即使流过节流件的流量是同一数值，如果在节流件上、下游的两个取压口位置不同，则其差压大小也不同，所以对于不同的取压口位置，应该有不同的数据和要求。

标准节流装置中，取压方式有三种：角接取压，法兰取压，径距（$D$ 和 $D/2$）取压。

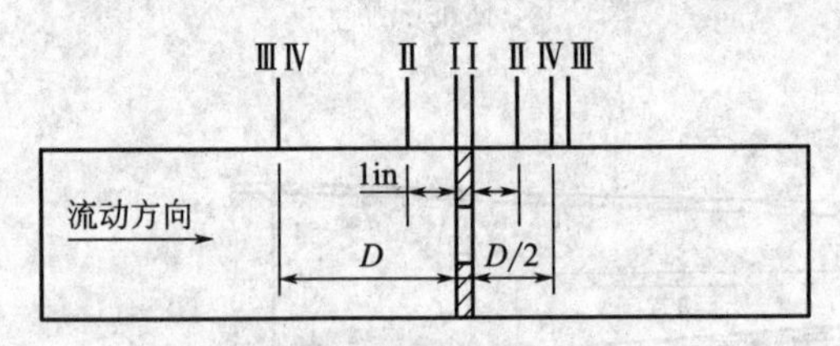


图 4-8　各种取压方式的取压位置

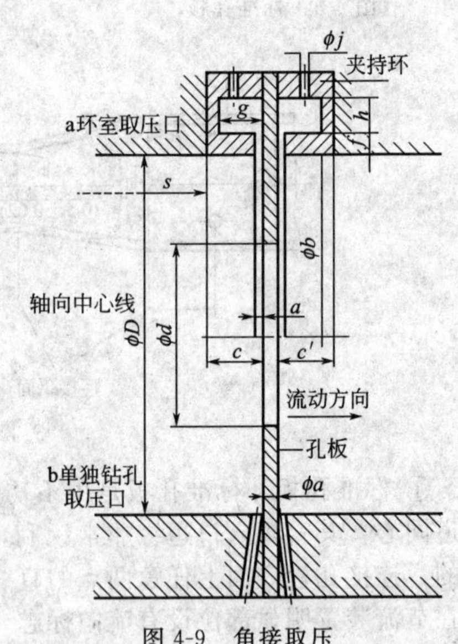


图 4-9　角接取压

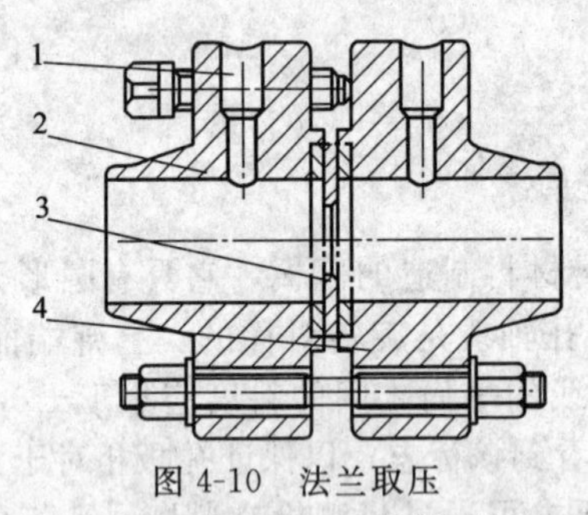


图 4-10　法兰取压

1—孔板取压口；2—前法兰；3—节流孔板；4—后法兰

① 角接取压　角接取压就是上、下游取压管中心位于节流件前后端面处。如图 4-8 中Ⅰ-Ⅰ所示，即在节流件与管壁的两个夹角处取出压力。对取压位置的具体规定是：上、下游侧取压孔的轴线与孔板（或喷嘴）上、下游侧端面的距离分别等于取压孔径的一半或取压环隙宽度的一半。具体结构如图 4-9 所示。由图中可知，角接取压方式有两种结构形式，即上半部为环室取压结构，下半部为单独钻孔取压结构。优点：采用环室取压结构，压力取出口的面积比较广阔，便于测量平均压差，有利于提高其测量精度，并可缩短上游侧的直管段长度，扩大了值的应用范围。缺点：加工制造和安装要求严格，当加工制造和现场安装条件的限制达不到规定要求时，其测量精度将难以保证，因为角接取压的前后取压点都位于压力

分布曲线较陡峭部位，取压点位置稍有变化，就会对差压测量有较大影响；另外，取压管道的脏污和堵塞不易排除。在现场使用时，为了加工和安装方便，有时不用环室取压，而用单独钻孔取压，特别是对大口径管道。

② 法兰取压　如图4-8中Ⅱ-Ⅱ所示。法兰取压不论管道直径和直径比$\beta$的大小，就是将压力从节流件上、下游的取压点的中心分别在距孔板（喷嘴）两侧端面25.4mm处取出。这种取压方式的流出系数除与$\beta$和$Re_D$有关外，还与管径$D$有关。其结构如图4-10所示，该装置是一设有取压孔的专用法兰。此种取压方式的优点是安装方便，不易泄漏；缺点是因取压口之间的距离较大，管道内壁粗糙度的改变会影响其测量精度；需用仪表专用法兰，厚度较大，消耗金属材料较多。

③ $D$和$D/2$取压　如图4-8中Ⅳ-Ⅳ所示。该取压方式就是将节流件上、下游的压力分别在距孔板两侧等于管道直径$D$和$D/2$处取出，其具体结构如图4-11所示。

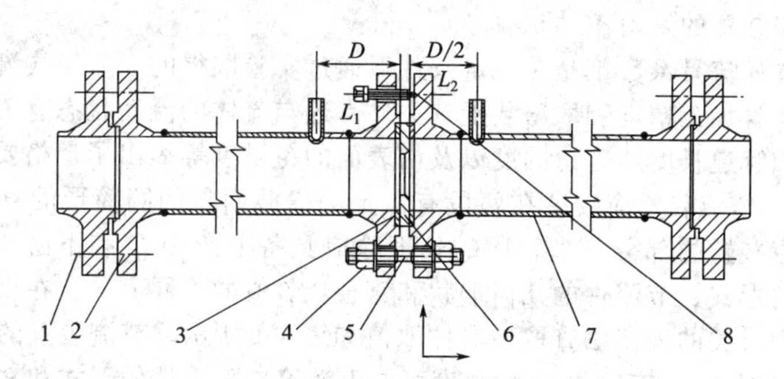


图4-11　$D$和$D/2$取压

1—螺栓；2—法兰；3—垫片；4—螺母；5—双头螺栓；6—孔板；7—工艺管道；8—顶丝

图4-11中，$L_1$为上游侧取压口，由孔板上游侧端面量起，$L_1$等于管道直径$D\pm0.1D$。

$L_2$为下游侧取压口。由孔板下游侧端面量起，$L_2$等于流体管道直径的一半$D/2\pm0.01D$（对于$\beta$大于0.60）或$D/2\pm0.02D$（对于$\beta\leqslant0.60$）。

各种取压方式对取压口位置的规定非常严格，取压口位置的少许变化，就会引起较大的差压变化。具体规定可查相应的手册要求。孔板可以采用角接、法兰和径距取压；ISA1932喷嘴和文丘里喷嘴上游采用角接取压，下游则各有不同；其他的另有规定。

（3）取压装置

标准取压装置是国家标准中规定的用来实现取压方式的装置。

① 角接取压装置　如图4-9所示，角接取压装置可以采用环室（上半部分）或单独钻孔（或夹紧环）（下半部分）取得节流件前后的差压。

环室取压装置由节流件前、后两个环室组成，环室夹在法兰之间，法兰与环室、环室与节流件之间有垫片并夹紧。前后环室的厚度应满足$C$（或$C'$）$\leqslant0.5D$，环室通过与节流件之间的环隙和管道内部相通，环隙宽度$a$（或单独钻孔取压口）应满足清洁流体和蒸气下：

$\beta\leqslant0.65$时，$0.005D\leqslant a\leqslant0.03D$；

$\beta>0.65$时，$0.01D\leqslant a\leqslant0.02D$。

对于任意$\beta$值，环隙宽度$a$应在1～10mm。环腔的横截面积（$g\times h$）应大于或等于环隙与管道连通的开孔面积的一半：$gh\geqslant\frac{1}{2}\pi Da$。

用单独钻孔取压口测量蒸气和液化气体时：$4\text{mm}\leqslant a\leqslant10\text{mm}$。

单独钻孔取压可以钻在法兰上，也可以钻在法兰之间的夹紧环上。

角接取压装置的优点：灵敏度高，加工简单，费用较低。

② 法兰取压装置　如图 4-12 所示，由两个带取压孔的取压法兰组成，上、下游取压孔径相同，应满足 $b<0.13D$，同时小于 13mm。图中，$L_1$ 为上游侧取压口，由孔板上游侧端面量起为 25.4mm；$L_2$ 为下游侧取压口，由孔板下游侧端面量起为 25.4mm。

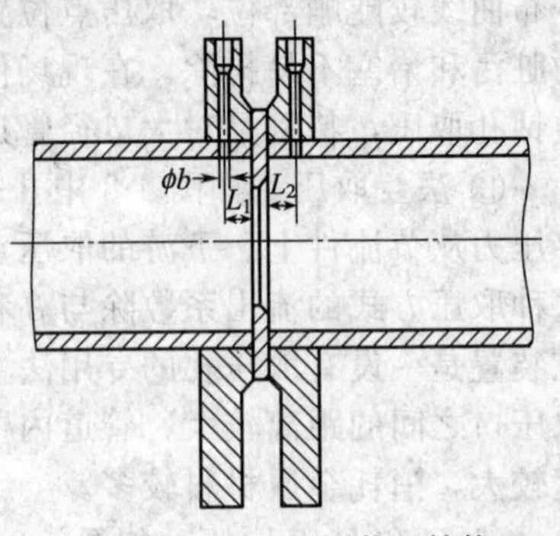

图 4-12　法兰取压装置结构

当 $L_1$、$L_2$ 值为下列数值时，可无需对流出系数 $C$ 值进行修正：

当 $\beta$ 大于 0.60，$D$ 小于 150mm 时，$L_1$ 和 $L_2$ 之值应为 25.4±0.5mm；

当 $\beta\leqslant 0.60$ 或 $\beta$ 大于 0.60，但 150mm≤$D$≤1000mm 时，$L_1$ 和 $L_2$ 之值应为25.4mm±1mm。

(4) 标准节流装置的管道条件

标准节流装置的流量系数都是在一定条件下通过实验取得的。差压式流量计的测量准确度，除与节流件本身加工精度和取压装置有关外，还与流体的流动状态有关。所以对节流装置的管道条件，如管道长度、管道圆度以及内表面的粗糙度等提出了严格要求。

① 管道条件　节流装置应安装在两段有恒定的横截面积的圆筒形的直管道之间，该测量管作为标准节流装置的部分。直管段的长度除应具备上游 10$D$ 和下游 4$D$ 的平直测量管外，还随阻力件的形式、节流件的几何形状和直径比 $\beta$ 值的不同而异。在设计时，最短直管段长度可由标准中有关的表格中查取，具体取值如表 4-1 所示。节流装置的阻力件和直管段的位置分布图参见图 4-4。直管段 $L_0$ 的长度可按上游第二阻力件的形式和 $\beta=0.7$ 取表 4-1 值再折半。

**表 4-1　孔板、喷嘴、文丘里喷嘴所要求的最短直管段长度**　mm

| 直径比 $\beta\leqslant$ | 节流件上游侧阻流件形式和最短直管段长度 | | | | | | | 节流件下游最短直管段长度（包括在本表中的所有阻流件） |
|---|---|---|---|---|---|---|---|---|
| | 单个 90°弯头或三通（流体仅从一个支管流出） | 在同一平面上的两个或多个 90°弯头 | 在不同平面上的两个或多个 90°弯头 | 渐缩管（在 1.5$D$～3$D$ 的长度内由 2$D$ 变为 $D$） | 渐扩管（在 1$D$～2$D$ 的长度内由 0.5$D$ 变为 $D$） | 球形阀全开 | 全孔球阀或闸阀全开 | |
| 0.20 | 10(6) | 14(7) | 34(17) | 5 | 16(8) | 18(9) | 12(6) | 4(2) |
| 0.25 | 10(6) | 14(7) | 34(17) | 5 | 16(8) | 18(9) | 12(6) | 4(2) |
| 0.30 | 10(6) | 16(8) | 34(17) | 5 | 16(8) | 18(9) | 12(6) | 5(2.5) |
| 0.35 | 12(6) | 16(8) | 36(18) | 5 | 16(8) | 18(9) | 12(6) | 5(2.5) |
| 0.40 | 14(7) | 18(9) | 36(18) | 5 | 16(8) | 20(10) | 12(6) | 6(3) |
| 0.45 | 14(7) | 18(9) | 38(19) | 5 | 17(9) | 20(10) | 12(6) | 6(3) |
| 0.50 | 14(7) | 20(10) | 40(20) | 6(5) | 18(9) | 22(11) | 12(6) | 6(3) |
| 0.55 | 16(8) | 22(11) | 44(22) | 8(5) | 20(10) | 24(12) | 14(7) | 6(3) |
| 0.60 | 18(9) | 26(13) | 48(24) | 9(5) | 22(11) | 26(13) | 14(7) | 7(3.5) |
| 0.65 | 22(11) | 32(16) | 54(27) | 11(6) | 25(13) | 28(14) | 16(8) | 7(3.5) |
| 0.70 | 28(14) | 36(18) | 62(31) | 14(7) | 30(15) | 32(16) | 20(10) | 7(3.5) |
| 0.75 | 36(18) | 42(21) | 70(35) | 22(11) | 38(19) | 36(18) | 24(12) | 8(4) |
| 0.80 | 46(23) | 50(25) | 80(40) | 30(15) | 54(27) | 44(22) | 30(15) | 8(4) |

| | 阻流件 | 上游侧最短直管段长度 |
|---|---|---|
| 对于所有的直径比 $\beta$ | 直径比≥0.5 的对称骤缩异径管 | 30(15) |
| | 直径≤0.03$D$ 的温度计套管和插孔 | 5(3) |
| | 直径在 0.03$D$～0.13$D$ 之间的温度计套管和插孔 | 20(10) |

注：1. 表中所列为位于节流件上游或下游的各种阻流件与节流件之间所需要的最短直管段长度。
2. 不带括号的值为“零附加不确定度”的值。
3. 带括号的值为“0.5%附加不确定度”的值。
4. 直管段长度均以直径 $D$ 的倍数表示，它应从节流件上游侧端面量起。

表 4-1 所列阀门应全开，所有调节流量的阀门应安装在节流件的下游侧。

② 管道圆度　节流件上游至少 $2D$ 长度范围内，管道应是圆的。在距节流件下游端面至少 $2D$ 范围内的下游直管段上，管道内径与节流件上游管道平均直径 $D$ 相比，其偏差应在±3%之内。

③ 管道粗糙度　管道内表面至少在节流件上游 $10D$ 和下游 $4D$ 的范围内应清洁，并满足表 4-2 有关粗糙度的规定。

**表 4-2　各种管道的等效绝对粗糙度值**

| 材　料 | 状　态 | $K$/mm |
|---|---|---|
| 黄铜、钢、铝、塑料、玻璃 | 光滑、无沉淀的管子 | ≤0.03 |
| 钢 | 新冷拔无缝钢管 | ≤0.03 |
| | 新热拉无缝钢管 | 0.05～0.10 |
| | 新轧制无缝钢管 | 0.05～0.10 |
| | 新纵缝焊接钢管 | 0.05～0.10 |
| | 新螺旋焊接钢管 | 0.10 |
| | 轻微锈蚀钢管 | 0.10～0.20 |
| | 锈蚀钢管 | 0.20～0.30 |
| | 结皮钢管 | 0.50～2 |
| | 严重结皮钢管 | ≥2 |
| | 涂沥青的新钢管 | 0.03～0.05 |
| | 一般的涂沥青钢管 | 0.10～0.20 |
| | 镀锌钢管 | 0.13 |
| 铸铁 | 新的铸铁管 | 0.25 |
| | 锈蚀铸铁管 | 1.0～1.5 |
| | 结皮铸铁管 | ≥1.5 |
| | 涂沥青新铸铁管 | 0.1～0.15 |
| 石棉水泥 | 新的，有涂层的和无涂层的 | ≤0.03 |
| | 一般的，无涂层的 | 0.05 |

孔板的相对粗糙度与管道的雷诺数 $Re_D$ 有关。对于大口径孔板（$D \geqslant 150$mm），在以下不同情况下，管道内表面粗糙度采用下列规定：

当 $\beta \leqslant 0.60$，$Re_D \leqslant 5 \times 10^7$ 时，$1 \times 10^{-3}\text{mm} \leqslant K \leqslant 6 \times 10^{-3}\text{mm}$；

当 $\beta > 0.60$，$Re_D = 1.5 \times 10^7$ 时，$1.5 \times 10^{-3}\text{mm} \leqslant K \leqslant 6 \times 10^{-3}\text{mm}$。

(5) 标准节流装置的使用条件

由于标准节流装置的数据和图表都是在一定的技术条件下用实验的方法得到的，因此为了使标准节流装置在实际应用时能重现实验时的规律，以保证足够的测量精度，所以在使用时必须满足以下的技术条件。

① 流体必须充满整个管道和节流装置，并连续流动。

② 流体的流动在管道内应是稳定的，在同一点上的流速和压力不能有急剧变化，流体流量不随时间变化或变化非常缓慢。

③ 流体必须是牛顿流体，即在物理上和热力学上是均匀的、单项的，或可以认为是单相的，并且当它流经节流装置时也保持其相态不变，如液体不蒸发、过热蒸气不冷凝。

④ 流体在流进节流件以前，其流束必须与管道轴线平行，不得有旋转流。

⑤ 节流装置前必须有足够长的直管段。

(6) 标准节流装置的适用范围

表 4-3 不适用于脉动流和临界流的流量测量。对于一定的节流件、一定的取压方式，在适用范围内，流量系数是 $\beta$ 和 $Re_D$ 的函数。

**表 4-3 标准节流装置适用范围**

| 节流装置 | | 孔径 $d$/mm | 管径 $D$/mm | 直径比 $\beta$ | 管道雷诺数 $Re_D$ |
|---|---|---|---|---|---|
| 标准孔板 | 角接取压 | $d\geqslant 12.5$ | $50\leqslant D\leqslant 1000$ | $0.1\leqslant\beta\leqslant 0.75$ | $\beta\leqslant 0.56, Re_D\geqslant 5000$<br>$\beta>0.56, Re_D\geqslant 16000\beta^2$ |
| | $D$ 和 $D/2$ 取压 | | | | |
| | 法兰取压 | | | | $Re_D\geqslant 5000$ 且 $Re_D\geqslant 170\beta^2 D$ |
| 标准喷嘴 | 角接取压 | | $50\leqslant D\leqslant 500$ | $0.3\leqslant\beta\leqslant 0.80$ | $0.3\leqslant\beta<0.44, 7\times10^4\leqslant Re_D\leqslant 10^7$<br>$0.44\leqslant\beta\leqslant 0.80, 2\times10^4\leqslant Re_D\leqslant 10^7$ |
| 长径喷嘴 | $D$ 和 $D/2$ 取压 | | $50\leqslant D\leqslant 630$ | $0.2\leqslant\beta\leqslant 0.80$ | $10^4\leqslant Re_D\leqslant 10^7$ |
| 文丘里管 | 粗铸收缩段 | | $100\leqslant D\leqslant 800$ | $0.3\leqslant\beta\leqslant 0.75$ | $2\times10^5\leqslant Re_D\leqslant 2\times10^6$ |
| | 加工收缩段 | | $50\leqslant D\leqslant 250$ | $0.4\leqslant\beta\leqslant 0.75$ | $2\times10^5\leqslant Re_D\leqslant 1\times10^6$ |
| | 粗焊收缩段 | | $200\leqslant D\leqslant 1200$ | $0.4\leqslant\beta\leqslant 0.70$ | $2\times10^5\leqslant Re_D\leqslant 2\times10^6$ |
| 文丘里喷嘴 | | $d\geqslant 50$ | $65\leqslant D\leqslant 500$ | $0.316\leqslant\beta\leqslant 0.775$ | $1.5\times10^5\leqslant Re_D\leqslant 2\times10^6$ |

表 4-4 为国家标准推荐适用的最小雷诺数。

**表 4-4 角接取压标准孔板适用的最小雷诺数 $Re_{D\min}$ 推荐值**

| $\beta$ | $Re_{D\min}$ | $\beta$ | $Re_{D\min}$ | $\beta$ | $Re_{D\min}$ |
|---|---|---|---|---|---|
| 0.225 | $5.00\times10^3$ | 0.425 | $2.13\times10^4$ | 0.625 | $6.27\times10^4$ |
| 0.250 | $8.00\times10^3$ | 0.450 | $2.49\times10^4$ | 0.650 | $7.16\times10^4$ |
| 0.275 | $9.00\times10^3$ | 0.475 | $2.87\times10^4$ | 0.675 | $8.21\times10^4$ |
| 0.300 | $1.30\times10^4$ | 0.500 | $3.29\times10^4$ | 0.700 | $9.48\times10^4$ |
| 0.325 | $1.70\times10^4$ | 0.525 | $3.75\times10^4$ | 0.725 | $1.11\times10^5$ |
| 0.350 | $1.90\times10^4$ | 0.550 | $4.27\times10^4$ | 0.750 | $1.32\times10^5$ |
| 0.375 | $2.00\times10^4$ | 0.575 | $4.85\times10^4$ | 0.775 | $1.59\times10^5$ |
| 0.400 | $2.00\times10^4$ | 0.600 | $5.51\times10^4$ | 0.800 | $1.98\times10^5$ |

注：$\alpha$ 值随 $Re_D$ 的变化情况与 $\beta$ 有关。但当采用角接取压标准孔板是上表所列的 $Re_{D\min}$ 以上时，则对于符合规定的同一套节流装置，用同一套差压仪表测量流量，量程比为 3（最大不超过 4）时，因流量变化所引起的流量系数的改变与实际值相比，不会超过±0.5%。

#### 4.2.1.3 差压式流量计测量过程的补偿

用差压式流量计测量时，由于节流装置的输入流量 $q_v$ 信号与差压变送器的输入 $\Delta p$ 信号是开方关系，而且检测转换过程与被测介质的物理性参数包括密度、黏度、等熵指数、湿度等有关。这些参数有的直接进入流量方程，有的对流出系数、可膨胀系数等产生影响。在这些参数中密度是最重要的，而影响密度的主要是流体的温度、压力。为了满足系统的输入与系统的输出具有线性关系，以及提高测量准确性，必须对差压 $\Delta p$ 进行线性化处理以及进行压力、温度的补偿。

(1) 线性化

由于流量与差压信号之间是开方关系，所示需在变送器内或变送器后加入“开方”运算环节，使流量检测系统的输出信号 $I_0'$ 与输入信号 $q_v$ 呈线性关系。如图 4-13 所示。

(2) 温度、压力补偿

① 对于不可压缩的液体介质，其密度主要受工作温度的影响，在工作温度变化不大时，密度与温度的关系可近似用下列公式来得到。

$$\rho=\rho_0[1+\beta(T_0-T)] \tag{4-18}$$

此时的流量为

$$q_v=K\sqrt{\frac{\Delta p}{\rho_0[1+\beta(T_0-T)]}} \tag{4-19}$$

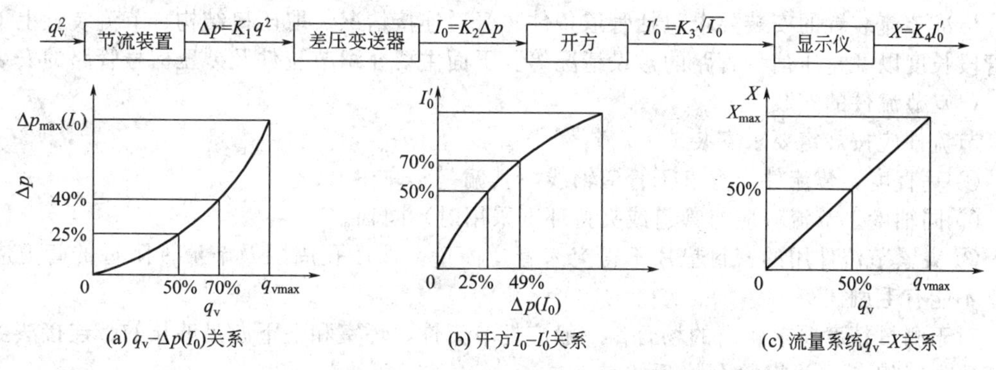


图 4-13　带开方运算环节的差压式流量检测系统

② 对于气体介质，在压力和温度变化时，且压力较低，此时气体的密度可通过理想气体状态方程得到。

$$\rho=\rho_0\frac{pT_0}{p_0T}=K\frac{p}{T} \tag{4-20}$$

此时的流量为

$$q_v=K\sqrt{\Delta p\frac{T}{pK_0}} \tag{4-21}$$

③ 温度、压力补偿的实现。如图 4-14 所示是采用带温度、压力传感器进行补偿的差压式流量测量系统。

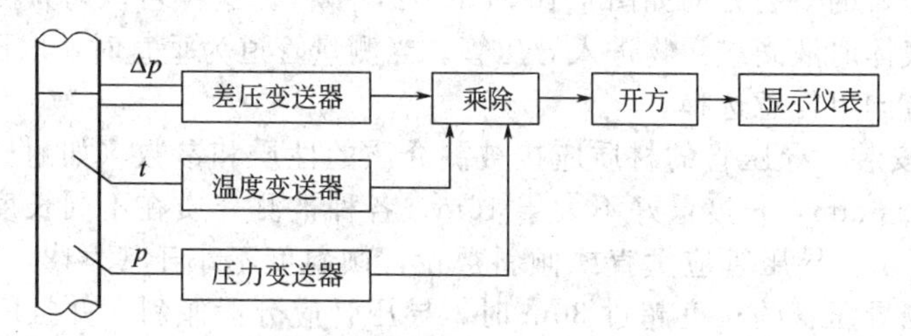


图 4-14　采用带温度压力补偿的差压式流量检测系统

如图 4-15 所示是采用带温度、压力传感器进行补偿的智能差压变送器的流量测量系统。

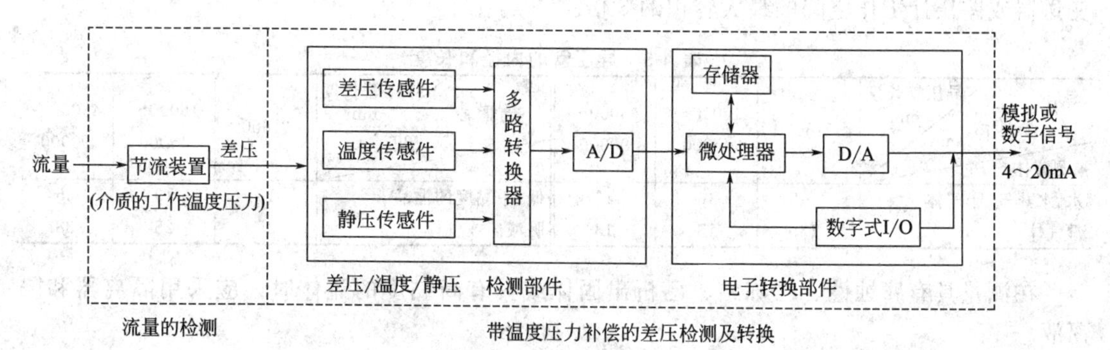


图 4-15　采用带温度、压力补偿的智能差压变送器流量检测系统

### 4.2.2　差压式流量测量仪表的安装

标准节流装置的流出系数都是在一定的条件下通过严格的实验取得的，因此对管道选择、流量计的安装和使用条件均有严格的规定。在设计、制造与使用时，应满足基本技术条件的规定，其流量测量误差一般在±(1%～2%) 范围内，否则难以保证测量的准确性。

标准节流装置的安装要求包括管道条件、管道连接情况、取压口结构、节流装置上下游直管段长度以及差压信号管路的敷设情况等。下面主要介绍节流件及差压信号管路的安装。

(1) 节流件的安装

节流件应按规定要求安装。

① 垂直度。节流件应垂直于管道轴线，其偏差允许在±1°。

② 同轴度。节流件应与管道或夹持环（采用时）同轴。

③ 夹紧节流件用的密封垫片不得突入管道内壁，取压孔周围及节流件附近的管道应光滑，不能有毛刺。

对于测量精度要求较高的场合，一般应把节流件、环室和上下游足够长的带连接法兰的直管段先行组装，并检验合格后再装入主管道。

(2) 差压信号管路的安装

差压信号管路是指节流装置与差压变送器或差压计的导压管路。为了保证节流装置输出的差压能可靠、准确地传送到差压仪表上，差压信号管路应按相应的技术要求敷设。

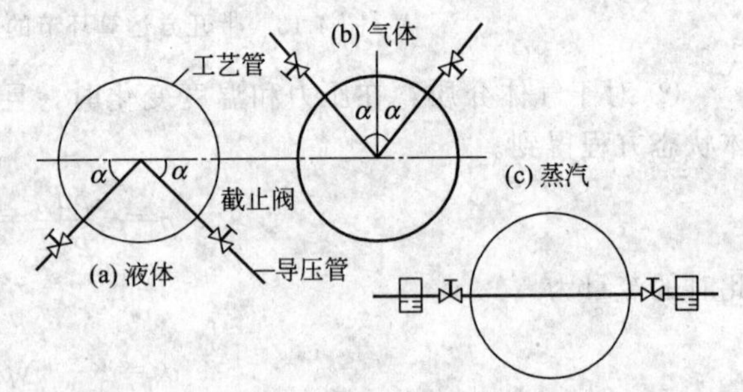


图 4-16 取压口位置安装示意图（$\alpha \leqslant 45°$）

① 取压口的安装　取压口一般设置在法兰、环室或夹持环上。当测量管道为水平或倾斜时，取压口的安装方向如图 4-16 所示（$\alpha \leqslant 45°$）。这样可以防止测量液体时气体进入导压管，测量气体时液滴或污物进入导压管。当测量管道为垂直时，取压口的位置在取压位置的平面上，方向可任意选择。

② 导压管的安装　导压管的材质应按被测介质的性质和参数（如耐压、耐腐蚀等）确定，其内径不小于 6mm，长度最好不大于 16m。各种被测介质在不同长度时导压管内径的建议值如表 4-5 所示。导压管应垂直或倾斜敷设，倾斜度不小于 1∶12，对黏度高的流体，倾斜度应更大。当导压管的长度超过 30m 时，导压管应分段倾斜，并且应在最高点与最低点装设集气器（或排气阀）和沉淀器（或排污阀）。在测量可冷凝的介质时，应加冷凝罐，并使正、负导压管内冷凝液具有相同的高度且保持恒定，冷凝罐的容积应大于全量程内差压变送器或差压计工作空间的最大容积的 3 倍。

**表 4-5　导压管的内径和长度**

| 导压管直径/mm　导压管长度/mm　被测流体 | <16000 | 16000～45000 | 45000～90000 | 导压管直径/mm　导压管长度/mm　被测流体 | <16000 | 16000～45000 | 45000～90000 |
|---|---|---|---|---|---|---|---|
| 水、水蒸气、干气体 | 7～9 | 10 | 13 | 低、中黏度的油品 | 13 | 19 | 25 |
| 湿气体 | 13 | 13 | 13 | 脏液体或气体 | 25 | 25 | 38 |

在测量具有腐蚀性、已冻结、已析出固体或具有高黏度的流体时，应采用隔离器和隔离液。

正、负导压管应尽量靠近敷设，保证是单相流体，防止两管因温度不同使信号失真。严寒地区导压管应加防冻保护措施，用电或蒸汽加热保温，要防止过热，导压管中流体汽化会产生假差压时应予注意。

③ 差压信号管路与差压仪表的安装　在从工艺管路引出压力时，在距节流装置很近的地方应加切断阀，以方便安装，维修时测量管与主管路完全切断。由引压导管接至差压计或变送器前，必须安装切断阀和平衡阀，组成三阀组，如图 4-17 所示。在启用差压计时，应

先打开平衡阀 3，使正、负压室相通，受压相同，然后打开切断阀 1、2，最后再关闭平衡阀 3，差压计即可投入运行。差压计需要停用时，应先打开平衡阀 3，然后再关闭切断阀 1、2。平衡阀在仪表投入时可以起到单向过载保护作用；在仪表运行过程中，可以进行仪表的零点校验。

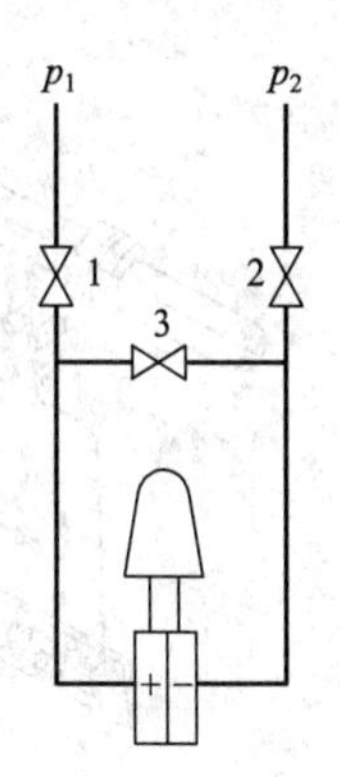


图 4-17　三阀组
1，2—切断阀；
3—平衡阀

根据被测介质的性质和节流装置与差压变送器（或差压计）的相对位置，差压信号管路一般有以下几种安装方式。

被测流体为清洁液体时，信号管路的安装方式如图 4-18 所示。

被测流体为清洁干气体时，信号管路的安装方式如图 4-19 所示。

被测流体为水蒸气时，信号管路的安装方式如图 4-20 所示。

被测流体为清洁湿气体时，信号管路的安装方式如图 4-21 所示。

测量腐蚀性（或因易凝固不适宜直接进入差压计）的介质流量时，必须采取隔离措施。常用在隔离罐中加隔离液。

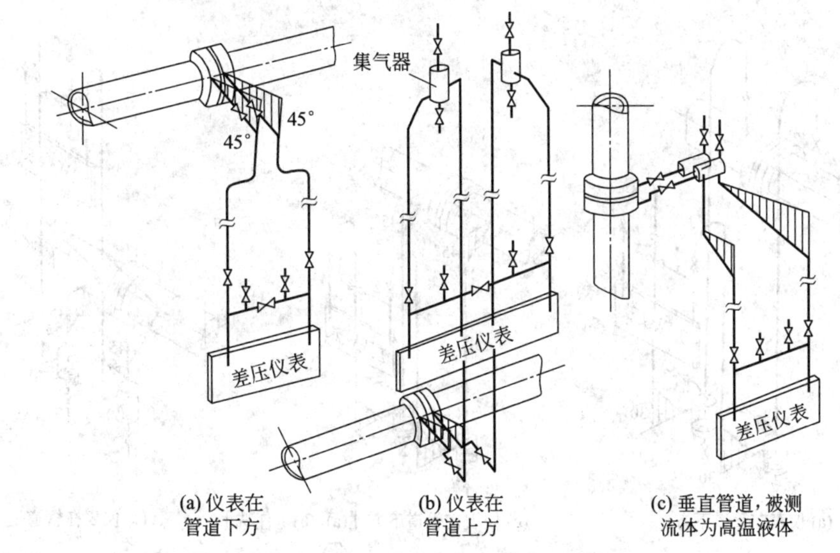


图 4-18　被测流体为清洁液体时，信号管路安装示意

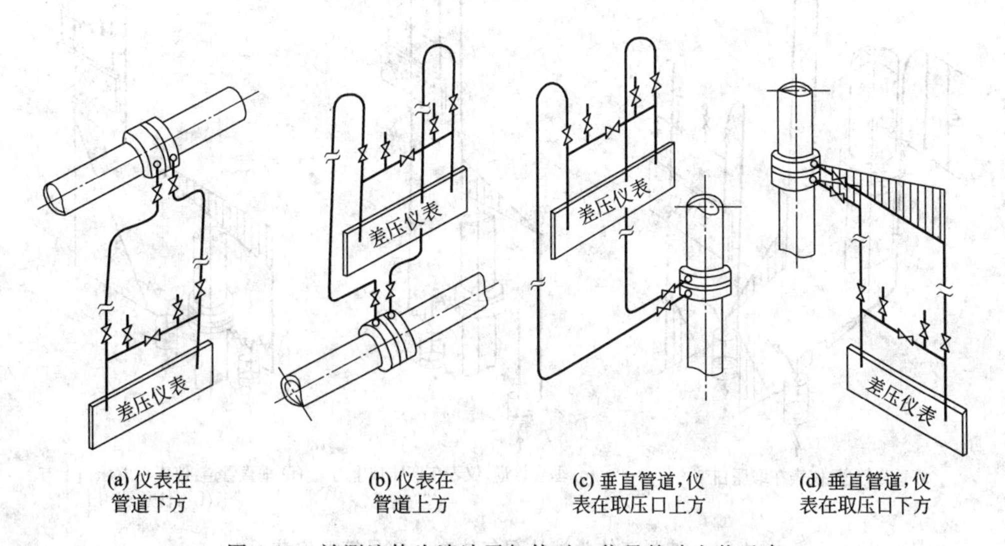


图 4-19　被测流体为清洁干气体时，信号管路安装示意

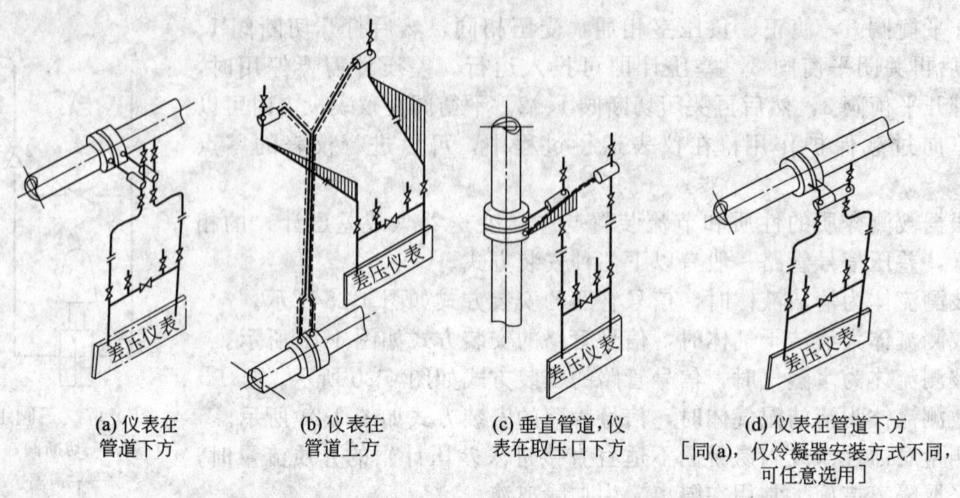


(a) 仪表在管道下方　(b) 仪表在管道上方　(c) 垂直管道，仪表在取压口下方　(d) 仪表在管道下方［同(a)，仅冷凝器安装方式不同，可任意选用］

图 4-20　被测流体为水蒸气时，信号管路安装示意

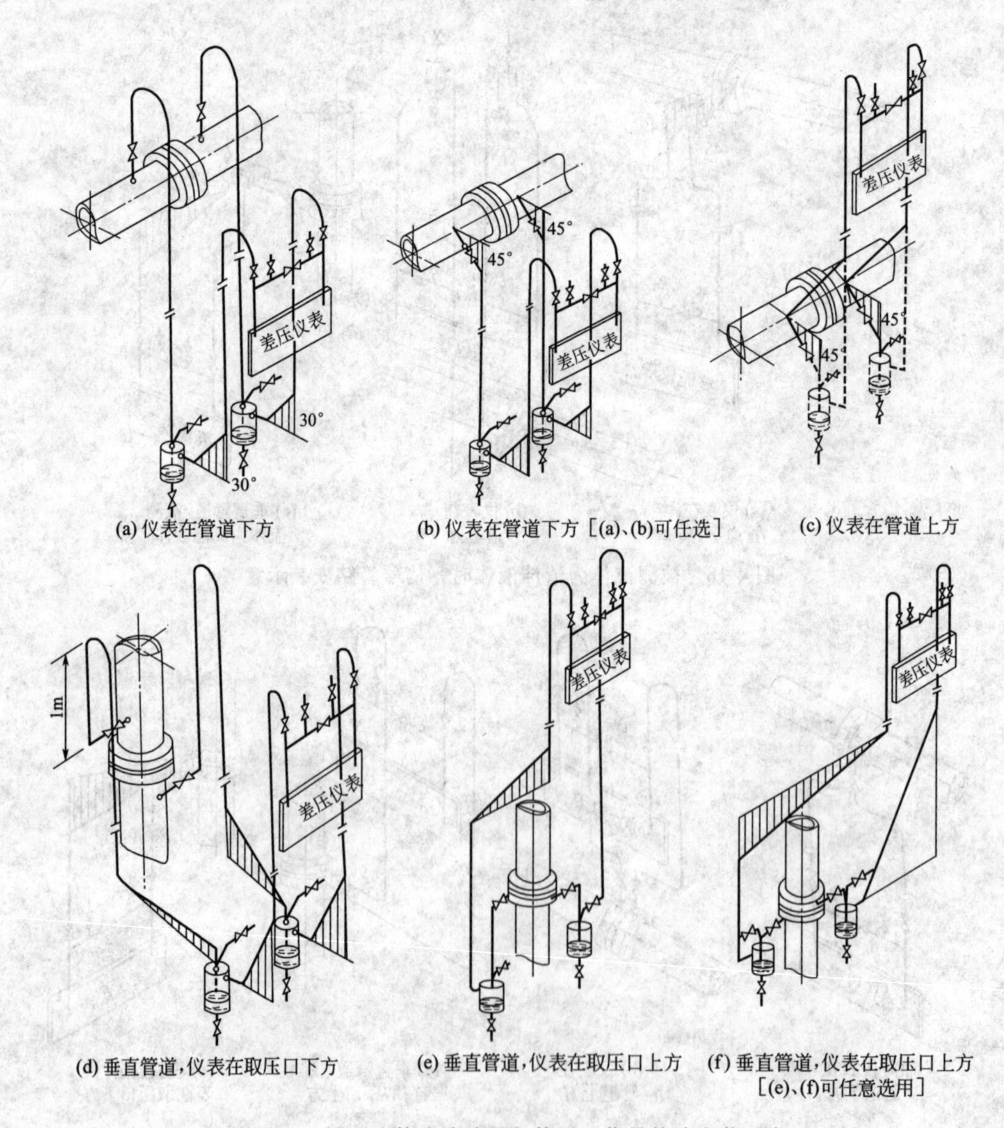


(a) 仪表在管道下方　(b) 仪表在管道下方［(a)、(b)可任选］　(c) 仪表在管道上方

(d) 垂直管道，仪表在取压口下方　(e) 垂直管道，仪表在取压口上方　(f) 垂直管道，仪表在取压口上方［(e)、(f)可任意选用］

图 4-21　被测流体为清洁湿气体时，信号管路安装示意

# 4.3　其他流量测量仪表

## 4.3.1　转子流量计

在工业生产中经常遇到小流量的测量，而节流装置在管径小于 50mm 时，没有标准化件，测量比较困难，因此对于较小管径低流速流体的测量常采用转子流量计。而转子流量计又称浮子流量计，是一种历史悠久、应用广泛的流量检测仪表。其具有结构简单、性能可靠、压力损失低且恒定、界限雷诺数低、量程宽（10∶1）、可测较小流量（流量可小到每小时几升）以及线性刻度等优点，广泛应用于各种气体、液体的流量测量及控制系统。

### 4.3.1.1　转子流量计的结构及工作原理

（1）转子流量计结构

转子流量计如图 4-22 所示。转子流量计是由一段向上扩大的圆锥形管子和密度大于被测介质密度且能随被测介质流量大小上下浮动的转子组成。

（2）工作原理

由图 4-22 可知，当流体自下而上流过锥形管之间时，环形流通面积增大，流体流速降低，冲击作用减弱，直到流体作用在转子上向上的推力与转子在流体中的重力相平衡，此时转子停留在锥形管中某一高度上。如果流体的流量再增大，则平衡时转子所处的位置更高；反之则相反。因此，可根据转子悬浮的高低测知流体流量的大小。

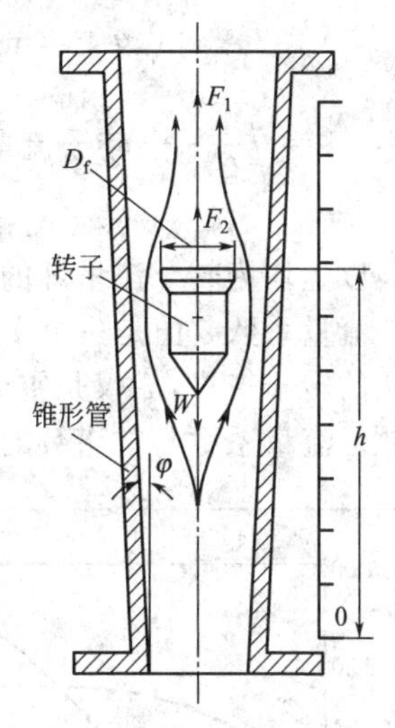

图 4-22　转子流量计原理

由节流原理可知：流体流经环形空隙时，因流通面积 $A_0$ 突然变小，流体受到了转子的节流作用，于是在转子前后的流体产生压力差 $\Delta p=p_1-p_2$，在差压 $\Delta p$ 的作用下，转子受到一个向上推力 $F_1$的作用，与此同时，转子还受到一个向上的浮力 $F_2$和向下的重力 $W$ 的作用，当转子稳定在某一高度 $h$ 时，转子所受到的作用力达到平衡，平衡位置的高度与所通过的流量有对应关系，即代表流量的大小。

转子处于锥形管内任一平衡位置时，转子的受力平衡关系为

$$W=F_1-F_2 \tag{4-22}$$

即

$$\rho_f V_f g=(p_1-p_2)A_f+V_f\rho g \tag{4-23}$$

式中　$V_f$——转子的体积；

$\rho_f$——转子的密度；

$A_f$——转子的最大截面；

$\rho$——被测介质的密度；

$p_1-p_2$——流体绕转子流过时的前后压力差。

根据流体力学，$p_1-p_2$用流体对转子的总阻力来描述，即有

$$p_1-p_2=C\frac{u^2}{2}\rho \tag{4-24}$$

将式(4-25) 代入式(4-24) 式得

$$\rho_f V_f g=A_f C\frac{u^2}{2}\rho+V_f\rho g \tag{4-25}$$

式中　$C$——转子对流体的阻力系数；

$u$——流体在流过环形面积时的流速。

对式(4-23) 整理

$$V_{\mathrm{f}}(\rho_{\mathrm{f}}-\rho)g=CA_{\mathrm{f}}\frac{u^2}{2}\rho$$

得

$$u^2=\frac{2V_{\mathrm{f}}(\rho_{\mathrm{f}}-\rho)g}{CA_{\mathrm{f}}\rho}$$

$$u=\sqrt{\frac{2V_{\mathrm{f}}(\rho_{\mathrm{f}}-\rho)g}{CA_{\mathrm{f}}\rho}} \tag{4-26}$$

根据流量的定义，转子流量计的体积流量方程式为

$$q_{\mathrm{v}}=uA_0=\sqrt{\frac{1}{C}}A_0\sqrt{\frac{2V_{\mathrm{f}}(\rho_{\mathrm{f}}-\rho)g}{A_{\mathrm{f}}\rho}}=\alpha A_0\sqrt{\frac{2V_{\mathrm{f}}(\rho_{\mathrm{f}}-\rho)g}{A_{\mathrm{f}}\rho}} \tag{4-27}$$

式中 $\alpha=\sqrt{\frac{1}{C}}$——转子流量计的流量系数；

$A_0$——转子与锥形管之间的环隙面积。

以上均为转子流量计的流量方程式，下面对流量方程中几个问题进行讨论。

流量系数 $\alpha$ 值是一个多因素相关的量，即 $\alpha=f$（转子形状，$\rho$，$\mu$，$u$，$Re_D$）。对于一定形状的转子来讲，$\alpha$ 仅是雷诺数 $Re_D$ 的函数，$\alpha=f(Re_D)$，即每一种流量计有相应的界限雷诺数。流量系数与雷诺数的关系如图 4-23 所示。

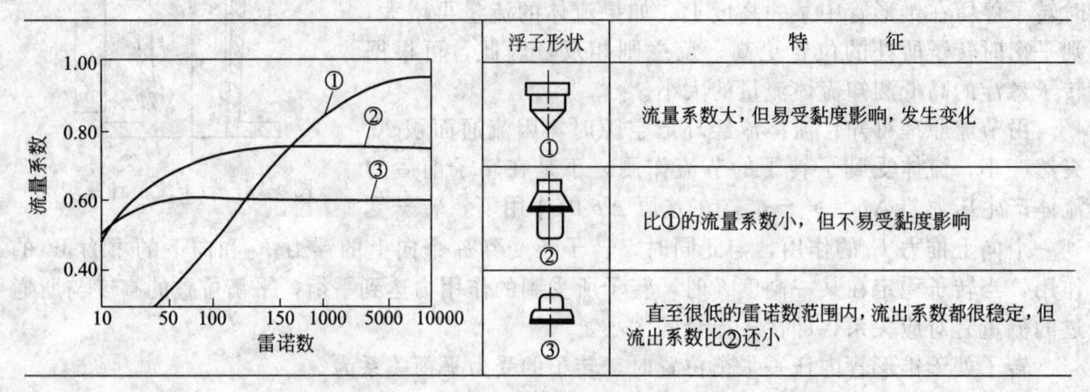


| 浮子形状 | 特征 |
|---|---|
| ① | 流量系数大，但易受黏度影响，发生变化 |
| ② | 比①的流量系数小，但不易受黏度影响 |
| ③ | 直至很低的雷诺数范围内，流出系数都很稳定，但流出系数比②还小 |

图 4-23 流量系数与雷诺数的关系图

① 为旋转式转子，界限雷诺数 $Re_D=6000$。

② 为圆盘式转子，界限雷诺数 $Re_D=300$。

③ 为板式转子，界限雷诺数 $Re_D=40$。

对于一定形状的转子，只要雷诺数大于某一界限雷诺数时，流量系数就趋于一个常数。

转子流量计中 $A_0$ 与 $h$ 关系如图 4-24 所示。设 $2R=D$ 为距刻度零点高度 $h$ 处的锥形管内径，$2r=D_{\mathrm{f}}$ 为转子的最大直径，$\varphi$ 为锥形管的半锥角，则有

$A_0=\frac{\pi}{4}(D^2-D_{\mathrm{f}}^2)$，且 $D=D_{\mathrm{f}}+2h\tan\varphi$

$$A_0=\frac{\pi}{4}[(D_{\mathrm{f}}+2h\tan\varphi)^2-D_{\mathrm{f}}^2]=\pi(D_{\mathrm{f}}h\tan\varphi+h^2\tan^2\varphi) \tag{4-28}$$

由式(4-28) 可知，$A_0$ 与 $h$ 之间的关系不是线性的，也就是说转子流量计的刻度特性 $q_{\mathrm{v}}$ 与 $h$ 之间是非线性关系，即

$$q_{\mathrm{v}}=\alpha\pi(D_{\mathrm{f}}h\tan\varphi+h^2\tan^2\varphi)\sqrt{\frac{2V_{\mathrm{f}}(\rho_{\mathrm{f}}-\rho)g}{A_{\mathrm{f}}\rho}} \tag{4-29}$$

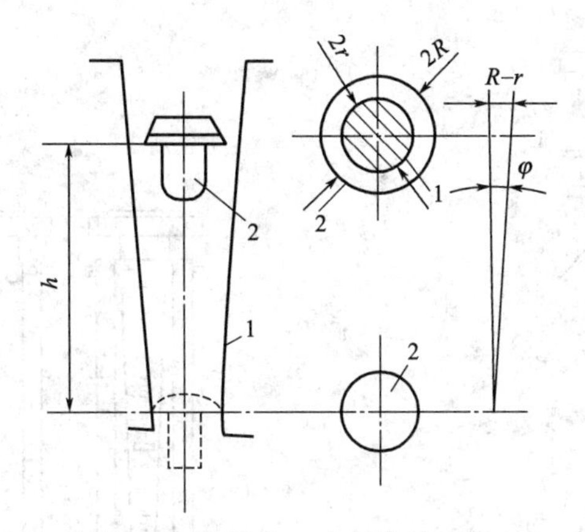


图 4-24　$A_0$ 与 $h$ 之间的关系图

由式(4-29) 可得以下结论。

① $q$ 与 $h$ 之间并非线性关系。但在实际应用中，由于 $\varphi$ 角很小，故式中 $h^2\tan^2\varphi$ 项可忽略不计，可以视作线性，所以被引入测量误差，故精度较低（±2.5%），即

$$q_v = \alpha\pi D_f h\tan\varphi\sqrt{\frac{2V_f(\rho_f-\rho)g}{A_f\rho}} \tag{4-30}$$

$$q_m = \alpha\pi D_f h\tan\varphi\sqrt{\frac{2V_f\rho(\rho_f-\rho)g}{A_f}} \tag{4-31}$$

② 影响测量精度的主要因素是流体的密度 $\rho$ 的变化，因此在使用之前必须进行修正。

转子流量计与差压式流量计相比较，其相同点都是应用节流原理。不同点是：两种流量计虽然都有节流元件，但转子流量计的节流元件——转子是可移动的，而差压式流量计节流元件——孔板（喷嘴）是不可移动的；虽然都有流通截面，但转子流量计的流通截面是环形的，而且是随流体流量的变化而改变，故称转子流量计是“变截面式”，而差压式流量计的流通截面为圆形，而且是不可变的，故称为“恒截面式”；转子流量计的转子由原来的平衡状态向新的平衡状态过渡过程中，差压是变化的，而达到新的平衡状态时，则差压数值与原来的数值相等，故称为“恒差压式”，而差压式流量计的差压是随所测流量的大小而变化，故称“变差压式”。

#### 4.3.1.2　转子流量计的类型及结构

转子流量计有两大类：用玻璃锥形管的直读式转子（浮子）流量计和用金属锥形管的远传式转子流量计。

(1) 玻璃管转子流量计

一般由支撑连接、玻璃锥形管和转子（浮子）等部分组成。

① 支撑连接部分　支撑连接根据流量计的口径和型号不同有三种形式。

• 法兰连接：该连接方式如图 4-25 所示，它是由带法兰的基座、内衬密封垫、支撑、压盖等组成。

• 螺纹连接：该连接方式如图 4-26 所示，它是由螺纹的基座、支撑、接头、护板等组成。

• 软管连接：该连接方式如图 4-27 所示，它是由软管接头、外压螺帽、护板或保护管等组成。

基座的材料一般为不锈钢、铸铁、碳钢、胶木、塑料等，可根据使用情况加以选用。

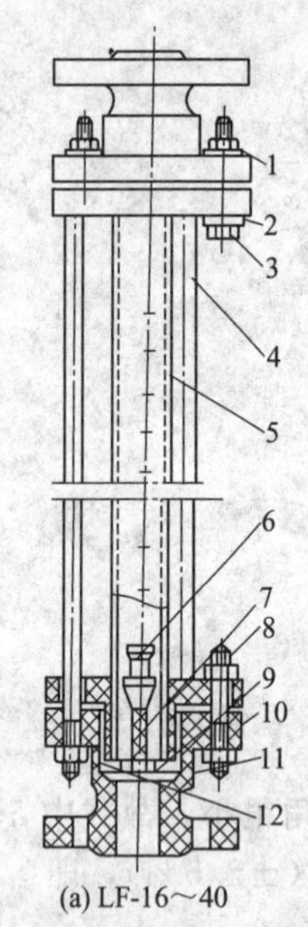

(a) LF-16～40

1,12—螺母；2—垫圈；3—螺栓；4—支柱；
5—锥形管；6—浮子；7—压盖；8—止挡；
9,11—密封垫圈；10—基座

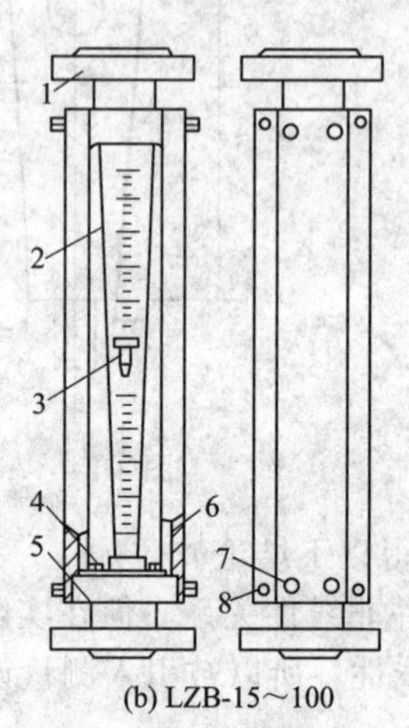

(b) LZB-15～100

1—法兰；2—护板；3—压盖；4—螺栓；5—基座；
6—支撑；7—支撑紧固螺钉；8—护板紧固螺丝

图 4-25　法兰连接的转子流量计结构

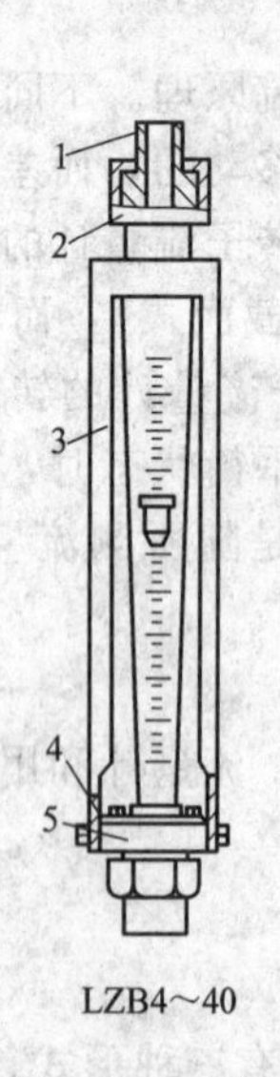

LZB4～40

图 4-26　螺纹连接的转子流量计结构

1—接头；2—螺母；3—护板；4—支撑；5—基座

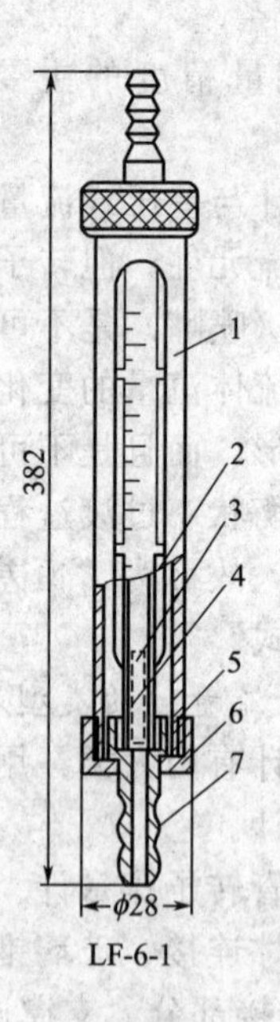

LF-6-1

图 4-27　软管连接的转子流量计结构

1—保护管；2—锥形管；3—浮子；4—锥形弹簧；
5—密封垫；6—螺帽；7—软管接头

② 锥形管　锥形管一般用高硼硬质玻璃制成，也有采用有机玻璃的。锥形管的锥度根据流量大小而定，一般在（1∶20）～（1∶200）范围内。锥形管外刻度有两种——百分数或流量刻度。锥形管的使用压力为 2000kPa 以下，温度为－20～120℃之间，可制成防腐仪表，用于现场测量。

锥形管的长度、锥度和口径相同时，相互可以更换。更换后，由于制造时的误差，可能使流量计的示值有所变化。若工艺要求不高时，关系不大；若工艺要求高时，则应重新进行标定。

③ 转子（浮子）　常见的转子形状有三种，如图 4-23 所示。图中①型大都使用在气体、小流量且流量系数比较小的地方，为使转子稳定在锥形管的中心，可在转子上部边沿开些斜槽；②型大都应用在液体大流量且流量系数比较大的地方，对于大流量的流量计，为了使转子能稳定在锥管的中心，一般都设有中心导杆；③型应用较少，其特点是流体黏度变化对流量指示影响较小。

转子的材料一般用铝、铅、不锈钢、钢、硬胶木、玻璃、有机玻璃等制成，在使用时可根据流体的化学性质加以选用。

(2) 金属管转子流量计

玻璃管转子流量计是就地指示型的，耐压不高，最大不超过 1MPa（一般为常压）。金属管转子流量计在高温、高压状态下可用于易腐蚀、易燃烧及对人体和环境有害液体流量的检测。该流量计的测量管道采用耐腐蚀的不锈钢材料制作，测量管道和法兰形成整体的组合体，结构如图 4-28 所示，采用磁感应显示系统，磁铁高度位置变化通过磁感应带动显示系统的指针运动，从而实现流量的检测与显示，也可通过测量转换机构将转子的移动转换为电信号或气信号进行远传和显示。

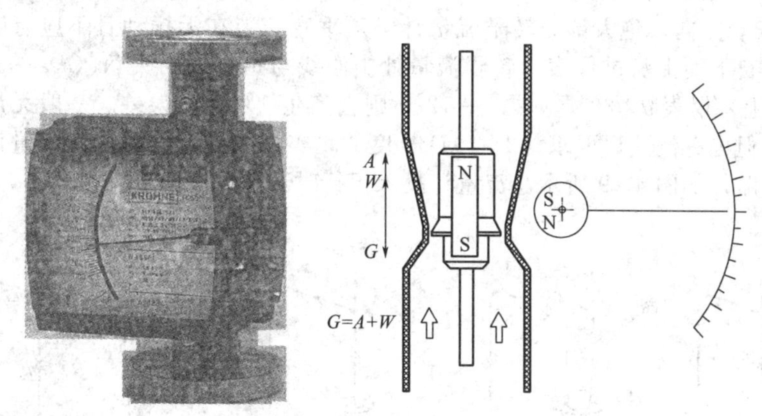


图 4-28　金属管转子流量计

4.3.1.3　转子流量计的特点和安装要求

(1) 转子流量计的特点

① 转子流量计使用于小管径和低流速，常用仪表管径在 40～50mm 以下，最小管径做到 1.5～4mm，适用于测量低流速、小流量。工业用转子流量计的测量范围从每小时十几升到几百立方米（液体）、几千立方米（气体）。以液体为例，管径在 10mm 以下的玻璃管转子流量计，流速只在 0.2～0.6m/s 之间，甚至低于 0.1m/s；金属管浮子流量计和管径大于 15mm 的玻璃管浮子流量计稍高些，流速在 0.5～1.5m/s 之间。其测量基本误差约为刻度最大值的±2%左右。流量计使用时，测量范围一般为测量上限的 1/3～2/3 刻度内。

② 转子流量计可用于较低雷诺数，选用黏度不敏感形状的浮子，流通环隙处雷诺数只要大于 40 或小于 500，雷诺数变化流量系数即保持常数，亦即流体黏度变化不影响流量系数。这数值远低于标准孔板等节流差压式仪表最低雷诺数 $10^4$～$10^5$ 的要求。

③ 大部分浮子流量计没有上游直管段要求，或者说对上游直管段要求不高。

④ 浮子流量计有较宽的流量范围度，一般为 10∶1，最低为 5∶1，最高为 25∶1。流量

检测元件的输出接近于线性，压力损失较低，但仪表测量受被测介质的密度、黏度、温度、压力、纯净度及安装位置的影响。转子对脏污比较敏感，若粘有污垢或介质有结晶析出，都会引起转子与管壁产生摩擦，从而造成测量误差。因此，转子流量计不宜用来测量脏污的介质。

⑤ 玻璃管转子流量计结构简单，价格低廉，在现场指示流量时使用方便；缺点是有玻璃管易碎的风险，尤其是无导向结构浮子用于气体。

⑥ 金属管转子流量计无锥管破裂的风险。与玻璃管转子流量计相比，使用温度和压力范围宽。

⑦ 大部分转子流量计只能用于介质自下向上垂直流动的管道安装。

⑧ 转子流量计应用局限于中小管径，普通全流型转子流量计不能用于大管径；玻璃管转子流量计最大管径为100mm，金属管浮子流量计为150mm，更大管径只能用分流型仪表。

⑨ 使用流体和出厂标定流体不同时，要做流量示值修正。液体用转子流量计通常以水标定。气体用空气标定。如实际使用时流体密度、黏度与之不同，流量偏离原分度值，要做换算修正。

(2) 转子流量计安装

在安装使用前必须核对测量范围、工作压力和介质温度是否与所选的流量计规格相符。安装时具体应注意以下问题。

① 仪表安装方向。绝大部分转子流量计必须垂直安装在无振动且不应有明显的倾斜的管道上，流体自下而上流过仪表。转子流量计中心线与铅垂线间夹角（$\theta$）一般$\leqslant 5°$，高精度（1.5级以上）仪表$\theta \leqslant 20°$。如果$\theta = 12°$，则会产生1%附加误差。一般无严格上游直管段长度要求，但也有制造厂要求（2～5）$D$长度的，实际上必要性不大。流量计前后应有截止阀并加装旁路，如图4-29所示。流量计投入运行时，前后阀门应缓慢开启，投入运行后，关闭旁路。

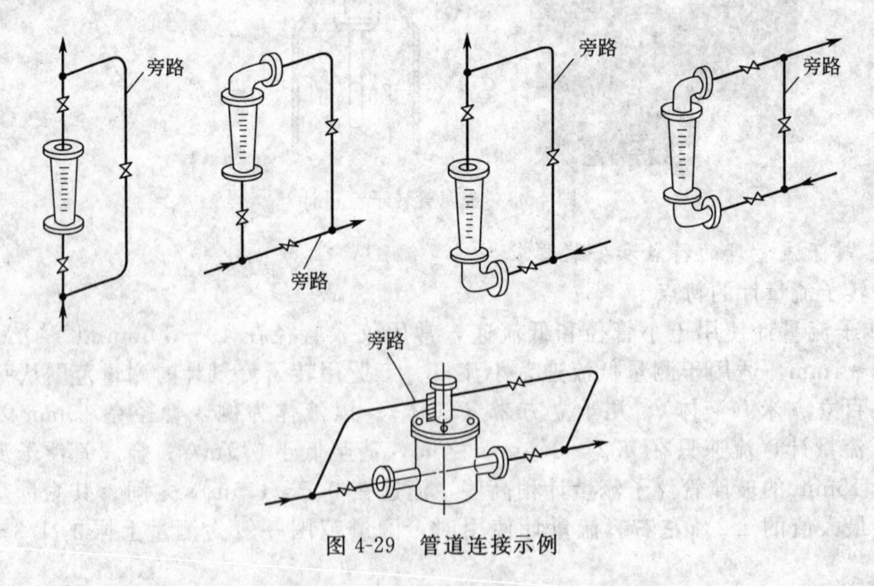


图4-29 管道连接示例

② 用于污脏流体的安装。应在仪表上游装过滤器。带有磁性耦合的金属管转子流量计用于可能含铁磁性杂质的流体测量时，应在仪表前装磁过滤器。

要保持浮子和锥管的清洁，特别是小口径仪表，浮子洁净程度明显影响测量值。例如6mm口径玻璃浮子流量计，在实验室测量看似清洁的水，流量为2.5L/h，运行24h后，流量示值增加百分之几，浮子表面黏附肉眼观察不出的异物，取出浮子用纱布擦拭，即恢复原来的流量示值。必要时可设置冲洗配管装置，定时进行冲洗。

③ 脉动流的克服。流体本身的脉动，如拟装仪表位置的上游有往复泵或调节阀，或下游有大负荷变化等，应改换测量位置或在管道系统予以补救改进，如加装缓冲罐，若是仪表自身的振荡，如测量时气体压力过低、仪表上游阀门未全开、调节阀未装在仪表下游等原因，应有针对性改进克服，或改选用有阻尼装置的仪表。

④ 要排尽液体测量仪表内气体。进出口不在同一直线的角型金属浮子流量计，用于液体流量测量时，注意外传浮子位移的引申套管内是否残留空气，有则必须排尽；若液体含有微小气泡，流动时极易积聚在套管内，更应定时排气。这点对小口径仪表更为重要，否则会明显影响流量示值。

#### 4.3.1.4　转子流量计标定

转子流量计是一种非标准化的流量检测仪表，在大多数的情况下需个别地按照实际被测流体的性质进行刻度标定，刻度标尺通常都刻成流量单位（kg/s、$m^3/h$）。转子流量计可以检测多种气体、液体及蒸汽的流量。但仪表制造厂为了便于成批生产，在进行仪表刻度时，规定了刻度的标准状态和刻度介质。标准刻度状态：压力 0.1013MPa，温度 20℃。刻度介质：凡是用于测量液体介质的，其刻度介质用水；凡是用于测量气体介质的，其刻度介质用空气。也就是说，转子流量计流量标尺上的刻度值，对于测量液体介质来讲，是代表 20℃ 时水的流量值；而对于测量气体介质来讲，则代表的是 20℃、0.1013MPa 压力下空气的流量值。每台流量计出厂时都附有两张在标准状态下流量 $q$ 与转子上升高度 $h$ 的关系曲线图。即一张是 $q_{水}$ 与 $h$ 的关系曲线图，另一张是 $q_{空}$ 与 $h$ 的关系曲线图。但在实际应用时，由于被测介质的变化（非水、非空气）和工作状态（温度、压力）不同，使转子流量计的指示值和被测介质的实际流量值之间存在一定差别，因此，在实际应用中必须根据被测介质的性质（密度、温度、压力等）参数对流量指示值进行修正。

(1) 液体介质的修正

对于一般液体介质，当温度和压力变化时，介质的黏度变化不会很大（小于 10mPa·s），只需进行密度的修正。

$$\frac{q_{v液}}{q_{v水}}=\frac{\alpha_{液}}{\alpha_{水}}\sqrt{\frac{(\rho_f-\rho_{液})\rho_{水}}{(\rho_f-\rho_{水})\rho_{液}}}=\sqrt{\frac{(\rho_f-\rho_{液})\rho_{水}}{(\rho_f-\rho_{水})\rho_{液}}}=K_\rho \tag{4-32}$$

式中　$q_{v液}$，$\alpha_{液}$，$\rho_{液}$——实际被测流体的体积流量、流量系数和密度；

$q_{v水}$，$\alpha_{水}$，$\rho_{水}$——出厂标定时水的体积流量、流量系数和密度；

$K_\rho$——标定介质水与实际液体的体积流量的密度修正系数。

由此可得出被测流体的实际流量值的修正公式为

$$q_{v液}=K_\rho q_{v水} \tag{4-33}$$

**【例 4-1】** 以水标定的一转子流量计，转子材料为不锈钢，其密度 $\rho_f=7920kg/m^3$，用来测量苯的流量，当流量计指示为 $3.6\times10^{-3}$（$m^3/s$）时，苯的实际流量是多少？（注：苯的密度 $\rho_{苯}=830kg/m^3$。）

**解**　因为 $q_{v液}=K_\rho q_{v水}$

所以

$$K_\rho=\sqrt{\frac{(\rho_f-\rho_{液})\rho_{水}}{(\rho_f-\rho_{水})\rho_{液}}}=\sqrt{\frac{7920-830}{7920-1000}\times\frac{1000}{830}}=1.11$$

故
$$q_{v液}=1.11\times3.6\times10^{-3}\approx4\times10^{-3}m^3/s$$

因此苯的实际流量为 $4\times10^{-3}m^3/s$。

(2) 气体介质的修正

对于气体来讲，由于 $\rho_f \gg \rho_气$，所以 $\rho_f - \rho_气 \approx \rho_f$，又由于 $\rho_f \gg \rho_空$，所以 $\rho_f - \rho_空 \approx \rho_f$，故式(4-32) 可以简化为

$$\frac{q_{v气}}{q_{v空}} = \sqrt{\frac{\rho_空}{\rho_气}} = K'_\rho \tag{4-34}$$

式中 $K'_\rho$——气体体积流量密度修正系数。

气体介质温度、压力、密度同时发生变化的修正公式为

$$\frac{q_{v气}}{q_{v空}} = \sqrt{\frac{\rho_空 p_气 T_空}{\rho_气 p_空 T_气}} \tag{4-35}$$

式中 $q_{v空}$——出厂标定时空气的体积流量，即仪表的指示值；

$q_{v气}$——实际被测气体的体积流量，即换算为标准状态（$T=293\text{K}$，$p=0.1\text{MPa}$）的流量值；

$\rho_空$——标准状态下刻度介质空气的密度（$\rho_空=1.295\text{kg/m}^3$）；

$\rho_气$——被测气体在标准状态下的密度，$\text{kg/m}^3$；

$p_气$，$T_气$——被测气体在工作状态下的绝对压力和绝对温度；

$p_空$，$T_空$——刻度条件下的绝对压力（$p=0.1\text{MPa}$）和绝对温度（$T=293\text{K}$）。

**【例 4-2】** 有一台 LZB 型气体转子流量计，用来测量氢气的流量。已知工作温度为27℃，工作压力为 0.3MPa（表压），当流量计的指示值为 40($\text{m}^3$/h) 时，氢气的实际流量是多少？（注：氢气在 0℃、101.32kPa 时的密度为 0.08988$\text{kg/m}^3$。）

**解** 根据公式(4-35) 得

$$q_{v气} = q_{v空}\sqrt{\frac{\rho_空 p_气 T_空}{\rho_气 p_空 T_气}}$$

其中 $q_{v空}=40\text{m}^3/\text{h}$，$\rho_空=1.295\text{kg/m}^3$，$T_空=293\text{K}$，$p_空=0.1\text{MPa}$

$\rho_气=0.08988\text{kg/m}^3$，$T_气=273+27=300\text{K}$，$p_气=0.3+0.1=0.4\text{MPa}$

将以上已知数据代入式中得

$$q_{v气} = 40\sqrt{\frac{0.4\times1.295\times293}{0.1\times0.08988\times300}} \approx 300\text{m}^3/\text{h}$$

所以氢气的实际流量为 300$\text{m}^3$/h。

(3) 转子流量计量程的修正

对于形状和体积相同、材质不同的转子，当其密度增加后，转子流量计的量程将扩大，反之则缩小。转子密度改变后，需重新对仪表量程进行标定，根据流量方程式可推出量程改制后的修正公式，即

改量程前 $$q_v = \alpha\pi D_f h\tan\varphi\sqrt{\frac{2V_f(\rho_f-\rho)g}{\rho A_f}}$$

改量程后 $$q'_v = \alpha\pi D_f h\tan\varphi\sqrt{\frac{2V_f(\rho'_f-\rho)g}{\rho A_f}}$$

两式相比得

$$\frac{q'_v}{q_v} = \sqrt{\frac{\rho'_f-\rho}{\rho_f-\rho}} = K \tag{4-36}$$

式中 $\rho_f$，$\rho'_f$——改量程前和改量程后转子的密度；

$\rho$——被测介质的密度；

$K$——修正系数。

4.3.1.5　转子流量计的选用

转子流量计作为直观指示或测量精度要求不高的现场就地指示仪表，主要测量单相液体或气体。液体中含有固体颗粒或气体中含有液滴通常不适用。选用时，应考虑工艺条件及现场的环境条件，如介质性质、测量范围、压力、温度、振动等要求，进行合理选择。如测量不透明液体时选择金属管转子流量计较普遍；测量温度高于环境温度的高黏度液体和降温易析出结晶或易凝固的液体，应选用带夹套的金属管转子流量计。同时应注意防腐、防爆的要求。

## 4.3.2　电磁流量计

电磁流量计是根据法拉第电磁感应原理工作的流量检测仪表。它能够测量具有一定电导率的液体或液固两相介质的体积流量，如酸、碱、盐等溶液，泥浆，矿浆，纸浆，药浆，糖浆，果浆及血液等的体积流量。

4.3.2.1　工作原理及结构

(1) 工作原理

如图 4-30 所示为电磁流量计的工作原理图。当导电流体以平均流速 $u$(m/s) 通过一段内径为 $D$(m) 的管子时，在管子中存在一个均匀的磁通密度为 $B$(T) 的磁场，因导电流体流过时要切割磁力线，因而在与磁场及流动方向垂直的方向上产生感应电势 $E$(V)。

$$E=uDB \tag{4-37}$$

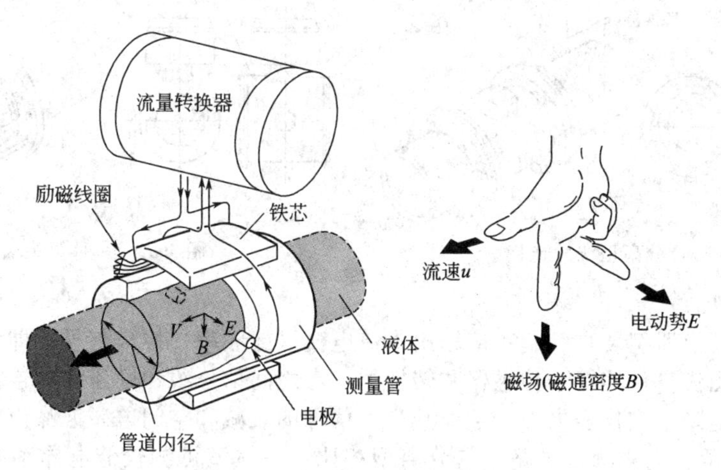


图 4-30　电磁流量计的工作原理

由式(4-37) 可推出流体流过管道的流速

$$u=\frac{E}{DB}$$

根据体积流量的定义

$$q_{\mathrm{v}}=uA=u\,\frac{\pi}{4}D^2=E\,\frac{1}{BD}\times\frac{\pi}{4}D^2=\frac{\pi ED}{4B} \tag{4-38}$$

由此，电势可表示为

$$E=\frac{\pi Dq_{\mathrm{v}}}{4B} \tag{4-39}$$

由式(4-38) 可知，流体在管道中的体积流量与感应电势成正比。

(2) 原理结构

电磁流量计是由传感变送器和信号转换器两部分组成：传感变送器是利用测量管上下装有励磁线圈，通过励磁电流后产生磁场穿过测量管，一对电极装在测量管内壁与液体相接触，引出感应电势，从而将流体流量的变化变成感应电势的变化送到转换器；信号转换器是将微弱的感应电势放大并转换成统一的标准信号输出，以实现流量的远传、指示、记录、积算或调节。

4.3.2.2 电磁流量计的类型及结构

电磁流量计分类方法很多。如按励磁电流方式分，有直流励磁、交流励磁、低频矩形波励磁、双频励磁。按输出信号连接和励磁连线制式分，有四线制、二线制。按用途分，有通用型、防爆型、卫生型、耐浸水型、潜水型等。下面简单介绍按传感器与转换器的组装方式进行分类，可分为两大类。

(1) 分离型

分离型是最普遍的应用形式，如图 4-31 所示。传感器接入管道，转换器安装于仪表室或人们易于接近的传感器附近，两者之间相距数十到数百米，为防止外界噪声的侵入，信号电缆通常采用双层屏蔽。当测量电导率较低的液体且安装距离超过 30m 时，为防止电缆分布电容造成信号衰减，其内层屏蔽要求接上与芯线同电位、低阻抗源的屏蔽驱动。分离型的转换器可远离现场的恶劣环境，电子部件检查、调整和参数设定都比较方便。

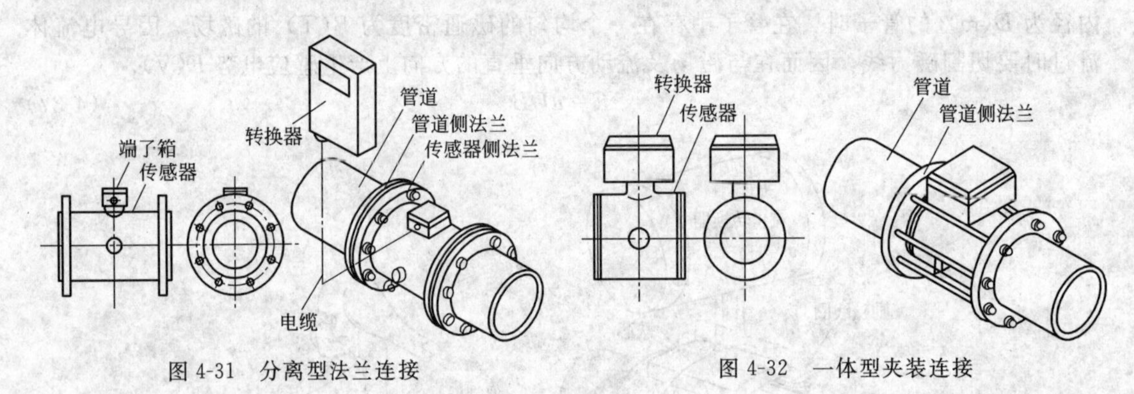


图 4-31 分离型法兰连接　　图 4-32 一体型夹装连接

(2) 一体型

传感器和转换器组装在一起直接输出直流电流（或频率）标准信号，即为电磁流量变送器。一体型电磁流量计缩短了传感器和转换器二者之间信号线和励磁线的连接长度，并使之没有外接，而是隐蔽在仪表内部，从而减少了信号的衰减和空间电磁波噪声的侵入。具体结构如图 4-32 所示。同样测量电路，与分离型相比，一体型可测较低电导率的液体，取消了信号线和励磁线的布线，简化了电气连线，仪表价格和安装费用均相对降低。其较多用于小管径的测量。随着二线制仪表的发展，一体型电磁流量计将会有较快的发展。如果由于管道布置限制，安装在不易接近的场所，则给维护带来不便。此外，由于转换器电子部件装于管道上，将受到流体温度和管道振动的较大影响。

一体型电磁流量计采用双频率励磁方式，其结构是在测量管内形成两个频率分量的电磁场，即高频励磁和低频励磁。高频励磁不受流体噪声干扰影响，低频励磁具有极好的零点稳定性。工作时，把从高低频率中定时检测到的各分量信号进行计算，便可产生一个流量信号。如图 4-33 所示。

4.3.2.3 电磁流量计的特点和安装要求

(1) 电磁流量计的特点

① 电磁流量计结构简单，是一段无相对运动、无阻流检测件的光滑直管，不易受到阻塞，可测含有固体颗粒、悬浮物（如矿浆、煤粉浆、纸浆等）或酸、碱、盐溶液等具有一定电导率的液体的体积流量；也可测脉动流量；可进行双向测量。

② 压力损失小，可用于要求低阻力损失、大管径（几毫米到 3m）的供水管道流量测量。

③ 电磁流量计是一种体积流量测量仪表，它不仅可测单相的导电性液体的流量，也可

以测量液固两相介质的流量，而且不受介质的温度、黏度、密度、压力以及电导率（在一定范围内）等物理参数变化的影响。使用时只需经水标定后，就可测量其他导电性液体或固液两相介质的流量，而无需进行修正。测量范围宽，可达 1∶100，而且可任意改变量程。此外，电磁流量计测量体积流量时只与被测介质的平均流速有关，而与轴对称分布下的流态（层流或紊流）无关。

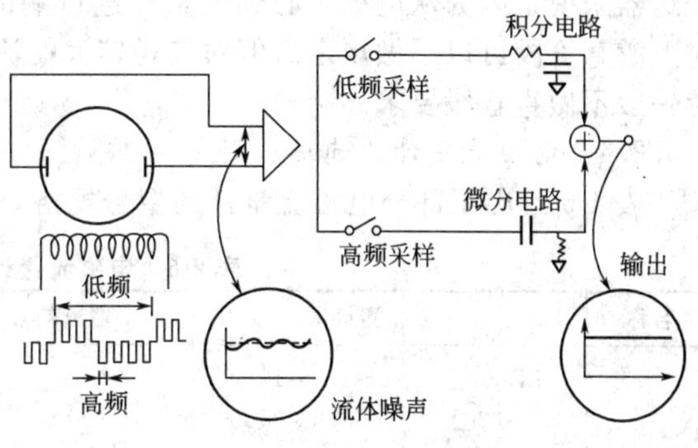

图 4-33　测量原理示意图

④ 无机械惯性，反应灵敏，可测量双向及瞬时脉动流，且线性好，可直接等分刻度，因此可将测量信号直接用转换器线性地转换成标准信号输出，即可就地指示，也可远距离传送。

⑤ 耐腐蚀，使用方便，寿命长。

⑥ 不能测量气体、蒸汽及含有气泡及电导率很低的液体，如石油制品等。

⑦ 使用温度和压力不能太高。具体使用温度与管道衬里的材料发生膨胀、变形、变质的温度有关，一般不超过 120℃；最高使用压力取决于管道强度、电极部分的密封状况以及法兰的规格等，一般使用压力不超过 1.6MPa。

⑧ 受流速和流速分布的影响。要求流速对轴心对称分布，否则不能正确测量。流速分布不均匀时，将产生较大的测量误差。因此，在电磁流量计前必须有适当长度的直管段，以消除各种局部阻力对流速分布对称性的影响。同时，当流速过低时，要把与干扰信号相同数量级的感应电势进行放大和测量是比较困难的，而且仪表也易产生零点漂移，所以电磁流量计的满量程流速的下限一般不得低于 0.3m/s。

（2）电磁流量计的安装

要保证电磁流量计的测量精度，正确的安装是很重要的。

① 变送器应安装在室内干燥通风处，避免直接日晒雨淋；避免过高的环境温度；避免强烈的振动；避免安装在强电磁场设备附近，如大电机、变压器等；避免测量管内变成负压；避免有高腐蚀性气体的场合；要便于维修。

② 安装方向不受限制，但为了保证变送器测量管内充满被测介质，测量固液两相流体为防两相分离，最好垂直安装，自下而上流动，这样可避免衬里局部磨损及固相沉淀等；若现场只允许水平安装，则必须保证两电极在同一水平面。水平安装时要使电极轴线平行于地平线，以防被沉积物覆盖及被气泡遮住电极表面。

③ 转换器安装地点应避免交、直流强磁场和振动，环境温度为－20～50℃，不含有腐蚀性气体，相对湿度小于或等于 85％，与传感器的距离不宜超过 30m。

④ 为了避免干扰信号，变送器和转换器之间的信号必须用屏蔽导线传输。应安装在易于实现传感器单独接地的场所。不允许把信号电缆和电源线平行放在同一电缆钢管内，信号电缆必须单独穿在接地保护钢管内。信号电缆长度一般不得超过 30m。

⑤ 变送器的电极所测出的几毫伏交流电势，是以变送器内液体电位为基础的。为了使液体电位稳定并使变送器与流体保持等电位，以保证稳定地进行测量，变送器外壳与金属管两端应有良好的接地，转换器外壳也应接地。接地电阻不能大于 10Ω，不能与其他电器设备的接地线共用。如果不能保证变送器外壳与金属管道良好接触，应用金属导线将它们连接起来，再可靠接地。

⑥ 为了避免流速分相对测量的影响，流量调节阀应设置在变送器下游。对于小口径的

变送器来说，因为从电极中心到流量计进口端的距离已相当于好几倍直径 $D$ 的长度，所以对上游直管段可以不做规定。但对口径较大的流量计，一般上游应有 $5D$ 以上的直管段，下游一般不做直管段要求。

4.3.2.4 电磁流量计的选用原则

表 4-6 给出了部分电磁流量计的型号规格。

**表 4-6 电磁流量计的型号规格表**

| 名称 | 型号 | 测量量程 $m^3/h$ | 输出信号 | 主要用途与功能 | 备注 |
|---|---|---|---|---|---|
| 电磁流量计 | LD-25□ | 0～1.0～16 | ①0～10mADC(负载阻抗 0～1500Ω)；②4～20mADC(负载阻抗 0～750Ω)；③0～1000Hz(负载阻抗≥1500Ω) | 由电磁流量传感器(LBG 型)和电磁流量转换器(LDZ-42 型)配套组成的电磁流量计(LD 型)，用于测量管道中各种成分的酸碱液或含有纤维及固体悬浮物等导电液体的流量 | 配套精度：±0.5%FS($DN$≤150mm 时)；±1%FS($DN$ 大于 200mm 时) |
| | -32□ | 0～1.6～25 | | | |
| | -40□ | 0～2.5～40 | | | |
| | -50□ | 0～4.0～60 | | | |
| | -65□ | 0～6.0～100 | | | |
| | -80□ | 0～10～16 | | | |
| | -100□ | 0～16～250 | | | |
| | -125□ | 0～25～400 | | | |
| | -150□ | 0～40～500 | | | |
| | -200□ | 0～60～1000 | | | |
| | -250□ | 0～80～1200 | | | |
| | -300□ | 0～160～2500 | | | |

电磁流量计的选用，主要是变送器的正确选用，而转换器只需要与之配套就可以。

① 仪表量程与测量管径的选择。正常流量超过仪表满量程的一半；流速一般选择在 2～4m/s；当测量含有固体颗粒的介质时，考虑到磨损，宜选用流速小于或等于 3m/s；较易黏附的介质，流速应大于或等于 2m/s。流速确定后，根据 $q=\frac{\pi}{4}D^2u$ 来确定测量管径。

② 仪表工作压力应低于流量计规定的耐压值。国内生产的电磁流量计的工作压力规格为：小于 50mm 口径，工作压力为 1.6MPa；900mm 口径，工作压力为 1MPa；大于 1000mm 口径，工作压力为 0.6MPa。

如对变送器耐压有特殊要求，则可与生产厂家具体磋商。有的厂家已能制造耐压为 32MPa 的电磁流量变送器。

③ 仪表工作温度应根据流量计内衬的要求温度加以选择。电磁流量计的工作温度取决于所用的衬里材料，一般为 5～70℃。如做特殊处理，可以超过上述范围，如天津自动化仪表三厂生产的耐磨、耐腐蚀电磁流量计。变送器允许被测介质温度为－40～130℃。

④ 内衬材料与电极材料的选择。变送器的内衬材料及电极材料必须根据介质的物理化学性质来正确选择，否则仪表会由于衬里和电极的腐蚀而很快损坏，而且腐蚀性很强的介质一旦泄漏，容易引起事故。因此，必须根据生产过程中的具体测量介质，慎重地选择电极与衬里的材料。

### 4.3.3 漩涡流量计

漩涡流量计是利用流体振动原理来进行流量测量的。即在特定流动条件下，流体一部分动能产生流体振动，且振动频率与流体的流速（或流量）有一定的关系。这种流量计可分为自然振荡的卡门漩涡分离型和流体强迫振荡的旋涡进动型两种。前者称为涡街流量计，后者称为旋进涡街流量计。除此以外，还有射流流量计以及一种比较新型的空腔振荡流量计，也属漩涡流量计的范畴。目前用得最多的是涡街流量计。

4.3.3.1 涡街流量计的工作原理

在流体中垂直于流动方向安放一个非流线型的物体，如圆柱体，如图 4-34 所示，则在其下游两侧就会交替出现漩涡，两侧漩涡的旋转方向相反，并且轮流地从非流线型的物体上分离出来。这两列平行但不对称的漩涡列称为卡门漩涡列或涡街。由于漩涡列之间的相互作用，并非在任何条件下产生的涡街都是稳定的，冯·卡门在理论上已证明稳定的涡街条件是：涡街两列漩涡之间的距离 $h$ 与同列相邻漩涡的间距 $l$ 之间关系满足 $\frac{h}{l}=0.281$ 时，所产生的涡街是稳定的。并且单列漩涡产生的频率 $f$ 与柱体附近的流体流速 $u_1$ 成正比，与柱体的特征尺寸 $d$（漩涡发生体的迎面最大宽度）成反比

$$f=St\frac{u_1}{d} \tag{4-40}$$

式中，$St$ 称为斯特劳哈尔数。$St$ 主要与漩涡发生体的形状和雷诺数有关。从实验可知，在雷诺数 $Re_D$ 为 $2\times10^4\sim7\times10^6$ 范围内，$St$ 近似常数，如图 4-35 所示，也是仪表正常工作范围。对于圆柱形漩涡发生体，约等于 0.2；对于三角柱形的漩涡发生体，其 $St$ 也是常数，约等于 0.16。在此范围内可以认为频率 $f$ 只受流体流速和漩涡发生体的特征尺寸 $d$ 的支配，而不受流体的温度、压力、密度、黏度等的影响。

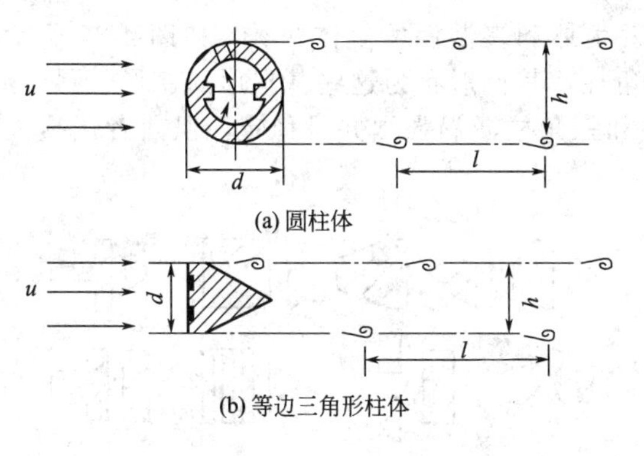


图 4-34　卡门涡街

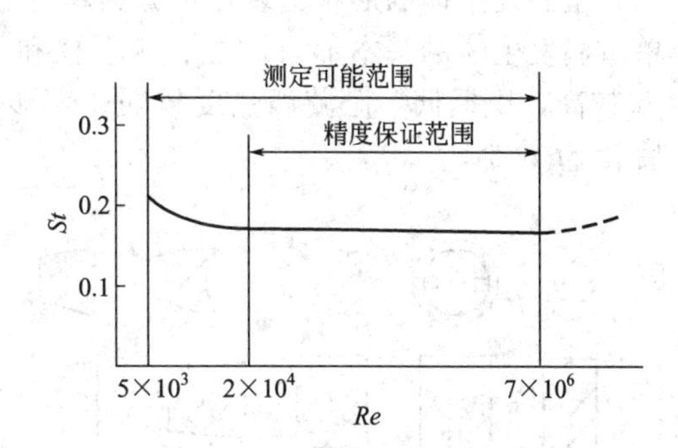


图 4-35　斯特劳哈尔数与雷诺数关系曲线

涡街流量计是一种速度式流量计，通过测 $f$ 来测定漩涡发生体两侧流体的流速 $u_1$，得到流量值。根据流体流动连续性原理，则

$$A_1u_1=Au \tag{4-41}$$

式中　$A_1$——漩涡发生体两侧流通面积，$m^2$；

$A$——管道流通截面积，$m^2$；

$u$——流体通过管道截面的平均流速，m/s。

设 $m=\frac{A_1}{A}$，则由式(4-40) 和式(4-41) 得

$$u=f\frac{md}{St}$$

由此可得流量公式为

$$q_v=Au=\frac{\pi}{4}D^2\frac{md}{St}f \tag{4-42}$$

式中　$D$——管道内径，m。

从上式可知，流量 $q_v$ 与漩涡频率 $f$ 在一定雷诺数范围内呈线性关系。

#### 4.3.3.2　漩涡流量计的结构

漩涡流量计由传感器和转换器组成。如图 4-36 所示，传感器包括漩涡发生体（阻流件）、检测元件、仪表表体等；转换器是信号处理及放大电路部分。

(1) 漩涡发生体的结构

漩涡发生体是检测器的主要部件，与仪表的流量特性（仪表系数、线性度、范围等）和阻力特性（压力损失）密切相关，其要求如下。

① 能够控制漩涡在漩涡发生体轴线方向上同步分离。

② 能产生强烈的漩涡，信噪比高。

③ 在较宽的雷诺数范围内，有稳定的漩涡分离点，保持恒定的斯特劳哈尔数。

④ 形状和结构简单，便于加工，便于各种检测元件的安装和组合。

⑤ 材质应满足流体性质的要求，耐腐蚀、耐磨蚀、耐温度的变化。

⑥ 固有频率在涡街信号的频带外。

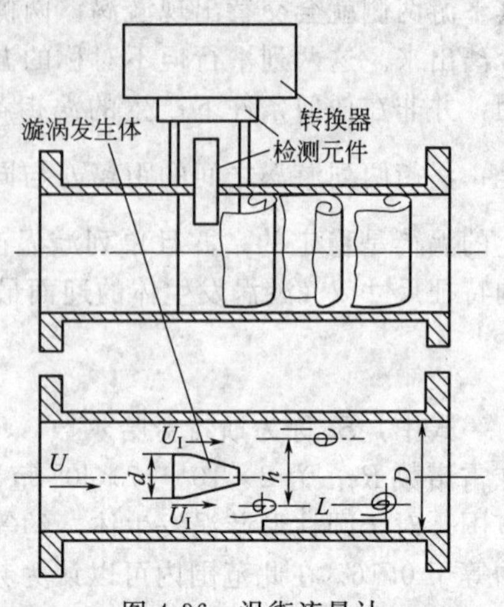

图 4-36 涡街流量计

漩涡发生体的形状繁多，可分为单漩涡发生体和多漩涡发生体两类，如图 4-37 所示。单漩涡发生体的基本形有圆柱、矩形柱和三角柱，其他形状为这些基本形的变形。圆柱形 $St$ 较高，压损低，但漩涡强度较弱；矩形柱和三角柱漩涡强烈并且稳定，但前者压损大，后者 $St$ 较小。

图 4-37 漩涡发生体

(2) 检测元件

漩涡流量计的流量信号是由漩涡的频率反映的，所以涡频如何检出是漩涡流量计研究的关键。从目前涡频信号检测原理来分，大致有这样两类。

① 检测漩涡产生后在漩涡发生体附近的流动变化频率，主要通过热敏元件完成。

② 检测漩涡产生后在漩涡发生体上受力的变化频率，这主要通过压电敏感元件完成。

主要的检测方式有热敏式、超声式、应变式、应力式、电容式、光电式、电磁式，应用于不同的漩涡发生体。下面分别来讨论这两种检测方式的具体实例。

第一种检测方法以圆柱形漩涡发生体（热敏式）为例，其结构如图 4-38 所示。圆柱体表面开有导压孔，与圆柱体内部空腔相通，空腔由隔墙分成两部分，在隔墙的中央部分有一小孔，在小孔中装有检测流体流动的铂电阻丝。当漩涡在圆柱体下游侧产生时，由于升力的作用，使得圆柱体下方的压力比上方高一些，圆柱体下方的流体在上下压力差的作用下，从圆柱体下方导压孔进入空腔，通过中央的小孔流过铂电阻丝，从上方导压孔流出。如果将铂电阻丝加热到高于流体温度的某温度值，则当流体流过铂电阻丝时，就会带走热量，改变其温度，电阻值也发生变化。当圆柱体上方产生一个漩涡时，则流体从上导压孔进入，由下导压孔流出，又一次通过铂电阻丝，同样电阻值也会发生变化。由此可知：电阻值变化与流动变化相对应，也就与漩涡的频率相对应，可由检测铂电阻丝电阻变化频率得到漩涡频率，进而得到流量值。

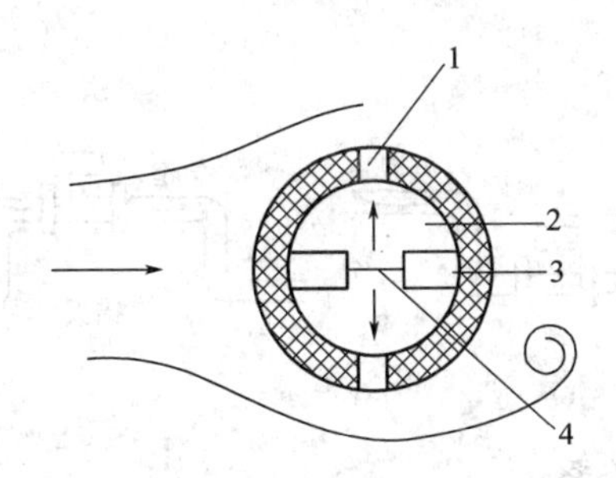


图 4-38　圆柱形漩涡发生体

1—导压孔；2—空腔；3—隔墙；4—铂电阻丝

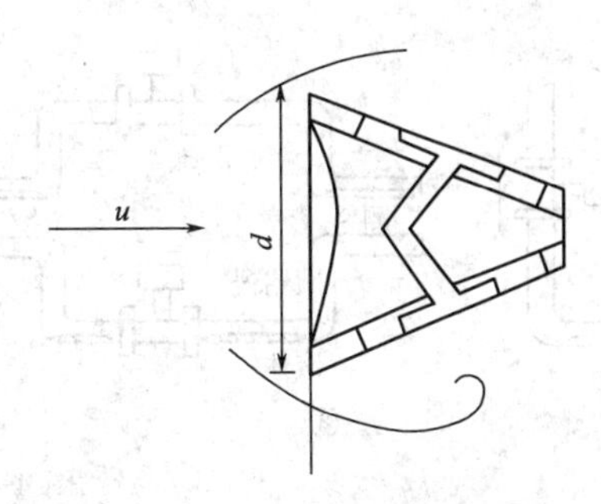


图 4-39　电容式三角柱漩涡发生体

第二种检测方法以三角柱漩涡发生体为例，其结构如图 4-39 所示。在三角柱的两侧装有两片弹性金属薄膜，它们兼为电容器的极板，里面装有电极板，电极板与金属膜之间充满了油，借以传递压力以及进行隔离。这样当三角板下面产生一个漩涡，同时下方的压力就高于上方压力，将三角柱下方的金属膜向里压入，而上方的金属膜就向外弹出，改变了两个电容器各自的电容量。这样，对应于交替产生的升力，两组电容器的电容量就差动地变化，于是，电容量变化与升力变化相对应，也就与漩涡的发生频率相对应，可由电容量变化频率得到漩涡频率，进而得到流量值。

#### 4.3.3.3　涡街流量计主要特点

涡街流量计输出信号（频率）不受流体物性和组分变化的影响，在一定的雷诺数范围内，几乎不受流体的温度、压力、密度、黏度等变化的影响，适用范围较广，可用于液体、气体、蒸汽和部分混相流体的流量测量；用水或空气标定的漩涡流量计在用于其他液体和气体的流量测量时不需标定；管道内无可动部件，使用寿命长，压力损失小；测量精度高［约为±(0.5%～1%)］，量程比为 20∶1；尤其适用于大口径管道（$DN<300$mm）的流量测量。可根据介质和现场选择相应的检测方法，仪表的适应性较强。

涡街流量计不适用于低雷诺数（$Re_D \geqslant 2\times 10^4$），所以对于高黏度、低流速、小口径的应用受到限制；漩涡分离的稳定性受流速分布畸变及旋转流的影响，应根据上游侧不同形式的阻流件配置足够的直管段或装设流动调整器，一般可借鉴节流式流量计的直管段的安装要求；不适用于强振动的场所。

#### 4.3.3.4　漩涡流量计的安装使用

（1）涡街流量计安装

正确地选择安装点和正确安装流量计都是非常重要的环节。若安装环节失误，轻者影响测量精度，重者会影响流量计的使用寿命，甚至会损坏流量计。

传感器在管道上可以水平、垂直或倾斜安装，但在测量液体和气体时，为防止气泡和液滴的干扰，安装如图 4-40 所示。图 4-40(a) 为测量含液体的气体流量仪表安装；图 4-40(b) 为测量含气体的液体流量仪表安装。

涡街流量计安装对直管段的要求：若流量计安装点的上游有渐缩管，流量计上游应有不小于 15$D$（$D$ 为管道直径）的等径直管段，下游应有不小于 5$D$ 的等径直管段。若流量计安装点的上游有渐扩管，流量计上游应有不小于 18$D$ 的等径直管段，下游应有不小于 5$D$ 的等径直管段。若流量计安装点上游有 90°弯头或下行接头，流量计上游应有不小于 20$D$ 的等径直管段，下游应有不小于 5$D$ 的等径直管段。若流量计安装点上游在同一平面上有 90°弯头，流量计上游应有不小于 25$D$ 的等径直管段，下游应有不小于 5$D$ 的等径直管段。

流量调节阀或压力调节阀尽量安装在流量计下游 5$D$ 远处。若必须安装在流量计的上

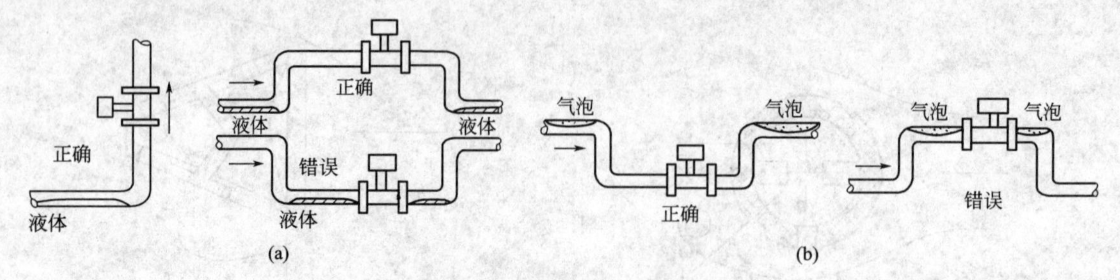


图 4-40 混相流体的安装

游，流量计上游应有不小于25$D$的等径直管段，下游应有不小于5$D$的等径直管段。流量计上游若有活塞式或柱塞式泵，活塞式或罗茨式风机、压缩机，流量计上游应有不小于25$D$的等径直管段，下游应有不小于5$D$的等径直管段。

特别注意：涡街流量计安装点的上游较近处若装有阀门，不断地开关阀门对流量计的使用寿命影响极大，非常容易对流量计造成永久性损坏。流量计尽量避免在架空的非常长的管道上安装，这样时间一长，由于流量计的下垂非常容易造成流量计与法兰的密封泄漏，若不得已安装时，必须在流量计的上下游2$D$处分别设置管道紧固装置。

漩涡发生体的轴线应与管路轴线垂直。

(2) 现场安装完毕后通电和通流前的检查

① 主管和旁通管上各法兰、阀门、测压孔、测温孔及接头应无渗漏现象。

② 管道振动情况是否符合说明书规定。

③ 传感器安装是否正确，各部分电气连接是否良好。

(3) 接通电源静态调试

在通电不通流体时，转换器应无输出，瞬时流量指示为零，累积流量无变化，否则首先检查是否因信号线屏蔽或接地不良，或管道振动强烈而引入干扰信号。如确认不是上述原因时，可调整转换器内电位器，降低放大器增益或提高整形电路触发电平，直至输出为零。

(4) 通流动态调试

关旁通阀，打开上下游阀门，流动稳定后转换器输出连续的、脉宽均匀的脉冲，流量指示稳定无跳变，调阀门开度，输出随之改变，否则应细致检查并调整电位器，直至仪表输出既无误触发又无漏脉冲为止。

(5) 仪表系数修正

涡街流量计仪表系数是在实验室条件下校验的，现场使用时，工作条件偏离实验室条件的应对仪表系数进行修正。

如表4-7给出了部分涡街流量计的型号规格。

### 4.3.4 涡轮流量计

涡轮流量计是速度式流量计，是以动量矩守衡原理为基础进行流量测量的。涡轮式仪表有切线式和轴线式，一般常用的仪表为切线式。这里主要介绍轴线式涡轮流量仪表的原理结构。

#### 4.3.4.1 涡轮流量计的工作原理

在管道中心安放一个涡轮，如图4-41所示，两端由轴承支撑。当流体通过管道时，冲击涡轮叶片，对涡轮产生驱动力矩，使涡轮克服摩擦力矩和流体阻力矩而产生旋转。在一定的流量范围内，对一定的流体介质黏度，涡轮的旋转角速度与流体流速成正比。由此，流体流速可通过涡轮的旋转角速度得到，从而可以计算得到通过管道的流体流量。

**表 4-7　涡街流量计的型号规格表**

| 名称 | 型号 | 流量范围/($m^3/h$) | 主要用途,功能 | 产品、型号说明 |
|---|---|---|---|---|
| 涡街流量计 | DBLU-1202·2202 | 1.5～9.7 | 适用于石油、化工、轻工、冶金、钢铁、纺织、食品、医药等各行各业的各种液体、气体、蒸气流量的测量,配以相应的工业自动化仪表,可实现流量计量、自动控制等多种功能。<br>输出信号<br>①0～10mA;<br>②4～20mA 或 1～5DC;<br>③脉冲信号:<br>3～300Hz(液体)<br>28～1500Hz(气体)<br>32～1500Hz(蒸汽) | DBLU-□ □ □□-□<br>表示连接方式<br>1—法兰连接<br>2—法兰卡连接<br>表示被测介质<br>①气、液通用<br>②液体<br>③气体<br>④蒸汽<br>⑤高温液体<br>⑥高温气体<br>⑦腐蚀性液体<br>⑧腐蚀性气体<br>表示公称通径 *DN*<br>标注使用环境 |
| | -1204·2204 | 2.7～25 | | |
| | -1205·2205 | 4.0～40 | | |
| | -1208·2208 | 9.3～93 | | |
| | -1210·2210 | 15.4～154 | | |
| | -1215·2215 | 35.0～350 | | |
| | -1302·2302 | 12～50 | | |
| | -1304·2304 | 20～120 | | |
| | -1305·2305 | 32～200 | | |
| | -1308·2308 | 80～500 | | |
| | -1310·2310 | 120～800 | | |
| | -1315·2315 | 280～2000 | | |
| | DBLU-1202·2202 | 34.0～1100 | | |
| | -1202·2202 | 50.0～1700 | | |
| | -1202·2202 | 100～4570 | | |
| | -1202·2202 | 180～7100 | | |
| | -1202·2202 | 400～16000 | | |

涡轮的转速通过装在机壳外的传感线圈来检测。当涡轮转动时，涡轮上由导磁不锈钢制成的螺旋形叶片依次接近和离开处于管壁外的磁电感应线圈，周期性地改变感应线圈回路磁阻，切割由壳体内永久磁钢产生的磁力线时，就会引起传感线圈中的磁通变化而产生与流量成正比的脉冲电信号。此脉冲信号送入前置放大器，对信号进行放大、整形，送入单位换算与流量积算电路得到并显示累积流量值；同时亦将脉冲信号送入频率-电流转换电路，将脉冲信号转换成模拟电流量，进而指示瞬时流量值。

涡轮流量计原理框图如图 4-42 所示。

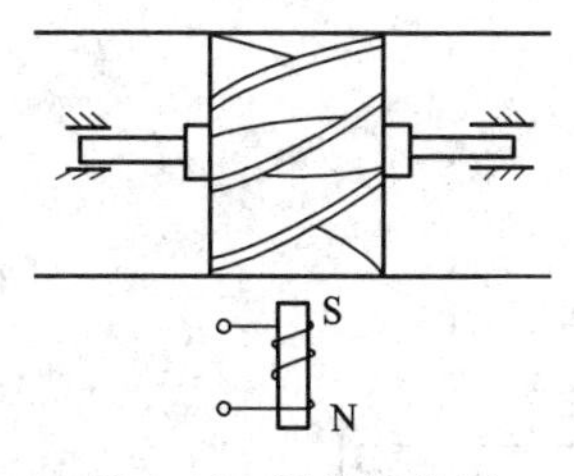


图 4-41　涡轮结构图

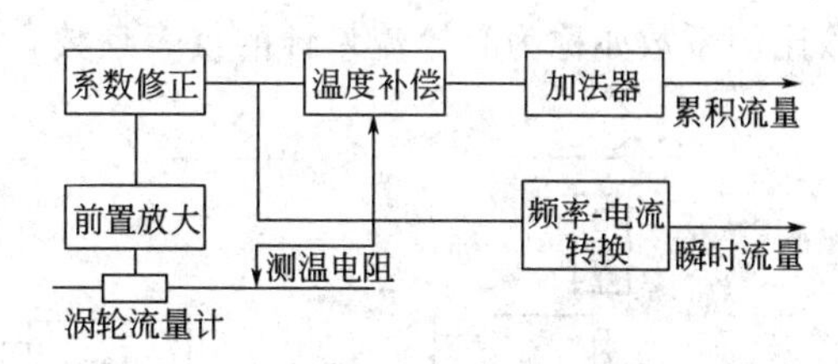


图 4-42　涡轮流量计原理框图

#### 4.3.4.2　涡轮流量计的结构

涡轮流量计结构如图 4-43 所示，流体从机壳的进口流入，通过支架将一对轴承固定在管中心轴线上，涡轮安装在摩擦力很小的轴承上。在涡轮上下游的支架上装有呈辐射形的整流板，以对流体起导向作用，以避免流体自旋而改变对涡轮叶片的作用角度。在涡轮上方机壳外部装有传感线圈，接收磁通变化信号。下面介绍主要部件。

(1) 涡轮

涡轮由导磁不锈钢材料制成，装有螺旋状叶片。叶片数量根据直径变化而不同，为 2～

24片不等。为了使涡轮对流速有很好的响应，要求质量尽可能小。对涡轮叶片结构参数的一般要求为：叶片倾角10°～15°（气体），30°～45°（液体）；叶片重叠度为1～1.2；叶片与内壳间的间隙为0.5～1mm。

（2）轴承

涡轮的轴承一般采用滑动配合的硬质合金轴承，要求耐磨性能好。由于流体通过涡轮时会对涡轮产生一个轴向推力，使轴承的摩擦转矩增大，加速轴承磨损，为了消除轴向力，需在结构上采取水力平衡措施，如图4-44所示。由于涡轮处直径 $D_H$ 略小于前后支架处直径 $D_S$，所以在涡轮段流通截面扩大，流速降低，使流体静压上升 $\Delta p$，这个 $\Delta p$ 的静压将起到抵消部分轴向推力的作用。

（3）前置放大器

前置放大器由磁电感应转换器与放大整形电路两部分组成，示意图如图4-45所示。国内的磁电转换器一般采用磁阻式，它由永久磁钢及外部缠绕的感应线圈组成。当流体通过使涡轮旋转，叶片在永久磁钢正下方时磁阻最小，叶片在磁钢上方时磁阻最大，涡轮旋转不断地改变磁路的磁通量，使线圈中产生变化的感应电势送入放大整形电路，变成脉冲信号。

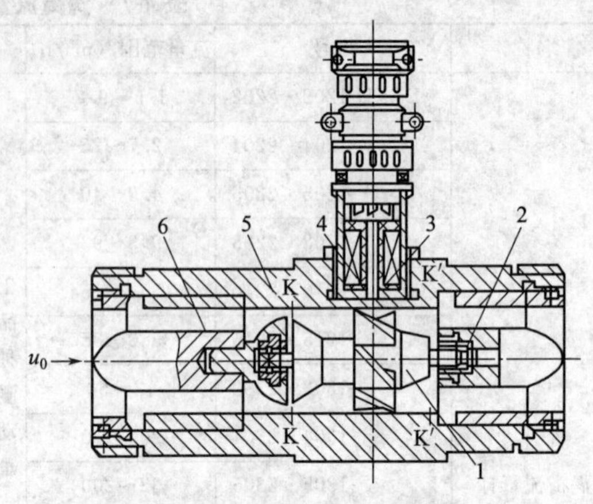


图4-43 涡轮流量变送器的结构
1—涡轮；2—支撑；3—永久磁钢；4—感应线圈；5—壳体；6—导流器

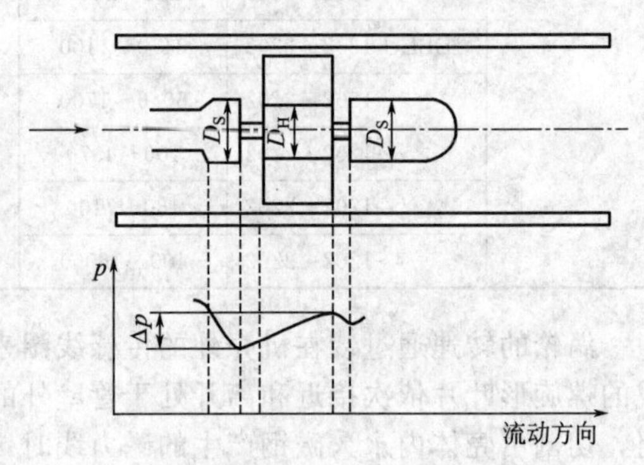


图4-44 水力平衡原理示意图

输出脉冲的频率与通过流量计的流量成正比，其比例系数 $K$ 为

$$f=Kq_v \tag{4-43}$$

式中 $f$——涡轮流量计输出脉冲频率；

$q_v$——通过流量计的流量。

该比例系数亦称为涡轮流量计的仪表系数。

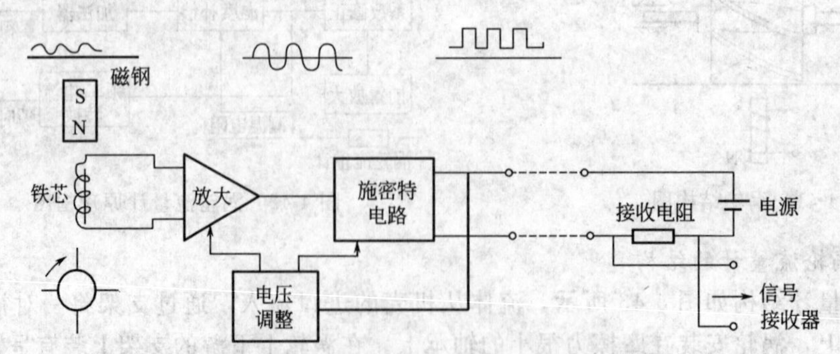


图4-45 涡轮流量计前置放大器原理图

（4）信号接收与显示

信号接收与显示器由系数校正器、加法器和频率-电流转换器等组成，其作用是将从前置放大器送来的脉冲信号变换成累积流量和瞬时流量并显示。

4.3.4.3 涡轮流量计的特点

归纳起来，它有如下特点。

① 准确度高。涡轮流量计的准确度在0.1%～0.5%。在线性流量范围内，即使流量发生变化，累积流量准确度也不会降低，并且在短时间内，涡轮流量计的再现性可达0.05%。

② 量程比宽。涡轮流量计的量程比可达（6∶1）～（10∶1）。在同样口径下，涡轮流量计的最大流量值大于很多其他流量计。

③ 适应性强。可测脉动流量，涡轮流量计可以作成封闭结构，其转速信号是非接触测量，所以容易实现耐高压设计。

④ 数字信号输出。涡轮流量计输出为与流量成正比的脉冲数字信号，它具有在传输过程中准确度不降低、易于累积、易于送入计算机系统的优点。

4.3.4.4 涡轮流量计的安装使用

要想充分发挥涡轮流量计的特点，在流量计的安装使用上还必须加以充分注意。

（1）对被测介质要求

① 涡轮流量计对流体的清洁度有较高要求，在流量计前须安装过滤器来保证流体的清洁。过滤器可采用漏斗型的，其本身清洁度可测其两端的差压变化得到。

② 流体的物理性参数对流量特性影响较大。测量的液体，一般是低黏度的（一般应小于$15\times10^{-6}m^2/s$）、低腐蚀性的液体。虽然目前已经有用于各种介质测量的涡轮流量计，但对高温、高黏度、强腐蚀介质的测量仍需仔细考虑，采取相应的措施。当介质黏度大于$15\times10^{-6}m^2/s$时，流量计的仪表系数必须进行实液标定，否则会产生较大的误差。气体受密度的影响较大，测量气体时，必须对密度进行补偿。

汽-液两相流、气-固两相流、液-固两相流均不能用涡轮流量计进行测量。

（2）安装要求

流量计的安装情况对流量计的测量准确度影响很大。

① 直管段的要求。流速分布不均和管内旋转流的存在是影响涡轮流量计测量准确度的重要因素。所以，涡轮流量计对上、下游直管段有一定要求。对于工业测量，一般要求有上游$20D$、下游$5D$的直管段长度。为消除旋转流动，最好在上游端加装整流器。若上游端能保证有$20D$左右的直管段，并加装整流器，可使流量计的测量准确度达到标定时的准确度等级。

② 安装场所要求。为了保证显示仪表对涡轮传感器输出的脉冲信号有足够的灵敏度，就要提高信噪比。为此，在安装时应防止各种电磁干扰现象，即电磁感应、静电及电容耦合。应安装在易于维修，管道无振动、无强磁场干扰和热辐射影响的场所。

③ 为保证通过流量计的液体是单相的，即不能让空气或蒸气进入流量计，在流量计上游必要时应装消气器。对于易气化的液体，在流量计下游必须保证一定背压。该背压的大小可取最大流量下流量传感器压降的2倍加上最高温度下被测液体蒸气压的1.2倍。

④ 仪表安装方式要求与校验情况相同。一般要求水平安装，避免垂直安装。

（3）运转维护

① 当涡轮流量计的管道需要清洗时，必须开旁路，清洗液体不能通过流量计。

② 管道系统启动时必须先开旁路，以防止流速突然增加，引起涡轮转速过大而损坏。

③ 涡轮流量计轴承应定期更换，一般可根据小流量特性变化来观察其轴承的磨损情况。

### 4.3.5 椭圆齿轮流量计

椭圆齿轮流量计是一种容积式流量计。在流量计内部具有构成一个标准体积的空间，通常称其为容积式流量计的“计量空间”或“计量室”，用于精密地连续或间断测量管道中液体的流量或瞬时流量。它特别适合于重油、聚乙烯醇、树脂等黏度较高介质的流量测量。

（1）椭圆齿轮流量计的工作原理

如图 4-46 所示，测量部分由壳体和两个椭圆齿轮组成。$p_1$ 和 $p_2$ 分别表示流体入口和流体出口压力。由于 $p_1>p_2$，在 $p_1$ 和 $p_2$ 的作用下，在被测介质的差压 $\Delta p=p_1-p_2$ 的作用下，所产生的合力矩使轮 A 产生顺时针方向转动，把轮 A 和壳体间的半月形容积内的介质排至出口，并带动轮 B 做逆时针方向转动，这时 A 为主动轮，B 为从动轮。图 4-46(b) 所示为中间位置，A 和 B 均为主动轮；而在图 4-46(c) 所示位置，$p_1$ 和 $p_2$ 作用在 A 轮上的合力矩为零，作用在 B 轮上的合力矩使 B 轮做逆时针方向转动，并把已吸入半月形容积内的介质排至出口，这时 B 为主动轮，A 为从动轮，与图 4-46(a) 所示情况刚好相反。如此往复循环，轮 A 和轮 B 互相交替地由一个带动另一个转动，将被测介质以半月形容积为单位一次一次地由进口排至出口。显然，图 4-46 仅仅表示椭圆齿轮转动了 1/4 周的情况，而其所排出的被测介质为一个半月形容积。所以，椭圆齿轮每转一周所排出的被测介质量为半月形容积的 4 倍，则通过椭圆齿轮流量计的体积流量为

$$q_v=4Nv_0 \tag{4-44}$$

式中 $N$——椭圆齿轮在一定的时间内旋转次数；

$v_0$——半月形部分的容积。

这样，在椭圆齿轮流量计的半月形容积 $v_0$ 一定的条件下，只要测出椭圆齿轮的旋转次数 $N$，便可知道被测介质的流量。

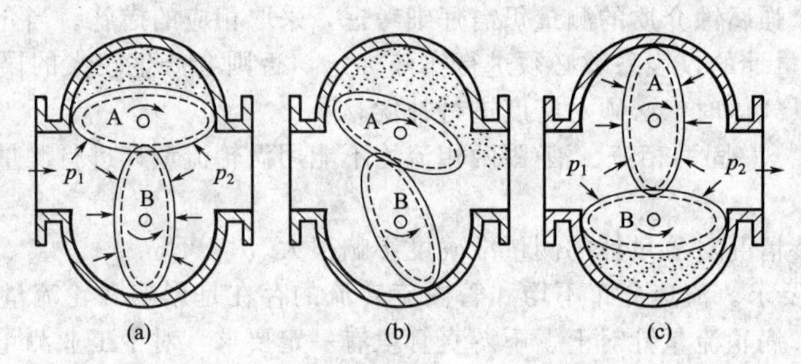


图 4-46 椭圆齿轮流量计动作过程

（2）椭圆齿轮流量计的特点

流量测量与流体的流动状态无关，这是因为椭圆齿轮流量计是依靠被测介质的压头推动椭圆齿轮旋转而进行计量的。黏度愈大的介质，从齿轮和计量间隙中泄漏出去的泄漏量愈小，因此被测介质的黏度愈大，泄漏误差愈小，对测量愈有利。

椭圆齿轮流量计计量精度高，适用于高黏度介质流量的测量，但不适用于含有固体颗粒的流体（固体颗粒会将齿轮卡死，以致无法测量流量）。如果被测液体介质中夹杂有气体时，也会引起测量误差。

### 4.3.6 靶式流量计

靶式流量计也是差压式流量计。

（1）靶式流量计工作原理

靶式流量计由靶式流量变送器和显示仪表两部分组成，其测量元件是一个在测量管中心并垂直于流向的被称为“靶”的圆板，通过测量流体作用在靶上的力而实现流量测量。

靶式流量计的原理结构如图 4-47 所示，在被测管道中心迎着流速方向安装一个圆形靶，当流体冲击靶板时，靶板受到流体的作用力。这个力由两部分组成，一部分是流体和靶表面的摩擦力，另一部分是由于流束在靶后分离，产生压差阻力，阻力为

$$F=\lambda\frac{\rho u^2}{2}A_1 \tag{4-45}$$

式中　$F$——靶受到流体的阻力；

$\lambda$——阻力系数；

$A_1$——靶迎流面积，

$$A_1=\frac{1}{4}\pi d^2 \tag{4-46}$$

$d$——靶直径；

$u$——靶和管壁间环面积中的平均流速；

$\rho$——介质密度。

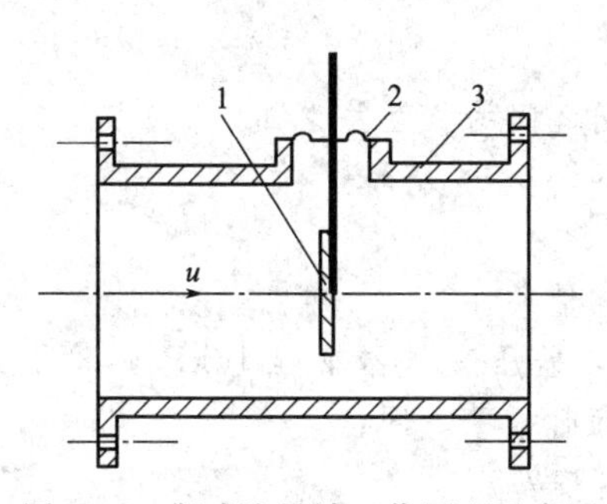


图 4-47　靶式流量计工作原理示意图

1—靶；2—密封膜片；3—导流管

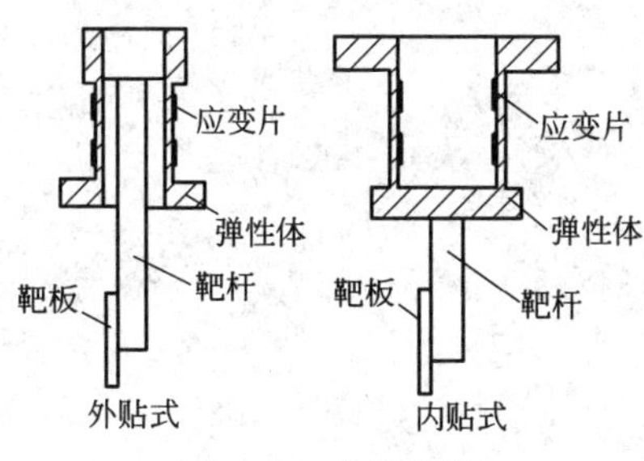


图 4-49　力转换器

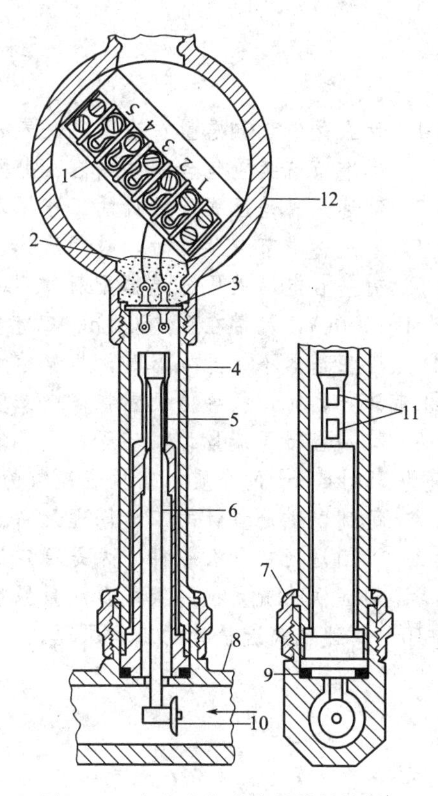


图 4-48　应变式靶式流量计结构简图

1—端子板；2—密封胶；3—端板；4—套管；5—敏感器；6—靶杆；7—螺帽；8—外壳；9—垫片；10—靶板；11—应变片；12—接线盒

流量与靶输出力 $F$ 的平方根成正比，测量靶所受的力 $F$，就可以测定被测介质的流量。

$$u=\sqrt{\frac{2}{\lambda\rho A_1}F}$$

$$q_v=\alpha\left(\frac{D^2-d^2}{d}\right)\sqrt{\frac{\pi F}{2\rho}} \tag{4-47}$$

式中　$\alpha=\sqrt{\frac{1}{\lambda}}$——流量系数；

$D$——管道内径。

（2）应变式靶式流量计的结构

如图 4-48 所示应变式靶式流量计结构简图，其由测量装置、力转换器、信号处理及显示部分组成。测量装置包括靶板和测量管，力转换器由筒式弹性体和应变片组成，应变片有内贴式和外贴式。当弹性体在力作用下发生变形，改变其阻值大小，从而改变由力应变片组成的电桥的平衡，产生与流量成对应关系的电信号。

(3) 应变式靶式流量计的使用特点

传感器无可动部件，结构牢固；可用于小口径（$DN15\sim DN50$）、低雷诺数（$10^3\sim5\times10^3$）的液体、气体和蒸气的流量测量；可测量含有杂质（微粒）的脏污流体，如原油、污水、高温渣油、烧碱液、沥青等；可适应高参数流体测量，压力数十兆帕，温度可达450°；可测双向流动流体的流量。

## 习　题

4-1 什么是流量和总量？有哪几种表示方法？它们之间的相互关系如何？

4-2 标准节流装置包含哪些内容？分别有几种？

4-3 简述几种差压式流量计的工作原理。

4-4 采用标准节流装置时，被测流体应满足哪些测量条件？

4-5 有一台电动差压变送器配标准孔板测量流量，差压变送器量程16kPa，输出为标准信号4～20mA，流量在0～50t/h。工艺要求在30t/h时报警。问：

① 差压变送器不带开方器时，报警值设置在多少毫安？

② 带开方器时，报警值设置在多少毫安？

4-6 有一台转子流量计，转子的材料为耐酸的不锈钢，其密度为$7900kg/m^3$，用于测量密度为$750kg/m^3$的介质，当仪表读数为$0.5m^3/h$时，被测介质的实际流量为多少？

4-7 简述电磁流量计的工作原理及特点？

4-8 卡门涡列在什么条件下才是稳定的？

4-9 简述涡轮流量计的组成及测量原理？

4-10 简述靶式流量计的工作原理。

# 第 5 章　温度检测及仪表

温度是生产过程自动化中的重要物理量，例如在化工生产中温度影响化学反应的进程，在能源行业中温度是设备的重要控制指标，温度的检测和控制在各行各业都有着重要的应用。

## 5.1　温度测量基础知识

温度是表征物质冷、热程度的物理量，反映了物质内部分子运动平均动能的大小。分子的运动剧烈，物质的温度就高，温度低则说明物质的分子运动缓慢。

### 5.1.1　温度测量与温标

温度测量就是使用测温工具或仪表定量地表达物质的冷热程度。

为了能够定量测量温度，并保证测量结果的准确性和一致性，需要建立科学的、严格的、统一的温度标尺，称为“温标”。

目前使用的温标主要有摄氏温标、华氏温标、热力学温标及国际实用温标。

(1) 摄氏温标

摄氏温标的分度方法是规定在标准大气压力下，将水的冰点定义为 0 摄氏度，沸点定义为 100 摄氏度，水的沸点与冰点温度差的百分之一为 1 摄氏度。摄氏度用“℃”表示。摄氏温标是最常用的经验温标。

摄氏温度通常用字母 $t$ 表示。

(2) 华氏温标

华氏温标是少数欧美国家习惯使用的经验温标，其单位为华氏度，用“℉”表示。华氏温标中水的冰点是 32℉，水的沸点为 212℉，中间均分为 180 等份，每一等份称为 1℉。

(3) 热力学温标

热力学温标是建立在热力学基础上的一种理论温标。1967 年第十三届国际计量大会把热力学温度的单位定义为“开尔文”，用“K”表示。1K 等于水的冰点热力学温度的 1/273.15，热力学温标与摄氏温标的分度相同，起点不同，它是把分子完全停止运动时的温度作为起点，即绝对零度——0K。

热力学温度通常用字母 $T$ 表示，它与摄氏温度的换算关系为（常取近似值）

$$T=t+273.15 \tag{5-1}$$

### 5.1.2　温度仪表的分类

按照所用测温方法的不同，温度测量分为接触式测温和非接触式测温两大类。

接触式测温的特点是感温元件直接与被测对象接触，两者之间充分进行热交换，感温元件的某一物理参数的量值代表了被测对象的温度值。接触式测温直观、可靠、测量精度高，但感温元件容易影响被测温度场的分布，接触不良时会带来测量误差，此外，高温和腐蚀性介质对感温元件的性能和寿命会产生不利影响。由于受到耐高温材料的限制，感温元件也不能应用于很高的温度测量。

非接触式测温的感温元件不与被测对象接触，被测对象通过辐射与感温元件进行热交换，具有较高的测温上限，不会破坏被测物体或环境的温度场，反应速度一般也比较快，可以用来测量运动物体的温度和快速变化的温度。非接触式测温的缺点是只能测得被测物体或环境的表面温度（亮度温度、辐射温度、比色温度等），一般情况下，要通过对被测点发射率修正后才能得到真实温度，而且，这种方法易受被测点到仪表之间的距离以及辐射通道上的水气、烟雾、尘埃等其他介质的影响，因此测量精度较低。

对应于这两类测温方法，测温仪表也可分为接触式和非接触式两大类。测温仪表的具体种类及各种测温仪表的特点见表 5-1。

**表 5-1 测温仪表的种类和特点**

| 测温方式 | 温度计种类 | | 使用范围/℃ | 优点 | 缺点 |
|---|---|---|---|---|---|
| 接触式测温仪表 | 膨胀式 | 玻璃液体 | −50～600 | 结构简单、使用方便、测量准确、价格低廉 | 容易破损、读数麻烦，一般只能现场指示，不能记录与远传 |
| | | 双金属 | −80～600 | 结构简单、机械强度大、价格低、可用于报警与自控 | 精度低，量程与使用范围均有限 |
| | 压力式 | 液体 | −30～600 | 结构简单、不怕振动、具有防爆性、价格低廉、能报警与自控 | 精度低，测量距离较远时，仪表的滞后性较大，一般距离测量点不超过 10m |
| | | 气体 | −20～350 | | |
| | | 蒸气 | 0～250 | | |
| | 热电偶 | 铂铑-铂 | −20～1600 | 测温范围广，精度高，便于远距离、多点、集中测量和自动控制 | 需冷端温度补偿，在低温段测量精度较低 |
| | | 镍铬-镍硅 | −50～1000 | | |
| | | 镍铬-铜镍 | −40～800 | | |
| | | 铜-铜镍 | −40～300 | | |
| | 热电阻 | 铂电阻 | −200～600 | 测量精度高，便于远距离、多点、集中测量和自动控制 | 不能测量高温 |
| | | 铜电阻 | −50～150 | | |
| | | 镍电阻 | −50～180 | | |
| | | 热敏电阻 | −50～300 | | |
| 非接触式测温仪表 | 辐射式 | 辐射式 | 400～2000 | 可测量高温，测温时不破坏被测温度场 | 低温段测量不准，环境条件会影响测量准确度 |
| | | 光学式 | 700～3200 | | |
| | | 比色式 | 900～1700 | | |
| | 红外式 | 热敏探测 | −50～3200 | 测温范围广，测温时不破坏被测温度场，响应快 | 易受外界干扰 |
| | | 光电探测 | 0～3500 | | |
| | | 热电探测 | 200～2000 | | |

## 5.2 膨胀式温度计和压力式温度计

### 5.2.1 膨胀式温度计

膨胀式测温是以物质受热后膨胀的原理为基础，通过测量测温元件受热以后长度或体积的变化来测量温度。利用液体或固体受热时产生热膨胀的原理，可以制成膨胀式温度计。膨胀式温度计包括液体膨胀式和固体膨胀式两种形式。

（1）液体膨胀式温度计

典型的液体膨胀式温度计是温包加带温度标尺的玻璃管结构，如图 5-1 所示。温包内的液体受热膨胀，沿着玻璃管上升，上升的高度通过玻璃管上的温度标尺转换成温度数值。通常选用水银或染成红色的酒精作为温度计的工作液。

玻璃液体温度计结构简单、读数直观、使用方便、有较高的灵敏度与精度、价格低廉，但易碎且不易实现自动记录或信号远传。

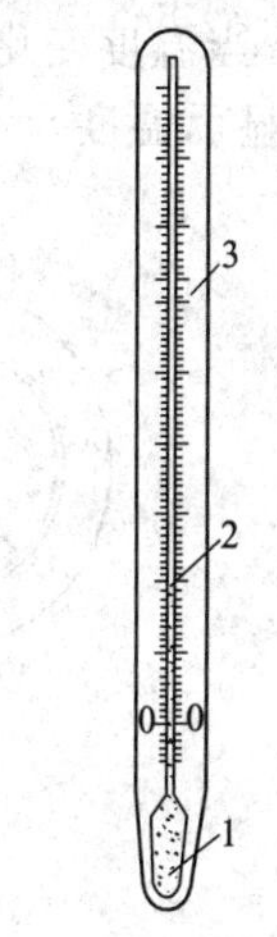


图 5-1　玻璃液体温度计

1—温包；2—工作液；3—带温度标尺的玻璃管

(2) 固体膨胀式温度计

固体膨胀式温度计多采用双金属测温原理，又称双金属温度计，用两种不同膨胀系数的金属材料叠焊在一起，利用温度变化时两种材料的长度变化不同而产生弯曲的现象来测量温度，如图 5-2 所示。

常用的双金属温度计有轴向结构和径向结构两种，如图 5-3 所示。实际的双金属温度计通常将双金属片做成螺旋状，一端固定于保护套管内，另一端通过机械传动带动表针转动指示温度。双金属片做成螺旋状可以提高测温的灵敏度，同时便于装入保护套管。

双金属温度计的表盘上可以带上、下限电接点，以实现温度的控制或报警功能。

直线状的双金属片也常常用于信号报警和温度控制，其电路实例如图 5-4 所示。

双金属温度计结构简单、抗振性能好、耐用、可用于报警与控制，但精度不高，测量范围也不大。

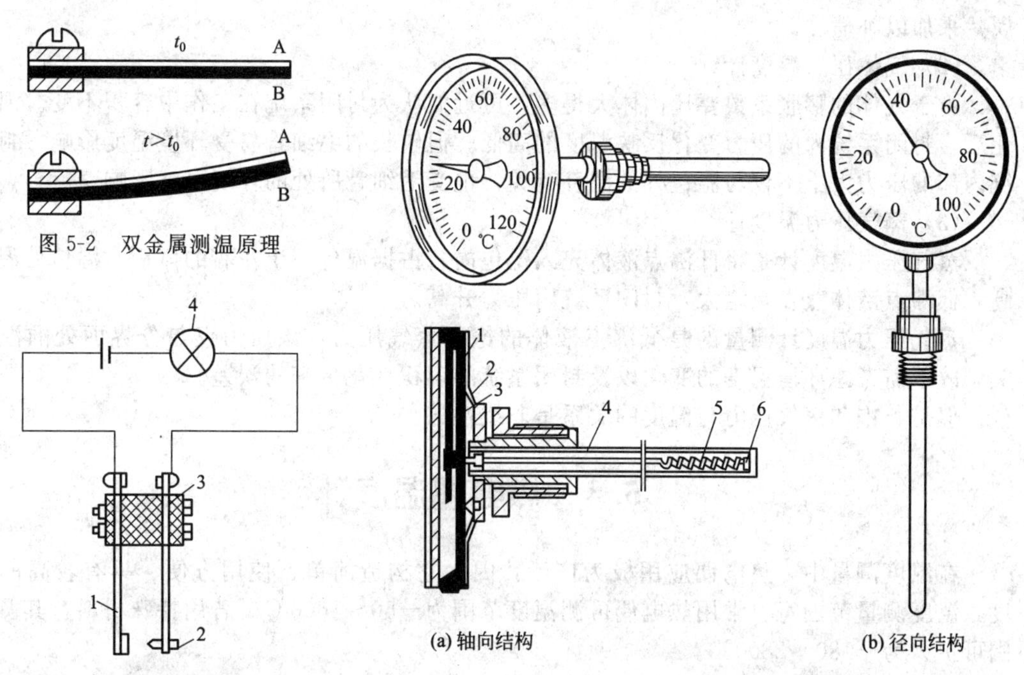


图 5-2　双金属测温原理

(a) 轴向结构

(b) 径向结构

图 5-4　双金属片报警电路

1—双金属片；2—调节螺钉；3—绝缘子；4—信号灯

图 5-3　双金属温度计的结构

1—温度指针；2—表壳；3—刻度盘；4—保护套管；5—螺旋状双金属片；6—固定端

### 5.2.2　压力式温度计

压力式测温方法是以密封容器中的物质的压力随温度的升高而升高的原理为基础，通过测量密封容器中介质的压力来测量温度。由于温度的变化已转化为压力，通常采用压力计来测量和显示。

压力式温度计包括：液体压力温度计、气体压力温度计、蒸气压力温度计。

三类压力式温度计的结构基本相同，均由温包、毛细管、弹簧管及指示机构组成，如图

5-5 所示。当温度变化时，温包内的压力随之变化，通过毛细管，使弹簧管发生形变，带动指示机构显示温度。

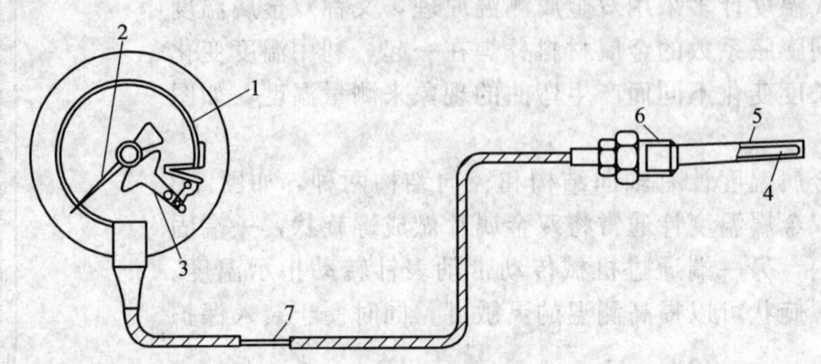


图 5-5 压力式温度计

1—弹簧管；2，3—指示机构；4—温包；5，6—保护套管；7—毛细管

(1) 液体压力温度计

如果忽略温包、毛细管和弹性元件所组成的仪表密封系统的容积变化，液体的压力与温度呈线性关系。

但是，因毛细管和弹簧管内的液体的体积会随温度变化而发生变化，所以需要使用双金属片来加以补偿。

(2) 气体压力温度计

由于气体的膨胀系数要比固体大得多，可近似认为封闭系统在工作中容积不变。温度变化后，封闭系统内的压力变化反映温度的高低。但较长的毛细管易受环境温度影响，封闭系统内部的压力大小不仅与温包处的温度有关，也受毛细管所处的环境温度影响。

(3) 蒸气压力温度计

蒸气压力温度计是将低沸点液体充入温包内，占据温包一半左右的体积。温包处温度升高，低沸点液体蒸发量增大，封闭系统内压力升高。

蒸气压力温度计测量的是低沸点液体的饱和蒸气压力，该压力仅与分界面处的温度有关，故不需考虑环境温度的变化以及封闭系统的容积变化带来的误差。

但是，饱和蒸气压力与温度的关系是非线性的。

## 5.3 热电偶温度计

在温度测量中，热电偶应用极为广泛，因为它构造简单、使用方便、具有较高的准确度，温度测量范围宽。常用热电偶可测温度范围为－50～1600℃。若用特殊材料，其测温范围可扩大为－180～2800℃。

### 5.3.1 热电偶的测温原理

热电偶温度计是根据热电效应这一原理来测量温度的。

(1) 热电效应

如图 5-6 所示，把两种不同的导体或半导体材料 A、B 连接成闭合回路，将它们的两个接点分别置于温度为 $t$ 和 $t_0$（设 $t \neq t_0$）的热源中，则在该回路内就会产生热电势，可用 $E_{AB}(t, t_0)$ 表示，这种现象称为热电效应。

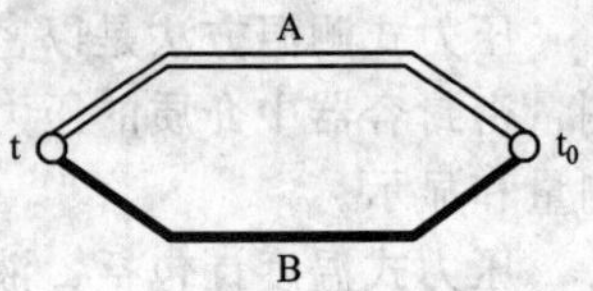

两种不同导体或半导体连接在一起，就组成了能够产生热电效应的热电偶，两根导体（或半导体）A 和 B 均称为热

A
t　　t0
B

图 5-6 热电偶测温回路

电极。

热电偶的一端通常放入被测温度点，该端称为工作端，工作端温度用 $t$ 表示。由于热电偶常用于测量高于环境温度的被测温度点，所以习惯上工作端又被称为热端。

热电偶的另一端通常被置于环境温度下，该端称为参比端或自由端，参比端温度用 $t_0$ 表示。一般应用时，环境温度常常低于被测温度，所以习惯上参比端又称为冷端。

热电偶回路中所产生的热电势是由两种导体的接触电势和单一导体的温差电势所组成。

① 接触电势　两种不同材料的导体（或半导体）相接触，在不同温度下，导体（或半导体）内部会产生大小不同的微弱电势。

② 温差电势　一根导体（或半导体）的两端温度不同时，该导体（或半导体）内部会产生与两端温差大小对应的微弱电势。导体（或半导体）的材料不同，在同样的温差下，产生的温差电势大小也有所不同。

产生接触电势和温差电势的能量来自于导体（或半导体）所处的温度环境。

(2) 热电偶的回路电势

在讨论热电偶的回路电势时，可以不必区分接触电势和温差电势，而将两种电势的综合效应理解为回路总电势。

如图 5-6 所示，对于由热电极 A、B 组成的热电偶闭合回路，A 和 B 的材料不同，其自由电子的密度也不相同，则在两接点处形成了两个方向相反的热电势，回路总的热电势可以近似表示为

$$E_{AB}(t,t_0)=e_{AB}(t)-e_{AB}(t_0)=e_{AB}(t)+e_{BA}(t_0)$$

当热电偶回路的自由端温度保持不变，即 $t_0$ 恒定，则 $e_{AB}(t_0)$ 恒定，热电势 $E_{AB}(t,t_0)$ 只随另一端的温度（$t$）变化而变化。两端温差越大，回路总热电势 $E_{AB}(t,t_0)$ 也就越大，这样回路总热电势就可以看成温度 $t$ 的单值函数。工程中用热电偶测量热电势，可以间接测量温度。

(3) 热电偶基本定律

① 均质导体定律　由同一种均质导体（或半导体）组成的闭合回路，不论导体（或半导体）的截面和长度如何以及各处的温度如何，都不能产生热电势。

由两根均质导体组成的闭合回路，如图 5-7 所示。在闭合回路中，由于材料相同，两根导体接点处无接触电势，两根导体产生的温差电势大小相等，方向相反，相互抵消，所以回路总电势等于零，即

$$E_A(t,t_0)=e_A(t,t_0)-e_A(t,t_0)=0$$

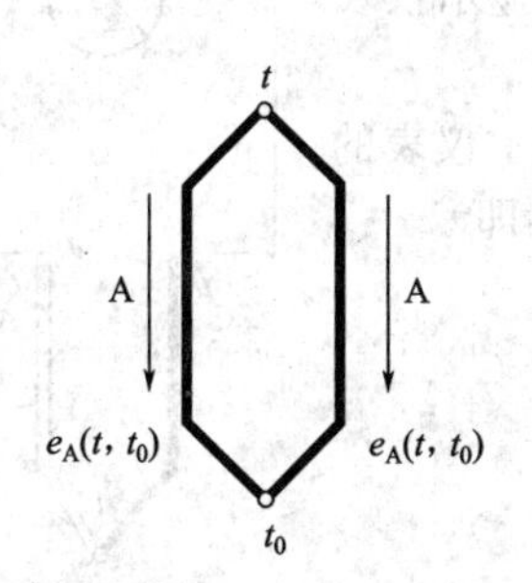


图 5-7　均质导体回路

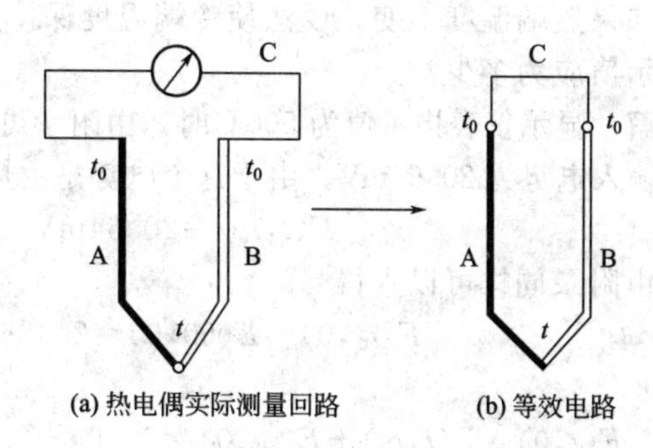


图 5-8　具有中间导体的热电偶回路

由均质导体定律可以得出以下几点结论。

• 任何热电偶都必须由两种性质不同的材料构成。

• 如果热电偶由两种均质导体组成，则热电偶的热电势仅与两接点温度有关，而与沿热电极的温度分布无关。

• 如果热电偶的热电极是非均质导体，则一根热电极就相当于用不同性质材料构成的热电偶，沿热电极的温度分布将造成测量误差。

热电极材料的均匀性是衡量热电偶质量的重要指标之一。

② 中间导体定律　热电偶回路中接入第三种导体材料，只要这种导体材料两端的温度相同，热电偶产生的回路总热电势保持不变，不受第三种导体接入的影响。如图 5-8 所示。

因为热电偶中热电势的能量来源是其周围的温度环境，一种中间导体两端的温度如果相同，则该导体对回路总电势的大小没有影响。

中间导体定律为热电偶回路接入测量仪表提供了理论基础。

③ 中间温度定律　热电偶 AB 在接点温度为 $t$、$t_0$ 时的热电势 $E_{AB}(t,t_0)$，等于其接点温度为 $t$、$t_n$ 时的热电势 $E_{AB}(t,t_n)$ 与接点温度为 $t_n$、$t_0$ 时的热电势 $E_{AB}(t_n,t_0)$ 的代数和，其中 $t_n$ 称为中间温度，即

$$E_{AB}(t,t_0)=E_{AB}(t,t_n)+E_{AB}(t_n,t_0) \tag{5-2}$$

根据中间温度定律，只要求得参考端温度为 0℃时的热电势与温度的关系，就可根据公式求出参考端温度不等于 0℃时的热电势。中间温度定律为制定热电势分度表奠定了理论基础。

**【例 5-1】** 用铂铑$_{10}$-铂热电偶测量温度，热电偶的冷端温度为 20℃，测得热电偶的热电势为 7.32mV，求被测对象的实际温度 $t$。

**解**　由铂铑$_{10}$-铂热电偶分度表查得 $E(20,0)=0.113$mV

则　$$E(t,0)=E(t,t_n)+E(t_n,0)=7.32+0.113=7.434\text{mV}$$

再次查分度表得到 7.434mV 对应的被测温度 $t=808$℃。

### 5.3.2 热电偶测温系统

热电偶温度计由三部分组成：热电偶、测量仪表、连接热电偶和测量仪表的导线。如图 5-9 所示。

热电偶是系统中的测温元件；测量仪表是用来检测热电偶产生的热电势信号的，可以采用能够接收热电偶 mV 级电压信号的仪表；导线用来连接热电偶与测量仪表，为了提高测量精度，一般都要采用补偿导线并考虑冷端温度补偿。

**【例 5-2】** 用分度号为 K 的镍铬-镍硅热电偶测量温度，冷端温度为 60℃，在没有采取冷端温度补偿的情况下，显示仪表指示值为 500℃，实际温度应为多少？如果热端温度不变，设法使冷端温度保持在 20℃，此时显示仪表的指示值应为多少？

**解**　显示仪表指示值为 500℃时，由附录可以查得这时显示仪表的实际输入电势为 20.64mV，由于这个电势是由热电偶产生的，即

$$E(t,t_0)=20.64\text{mV}$$

由附录同样可以查得

$$E(t_0,0)=E(60,0)=2.436\text{mV}$$

则

$$E(t,0)=E(t,t_0)+E(t_0,0)=20.64+2.436=23.076\text{mV}$$

由 23.076mV 查附录可得

$$t\approx557℃$$

即被测实际温度为 557℃。

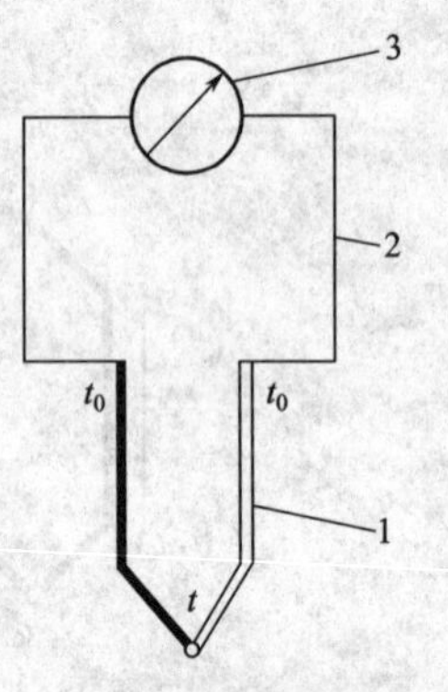


图 5-9　热电偶测温系统示意图

1—热电偶；2—导线；3—测温仪表

当热端为 557℃、冷端为 20℃时，由于 $E(20,0)=0.798\text{mV}$，故有

$$E(t,t_0)=E(t,0)-E(t_0,0)$$
$$=23.076-0.798=22.278\text{mV}$$

由此电势查附录可得显示仪表指示值约为 538℃。由此可见，当冷端温度降低时，显示仪表的指示值更接近于被测温度实际值。

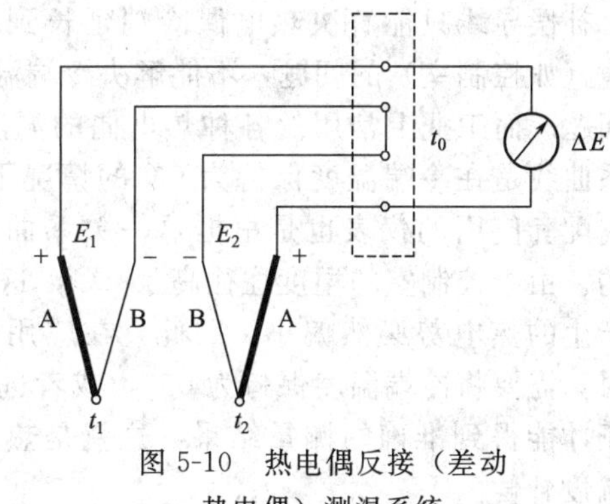

图 5-10 热电偶反接（差动热电偶）测温系统

图 5-10 是热电偶反接（差动热电偶）测温系统，这种测量线路是测量两点温度差（$t_1-t_2$）的一种方法。它是将两个同型号的热电偶配用相同的补偿导线反接而成，此时输入到测量仪表的热电势为两个热电偶的热电势之差，即 $\Delta E=E_1-E_2$。

### 5.3.3 热电偶的冷端温度补偿

根据热电偶的测温原理，如果要使热电偶的输出电势与测量端温度成单值对应关系，必须保证其冷端（参比端）温度稳定。而热电偶分度表是以 0℃为基准编制的，所以要保证测温的准确，应该将热电偶的冷端温度稳定在 0℃。但热电偶安装在工业现场，由于热电偶的工作端与冷端离得很近，其冷端温度受现场环境影响很大，为了避免冷端温度不稳定和冷端温度不为零带来的测量误差，热电偶在实际应用时，一般都应考虑冷端温度补偿问题。

解决冷端温度不稳定的方法是采用一种被称为“补偿导线”的专用导线，将热电偶的冷端从温度较高和不稳定的地方延伸到温度较低和比较稳定的操作室内。补偿导线在 0～150℃温度范围内与配接的热电偶具有相同或相似的热电特性，但价格相对便宜。补偿导线与热电偶连接后，相当于制成了一个很长的热电偶，其热端仍是热电偶的热端，但冷端变成了补偿导线的末端。如图 5-11 所示。

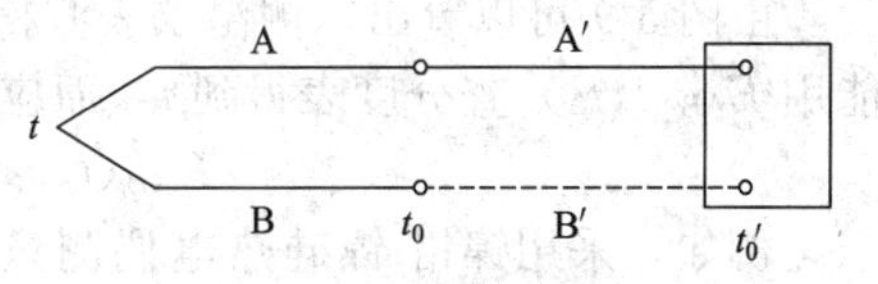

图 5-11 补偿导线与热电偶连接
A，B—热电偶；A′、B′—补偿导线；
$t$—热端温度；$t_0$—冷端温度；
$t_0'$—操作室温度

廉价材料制成的热电偶，其补偿导线的材料通常与热电偶相同，这种补偿导线称为延伸型热电偶。贵金属热电偶的补偿导线通常用与热电偶具有相似热电性质的材料制成，这种补偿导线称为补偿型热电偶。在使用热电偶补偿导线时，要注意型号相配，极性不能接错，热电偶与补偿导线连接端所处的温度不应超过 100℃。

工业上常用的热电偶有如下几种：铂铑$_{10}$-铂热电偶、镍铬-镍硅（镍铝）热电偶、镍铬-铜镍热电偶、铁-铜镍热电偶、铜-铜镍热电偶。与各种热电偶配用的补偿导线如表 5-2 所示。

表 5-2 常用热电偶及其补偿导线

| 热电偶 | 补偿导线 | | | | | |
|---|---|---|---|---|---|---|
| 名称 | 分度号 | 型号 | 正极 | | 负极 | |
| | | | 材料 | 颜色 | 材料 | 颜色 |
| 铂铑$_{10}$-铂 | S | SC | 铜 | 红 | 铜镍 | 绿 |
| 镍铬-镍硅(镍铝) | K | KC | 铜 | 红 | 铜镍 | 蓝 |
| 镍铬-镍硅(镍铝) | K | KX | 镍铬 | 红 | 镍硅 | 黑 |
| 镍铬-铜镍 | E | EX | 镍铬 | 红 | 铜镍 | 棕 |
| 铜-铜镍 | T | TX | 铜 | 红 | 铜镍 | 白 |
| 铁-铜镍 | J | JX | 铁 | 红 | 铜镍 | 紫 |

注：补偿导线第一位字母与热电偶分度号相对应，第二位字母 C 表示延伸型补偿导线，X 表示补偿型补偿导线。

补偿导线只能解决热电偶冷端延长到稳定温度环境（如控制室）的问题，不能解决冷端温度为0℃的问题。而工业上常用的各种热电偶的温度-热电势关系曲线是在冷端温度保持为0℃的情况下得到的，与它配套使用的仪表也是根据这一关系曲线进行刻度的。由于控制室的温度往往高于0℃，这时热电偶所产生的热电势必然偏小。因此，在应用热电偶测温时，需要将冷端温度保持为0℃，或者进行一定的修正才能得到准确的测量结果，这就是热电偶的冷端温度补偿。

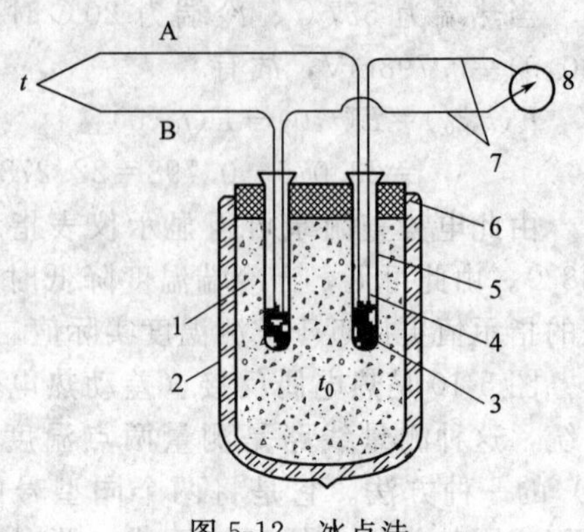


图 5-12　冰点法

1—冰水混合物；2—冰点槽；3—油类；4—蒸馏水；5—试管；6—盖；7—铜导线；8—显示仪表

常用的冷端温度补偿方法有：冰点法、冷端温度修正法、仪表零点调整法、补偿电桥法等。

(1) 冰点法

冰点法是一种将冷端温度 $t_0$ 稳定地维持在0℃的方法，也是精度最高的补偿方法，如图5-12所示。在实验室条件下，将纯水和碎冰混合物放在冰点槽中，再把玻璃试管插入冰水混合物中，在试管底部注入适量油类，热电偶的参比端插到试管底部，实现了 $t_0=0$℃的要求。这时，显示仪表得到的输入信号就是 $E_{AB}(t,0)$，显示温度值为 $t$℃。

(2) 冷端温度修正法

由图5-9可以看出，测温仪表测得的热电势是 $E_{AB}(t,t_0)$，如果冷端温度 $t_0\neq0$℃，就不能用 $E_{AB}(t,t_0)$ 查分度表得到 $t$，而应根据下式计算修正。

$$E_{AB}(t,0)=E_{AB}(t,t_0)+E_{AB}(t_0,0)$$

例如，采用镍铬-镍硅热电偶测量炉温，测得 $E_{AB}(t,t_0)=31.7\text{mV}$，冷端温度为 $t_0=50$℃，求实际炉温。

查镍铬-镍硅热电偶分度表（附录），得 $E(50,0)=2.022\text{mV}$，则

$$E_{AB}(t,0)=E_{AB}(t,t_0)+E_{AB}(t_0,0)=31.7+2.022=33.722\text{mV}$$

再由镍铬-镍硅热电偶分度表查出对应的被测温度约为811℃。

(3) 仪表零点调整法

参看图5-9所示的热电偶测温系统，如果冷端温度 $t_0\neq0$℃，输入测温仪表的热电势 $E_{AB}(t,t_0)$ 比实际温度对应的热电势 $E_{AB}(t,0)$ 小了 $E_{AB}(t_0,0)$，所以，仪表示值也将比 $t$ 低 $t_0$。如果事先将仪表的零点调高到 $t_0$，热电势 $E_{AB}(t,t_0)$ 从 $t_0$ 开始驱动仪表示值上升，则仪表可以近似指示到 $t$。

仪表零点调整法的操作非常简单，但它是以热电偶具有线性分度值为基础的，而热电偶的分度值都具有微小的非线性，所以仪表零点调整法只是一种近似的修正方法。当冷端温度 $t_0$ 变化时，还需要及时改变仪表的零点，才能正确显示温度示值。

(4) 补偿电桥法

补偿电桥法就是利用补偿电桥在热电偶的测量电路中附加一个电势，当热电偶冷端温度 $t_0$ 发生变化时，该桥路产生的电势也随之变化，用于补偿热电偶因冷端温度变化产生的输出电势变化。

补偿电桥的原理如图5-13所示。$R_{Cu}$ 是阻值随温度变化的铜电阻，且 $R_{Cu}$ 与热电偶冷端处于相同的温度 $t_0$ 下。当冷端温度变化时，$R_{Cu}$ 变化使桥路电势 $U_{ab}$ 变化，且 $U_{ab}$ 在数值和极性上恰好能抵消冷端温度变化所引起的热电势的变化值，以达到自动补偿的目的。通常选择 $R_{Cu}$ 的阻值在20℃时使桥路平衡，则20℃时 $U_{ab}=0$，仪表零点应该调到20℃。如果选择

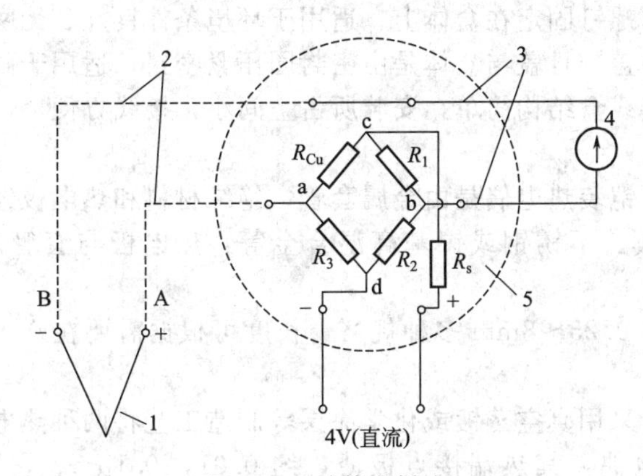


图 5-13　补偿电桥法

1—热电偶；2—补偿导线；3—铜导线；4—显示仪表；5—冷端补偿器

$R_{Cu}$的阻值在0℃时使桥路平衡，则0℃时$U_{ab}=0$，仪表零点应该调到0℃。

### 5.3.4　热电偶的结构与选用

(1) 热电偶的结构

根据结构不同，热电偶分为普通型、铠装型、薄膜型等几种。

① 普通型热电偶　普通型热电偶由热电极、绝缘子、保护套管和接线盒等主要部分组成。如图5-14所示。

热电极又称偶丝，是热电偶的基本组成部分，由两种不同的导体或半导体构成，一端焊接在一起，作为热电偶的热端（测量端），另一端通过接线盒与外部相连。普通金属作成的偶丝，其直径一般为0.5～3.2mm，贵重金属作成的偶丝，直径一般为0.3～0.6mm。偶丝的长度则由使用情况、安装条件，特别是工作端在被测介质中插入的深度来决定，通常为300～2000mm，常用的长度为350mm。

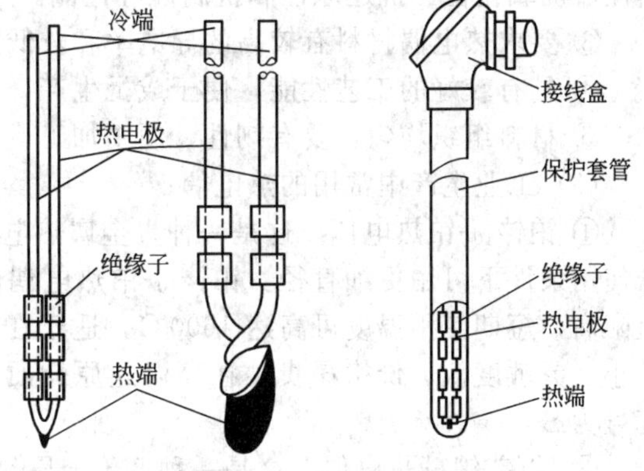


图 5-14　普通型热电偶

为了防止两根热电极之间及热电极与保护套管之间接触发生短路，通常在两根热电极上套上绝缘子（绝缘套管）。形状一般为圆形或椭圆形，中间开有两个、四个或六个孔，偶丝穿孔而过。绝缘子一般由陶瓷或氧化铝等材料制成，材料选用视热电偶的使用条件而定。在室温下，绝缘子的绝缘电阻应在5MΩ以上。

为了使热电偶感温元件免受被测介质化学腐蚀，保护感温元件不受机械损伤，通常将热电偶装入保护套管，保护套管与接线盒的外壳相连。保护套管应具有耐高温、耐腐蚀的性能，要求导热性能好，气密性好。其材料有金属、非金属以及金属陶瓷三大类。金属材料有铝、黄铜、碳钢、不锈钢等，其中1Cr18Ni9Ti不锈钢是目前热电偶保护套管使用的典型材料。非金属材料有高铝质（85%～90% $Al_2O_3$）、刚玉质（99% $Al_2O_3$），使用温度都在1300℃以上。金属陶瓷材料如氧化镁加金属钼，这种材料使用温度在1700℃，且在高温下有很好的抗氧化能力，适用于钢水温度的连续测量。保护套管的形状一般为圆柱形。

接线盒是用来固定接线座并连接补偿导线的装置。根据被测量温度的对象及现场环境条件，设计有普通式、防溅式、防水式和接插座式等四种结构形式。普通式接线盒无盖，仅由盒体构成，其接线座用螺钉固定在盒体上，适用于环境条件良好、无腐蚀性气体的现场。防溅式、防水式接线盒有盖，且盖与盒体是由密封圈压紧密封，适用于雨水能溅到的现场或露天设备现场。插座式接线盒结构简单，安装所占空间小，接线方便，适用于需要快速拆卸的环境。

（2）铠装热电偶　铠装热电偶是由金属套管、绝缘材料和热电极经拉伸加工而成的坚实组合体。套管材料为铜、不锈钢或镍基高温合金等，热电极与套管之间填满了绝缘材料粉末。

铠装热电偶外径有0.25～8mm多种规格，长度可根据需要在0.1～50m任选，使用非常方便。

（3）薄膜热电偶　采用真空蒸镀或化学涂层等制造工艺将两种热电极材料蒸镀到绝缘基板上，形成薄膜状热电偶，其热端接点极薄，约0.01～0.1μm。它适于壁面温度的快速测量。

（2）热电极材料的选用要求

虽然在理论上任意两种导体或半导体材料都可以配对制成热电偶，但是作为实用的热电偶测温元件，对材料的要求却是多方面的。

① 两种材料所组成的热电偶应输出较大的热电势，以得到较高的灵敏度，且要求热电势 $E(t)$ 和温度 $t$ 之间尽可能地呈线性函数关系。

② 能应用于较宽的温度范围，物理化学性能和热电特性都较稳定，即要求有较好的耐热性、抗氧化性、抗还原性和抗腐蚀等性能。

③ 要求热电偶材料有较高的导电率和较低的电阻温度系数。

④ 具有较好的工艺性能，便于成批生产，具有满意的复现性，便于采用统一的分度表。

⑤ 材料组织均匀，要有韧性，便于加工成丝。

（3）工业生产中常用的热电偶

① 铂铑$_{10}$-铂热电偶　这是一种贵金属热电偶。金属丝的直径一般为0.35～0.5mm，特殊使用条件下可用更细直径。铂铑$_{10}$-铂热电偶的特点是精度高，物理化学性能稳定，测温上限高，短期使用温度可高达1600℃，适于在氧化或中性介质气氛中使用。但它的热电势较小、灵敏度低、价格昂贵，在高温还原介质中容易被侵蚀和污染。铂铑$_{10}$-铂热电偶的分度号为S。

② 镍铬-镍硅热电偶　这是一种低价金属热电偶，金属丝直径范围较大，工业应用一般为0.5～3mm。使用时，根据需要可以拉延至更细的直径。这种热电偶的特点是价格低廉、灵敏度高、复现性好、高温下抗氧化能力强，是工业中和实验室里大量采用的一种热电偶。但其在还原性介质或含硫化物气氛中易被侵蚀。镍铬-镍硅热电偶的分度号为K。

③ 镍铬-铜镍热电偶　这也是低价金属热电偶，工业用热电偶丝直径一般为0.5～3mm。实际使用时，可根据测量对象的要求采用更细的直径。

工业生产中常用热电偶的选择可参阅表5-3。

**表5-3　工业生产中常用的热电偶的选择**

| 热电偶名称 | 代号 | 分度号 | 热电极材料 | | 测温范围/℃ | |
|---|---|---|---|---|---|---|
| | | | 正热电极 | 负热电极 | 长期使用 | 短期使用 |
| 铂铑$_{30}$-铂铑$_6$ | WRR | B | 铂铑$_{30}$合金 | 铂铑$_6$合金 | 300～1600 | 1800 |
| 铂铑$_{10}$-铂 | WRP | S | 铂铑$_{10}$合金 | 纯铂 | −20～1300 | 1600 |
| 镍铬-镍硅 | WRN | K | 镍铬合金 | 镍硅合金 | −50～1000 | 1200 |
| 镍铬-铜镍 | WRE | E | 镍铬合金 | 铜镍合金 | −40～800 | 900 |
| 铁-铜镍 | WRF | J | 铁 | 铜镍合金 | −40～700 | 750 |
| 铜-铜镍 | WRC | T | 铜 | 铜镍合金 | −400～300 | 350 |

# 5.4　热电阻温度计

热电阻温度计是由热电阻、显示仪表和连接导线所组成的。它是利用某些导体或半导体的电阻值随温度的变化而改变的性质来测量温度的。实验证明，大多数金属导体在温度升高1℃时，其阻值要增加 0.4%～0.6%，而具有负温度系数的半导体阻值要减小 3%～6%。

## 5.4.1　热电阻测温原理

热电阻温度计是利用金属导体的电阻值随温度变化而变化的特性来进行温度测量的。金属导体电阻值与温度关系如下。

$$R_t = R_0(1+\alpha t)$$

式中　$R_t$——温度为 $t$℃时的电阻值；

$R_0$——温度为 0℃时的电阻值；

$\alpha$——电阻材料的温度系数。

可见，由于温度的变化，导致了金属导体电阻的变化，只要设法测出电阻值的变化，就可达到测量温度的目的。

在生产中，热电阻温度仪表大多是采用不平衡电桥来进行测量的，其测量电路原理如图 5-15 所示。

适当选择桥路阻值，使 $R_1=R_2=R_3=R$，$R_t$ 在 0℃时的阻值为 $R$，当 $R_t$ 测量的温度发生变化时，$R_t=R+\Delta R$，这样可使热电阻 $R_t$ 处于 0℃被测温度时，电桥平衡，桥路输出电压 $U_o=0$。

当被测温度发生变化时，$R_t$ 的阻值发生变化，桥路失去平衡，输出电压 $U_o$ 不再为零，$U_o$ 可驱动显示仪表指示被测温度的高低。

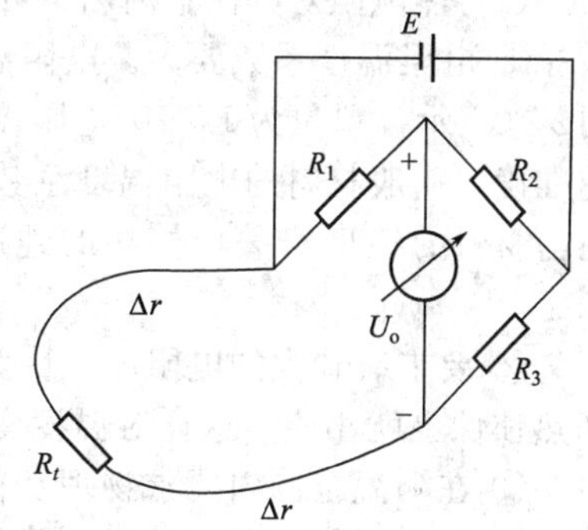

图 5-15　不平衡电桥测量电路

由于热电阻必须安装在被测温度环境中（生产现场），测量桥路的其他部分通常作为显示仪表的输入电路，与显示仪表一起安装在与被测温度环境有一定距离的地方，因热电阻与桥路之间的引线较长，所以其引线电阻 $\Delta r$ 对输出电压的影响就不能忽略不计了。

由图 5-15 可得

$$U_o = -\frac{R_2}{R_1+R_2}E + \frac{R_3}{R_t+R_2}E = -\frac{R}{R+R}E + \frac{R}{R_t+R}E = -\frac{1}{2}E + \frac{R}{R_t+R}E$$

当被测温度变化并考虑热电阻的引线电阻影响时

$$U_o = -\frac{1}{2}E + \frac{R}{R+\Delta R+2\Delta r+R}E = -\frac{(2R+\Delta R+2\Delta r)-2R}{2(2R+\Delta R+2\Delta r)}E = -\frac{1}{2}\times\frac{\Delta R+2\Delta r}{2R+(\Delta R+2\Delta r)}E$$

由上式和图 5-15 均可看出，两根电源引线的阻值 $2\Delta r$ 叠加在热电阻随温度的变化量 $\Delta R$ 上，如果电源引线所处的环境温度发生波动，引起 $\Delta r$ 的变化，则 $U_o$ 不再是 $\Delta R$ 的单值函数，显示仪表的示值将受到 $\Delta r$ 的影响，产生附加误差。所以在工业上普遍采用三线制的接线方法。将图 5-15 中电源负极的引线也接到热电阻的一端，把热电阻原来的两根引线阻值 $\Delta r$ 分别接入电桥的上下两个桥臂，当引线电阻变化时，可以互相抵消一部分，以减少对仪表示值的影响。三线制接法的原理如图 5-16 所示。

采用三线制接法可以减小附加误差，但不能消除附加误差。对于不平衡电桥，三线制接法只有在仪表刻度的始点才能完全抵消引线附加误差，而在满刻度时，上述附加误差是最大

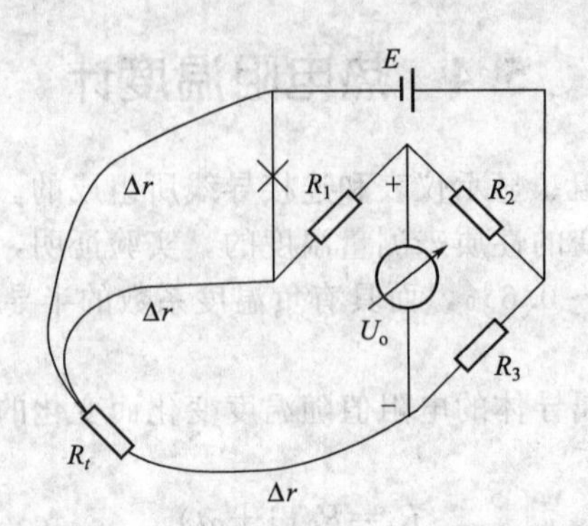


图 5-16 热电阻的三线制接法

的。对于不平衡电桥，还要考虑电源引线的附加误差，当有电流流过热电阻连接电源的导线时，会有一定的电压降，当温度环境变化时，电源引线阻值变化引起其压降变化，电桥支路的电压也会随之发生变化，从而给仪表带来一定的附加温度误差。

### 5.4.2 常见热电阻的结构与应用

**热电阻的材料**

(1) 热电阻对其制造材料的要求

① 电阻温度系数要大。电阻温度系数的定义为：温度变化1℃时电阻值的相对变化量，用$\alpha$来表示，单位为1/℃。电阻温度系数$\alpha$越大，制成的温度计灵敏度越高，测量温度结果越准确。一般材料的电阻温度系数并非常数，在不同温度下具有不同的数值。电阻温度系数还与材料的纯度有关，材料的纯度越高，$\alpha$值就越大；杂质含量越多，$\alpha$值就越小，且不稳定。

② 要求有较大的电阻率。因为电阻率越大，热电阻的体积就可以做得小一些，热容量和热惯性也就小些，这样对温度变化的响应较快。

③ 在测温范围内要求物理及化学性质稳定。

④ 复现性好，复制性强，易得到纯净物质。

⑤ 电阻值与温度的关系要近似线性，以便于测温时的分度和读数。

⑥ 价格便宜。

根据上述要求，比较适合作热电阻的材料有铂、铜、铁、镍和一些半导体材料。

(2) 金属材料热电阻

由于铁和镍很难制造得纯净，且因它们的电阻与温度的关系曲线不很平滑，因此用得很少。工业上常用的热电阻有铂电阻和铜电阻，其规格均用温度为0℃时的电阻值$R_0$来确定。

目前，工业上常用的铂电阻是Pt100，它在0℃时的电阻值$R_0=100\Omega$。工业上常用的铜电阻有两种：一种是Cu50，其$R_0=50\Omega$；另一种是Cu100，其$R_0=100\Omega$。

铂电阻的特点是精度高、稳定性好、性能可靠。这是因为铂在氧化性气氛中，甚至在高温下的物理、化学性质都非常稳定。另外，它易于提纯，复制性好，有良好的工艺性，可以制成极细的铂丝（直径可达0.02mm或更细）或极薄的铂箔，与其他热电阻材料相比，具有较高的电阻率。因此，它是一种较为理想的热电阻材料。所以，除用作一般工业测温元件外，还可以应用于温度的基准、标准仪器中。

工业上除了铂热电阻被广泛应用外，铜热电阻的使用也很普遍。因为，铜热电阻的电阻值与温度近似呈线性关系，电阻温度系数也较大，且价格便宜，所以在一些测量准确度要求不是很高的场合，常采用铜电阻。但铜在高温气氛中易被氧化，故多用于测量−50～150℃的温度范围。

(3) 半导体材料热电阻

半导体材料热电阻又称为热敏电阻。常用来制造热敏电阻的材料为锰、镍、铜、钛和镁等金属的氧化物。将这些材料按一定比例混合，经成型高温烧结而成热敏电阻。

热敏电阻包括正温度系数（PTC）热敏电阻、负温度系数（NTC）热敏电阻和临界温度热敏电阻（CTR）三种。这三种热敏电阻的电阻率随温度变化的曲线如图 5-17 所示。从曲线可以看出，负温度系数热敏电阻的电阻率随温度变化的曲线接近线性，适合用作温度的连续测量。正温度系数热敏电阻和临界温度热敏电阻的电阻率随温度变化的曲线近似为阶跃特性，所以一般用作开关元件。

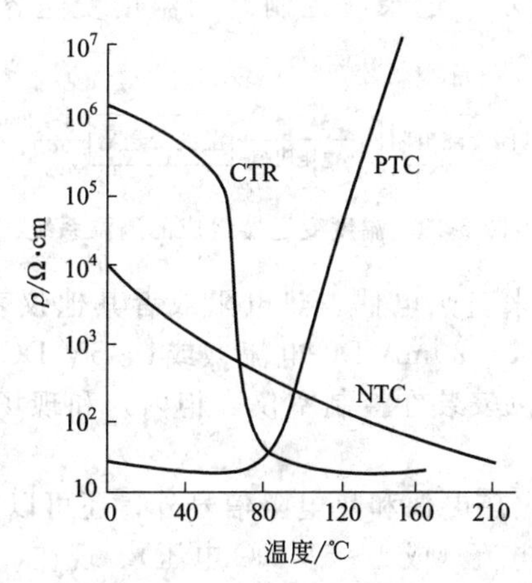


图 5-17　热敏电阻的电阻率随温度变化的曲线

负温度系数半导体热敏电阻常用来测量－100～300℃的温度，与金属材料热电阻比较，它具有以下优点。

① 电阻温度系数大，$\alpha \approx -(3\%\sim6\%)$，灵敏度高。

② 电阻率很大，因此，可以作成体积小而阻值大的电阻体，连接导线电阻变化的影响可忽略。

③ 结构简单、体积小，可以用于测“点温度”。

④ 热惯性小，适于测表面温度及快速变化温度。

热敏电阻在测量范围、测量精度、稳定性、复现性等方面不如金属热电阻性能好。

**热电阻的结构**

工业用金属热电阻的结构有普通热电阻、铠装热电阻和薄膜热电阻三种类型。

(1) 普通热电阻

普通热电阻由电阻体、保护套管和接线盒等主要部分组成，其中，保护套管和接线盒与热电偶的基本相同，中心元件热电阻体与热电偶的热电极不同。如图 5-18 所示。

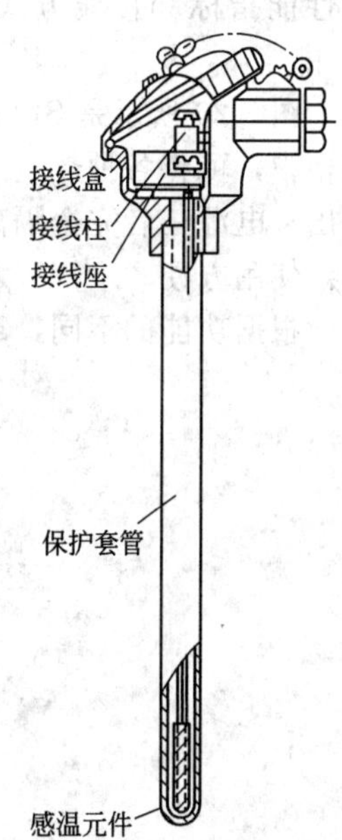


图 5-18　普通热电阻的结构

电阻体的结构有玻璃烧结式、陶瓷管架式、云母管架式等。

(2) 铠装热电阻

铠装热电阻的结构和铠装热电偶类似。热电阻体与保护套管封装成一个整体，因此它具有良好的力学性能，耐振动与冲击，便于安装，不受有害介质侵蚀，外径尺寸可以做得很小（国产定型标准外径为 3～8mm），反应速度快。

(3) 薄膜热电阻

薄膜热电阻是用真空镀膜法将铂直接蒸镀在陶瓷基体上制成的热电阻。铂膜又分厚膜和薄膜两种，前者铂膜厚度为7μm左右，后者为2μm左右。薄膜热电阻减少了热惯性，提高了灵敏度和响应速度。

## 5.5 温度变送器

温度变送器的作用是将热电偶或热电阻输出的电势值或电阻值转换成统一的标准信号，再送给其他仪表进行指示、记录或控制。用温度变送器组成的测温系统如图5-19所示。

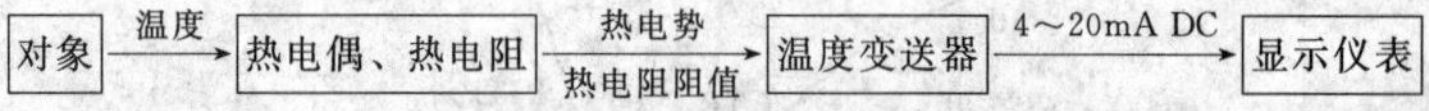

对象 —温度→ 热电偶、热电阻 —热电势/热电阻阻值→ 温度变送器 —4～20mA DC→ 显示仪表

图5-19 温度变送器组成的测温系统

温度变送器的作用是将来自热电偶、热电阻或者其他仪表的热电势、热电阻阻值或直流毫伏信号对应地转换为4～20mA DC电流（或1～5V DC电压）。温度变送器是安全火花型防爆仪表，分架装型（安装在控制室仪表柜内）和现场安装型（安装在生产现场）两大类。

温度变送器除了可以接收热电偶和热电阻信号外，还可以接收其他仪表送来的mV信号，并转换为4～20mA DC电流（或1～5V DC电压）。现在，有很多数字式显示仪表的输入端都集成了温度变送器的功能，做成所谓万能输入式显示仪表或调节记录仪，可以在接线端子排处按需要选择4～20mA DC、1～5V DC、热电偶信号、热电阻三线制信号、mV信号等输入方式。

### 5.5.1 轨装式温度变送器

温度变送器的种类和生产厂家很多，在选用温度变送器时应仔细阅读说明书，熟悉其性能指标和接线方式。下面以SFGW系列轨装式温度变送器为例介绍温度变送器的应用。

图5-20所示是SFGW系列轨装式温度变送器，它体积小，采用DIN导轨安装在仪表控制柜中，可将各种热电阻、热电偶信号转换成所需的标准直流信号。电路结构上具有输入、输出、电源三者完全隔离的特点，抗干扰能力强，转换精度高，性能稳定，具有多种输出规格，使用方便。

根据功能的不同，SFGW系列轨装式温度变送器的接线端子排列有多种形式，图5-21是

图5-20 SFGW系列轨装式温度变送器

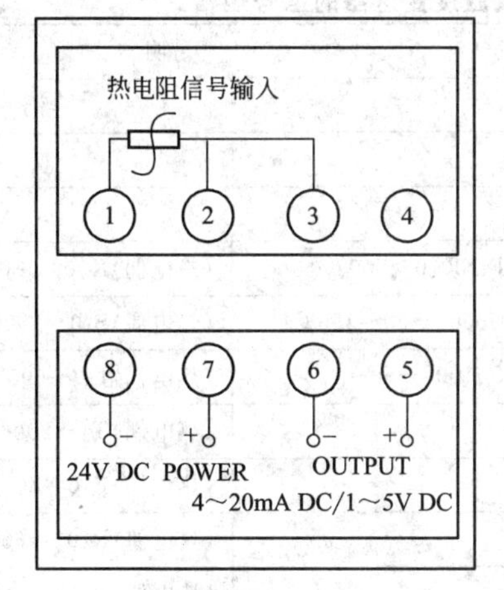


(a) 热电阻温度变送器

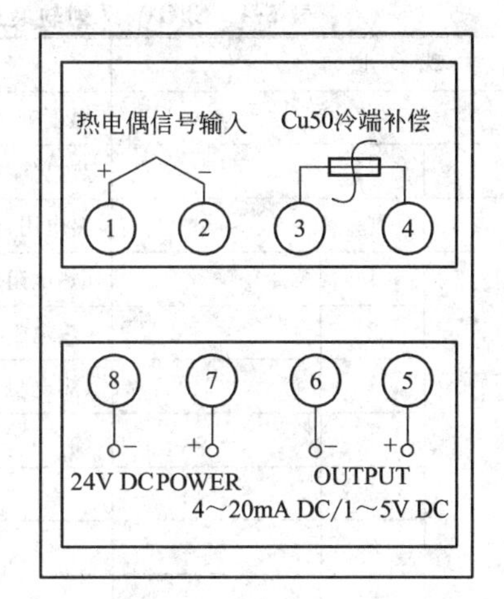


(b) 热电偶温度变送器

图 5-21　温度变送器的接线端子

最常见的两种。其中，热电阻温度变送器为三线制输入，热电阻由 1、2、3 号端子接入；热电偶温度变送器内自带冷端温度补偿电路（补偿电桥），补偿电桥中的温度补偿电阻 $R_{Cu}$ 采用 Cu50 电阻通过 3、4 端子接入。

SFGW 系列轨装式温度变送器的主要技术指标如下。

① 输入信号：热电阻或热电偶。

② 输出信号：4～20mA DC/1～5V DC。

③ 负载电阻：≤350Ω（4～20mA 输出）。

④ 精度：热电阻为±0.2%FS（量程≥50℃）、±0.5%FS（量程<50℃）。

热电偶为±0.3%FS（量程范围≥5mV）、±0.5%FS（3mV≤量程范围<5mV）。

⑤ 温度漂移：±0.2% FS/10℃。

⑥ 引线补偿：三线相等 0～5Ω（热电阻测量时）。

⑦ 冷端补偿：补偿电阻 Cu50，0～50℃范围内±1℃（热电偶测量时）。

⑧ 绝缘电阻：>100 kΩ。

⑨ 绝缘强度：输入/输出/电源之间 1000V AC，1min。

⑩ 电源电压：(1±10%)24V DC。

⑪ 消耗功率：≤1.5W。

⑫ 工作条件：温度 0～50℃。

SFGW 系列轨装式温度变送器的型号规格见表 5-4。

### 5.5.2　现场安装型温度变送器

常见的现场安装型温度变送器有两线制温度变送器和一体化温度变送器。

(1) 两线制温度变送器

两线制温度变送器把传感器所测得的微弱信号放大并转换成与温度呈线性关系的 4～20mA DC 信号，采用两线制传输，即电源同信号共用相同的两根普通导线，远传给控制室显示、记录、调节仪表，组成各种检测、控制系统。

两线制变送器为现场安装形式，分为普通型、防爆型和隔离型三种，隔离型两线制变送器能实现输入与输出（电源）之间的电隔离（即输入与输出无直接电信号联系），反之为非隔离型。

**表 5-4　SFGW 系列轨装式温度变送器的型号规格**

| 型谱 | | | | | 说明 | |
|---|---|---|---|---|---|---|
| SFGW | | | | | 温度变送器 | |
| 输入信号 | 1 | | | | 热电偶 | |
| | 2 | | | | 热电阻 | |
| 输入信号 | | 1 | | | (热电阻)Pt100:0～500℃ | (热电偶)K:0～1300℃ |
| | | 2 | | | (热电阻)Cu50:－50～150℃ | (热电偶)S:0～1600℃ |
| | | 3 | | | (热电阻)Cu100:－50～150℃ | (热电偶)J:0～600℃ |
| | | 4 | | | | (热电偶)T:－200～300℃ |
| | | 5 | | | | (热电偶)E:0～800℃ |
| | | 6 | | | | (热电偶)R:0～1600℃ |
| | | 7 | | | | (热电偶)B:400～1800℃ |
| 输出信号 OUT1/OUT2 | | | 6 | 6 | 4～20mA DC | |
| | | | 8 | 8 | 1～5V DC | |
| 供电电源 | | | | D | 24V DC 供电 | |
| | | | | A | 220V AC 供电 | |

注：输出信号 6 表示一路 4～20mA DC 输出，66 表示两路 4～20mA DC 输出，其余依此类推。

例：输入为 K 分度量程，为 0～600℃、24V DC 供电，输出为两种 20mV DC 的轨装式温度变送器，其具体型号为 SFGW1166D/K0～600℃。

图 5-22 所示是 SFWR/Z 型两线制温度变送器的安装接线图。仪表安装时可用两个 M4 螺钉直接安装于传感器接线盒内，仪表安装孔的中心距离为 36mm＋0.5mm。1、2 端子为信号输入端，连接控制室供电电源并输出 4～20mA DC 信号，变送器的供电电压大小由负载电阻的大小决定，其关系见图 5-23。4～6 端子为传感元件的引线输入端子，热电阻、热电偶的不同接入方式如图 5-22 中的传感器输入接口所示。仪表的面板上有一个调零电位器和一个量程电位器供用户进行微调。

SFWR/Z 型两线制温度变送器的型号规格见表 5-5。

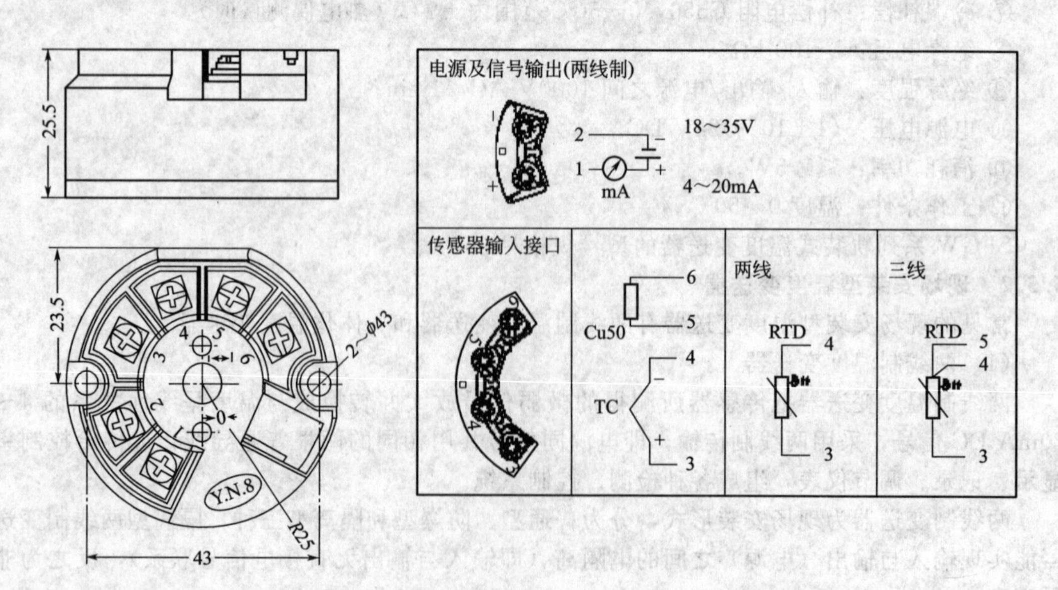


图 5-22　SFWR/Z 型两线制温度变送器的安装接线

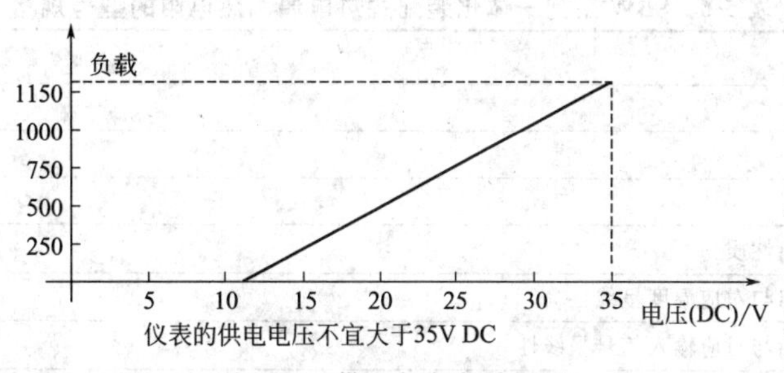


图 5-23　供电与负载关系图

**表 5-5　SFWR/Z 型两线制温度变送器的型号规格**

| 型谱 | | | | | | | 说明 | |
|---|---|---|---|---|---|---|---|---|
| SFW | | | | | | | 温度变送器 | |
| 输入信号 | Z | | | | | | 热电偶 | |
| | R | | | | | | 热电阻 | |
| | | 1 | | | | | 二线毫伏变送器 | |
| | | 2 | | | | | 二线温度变送器 | |
| | | 3 | | | | | 三线温度变送器 | |
| | | | 1 | | | | (热电阻)Cu50 | (热电偶)K |
| | | | 2 | | | | (热电阻)Cu100 | (热电偶)E |
| | | | 3 | | | | (热电阻)Pt10 | (热电偶)J |
| | | | 4 | | | | (热电阻)Pt100 | (热电偶)T |
| | | | 5 | | | | | (热电偶)S |
| | | | 6 | | | | | (热电偶)R |
| | | | 7 | | | | | (热电偶)B |
| 输出信号 | | | | 5 | | | 0～10mA DC | |
| | | | | 6 | | | 4～20mA DC | |
| | | | | 7 | | | 0～5V DC | |
| | | | | 8 | | | 1～5V DC | |
| | | | | 9 | | | 其他输出量程 | |
| 输出制式 | | | | | 2 | | 两线制隔离型(输出为 4～20mA DC) | |
| 供电电源 | | | | | | DC | 24V DC±10% | |

(2) 一体化温度变送器

一体化温度变送器集热电偶或热电阻与变送器为一体，直接测量各种工业过程中－200～1600℃范围内的液体、蒸气和气体介质的温度，将温度转变为与热电偶、热电阻电信号成正比的 4～20mA DC 统一输出信号，送显示、记录、调节仪表或计算机。

一体化温度变送器的部件是小型化的，可安装于热电偶、热电阻的接线盒内，在工业现场直接输出 4～20mA 信号，这样既省去了昂贵的补偿导线，又提高了信号长距离传送过程中的抗干扰能力。变送器部件精度高、功耗低，使用环境温度范围宽，工作稳定可靠，而且可采用硅橡胶密封结构，变送器耐振、耐湿，适宜于恶劣现场环境中使用。一体化温度变送器也具有线性化校正功能，热电偶温度变送器具有冷端温度自动补偿功能。

SBW 系列一体化装配式热电偶、热电阻的型号规格见表 5-6。

**表 5-6　SBW 系列一体化装配式热电偶、热电阻的型号规格**

| SBW | 温度变送器 | | | | | | | | | |
|---|---|---|---|---|---|---|---|---|---|---|
| | 代号 | 温度类型 | | | | | | | | |
| | R | 热电偶 | | | | | | | | |
| | Z | 热电阻 | | | | | | | | |
| | | 一代号 | 输出性质 | | | | | | | |
| | | －2 | 输出与对应温度呈线性 | | | | | | | |
| | | －4 | 输出与对应输入信号呈线性 | | | | | | | |
| | | | 代号 | 传感器 | | | | | | |
| | | | 1 | E 镍铬-铜镍(热电偶) | | | | | | |
| | | | 2 | K 镍铬-镍硅(热电偶) | | | | | | |
| | | | 3 | S 铂铑$_{10}$-铂(热电偶) | | | | | | |
| | | | 4 | B 铂铑$_{30}$-铂铑(热电偶) | | | | | | |
| | | | 5 | T 铜-铜镍(热电偶) | | | | | | |
| | | | 6 | J 铁-铜镍(热电偶) | | | | | | |
| | | | 8 | N 镍铬硅-镍硅(热电偶) | | | | | | |
| | | | 1 | Cu50 铜电阻(热电偶) | | | | | | |
| | | | 4 | Pt100 铂电阻(热电偶) | | | | | | |
| | | | | 代号 | 电路类型 | | | | | |
| | | | | 7 | 隔离型 | | | | | |
| | | | | 8 | 非隔离型 | | | | | |
| | | | | | 代号 | 器件类别 | | | | |
| | | | | | 0 | 常规型 | | | | |
| | | | | | 1 | 智能型 | | | | |
| | | | | | | 代号 | 安装固定装置形式 | | | |
| | | | | | | /1 | 无固定装置 | | | |
| | | | | | | /2 | 固定螺纹 | | | |
| | | | | | | /3 | 可动法兰 | | | |
| | | | | | | /4 | 固定法兰 | | | |
| | | | | | | /5 | 活动法兰角尺形(仅限热电偶型) | | | |
| | | | | | | /6 | 固定螺纹锥形 | | | |
| | | | | | | | 代号 | 接线盒形式 | | |
| | | | | | | | 2 | 防溅式 | | |
| | | | | | | | 3 | 防水式 | | |
| | | | | | | | 4 | 隔爆式 | | |
| | | | | | | | | 代号 | 保护管直径 | |
| | | | | | | | | | 廉金属 | 贵金属(限电偶型) |
| | | | | | | | | 0 | $\phi$16mm | |
| | | | | | | | | 1 | $\phi$12mm(电阻)、$\phi$20mm(电偶) | $\phi$25mm 瓷管(双层管) |
| | | | | | | | | 2 | | $\phi$16mm 瓷管(单层管) |
| | | | | | | | | 3 | | $\phi$20mm 瓷管(单层或双层管) |
| | | | | | | | | | 规格 L×1 | |
| SBW | R | －2 | 4 | 8 | 0 | /2 | 3 | 0 | 300×150 | 举例 |

## 5.6　测温仪表的选择与安装

### 5.6.1　测温仪表的选择

在选择测温仪表时应，应综合考虑以下因素。

① 分析被测对象的特点和状态，再根据仪表的特点及技术性能指标确定测温仪表类型。

② 被测介质的温度是否需要指示、记录和自动控制。

③ 选择仪表的测温范围、精度、稳定性、变差及灵敏度等。

④ 仪表的防腐性、防爆性及连续使用的期限。

⑤ 测温元件的体积大小及互换性。

⑥ 被测介质和环境条件对测温元件是否有损害。

⑦ 仪表的反应时间。

⑧ 仪表使用是否方便，安装维护是否容易。

### 5.6.2　测温仪表的安装

(1) 测温元件的安装

测温元件的安装应按元件说明书的规定进行，应尽量选在被测介质温度变化灵敏和便于支撑、维修的地方，不宜选在阀门等阻力部件的附近或介质流束成死角处，不宜选在振动较大的地方。热电偶的安装位置，应注意周围强磁场的影响。

一般在管道、设备上安装的测温元件有：工业内标式玻璃液体温度计、工业用棒式玻璃液体温度计、压力式温度计（温包）、热电阻、铠装热电偶、双金属温度计、耐磨热电偶、表面热电偶等。

测温元件的安装应注意以下几点。

① 当测量管道中的介质温度时，应保证测量元件与流体充分接触。因此，要求测温元件的感温点应处于管道中流速最大处，且应迎着被测介质流向插入，不得顺流插入，至少应与被测介质流向垂直。

② 应避免因热辐射或测温元件外露部分的热损失而引起的测量误差。因此，一定要保证有足够的插入深度，在测温元件外露部分要进行保温处理。

③ 如工艺管道过小，安装测温元件处可接装扩大管。

④ 使用热电偶测量炉温时，应避免测温元件与火焰直接接触，也不宜距离火焰太远或装在炉门旁边。接线盒不应碰到炉壁，以免热电偶冷端温度过高。

⑤ 用热电偶、热电阻测温时，应防止干扰信号的引入。同时应使接线盒的出线孔向下，以防止水气、灰尘等进入而影响测量。

⑥ 测温元件安装在压力、负压管道或设备中时，必须保证安装孔的密封。

测温元件的安装方式按固定形式分为法兰固定安装、螺纹连接头固定安装、法兰与螺纹连接头共同固定安装、简单保护套插入安装等。具体安装方式应选用中华人民共和国化工行业标准 HG/T 21581—2010《自控安装图

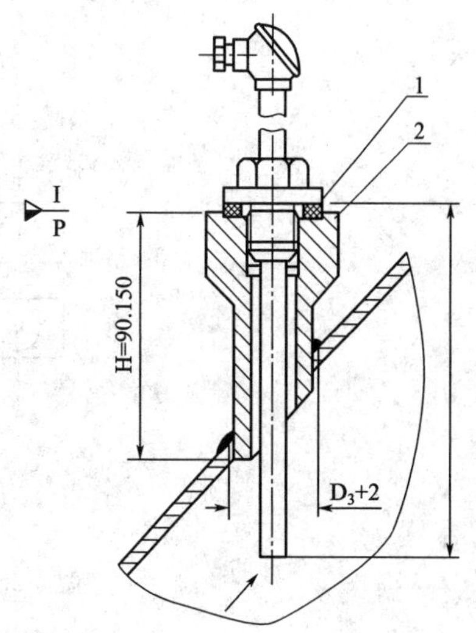


图 5-24　热电偶、热电阻在钢管道上斜 45°安装图

册》中的标准安装图，根据图中标准施工。

图 5-24 所示是《自控安装图册》中的“热电偶、热电阻在钢管道上斜 45°安装图”，图纸编号为 HK01-21。

（2）连接导线和补偿导线的安装

连接导线和补偿导线的安装应注意以下事项。

① 线路电阻要符合仪表本身的要求，补偿导线的种类及正、负极不要接错。

② 连接导线和补偿导线必须预防机械损伤，应尽量避免高温、潮湿、腐蚀性及爆炸性气体与灰尘，禁止敷设在炉壁、烟囱及热管道上。

③ 为保护连接导线与补偿导线不受机械损伤，并削弱外界电磁场对电子式显示仪表的干扰，导线应加屏蔽，即把连接导线或补偿导线穿入钢管内，且将钢管接地。管径应根据管内导线（包括绝缘层）的总截面面积决定，总截面面积不超过管子截面面积的 2/3。管子之间宜用丝扣连接，禁止使用焊接。管内杂物应清除干净，管口应无毛刺。

④ 导线、电缆等在穿管前应检查其有无断头和绝缘性能是否达到要求，管内导线不得有接头，否则应加装接线盒。补偿导线不应有中间接头，最好与其他导线分开敷设。

⑤ 配管及穿管工作结束后，必须进行核对与绝缘试验。在进行绝缘试验时，导线必须与仪表断开。

## 实践项目　热电阻温度变送器的接线及应用

（1）实践目的

通过对热电阻温度变送器进行接线、调校，学习热电阻温度变送器的用法。

（2）实践设备

① 热电阻温度变送器：分度号 Cu50。

② 精密电阻箱。

③ 直流稳压电源。

④ 电流表：0～20mA。

（3）分析热电阻温度变送器的端子接线图（图5-25），对照精密电阻箱、直流稳压电源和电流表的接线端子确定接线方案

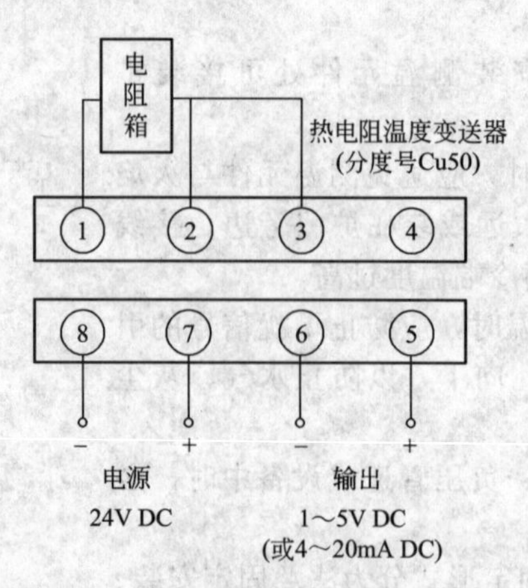


图 5-25　热电阻温度变送器端子接线图

（4）实践步骤

① 热电阻温度变送器可以设置成 1～5V DC 电压输出或 4～20mA DC 电流输出。查看

说明书，将热电阻温度变送器设置为电流输出。

② 选择一路稳压电源并调至输出 24V DC，然后关闭。

③ 按下列要求完成接线。电阻箱按三线制接法接入 1、2、3 端子以替代热电阻，三根引线电阻 $r_1 = r_2 = r_3 = 5\Omega$，导线电阻不足时用锰铜电阻补足；调好的稳压电源输出接 7、8 端子；4～20mA 电流接 5、6 端子。

④ 选择量程。设要求测温范围 0～100℃，查 Cu50 分度表，0～100℃之间的温度与阻值对应关系如下：

| 0℃ | 25℃ | 50℃ | 75℃ | 100℃ |
|---|---|---|---|---|
| 50Ω | 55.35Ω | 60.75Ω | 66.05Ω | 71.40Ω |

⑤ 零点调整。先将电阻箱调至 50Ω 再接通电源，电流表输出应为 4mA，否则调整零点电位器。

⑥ 量程调整。将电阻箱调至 71.40Ω，电流表输出应为 20mA，否则调量程电位器。反复进行零点和量程的调整，直至准确。

⑦ 精度校验。按升程和降程分别改变输入电阻值，使输出分别达到 0%、25%、50%、75%、100%。记录输入电阻信号的实际值，并计算误差。填写表 5-7。

**表 5-7　热电阻温度变送器的校验**

| 输出/% | | 0 | 25 | 50 | 75 | 100 |
|---|---|---|---|---|---|---|
| 输出/mA | | 4 | 8 | 12 | 16 | 20 |
| 输入/Ω | 标准值 | 50 | 55.35 | 60.70 | 66.05 | 71.40 |
| | 升程 | | | | | |
| | 降程 | | | | | |
| 基本误差 | 升程 | | | | | |
| | 降程 | | | | | |
| 变差/mA | | | | | | |
| 结论 | | | | | | |

# 习　题

5-1　常用的温标有哪几种？它们之间有什么关系？

5-2　温度测量仪表有哪些种类？各适用于哪些场合？

5-3　简述双金属温度计的原理。

5-4　简述热电偶温度计的测温原理。

5-5　已知镍铬-镍硅热电偶的热端温度 $t = 800$℃，冷端温度 $t_0 = 25$℃，求 $E(t, t_0)$ 是多少？

5-6　用镍铬-镍硅热电偶测某一水池内水的温度，测出的热电动势为 2.436mV，再用温度计测出环境温度为 30℃，求池水的真实温度。

5-7　一只镍铬-镍硅热电偶热端为 600℃，冷端为 30℃，仪表的机械零点为 0℃，没有加以冷端温度补偿，问该仪表的指示值为多少？

5-8　常用的热电偶有哪几种？配用什么补偿导线？热电偶为什么要配补偿导线？

5-9　用热电偶测温时，为什么要进行冷端温度补偿？补偿方法有哪些？

5-10 采用镍铬-镍硅热电偶测量温度，将仪表机械零点调至 25℃，但实际上室温（冷端温度）为 10℃，问这时仪表指示值将偏高还是偏低？有 S 分度号显示仪表一台，错接入 K 分度号热电偶，问指示值偏高还是偏低？

5-11 热电偶补偿导线极性接反时，指示值偏高还是偏低？铂铑$_{10}$-铂热电偶错接入铜-铜镍补偿导线（铂铑$_{10}$与铜相接，铂与铜镍相接），问指示值将偏高还是偏低？

5-12 热电阻为什么要采用三线制接法？若不采用三线制接法，连接热电阻的导线阻值因环境温度升高而增加时，温度指示值将偏高还是偏低？

5-13 金属热电阻与热敏电阻有什么不同？

5-14 常用的金属热电阻有哪几种？$R_0$ 分别为多少？

5-15 热电偶与热电阻的分类和结构有哪些异同？

5-16 温度变送器的作用是什么？

5-17 写出下列温度变送器型号的意义：SFGW2366D、SFWZ2162DC、SBWR-2370/241 300×150。

5-18 在选择测温仪表时，应综合考虑哪些因素？

# 第 6 章　成分自动检测及仪表

## 6.1　成分分析基础

### 6.1.1　工业分析仪表的作用

分析仪表是仪器仪表的一个重要组成部分，它用来检定、测量物质的组成和特性，分析物质的结构。分析仪表有实验室用仪表和工业用自动分析仪表两种基本形式。前者用于实验室的定性和定量分析，它一般给出比较准确的结果，通常是人工取样，间断分析；而后者用于工业流程上，完全能自动分析，即自动取样、连续分析，并随时指示或记录出分析的结果。

工业自动分析仪表直接安装在过程控制系统中，又称为在线分析仪表或过程分析仪表，是本章讨论的主要内容。在生产流程中，可以通过对温度、压力、流量等过程参数进行测量和控制，间接地保证原材料、中间产品、成品的产量和质量。而工业分析仪表则可以随时监视原料、半成品、成品的成分及其含量，达到直接测量和控制产品质量的目的。因而，工业分析仪表主要应用于以下几个方面。

① 工艺监督。在生产流程中，合理地选用分析仪表能准确、迅速地分析出参与生产过程的有关物质成分，可以及时地控制和调节，达到最佳生产过程的条件，从而实现稳定生产并且提高生产效率。如连续分析进入氨合成塔气体的组成，根据分析结果及时调节和控制气体中氢和氮的含量，使两者之间保持最佳比值，从而获得最佳的氨合成率。

② 节约能源。工业分析仪表应用在锅炉等燃烧系统中，用来监视燃烧过程，降低能耗、节约燃料。如实时分析燃烧后烟气中成分（二氧化碳和氧的含量），是判断燃烧状况、监视锅炉经济运行的主要手段。

③ 污染监测。对生产中的排放物进行分析，使其中的有害成分不超过环保规定的指标值。如化工生产中排放出来的污水、残渣和烟气对大气和水源等会造成污染，所以对排放物及时进行分析和处理十分必要。

④ 安全生产。在工业生产中，必须确保生产安全，防止人身事故及设备事故。如锅炉给水中的含盐量及二氧化硅含量过高，会腐蚀设备和形成水垢，从而造成受热面过热、降低锅炉汽包强度等不安全问题，这就需要对锅炉给水中的盐量、二氧化硅等成分进行分析，确保锅炉安全运行。

### 6.1.2　工业分析仪表的分类

工业分析仪表中应用的物理、化学原理广泛、复杂，按其工作原理，可分为以下几种。

① 电化学式分析仪表。如电导仪、酸度计和氧化锆氧分析仪。

② 热学式分析仪表。如热导式和热化学式分析仪等。

③ 磁学式分析仪表。如热磁式氧分析器和核磁共振分析仪表等。

④ 光学式分析仪表。如红外线吸收式、分光光度式和光电比色式分析仪等。

⑤ 色谱仪。如气相色谱仪和液相色谱仪。

### 6.1.3　工业分析仪表的基本结构

工业分析仪表的组成如图 6-1 所示。一般分为以下几部分。

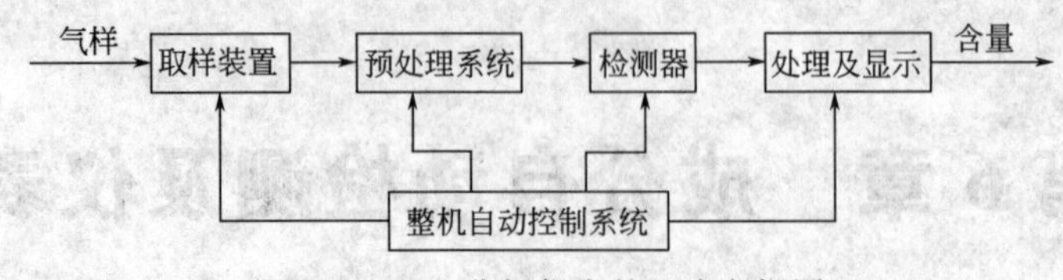


图 6-1 工业分析仪表的组成方框图

(1) 取样及预处理系统

取样及预处理系统是确保分析仪表正常工作的关键部分。它的任务是从被测对象中取出具有代表性的样品并做必要的预处理。

取样装置包括取样探头及其他一些与探头有关的部件，如冷却与冷凝收集器、反吹清洗器、抽吸器及取样泵等。这些部件的主要作用是取样，同时对样品做初步预处理。取样有正压取样和负压取样，对负压取样，应有抽吸器。另外，在取样时，对烟尘量很大的样品往往采用水洗的方法进行机械杂质与腐蚀性气体的过滤，初步过滤掉样品中颗粒较大的杂质。

样品经取样探头后通入预处理系统，预处理系统包括过滤器、干燥器、精密压力调节阀、稳压阀、稳流阀、各种切换系统（如样品与标准样品的切换、多点取样切换）、分流器、流量指示仪与流量调节器、各种启闭阀与回收系统等。这些部件的作用是对样品做进一步处理，主要是过滤掉细小的灰尘，对油污、腐蚀性的物质与水分进行化学过滤或吸收，以及除去某些干扰组分；同时还要对样品的压力、流量、温度进行控制，使之能满足分析仪表要求。

(2) 检测器

检测器又称传感器，是分析仪器的主要部分。它的任务是把被分析物质的成分含量或物理性质转换成为电信号。工业分析仪表的技术性能主要取决于检测器。

(3) 信息处理及显示系统

信息处理系统的作用是对检测器输出的微弱信号做进一步处理，如对电信号的转换、放大、线性化处理，最终变换为标准的统一信号（一般为 4～20mA DC）或数字信号，将处理后的信号输出到显示装置。

显示装置的作用是显示出样品成分分析的结果。一般有模拟显示、数字显示或屏幕图像显示，可与计算机控制系统联用并配备打印机。

(4) 整机自动控制系统

整机自动控制系统的主要任务是控制各部分自动而协调地工作。如每个分析周期进行自动调零、校准、采样分析和显示等循环过程。

## 6.2 热导式气体分析器

热导式气体分析器是根据气体的热导率确定其成分的，它通过对混合气体的热导率的测量来确定混合气体中被测气体的含量。其特点是结构简单、工作稳定、性能可靠，广泛应用于化肥、化工、冶金、电力、空分、制氢和生物发酵等工业生产过程气体（$H_2$、$SO_2$、$CO_2$、Ar、$NH_3$、$Cl_2$ 等）浓度的在线分析。

### 6.2.1 热导分析的原理基础

由传热学可知，同一物体存在温差，或不同物体相接触存在温度差时，产生热量传递，热量由高温物体（高温部分）向低温物体（低温部分）传导。不同物体都有导热能力，但导热能力有差异，一般而言，固体导热能力最强，液体次之，气体最弱。物体的导热能力即反映其热传导速率的大小，通常用导热系数 $\lambda$ 表示。

对于彼此之间无相互作用的多种组分的混合气体，它的导热系数可以近似地认为是各组分导热系数的加权平均值。

$$\lambda = \lambda_1 C_1 + \lambda_2 C_2 + \cdots + \lambda_n C_n = \sum_{i=1}^{n} \lambda_i C_i$$

式中　$\lambda$——混合气体的导热系数，W/m·K；

$\lambda_i$——混合气体中第 $i$ 组分的导热系数，W/m·K；

$C_i$——混合气体中第 $i$ 组分的体积百分含量。

上式说明混合气体的导热系数与各组分的体积百分含量和相应的导热系数有关。若某一组分的含量发生变化，必然会引起混合气体的导热系数变化，热导分析仪就是基于这种物理特性进行分析的。

对于多组分的混合气体，设待测组分含量为 $C_1$，其余组分含量为 $C_2$、$C_3$……这些量都是未知数，如果希望求取待测组分 $C_1$ 的含量，必须保证混合气体的导热系数仅与待测组分含量成单值函数关系，为此，应用热导原理分析气体成分需满足下列条件。

① 如果待测组分为 $i=1$ 的组分，混合气体中，除待测组分 $C_1$ 外，其余各组分的导热系数必须相同或十分接近，应满足

$$\lambda_2 \approx \lambda_3 \approx \lambda_4 \cdots\cdots$$

则混合气体的导热系数

$$\lambda = \lambda_1 C_1 + \lambda_2 (1 - C_1) = \lambda_2 + (\lambda_1 - \lambda_2) C_1$$

② 待测组分的导热系数与其余组分的导热系数要有明显差异，差异越大，越有利于测量。

如在合成氨生产过程中要求测量氢气、氮气混合气体中的氢含量，由于混合气中的主要成分是氢气和氮气，其他气体含量很少，可以忽略。待测混合气体可认为只由氢气和氮气两种气体组成，氢气的导热系数大于氮气的导热系数，所以混合气体的导热系数主要决定于氢气含量，因而用导热原理测合成氨生产过程中的氢气含量是可行的，并且灵敏度较高。

如果上述两个条件不能满足要求时，应采取相应措施对气体进行预处理，使其满足上述两个条件，再进入分析仪器分析。如在合成氨生产过程中，常需要测循环气中氢气的含量，在循环气中除了含有氢气、氮气外，还含有一定数量的甲烷、氨气、氩气等其他气体。由于循环气中氢气、氮气含量的减少，而其他组分含量相应增多，显然，即使氢气含量不变，但循环气的导热系数也因氮气、甲烷、氨气、氩气等气体含量的波动而变化，其中甲烷的导热系数较大，其影响也特别严重。所以，利用热导原理测量循环气中氢气含量时，不满足上述两个条件，应对循环气做预处理，消除有影响气体，以满足测量要求。又如测量烟气中二氧化碳含量，已知烟气中含有二氧化碳、氮气、一氧化碳、二氧化硫、氢气、氧气以及水蒸气等，在预处理中应除去水蒸气、二氧化硫和氢气，剩下二氧化碳和导热系数相近的氮气、一氧化碳和氧气，而待测组分二氧化碳和其余组分导热系数有一定差异，满足了上述两个条件。

气体的导热系数与温度有关，工程上常将它们之间关系用下式近似表示。

$$\lambda_t = \lambda_0 (1 + \beta t)$$

式中　$\lambda_t$——$t$℃时的导热系数，W/m·K；

$\lambda_0$——0℃时的导热系数，W/m·K；

$\beta$——导热系数的温度系数，1/℃；

$t$——待测气体的温度，℃。

利用热导原理工作的分析仪器，除应尽量满足上述两个条件外，还要求取样气体的温度变化要小，或者对其采取恒温措施，以提高测量结果的可靠性。

### 6.2.2 热导式气体分析器的检测原理

（1）检测器

热导式气体分析器是基于不同气体具有不同的热导率以及混合气体的热导率随其组分含量而变化这一物理特性进行工作的。

由于导热系数值很小，并且直接测量气体的导热系数比较困难，所以热导式气体分析器将导热系数测量转换成为电阻的测量，即利用检测器的转换作用，将混合气体中待测组分含量的变化所引起的混合气体总的导热系数的变化转换为电阻的变化。检测器通称为热导池。

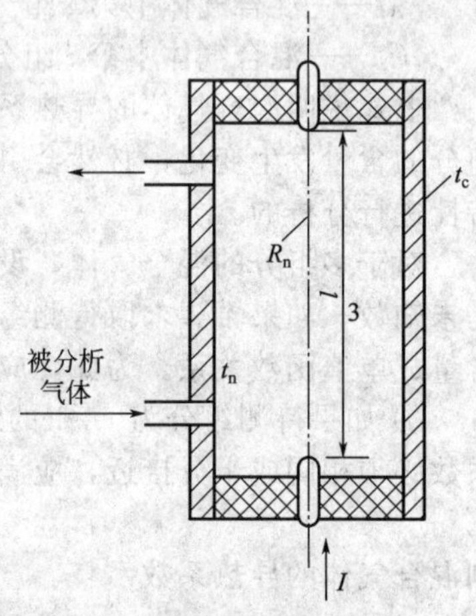


图 6-2 热导式气体分析器的检测器结构示意图

图 6-2 所示为热导式气体分析器的检测器结构示意图。在检测器中有一个悬挂的铂电阻丝作为热敏元件，其长度为 $l$，当通过电流为 $I$ 时，电阻丝产生热量并向四周散热。当被分析气体流经热导池气室时，由于气体流量很小，气体带走的热量可忽略不计。热量主要通过气体传向热导池外壁，而外壁温度 $t_c$ 是恒定的（热导池具有恒温装置），电阻丝达到热平衡时，其温度为 $t_n$。如果混合气体导热系数越大，其散热条件越好，电阻丝热平衡时温度 $t_n$ 越低，其电阻值 $R_n$ 越小。反之，混合气体的导热系数越小，电阻丝的电阻值 $R_n$ 越大，检测器实现了将导热系数的变化转换为电阻值的变化。电阻丝用铂丝制作，通称热丝。

热量传递的基本方式有三种，即热对流、热辐射和热传导。在热导池中，应充分利用由热传导形成的热量交换，而尽可能抑制热对流、热辐射造成的热量损失。

热导池的作用是把混合气体中待测组分浓度的变化转化成电阻丝阻值的变化。应用电桥测量电阻十分方便，而且灵敏度和精度都比较高，所以各种型号的热导式气体分析器中几乎都采用电桥作为测量环节。

（2）测量电路

被测气体浓度的变化，经过热导池检测器变成了电阻丝阻值的变化，阻值的变化可采用电桥来进行测量。

在测量电桥中，为了减少桥路电流波动或外界条件变化的影响，通常设置有测量臂和参比臂。测量臂是被测样品气体流通的热导池，参比臂是封装参比气（或通参比气）的热导池，两者结构尺寸完全相同。参比臂置于测量臂相邻的桥臂上，其作用如下。

① 测量臂通过对流和辐射作用散失的热量与参比臂基本相同，两者相互抵消，则热丝阻值变化主要取决于热传导，即气体导热能力的变化。

② 当环境温度变化引起热导池壁温度变化时，相互抵消，有利于削弱环境温度变化对测量结果的影响。

③ 改变参比气浓度，电桥检测的下限浓度也随之改变，便于改变仪器的测量范围。

在电桥的结构和桥臂配置方式上，有单臂串联型不平衡电桥、单臂并联型不平衡电桥、双臂串联型不平衡电桥等几种形式。

电桥的参比臂内封入仪器测量范围下限所对应的气样（零气样），电桥的工作臂通入被测气体。当仪器通入“零”气样时，电桥处于平衡状态，输出信号为零，当含量大于“零气样”的被测气通入仪器时，电桥失去平衡，其不平衡信号的大小与被测组分的体积百分含量相对应。然后，将此信号进行放大、滤波，经智能化处理后输出标准信号和报警信号，显示器上直接显示出被测气体的体积百分含量及各种测量信息。

### 6.2.3　热导式气体分析器的应用

(1) 热导式气体分析器的安装

热导式气体分析器的安装地点与实际测量点必须尽可能地接近，以免测量管道过长使仪器产生不必要的滞后或由于冷凝水的积聚而堵塞测量管道；仪器要避免太阳光、锅炉火或其他辐射的直接照射；仪器安装点的旁边必须考虑可供放置标准气瓶的位置，有利于气路管道的连接和供操作人员调校仪器的空间；安装地点必须有利于电源电缆、信号电缆和接地线的连接，仪器的信号电缆可以长达数百米，接到控制室内。

与仪器相连的气路接口通常有两个，即测量气进口和测量气出口。测量气进入仪器前应有一个流量计进行流量调节，保证进入仪器流量的稳定。

电源电缆、报警电缆和输出电流信号电缆分别接入对应的接线端子。图 6-3 所示是重庆川仪分析仪器有限公司的 PA200-RQD 型智能热导式气体分析器的接线示意图。

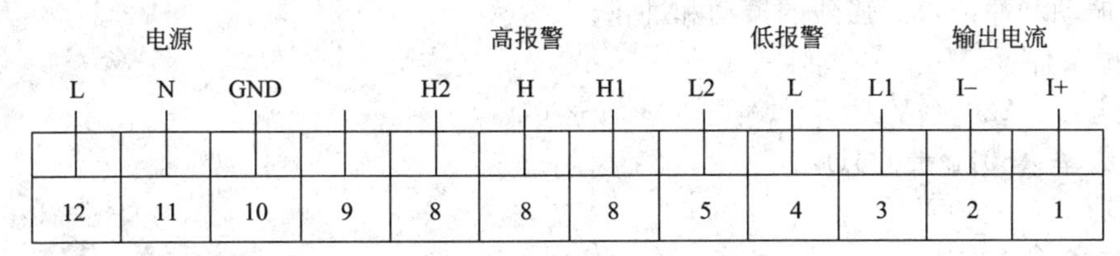


图 6-3　接线示意图

(2) 主要技术指标

下面以重庆川仪分析仪器有限公司的 PA200-RQD 型智能热导式气体分析器为例介绍热导式气体分析器的主要性能指标。

① 被测组分、背景气、量程规格（表 6-1）

**表 6-1　被测组分、背景气、量程规格**

| 被测组分 | 氢气($H_2$) | | | 氩气(Ar) | | 二氧化碳($CO_2$) |
|---|---|---|---|---|---|---|
| 背景气 | 氮气($N_2$) | 空气(Air) | 氩气(Ar) | 氧气($O_2$) | 氮气($N_2$) | 空气 |
| 量程/% | 0～5 | 0～4 | 0～3 | 0～15 | 0～15 | 0～20 |
| | 0～10 | 80～100 | 0～4 | 0～20 | 0～20 | 0～30 |
| | 0～15 | | 0～5 | 0～30 | 0～30 | 0～50 |
| | 0～20 | | 0～10 | 0～50 | 0～50 | 0～80 |
| | 0～30 | | 0～15 | 0～80 | 0～80 | 0～100 |
| | 0～50 | | 0～20 | 0～100 | 0～100 | |
| | 0～80 | | 0～30 | | 80～100 | |
| | 0～100 | | 0～50 | | | |
| | 30～80 | | 0～80 | | | |
| | 40～70 | | 0～100 | | | |
| | 50～80 | | | | | |

② 主要技术性能指标

零点漂移：±2%FS/24h。

量程漂移：±2%FS/24h。

线性误差：±2%FS。

重复性误差：2%。

输出波动：1%。

预热时间：3h。

③ 仪器的使用条件

• 气候条件。

环境温度：5～45℃。

环境相对湿度：≤90%RH。

大气压力：所在地区的大气压。

空气流速：≤0.5m/s。

• 机械条件。

工作位置：仪器水平放置。

机械振动和冲击：无强烈的振动和冲击。

• 电源条件。

电源电压：$220^{+22}_{-33}$V。

电源频率：50Hz±0.5Hz。

消耗功率：≤60W。

• 气样条件。

气样温度：5～40℃。

气样压力：0.6kPa≤$p$≤20kPa。

气样流速：进入传送器的流量12L/h。

含水量：进入仪器前经干燥处理。

含尘量：灰尘和机械杂质除净。

④ 输出信号

电流信号：0(4)～10(20)mA(任选)，电流输出负载≤600Ω。

报警信号：上下限报警，报警点任意设置。

## 6.3 氧化锆氧分析器

氧化锆氧分析器又称为氧化锆氧量计。它是利用氧化锆固体电解质做成的检测器来检测混合气体中氧气的含量。它具有结构简单、反应速度快（测高、中氧气含量时，时间常数$T$<3s，测$10^{-6}$级氧气含量时，$T$≤30s）、灵敏度高（测量下限可达$10^{-11}$大气压下氧气）、精度高、稳定性好等优点。

氧化锆氧分析器适合于各工业部门用来连续分析各种锅炉的燃烧情况。测氧气含量的目的是为了依据烟气中的含氧气量去调整送风量以保证经济燃烧。通过自调系统控制锅炉的风量，保证最佳的空气燃烧比，达到节约能源及减少环境污染的双重效果。

### 6.3.1 氧化锆氧分析器的检测原理

电解质溶液是靠离子导电的，某些固体也具有离子导电的性质，具有离子导电性能的固体物质称为固体电解质。凡能传导氧离子的固体电解质称为氧离子固体电解质。

纯氧化锆基本上是不导电的，但掺入一些氧化钙或氧化钇等稀土氧化物杂质后，它就具有了高温导电性，其导电原理和P型半导体靠空穴导电相似。固体电解质的导电性能与温度有关，温度越高，其导电性能越强。

氧化锆对氧气的检测是通过氧化锆组成的浓差电池实现的。图6-4所示为氧化锆探头的结构示意图，在掺有氧化钙的氧化锆固体电解质片的两侧，用烧结的方法制成几微米到几十微米厚的多孔铂层，并焊上铂丝作为引线，构成了两个多孔性铂电极，形成一个浓差电池。

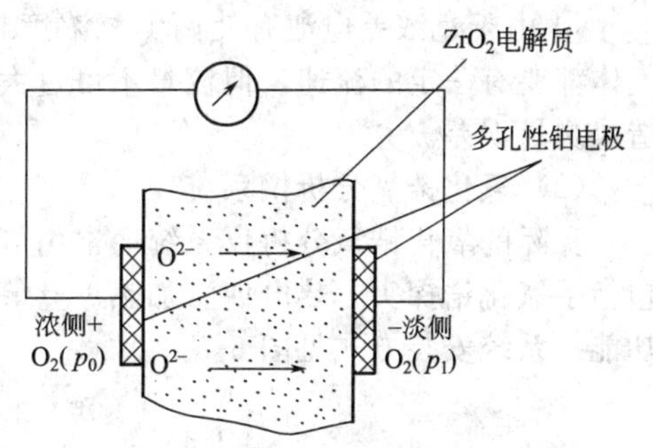


图 6-4　氧化锆探头的结构示意图

如果在电池左侧通入空气作为参比气，空气的含氧气量为 20.8%，右侧通入被测的烟气，其含氧气量低于空气的含氧气量，浓差电池中高浓度侧氧气分子要向低浓度侧扩散。高浓度侧的氧气分子渗入多孔铂电极后，在铂电极催化作用下从铂电极上夺取电子生成氧离子，铂电极失去电子带正电，成为浓差电池的阳极。氧离子通过氧化锆到达低浓度侧的铂电极时释放出电子变成氧分子，低浓度侧铂电极得到电子带负电，成为浓差电池的阴极，从而在两电极间形成静电场。由于静电场的存在，阻碍了氧离子从高浓度侧向低浓度侧的扩散，最后扩散作用和电场作用达到平衡，在固体电解质两侧形成电位差，这种由于浓度不同而产生的电位差称为浓差电势。

通过测量浓差电势的大小，可以间接测量被测烟气中的氧气含量与空气中氧气含量的差。

### 6.3.2　氧化锆氧分析器的结构及使用

(1) 氧化锆探头的结构

图 6-5 所示为氧化锆探头的结构示意图，它是由氧化锆固体电解质管、内外两侧多孔性铂电极及其引线构成。氧化锆管制成一头封闭的圆管，管径约 10mm 左右，壁厚 1mm，长度 160mm 左右。内外电极一般采用多孔铂，它用涂敷和烧结的方法制成，厚度由几微米到几十微米，电极引线采用零点几毫米的铂丝。圆管内部通入参比气体（如空气），管外部是待测气体（如烟气）。实际的氧化锆探头都采用温度控制，还带有必要的辅助设备，如过滤器、参比气体引入管、测温热电偶等。带温控的氧化锆探头原理结构如图 6-6 所示。

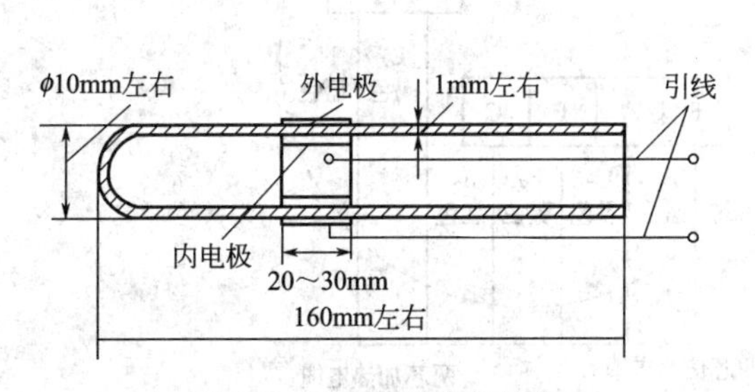


图 6-5　氧化锆探头的结构

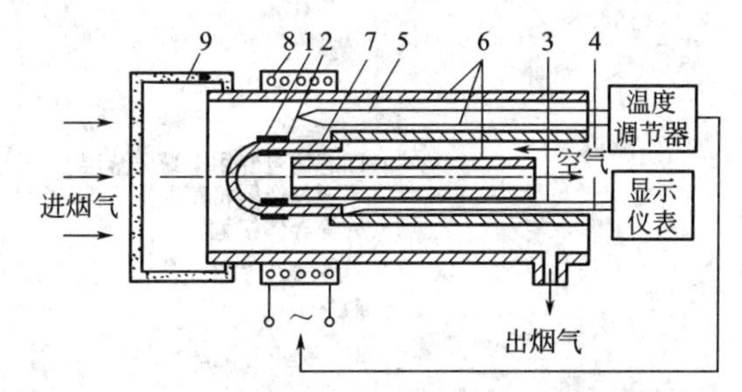


图 6-6　带温控的氧化锆探头原理结构

1,2—内外铂电极；3,4—铂电极引线；5—热电偶；6—$Al_2O_3$；7—氧化锆管；8—加热炉丝；9—过滤陶瓷

利用氧化锆探头测氧含量应满足以下条件。

① 氧化锆浓差电势与氧化锆探头的工作温度成正比。所以，氧化锆探头应处于恒定温度下工作或采取温度补偿措施。氧化锆探头内通常采用测温热电偶和温度调节器控制加热炉丝的方式实现温度补偿。

② 为了保证测量的灵敏度，应选择合适的探测器工作温度。工作温度过低时，氧化锆内阻过高，测量灵敏度下降。工作温度过高时，因烟气中的可燃性物质会与氧气迅速化合而形成燃料电池，使输出增大，对测量造成干扰。

③ 在使用过程中，应保证待测气体压力与参比气体压力相等，只有这样待测气体和参比气体氧分压之比才能代表上述两种气体含量之比。同时，要求参比气体的氧气含量远高于被测气体的氧气含量，才能保证检测器具有较高的输出灵敏度。

④ 由于氧浓差电池有使两侧氧浓度趋于一致的倾向，因此，必须保证待测气体和参比气体都要有一定的流速，但流量不可过大，否则会引起热电偶测温不准和氧化锆温度不匀，造成测量误差。

(2) 氧化锆氧分析仪系统

实际的氧化锆氧分析仪系统通常由氧气传感器和氧量变送器两部分组成。氧气传感器中包括了氧化锆探头、热电偶、加热炉丝等部分，氧量变送器包含了温度控制器和显示仪表的功能。系统安装方式见图 6-7。

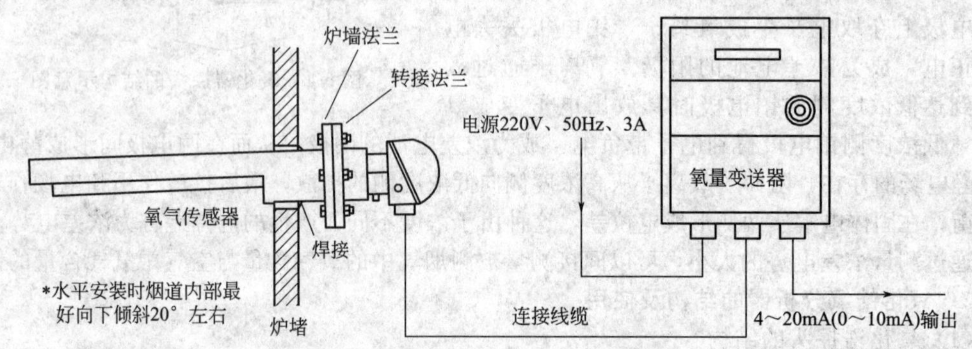


图 6-7 氧化锆氧分析仪系统的安装

图 6-8 是氧化锆氧分析仪系统的接线实例。图中四芯信号电缆的 $E_{Z+}$ 和 $E_{Z-}$ 两线传输的

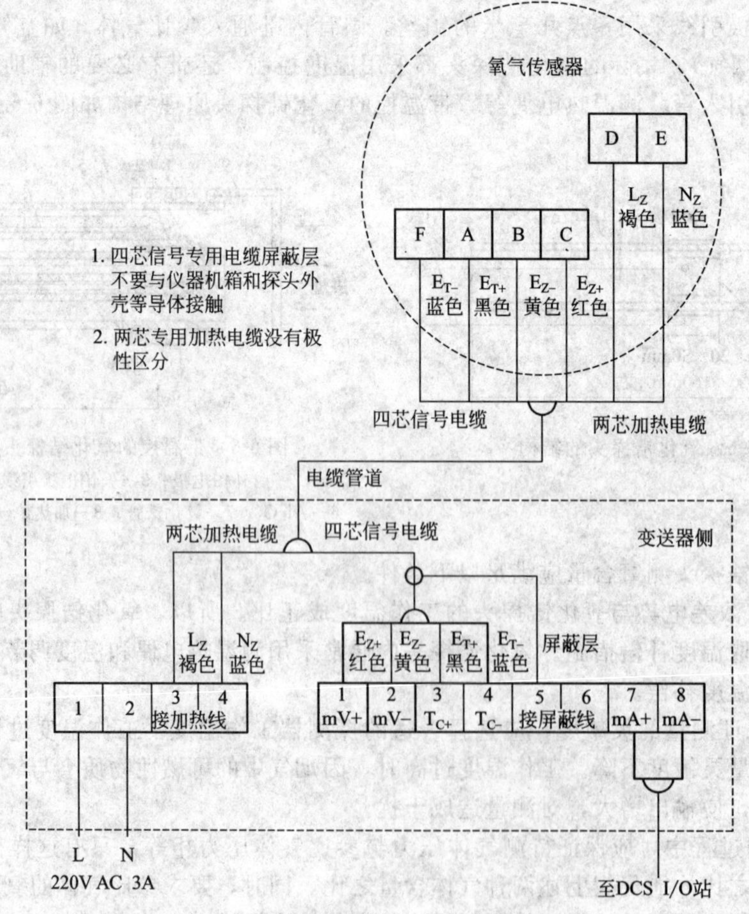


图 6-8 氧化锆氧分析仪系统的接线实例

是氧化锆浓差电势，反映被测氧气浓度的高低；$E_{T+}$ 和 $E_{T-}$ 两线传输的是热电偶热差电势，反映氧化锆探头处温度的高低。两芯加热电缆的 $L_Z$ 和 $N_Z$ 两线传输的是 220V AC 电源，为氧化锆探头上的加热炉丝供电。变送器的 7、8 端子输出与氧气含量高低对应的 4～20mA DC 电信号去 DCS 的 I/O 站。

氧化锆氧分析器在使用一段时间后，检测器部分（氧化锆探头）往往会发生老化现象。反映老化程度的指标主要有两个：一是本底电势，又称残余电势；二是检测器的内阻。

检查本底电势时，在校验气口通入空气，待测气体与参比气体相同，理论上本底电势应为零，一般要求本底电势应小于 5mV。

随着使用时间的增长，检测器内阻会相应增加，氧化锆内阻一般要求小于 10kΩ。

如果氧化锆探头的本底电势或内阻不符合要求，说明其探头已老化，需要更换新探头。

### 6.3.3 氧化锆氧分析器的性能指标

（1）氧化锆测氧探头的主要性能指标

表 6-2 是两种氧化锆测氧探头的主要性能指标，通过分析性能指标结合应用工艺条件，可以合理选用测氧探头。

表 6-2 两种氧化锆测氧探头的主要性能指标

| 型号 | 2001(加热型) | | 2002(非加热型) | |
|---|---|---|---|---|
| | 2001A(双金属过滤器)(电厂推荐选用) | 2001B(普通型) | 2002A(合金外壳)(钢厂推荐选用) | 2002B(陶瓷外壳)(钢厂推荐选用) |
| 应用场合 | 适用于各种通用和专用场合：火力发电、石油化工、钢铁、冶金、玻璃陶瓷、水泥建材、食品造纸、供热等 | | | |
| 测量范围 | $10^{-30}$～100% $O_2$ | | | |
| 精度 | 测量值的±1%或±0.01%，取大 | | | |
| 响应时间 | 小于 4s(锆管反应时间小于 100ms) | | 小于 1s(锆管反应时间小于 100ms) | |
| 烟气温度 | 0～900℃ | | 700～1400℃ | |
| 环境温度和湿度 | 温度－40～100℃，湿度 5%～95%RH(无凝结) | | 温度－40～150℃，湿度 5%～95%RH(无凝结) | |
| 机箱 | IP68 为标准机箱，另外当用在危险区域时，采用防爆机箱，满足 ExdⅡBT5 标准 | | | |
| 电源 | (1±10%)220V AC，50Hz±3Hz，最大功耗 110V·A | | | |
| 过程压力 | －600～400kPa | | | |
| 探头长度 | 250～2000mm(电厂推荐选用 1.2m，插深 1m) | | 500～1500mm | |
| 外径 | 34mm | | 19mm | |
| 安装连接 | 3/2″BSP 或 NPT(也可提供转接法兰，通用法兰标准为 *DN*65) | | 3/4″BSP 或 NPT(也可提供转接法兰，通用法兰标准为 *DN*65) | |
| 校验气孔接口 | 1/8″NPT 阴螺纹 | | | |
| 过滤器 | 合金、可移动 | | 不需要 | |
| 质量 | (0.6kg+0.3kg)/100mm | | 0.1kg/100mm | |

（2）氧量变送器的主要性能指标

表 6-3 是一种氧量变送器的主要性能指标。通过其性能指标分析，与所选的测氧探头配合，可以合理地选用氧量变送器。

表 6-3 一种氧量变送器的主要性能指标

| 型 号 | 2011型氧量变送器 |
| --- | --- |
| 键盘 | 16位薄膜按键，按键时有音响提示，所有指令操作及参数设置都可通过按键输入 |
| 仪器显示 | •40位5×7点阵液晶显示模块，带背光，显示分上下两行，显示英文字符和数字<br>•测量状态时，显示氧气含量、浓差电势、传感器温度、输出毫安电流及各种报警指示记录 |
| 温度控制 | 仪器对加热型探头进行温控，根据不同的需要，可选择不同的控制温度和控制方式，出厂设置的控制温度为700℃，当采用专用电缆时，1231氧分析仪的温控精度为±1℃ |
| 水分补偿 | 根据设置的烟气中水蒸气体积百分含量，仪器计算氧气含量时将自动补偿烟气中水分引起的误差。<br>设置范围：0.0%～99.99% |
| 报警指示 | 仪器具有自动诊断功能，能对各种故障进行报警。另外，仪器对氧气含量超限、温度超限、热电偶断开、热电偶接反、校验参数超限、校验参数非法等均给予报警指示 |
| 氧气指示范围 | 仪器自动显示0～99.99%氧气含量 |
| 标准电流输出 | 光电隔离4～20mA(或0～10mA)线性有源标准电流输出，负载600～1200Ω。<br>标准输出电流为有源浮空输出，用户不需要另配电源 |
| 输出范围 | 输出量程在0.01%～99.99%氧气浓度范围之间可任意设置，输出毫安电流在量程范围内线性对应氧气浓度 |
| 测量精度 | 仪器本身精度为满量程的0.1%，当配2001/2002系列测氧探头时，系统基本误差为满量程的1%，例如将氧气量程设置为10%时，绝对误差不超过0.1%氧气浓度。<br>氧化锆测氧系统的特点是实际测量的气体氧气浓度越低，绝对误差越小 |
| 标准气校准 | 单点校准，即一种标准气(可以是空气)校准探头的电池常数。<br>两点校准，即两种标准气校准探头的电池常数、斜率 |
| 电源 | 220V AC、50Hz。<br>仪器本身功耗小于20V·A，总功耗为仪器功耗加上传感器功耗。传感器功耗各不相同，2001正常工作时功耗为110V·A，2002功耗为0。仪器系统配接2001系列加热探头时，在启动瞬间会产生冲击电流，建议采用不小于3A的空气开关 |
| 环境温度和湿度 | 温度-10～55℃，湿度5%～95%RH(无结露) |
| 外形尺寸/mm | 300(高)×250(宽)×160(深) |
| 质量 | 5.5kg |
| 机箱 | 墙挂或者表面安装、室外露天安装时，可配外层防雨机箱，可提供用于危险场所的防爆箱 |
| 兼容性 | 独特的温控、氧气含量计算及标准气校准方式使仪器可配各种氧化锆测氧气传感器 |

## 6.4 工业酸度计

酸碱度对氧化、还原、结晶、吸附和沉淀等过程都有重要的影响，许多生产工艺中都涉及水溶液酸碱度的测量和控制。酸度计就是测量溶液酸碱度的仪表，又称pH计。用于工业生产过程中的工业酸度计可自动、连续地检测工艺过程中水溶液的酸碱度（pH值），还可以与调节仪表配合组成调节系统，实现对pH值的自动控制。

### 6.4.1 酸度测量原理

pH计是用电位法测量酸碱度的仪器，酸碱度通常用氢离子浓度来表示，由于氢离子浓度的绝对值很小，所以将溶液中的氢离子浓度取以10为底的负对数定义为pH值，即 $pH=-\lg[H^+]$。

把金属放在溶液内，一些金属原子将变成离子进入溶液中，使得金属表面失去离子而带负电，溶液带正电，由于异性相吸，金属离子不是均匀分布于溶液中，而是聚集在金属表面附近，双电极层在金属和溶液间产生电位差，称为电极电位。

任何一种电极的绝对电位都很难由试验直接测定，一般可以通过测定2个电极之间的相对电位差进行测定，这种由 2 个电极与溶液组成的装置称为原电池。这时，如果将 2 个电极用导线和电流表连接起来，导线中有电流通过，固定其中一个电位，就可以求得另一电极电位。pH 计的工作原理如图 6-9 所示。其中，一个电极是标准电极，它的电极电位保持不变，称为参比电极；另一个电极的电极电位随被测溶液的氢离子浓度变化而变化，称为测量电极或指示电极。

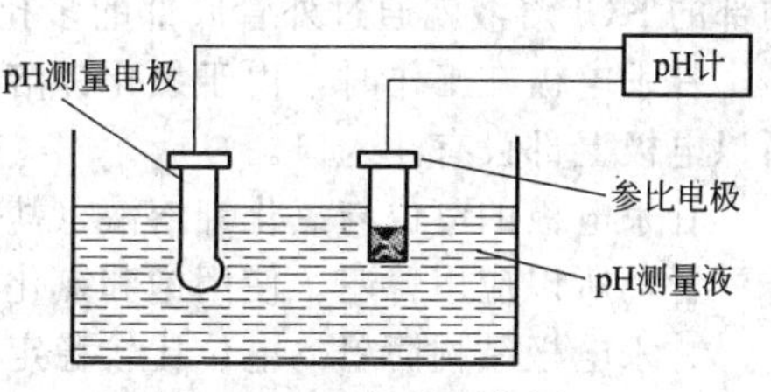

图 6-9　pH 计的工作原理

以电位法原理为基础构成的 pH 计包括发送和检测两个部分。发送部分主要包括参比电极和测量电极，检测部分主要包括检测电路和显示电路。如图 6-10 所示。

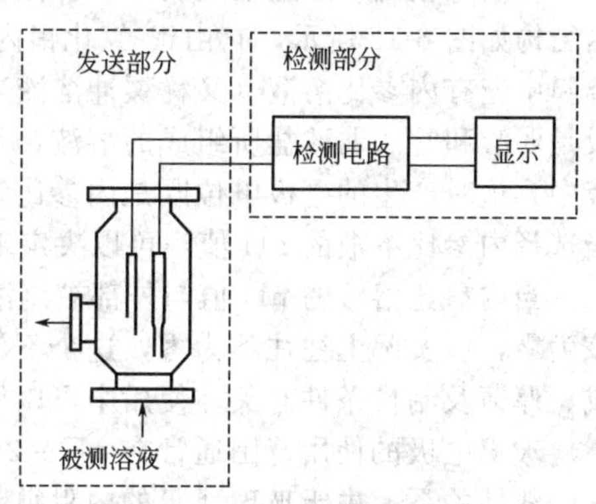

图 6-10　pH 计的构成

当被测溶液流经发送部分的参比电极和测量电极时，两电极间电势大小与被测溶液的 pH 值成对应关系。检测部分测量出电势的大小，并进行放大、转换，形成反映被测溶液 pH 值大小的标准电信号并显示和远传。

### 6.4.2　pH 计的电极

pH 计上常用的电极主要有甘汞电极、玻璃电极、锑电极和银-氯化银电极。老式酸度计一般用甘汞电极作参比电极，用玻璃电极作测量电极，目前酸度计上配套使用的电极大多数是复合电极。

(1) 甘汞电极

甘汞电极是常用的参比电极，其结构如图 6-11 所示，分内管和外管两部分。内管的上部装有少量的汞，并在里面插入导电用的引线，汞的下面是糊状的甘汞（氯化亚汞），它们是电极的主要部分。也就是将金属电极汞放到具有同名离子的糊状氯化亚汞中，从而产生电极电位。

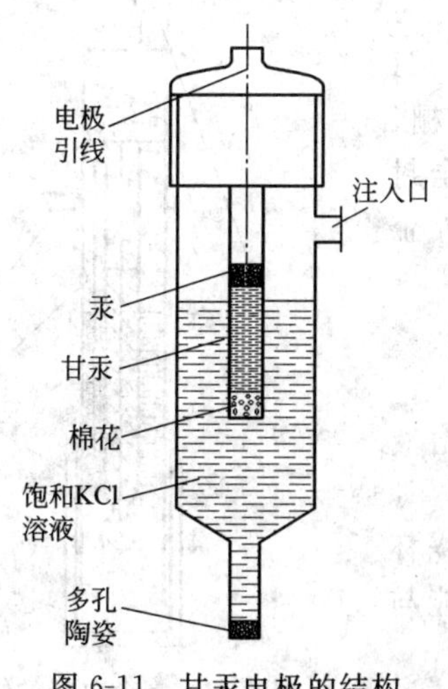

图 6-11　甘汞电极的结构

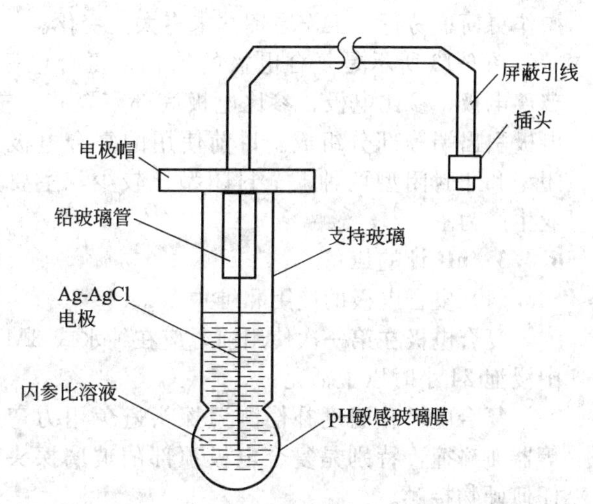

图 6-12　玻璃电极的结构

为了使甘汞电极与被测溶液进行电联系，中间必须设置盐桥。甘汞电极中采用饱和氯化钾溶液作为盐桥，内管的甘汞电极就插在装有饱和氯化钾溶液的外管中形成一个整体。为防止汞和氯化亚汞从内管流出，在内管的底部用棉花塞住。当甘汞电极插入被测溶液时，电极内部的 KCl 溶液就通过外管底部的多孔陶瓷渗透到被测溶液中，与被测溶液形成电流通路。

甘汞电极在工作时，由于氯化钾溶液不断渗漏，必须定时向电极外管内补充 KCl 溶液，所以电极上部设有注入口。

甘汞电极的电位与氯化钾溶液（盐桥）中氯离子浓度有关，因饱和氯化钾溶液不需要特殊配置，所以应用普遍。使用饱和氯化钾溶液作盐桥时，甘汞电极的电位是＋0.2458V。

甘汞电极结构简单，电位比较稳定，缺点是易受温度变化影响。

（2）玻璃电极

玻璃电极是工业上最通用的一种测量电极，根据不同用途可制成多种形式和尺寸。其基本结构如图 6-12 所示，它由银-氯化银内电极和敏感玻璃膜做成的球状外电极组成，敏感玻璃膜中充有内参比溶液（又称缓冲溶液），内参比溶液连接内电极和外电极。内参比溶液一般是弱酸和它的弱酸盐所组成的溶液，具有良好、恒定的 pH 值。玻璃外电极浸泡在被测溶液中，这时产生的电极电位既是内参比溶液 pH 值的函数，又是被测溶液 pH 值的函数。适当选择内参比溶液的 pH 值，可以决定玻璃电极的测量范围。

当内参比溶液的 pH 值与外部被测溶液的 pH 值相等时，敏感玻璃薄膜两边的电位差应该为零，但实际上往往不为零，这个不为零的电位被称为不对称电位，它的大小与玻璃的组成、厚薄及制作条件有关。使用中可以用外电路来补偿不对称电位。

玻璃电极的使用范围通常在 pH＝2～10 之间，这段范围内其输出值与 pH 值能保持良好的线性关系。由于玻璃薄膜的内阻很高，通常在 10～150MΩ 之间，这样高的内阻对信号转换带来困难，这就需要设计高输入阻抗的放大器来取出信号。玻璃电极的内阻与温度有密切关系，20℃以下时，内阻极高，随着温度的升高，内阻迅速下降，所以 pH 计通常还设有温度补偿装置。

将玻璃电极和甘汞电极同时插入被测溶液中，就构成了一个简单的 pH 检测器，它实质上是一个原电池。

（3）复合电极

老式酸度计通常使用分开的玻璃电极与甘汞电极，现在 pH 计上配套使用的电极大多数是复合电极。复合电极只是复合了上述两种电极的功能，操作更简单易行，工作原理并未有太大变化。

图 6-13 所示是复合电极的结构，复合电极主要由 pH 玻璃电极、参比电极、参比电极底部陶瓷芯、塑料保护栅、电极引出端等部分组成。目前使用的复合电极主要有全封闭型和非封闭型两种，全封闭型比较少，主要是以国外企业生产为主。

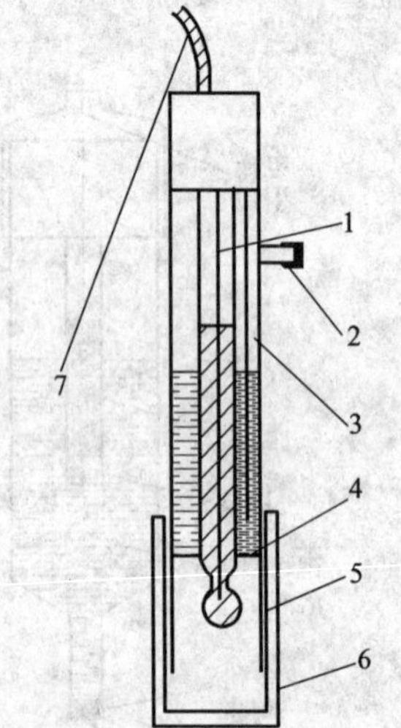

图 6-13 复合电极的结构
1—pH 玻璃电极；2—胶皮帽；3—参比电极；4—参比电极底部陶瓷芯；5—塑料保护栅；6—塑料保护帽；7—电极引出端

### 6.4.3 pH 计的应用

（1）复合电极的使用和维护

复合电极在第一次使用前，应在纯水或 3M 氯化钾溶液中浸泡 24 小时以上活化。

复合电极和温度补偿测温探头避免用力弯曲及与烧杯等器皿碰撞，特别是复合电极顶部的玻璃探头部分不能与任何硬物接触。

在操作中，要保持复合电极插孔和复合电极插头的清洁与干燥，不得用手触摸。取下复合电极时，须将洁净、干燥的短路插头插入电极插孔，以免灰尘、湿气等进入。

pH 电极存放的原则是使保存液与填充液相同。不使用时，应将复合电极的玻璃探头部分套在盛有 3M 氯化钾溶液的塑料套内。pH＝7 或 4 的缓冲液可用作短时间保存。

复合电极在使用时还应注意：不能用氯化钠溶液替代氯化钾，因为表面电离层不相同；决不能把电极干放；不要把电极储存在蒸馏水中；电极的校准频率取决于使用、保养、样品性质以及测量精度，至少每周校准一次；更换电极或电极长久未使用，在使用前必须先校准；投入使用时间达到 1 年或出厂时间达到 2 年的复合电极均应报废；复合电极的更换、启用、活化情况、出厂日期、启用日期等均应记录。

（2）标准缓冲溶液的配制

标准缓冲溶液是用相应的化学试剂和纯水按照要求配制而成的，它具有相对稳定的 pH 值，用于校准 pH 计。常用的标准缓冲溶液配制试剂如下。

苯二甲酸氢盐：25℃时 pH＝4.01。

磷酸氢二钠和磷酸二氢钾：25℃时 pH＝6.86。

硼砂：25℃时 pH＝9.18。

**标准缓冲溶液的配制方法**

① 准备好配置标准缓冲溶液所需的化学试剂，检查包装袋上注明的试剂名称、25℃时的 pH 值、配制溶液的体积（250ml）和生产厂家等。

② 取出化学试剂的包装袋，剪开上端一角，将试剂倒入烧杯中。用少量纯水冲洗包装袋的内表面，将袋中残余部分洗入烧杯，重复三次。

③ 向烧杯内加注纯水，一直到约 80～100mL，用玻璃棒搅动直至试剂全部溶解，将溶液转移到容量瓶内；用 20～30mL 纯水清洗烧杯，并将清洗液转移到容量瓶中，如此重复 3 次。

④ 将配制完成的标准缓冲溶液转移到洗净并干燥好的试剂瓶中，贴好标签，标签上标注标准缓冲溶液的名称、pH 值、配制时间和配制人员姓名。将标准缓冲溶液妥善保存备用。

**标准缓冲溶液的使用和保存**

① 缓冲溶液用带盖试剂瓶保存，瓶盖盖严。在常温下保存和使用标准缓冲溶液时，应避免太阳直射。保存 1 周以上时，应放置在冰箱的冷藏室内（4～10℃）。

② 缓冲溶液的保存和使用时间不得超过 3 个月。

③ 不能使用容量瓶保存配制好的标准缓冲溶液，以免影响容量瓶的精确度。碱性标准缓冲溶液配制后，应使用聚乙烯塑料的试剂瓶保存。

④ 发现标准缓冲溶液中有浑浊、沉淀出现，应立即停止使用，重新配制。

（3）pH 值与温度的关系

① 标准缓冲溶液的 pH 值，随温度有小幅度的变化。因此，在使用标准缓冲溶液进行仪器校准时，要根据标准缓冲溶液的温度，从表 6-4 中查出或内插计算出对应的 pH 值。

**表 6-4 标准缓冲溶液的 pH 值与温度**

| 温度/℃ | ……pH7……pH4……pH9.2 |
|---|---|
| 10 | ……6.92……4.00……9.33 |
| 15 | ……6.90……4.00……9.28 |
| 20 | ……6.88……4.00……9.23 |
| 25 | ……6.86……4.00……9.18 |
| 30 | ……6.85……4.01……9.14 |
| 40 | ……6.84……4.03……9.01 |
| 50 | ……6.83……4.06……9.02 |

② 酸度计显示的是当前温度下的 pH 值。

③ 如果需要得到 25℃时的 pH，必须把溶液温度升至 25℃，再进行测量。

④ 酸度计仪表只能补偿温度对 pH 电极的影响，不补偿温度对样品的影响。

(4) 复合电极的安装

根据工艺需要，复合电极可以采用多种方式安装在工艺设备上，如图 6-14 所示。

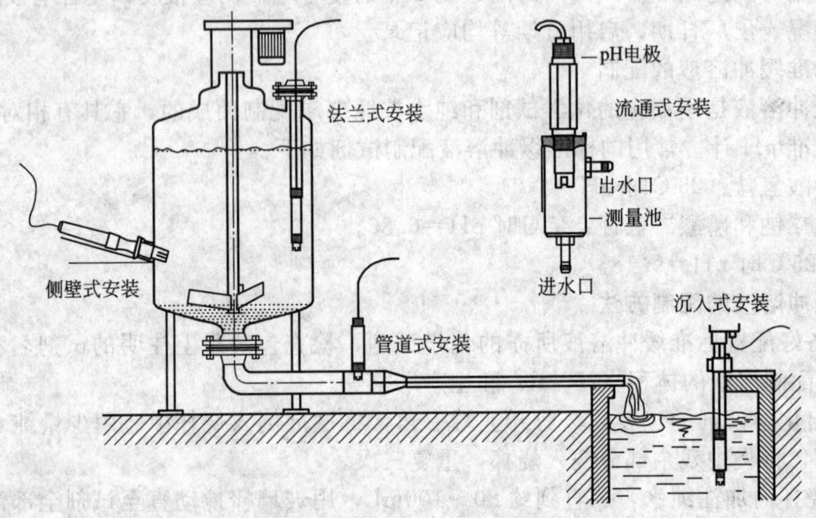


图 6-14 pH 计复合电极的安装方式

① 流通式安装 流通式安装采用专用的不锈钢测量池将生产设备中的被测液体引出，被测液体从测量池底部流入，侧面流出，复合电极从测量池的顶部装入。

② 沉入式安装 将电极顶部的螺纹与护套管连接，电极引线从护套管里穿出。护套管连同电极一起沉入生产设备，适用于开放式生产设备上。

③ 法兰式安装 电极前端采用法兰式连接结构，通过法兰盘与设备相连。

④ 管道式安装 将电极前端的螺纹与管道相连接，也可采用法兰连接。

⑤ 侧壁式安装 将电极前端的螺纹与设备侧壁相连接，也可采用法兰连接。

(5) 检测部分的选用

检测部分的作用是接收复合电极测出的与被测溶液 pH 值对应的电势信号，放大并转换成标准电流信号。检测部分通常是数字式显示仪表，一般带有 pH 值的显示、4～20mA 输出、上下限报警等功能。不同厂家的仪表在功能和操作设计上有所不同，但应用原理是一样的。复合电极通过屏蔽线插头或接线端子与数显表相连，具体连接方式可以查阅 pH 计说明书。

下面列出一款 pH 计的技术指标，供学习参考。

测量范围：0.00～14.00 (pH 值)。

分辨率：0.01 (pH 值)。

准确度：±0.2 (pH 值)。

稳定性：≤0.05(pH 值)/24h。

温度补偿范围：0～60℃。

介质温度：5～50℃。

螺纹尺寸：3/4″管螺纹。

介质压力：0～0.5MPa。

显示方式：3½位 LCD 显示。

供电电源：(1±10%)220V AC，50Hz。

电源消耗：5W。

环境条件：温度 0～50℃；湿度≤85%RH。

外形尺寸：48mm×96mm×100mm（高×宽×深）。

开孔尺寸：45mm×91mm（高×宽）。

# 6.5　工业电导仪

工业电导仪是以测量溶液的电化学性质为基础，通过测量溶液的电导而间接得知溶液的浓度的仪表。

## 6.5.1　工业电导仪的测量原理

(1) 电导法测量溶液浓度

如图 6-15 所示，通过两根电极将电源和检流计接入溶液中，溶液因离子导电而使电路接通，两个电极之间的液体就相当于电路中的一个导电元件。

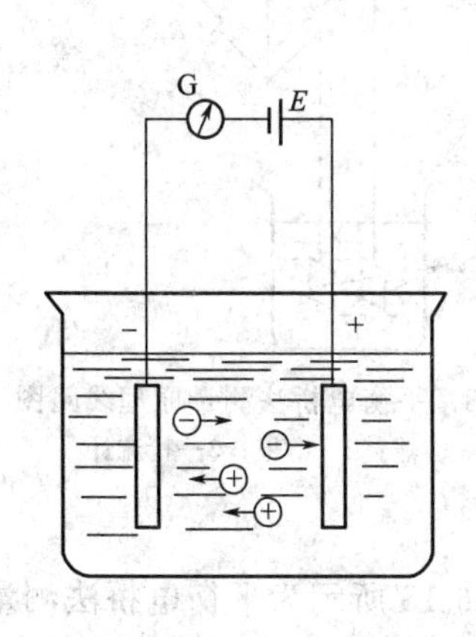


图 6-15　溶液的导电特性

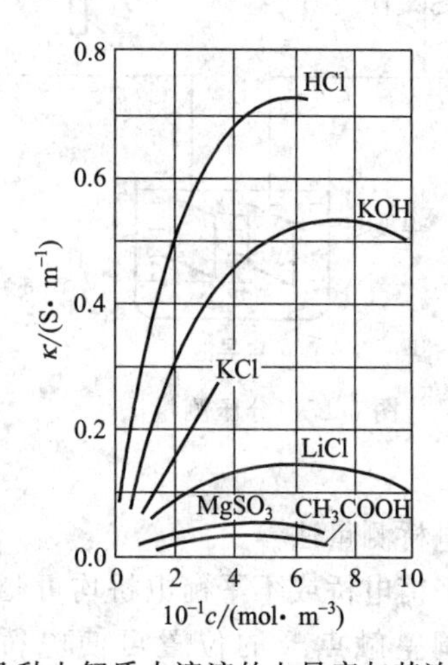


图 6-16　几种电解质水溶液的电导率与其浓度的关系

溶液的导电特性用电导和电导率表示。溶液的电导为电阻的倒数，即电导 $G=1/R$；电导率为电阻率的倒数，即电导率 $\kappa=1/\rho$。

电导率的大小既取决于溶液的性质，又取决于溶液的浓度。即对同一种溶液，浓度不同时，其导电性能也不同。所以，测量溶液的电导率，可以间接测量溶液浓度的大小。

(2) 电导率与溶液浓度的关系

某一温度下，几种电解质水溶液的电导率与其浓度的关系如图 6-16 所示。由图可知，在相同浓度下，强电解质（HCl、KOH 等）具有较大的电导率，而弱电解质（HAC）的电导率却小得多。

该图的另一个特点是有很多曲线出现极大值，这表示浓度从两个相反的方向影响电导率。电解质溶液的电导来源于离子的电迁移，溶液中离子数目增多可使电导率增大，当浓度增大到一定值时，离子数目虽然增多，但离子之间相互作用力加强，使电迁移速率降低，故浓度太大时，电导率反而减小。

## 6.5.2　溶液电导的测量方法

在实际测量中，都是通过测量两个电极之间的电阻来求取溶液的电导，最后确定溶液的浓度。

溶液电阻测量要比金属电阻测量复杂得多。溶液电阻测量只能采用交流电源供电的方法，因为直流电会使溶液发生电解，使电极发生极化作用，给测量带来误差。另外，相对金属来说，溶液的电阻更容易受温度的影响。目前常用的测量方法有分压测量法和电桥测量法两种。

(1) 分压测量法

分压测量法如图 6-17 所示，通过测量分压电阻 $R_k$ 上的电压 $U_k$ 和电流 $I$，推算出电导池两极板间的电压和电阻 $R_x$。

$$R_x=\frac{U-U_k}{I}$$

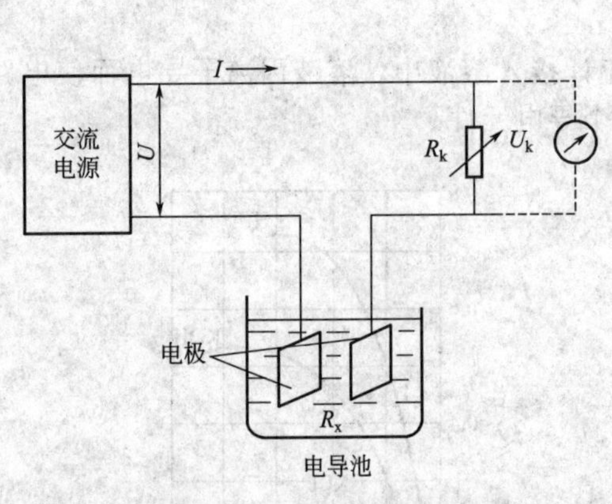


图 6-17 分压测量法

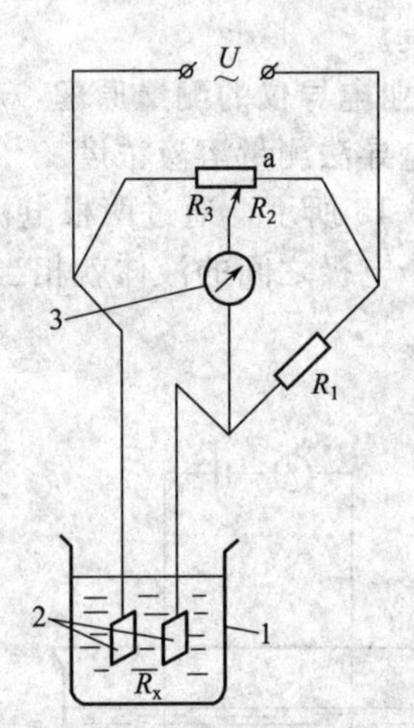


图 6-18 平衡电桥法测量原理线路图

1—容器；2—电极；3—检流计

(2) 电桥测量法

应用平衡电桥或不平衡电桥均可测量溶液电阻 $R_x$。图 6-18 所示为平衡电桥法测量原理线路图，调整触点 a 的位置可使电桥平衡，电桥平衡时，通过 $R_1$、$R_2$ 和 $R_3$ 可以计算出 $R_x$。

### 6.5.3 测量电极

(1) 电极的内部结构

工业电导仪的测量电极通常制作成筒状和环状。筒状电极由两个直径不同但高度一样的金属圆筒组成，如图 6-19(a) 所示。环状电极由两个具有同样尺寸的金属电极环套在一个玻璃内管上组成，如图 6-19(b) 所示。

(2) 电极的安装

电极通常有四种安装方式：流通式、沉入式、管道式、法兰式。

测量电极的顶部装有接线盒，接线盒下部采用螺纹或法兰结构，以便与测量池或生产设备密封连接。螺纹结构的测量电极如图 6-20(a) 所示。

一般情况下，按流通式安装配置。流通式安装采用专用的不锈钢测量池将生产设备中的被测液体引出，被测液体从测量池底部流入，侧面流出，适用于软、硬管连接的水路，如图 6-20(b) 所示。进出水管的外径有 $\phi$6mm、$\phi$8mm、$\phi$10mm 和 $\phi$12mm 四种规格，以满足用户的不同需求。

测量电极从顶部装入测量池，安装时根据现场情况，用所配胶垫和卡箍可做穿板式安装和挂式安装，如图 6-20(c)、(d) 所示。

电极的其他安装方式可参看图 6-14（pH 计复合电极的安装方式）。电极沉入式安装，

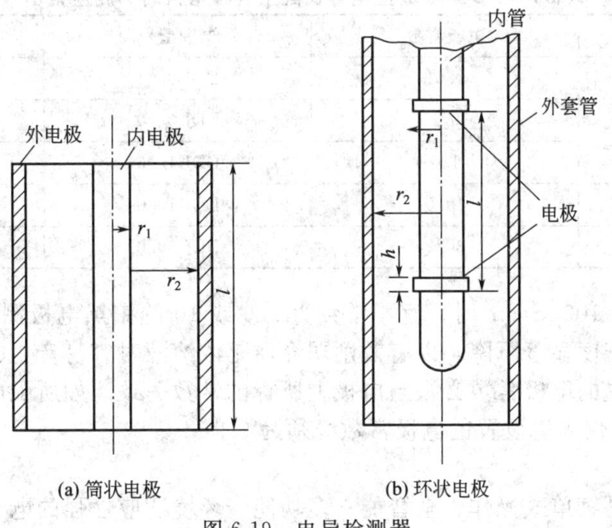


(a) 筒状电极　　(b) 环状电极

图 6-19 电导检测器

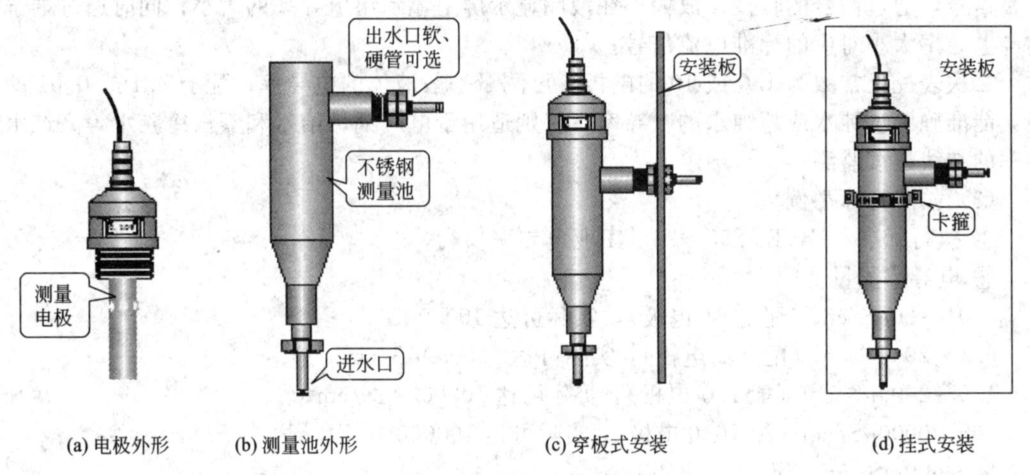


(a) 电极外形　(b) 测量池外形　(c) 穿板式安装　(d) 挂式安装

图 6-20 测量池装配图

将电极顶部的螺纹与护套管连接，电极引线从护套管里穿出，护套管与电极一同沉入开放式的生产设备中。电极管道式安装，将电极前端的螺纹与管道相连接即可。电极法兰式安装，电极前端的接线盒下部采用法兰式连接结构，通过法兰盘与设备相连，通常配 $DN$80、$DN$100 等法兰盘。

### 6.5.4 工业电导仪的应用

工业电导仪可广泛应用于化工、环保、制药、生化、火电、冶金、食品和自来水等行业中溶液电导率的连续监测。

(1) 电极的选择与使用

根据被测水样电导率的大小范围，选择合适的电极是准确测量的关键。

选择电极的基本原则：根据被测水样电导率的大小范围，用测量范围的起始值作电极常数，选择常数合适的电极。例如，表 6-5 是 DDG-2080 型电导仪配上各种电极后的测量范围。在选择电极时，最易出现的错误是“选择大常数的电极测低电导率”。如选 1.0 电极常数的电极测 $<3\mu S/cm$ 的水样，这不可能得到准确的值。因为低电导率介质的导电性很差，若再用大电极常数的电极去测量，则只会得到更微弱且不稳定的电信号，势必大幅度增加测量误差。

表 6-5 DDG-2080 型电导仪配上各种电极后的测量范围

| 测量范围 | 电极常数 | 电极型号 | 备注 |
| --- | --- | --- | --- |
| 0.01～20μS/cm | 0.01 | DDJ-0.01 | 做流动密闭测量 |
| 0.1～200μS/cm | 0.1 | DDJ-0.10 | |
| 1～2000μS/cm | 1.0 | DDJ-1.00 | |
| 10～20000μS/cm | 10.0 | DDJ-10.0 | |
| 30～600mS/cm | 30.0 | DDJ-30.0 | |

当介质电导率＞100μS/cm 时，宜用常数为 1.0 或 10 的铂黑电极测量以增大有效面积，使电极表面的电流密度显著下降，以有效削弱介质是浓溶液时容易产生的电极极化影响。

二次仪表中设置的电极常数必须与电极上所标的常数一致。如所配电极上标注的电极常数为 0.102，则二次仪表里设置的电极常数必须为 0.102。

(2) 二次仪表

二次仪表通常是菜单式操作、全智能、多功能、环境适应性强的电子式数显表。

二次仪表中的输入部分可以采用分压测量电路或电桥测量电路等方式，接收测量电极的测量信号，通过信号的转换、放大，在液晶显示屏上显示出电导率的大小，同时通过端子输出与电导率大小对应的标准电流信号。

二次表配上常数为 1.0 或 10 的电极，可测量一般液体的电导率；配上 0.1 或 0.01 的电极，能准确测量纯水或超纯水的电导率，特别适用于电厂锅炉给水和蒸汽冷凝水等高纯水电导率的在线连续监测。

(3) 技术指标举例

① 执行标准：JB/T 6855—93《工业电导率仪》。

② 电导率测量范围：

0.01～20μS/cm（配 0.01 电极），实际可达 100.0μS/cm；

0.1～200μS/cm（配 0.1 电极），实际可达 1000.0μS/cm；

1.0～2000μS/cm（配 1.0 电极），实际可达 10000.0μS/cm；

10～20000μS/cm（配 10.0 电极），实际可达 100000.0μS/cm；

30～600mS/cm（配 30.0 电极）。

③ 电子单元基本误差：电导率为±0.5%FS，温度为±0.3℃。

④ 自动温度补偿范围：0～99.9℃，25℃为基准温度。

⑤ 被测水样：0～99.9℃，0.6MPa。

⑥ 仪器基本误差：电导率为±1.0%FS，温度为±0.5℃。

⑦ 电子单元自动温度补偿误差：±0.5%FS。

⑧ 电子单元重复性误差：±0.2%FS±1 个字。

⑨ 电子单元稳定性：±0.2%FS±1 个字/24h。

⑩ 电流隔离输出：0～10mA（负载＜1.5kΩ），4～20mA（负载＜750Ω）。

⑪ 输出电流误差：≤±1%FS。

⑫ 电子单元环境温度影响误差：≤±0.5%FS。

⑬ 电子单元电源电压影响误差：≤±0.3%FS。

⑭ 报警继电器：220V AC、3A。

⑮ RS-485 通信接口。

⑯ 电源：(1±10%)220V AC，50Hz±1Hz。

⑰ 防护等级：IP65。

⑱ 时钟精度：±1分/月。

⑲ 数据存储量：1个月（1点/5分钟）。

⑳ 数据连续掉电保存时间：10年。

㉑ 外形尺寸：146mm×146mm×108mm(长×宽×深)。

㉒ 开孔尺寸：138mm×138mm。

㉓ 质量：0.8kg。

㉔ 工作条件：环境温度0～60℃，相对湿度<85%RH。

㉕ 可配0.01、0.1、1.0、10.0、30.0五种电导电极。

## 习　题

6-1　工业分析仪表的用途是什么？

6-2　热导式气体分析仪的测量条件有哪些？举例说明若被测气样不满足测量条件时应如何处理？

6-3　热导式气体分析器中热导池的工作原理是什么？参比桥臂在测量中起什么作用？

6-4　简述氧浓差电池测量氧气含量的原理？

6-5　氧化锆氧分析仪探头的测量条件是什么？

6-6　简述pH计常用的安装方式？

6-7　电导率与被测溶液浓度有什么关系？常用的溶液电导测量方法有哪些？

# 第7章　控制室仪表

控制室仪表就是安装在控制室的仪表，也称为二次表，主要用来接收现场仪表或传感器送来的信号，用来进行工艺参数的显示、记录、调节和报警等。

## 7.1　控制室仪表的种类及安装

### 7.1.1　控制室仪表的种类

常见控制室仪表有调节器、显示器、无纸记录仪、安全栅、操作器等。

调节器在冶金、石油、化工、电力等各种工业生产中应用极为广泛。要实现生产过程自动控制，无论是简单的控制系统，还是复杂的控制系统，调节器都是必不可少的。调节器是工业生产过程自动控制系统中的一个重要组成部分。它把来自检测仪表的信号进行综合，按照预定的规律去控制执行器的动作，使生产过程中的各种被控参数，如温度、压力、流量、液位、成分等符合生产工艺要求。

显示器是用来显示被测参数测量值的仪表。显示器直接接收检测元件、变送器或传感器的输出信号，然后经测量线路的显示装置，把被测参数进行显示，以便提供生产所必需的数据，让操作者了解生产过程进行情况，更好地进行控制和生产管理。

无纸记录仪采用基于ARM内核的高档处理器，实现高速信息采集和处理，大容量闪存芯片可实现超长时间数据存储；可以输入标准电流、标准电压、热电偶、热电阻等信号；具有传感器隔离配电、继电器输出、流量积算、温压补偿、热能积算、PID调节、历史数据转存及通信功能；同时采用U盘作为外部转存介质，可将数据转存到计算机上，实现数据永久保存、分析和打印；主要应用在热处理、食品、化工、电力、冶金、石油、建材、造纸、制药和水处理等工业场合，是替代传统有纸记录仪的新一代仪表。

安全栅是构成安全火花防爆系统的关键仪表，安装在控制室内，是控制室仪表和现场仪表之间的关联设备。其作用是：系统正常时保证信号的正常传输；故障时限制进入危险场所的能量，确保系统的安全火花性能。目前常用的安全栅有齐纳式安全栅和变压器隔离式安全栅。

操作器用于直接输出阀位给定信号，驱动控制阀门常用于手动给定控制。

### 7.1.2　控制室仪表的安装

(1) 仪表盘的型号及盘面布置

控制室仪表一般安装在仪表盘上，仪表盘结构有屏式仪表盘（KF）、框架式仪表盘（KK）、柜式仪表盘（KG）和通道式仪表盘（KA）及其变型品种，设计时可根据情况选用。控制室内安装的仪表宜采用框架式（高度一般选用2100mm，深度一般不小于600mm）。对电动单元组合仪表为主的仪表盘宜采用通道式，仪表盘数量较少时可采用屏式或柜式仪表盘。环境较差的小型控制室现场安装的仪表盘宜采用柜式仪表盘。

仪表盘面宜分三段布置：上段距地面标高在1650～1900mm范围内，宜布置指示仪表、闪光报警器和信号灯等监视器件；中段距地面标高在1000～1650mm范围内，宜布置需要经常监视的重要仪表，如记录仪表、调节仪表；下段距地面标高在800～1000mm范围内，宜布置操作类器件，如操作器、遥控板、切换开关和控制按钮等。

仪表在盘后框架上的布置一般可分三段：上段距地面高1600m左右，布置报警单元、给定单元、分电盘、防爆栅等；中段距地面标高1200mm左右，布置计算单元、转换单元等；下段距地面标高500mm左右，布置端子板、电源箱等。

仪表盘盘内配线和配管：仪表盘盘内配线可采用明配线或暗配线。明配线要挺直，暗配线用汇线槽。电源线应与信号线分开敷设。电源线端子和信号线端子之间应采用标记型端子分隔。本质安全型仪表信号线与非本质安全型仪表信号线应分开敷设。对本质安全系统配线，其导线颜色应为蓝色。本质安全型仪表信号线的接线端子应与非本质安全型仪表信号线或其他端子分开，其间隔不应小于50mm，并应装有防护罩。

进出仪表盘的导线应通过接线端子进行连接，但热电偶的补偿导线及特殊要求的仪表接线可直接接到仪表盘的仪表上。除特殊电缆电线外，盘与盘之间接线，必须经过端子板。接线端子的备用量一般不应小于每个盘总量的10%，闪光报警器、灯的备用量按总量10%左右考虑。

仪表盘内应设置必要的检修电源插座。进出仪表盘的气动管线必须经过穿板接头，用$\phi$6mm×1mm紫铜管或尼龙管由穿板接头接到相应的仪表上，穿板接头宜安装在仪表盘上方，在每个穿板接头处应有铭牌标明用途和仪表位号。

（2）盘面仪表与架装仪表固定方式

盘面仪表是指仪表安装在正常使用时，操作人员可接近的盘面上（由一个或几个安装仪表的屏、柜、台或架组成的构件，如室内的DCS操作台等）的仪表。架装仪表是指仪表安装在正常使用时工艺操作人员不能接近（只有仪表等专业人员可以接近，进行操作、维护）的仪表盘区域之内的仪表。

**盘面仪表安装**

在盘面安装仪表时，应由两人配合，一人在盘前将仪表放入安装孔并夹住仪表，另一人在盘内找正并固定专用卡子或托架。仪表应用水平仪找正。仪表固定后，盘外的人应后退3～4m，观察仪表安装得是否横平竖直。

仪表附有固定用卡子或托架，一般有下列几种固定方式。

① 仪表外壳两侧各有两个安装口，如图7-1(a)所示，带有凸销的安装板分别插在仪表两侧的安装口内，用如图7-1(b)的方法拧紧螺丝，就可将仪表固定在盘面上。固定后，如图7-1(c)所示。

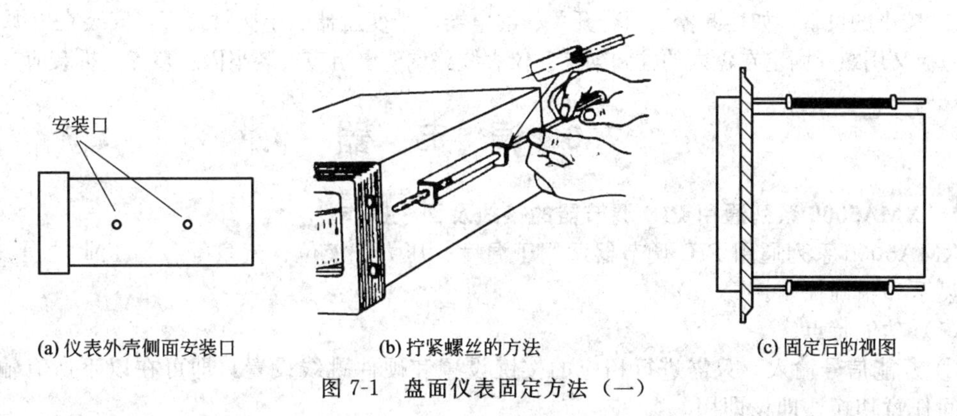


(a) 仪表外壳侧面安装口　(b) 拧紧螺丝的方法　(c) 固定后的视图

图7-1　盘面仪表固定方法（一）

② 仪表外壳两侧各有一个安装孔，有槽的螺母将带长孔的夹板夹在中间，如图7-2所示。拧紧螺丝，就能将仪表固定在盘面上。

③ 仪表外壳下方带有托架，托架插入仪表外壳下方的安装口中，如图7-3所示。拧紧螺丝，就能将仪表固定住。

④ 对于较重和深度尺寸较大的仪表，除使用安装支架固定外，还应在仪表尾部下侧安装支撑角钢，如图7-4所示。

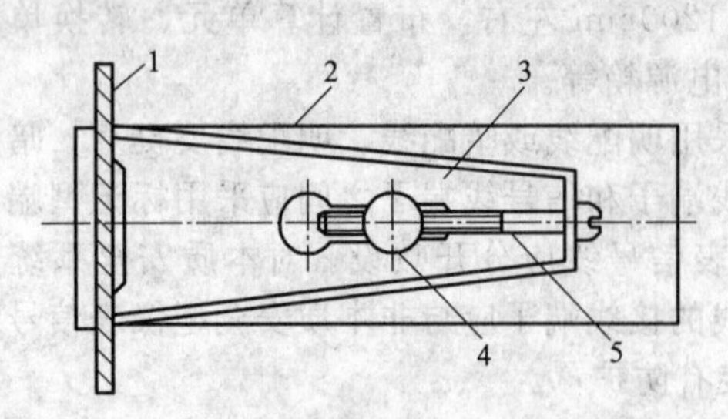


图 7-2 盘面仪表固定方法（二）

1—盘面；2—仪表；3—卡板；4—螺母；5—螺丝

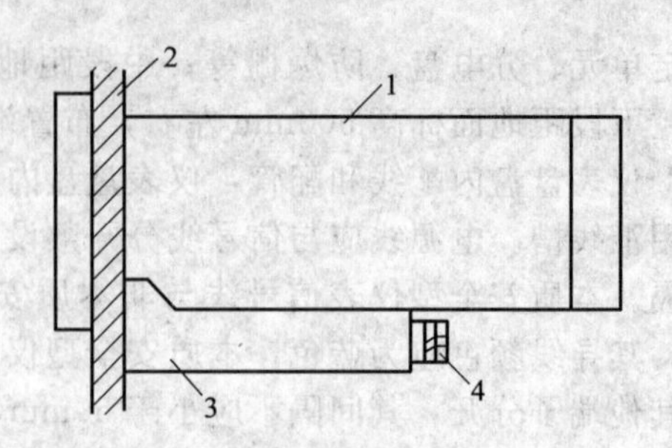


图 7-3 盘面仪表固定方法（三）

1—仪表；2—盘面；3—卡板；4—螺丝

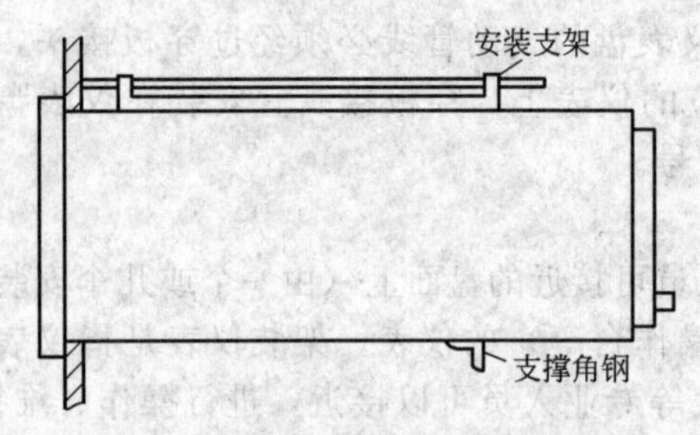


图 7-4 盘面仪表固定方法（四）

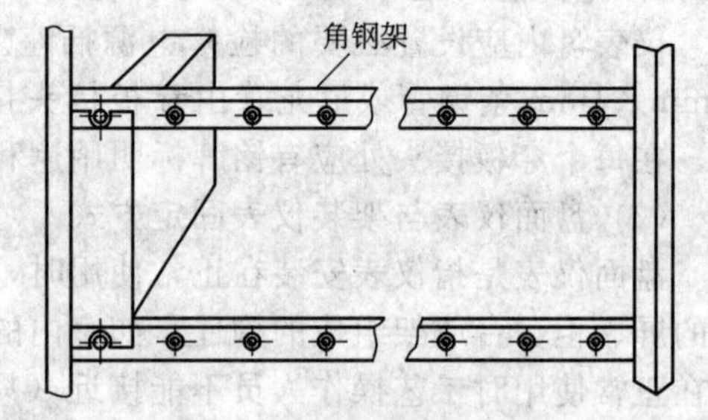


图 7-5 架装仪表的固定方法

盘面设备安装除仪表外，还有转换开关、切换开关、按钮、光字牌、信号灯、切换阀等，均要求安装整齐、牢固。

**架装仪表安装**

架装仪表用螺栓固定在角钢架上，如图 7-5 所示，一般采用密集安装方式。

盘内设备安装应设置在便于操作、检查和维修的位置，并应排列整齐，固定牢固。盘内设备的安装分三种情况。

① 较大设备，如稳压器、电源变压器等，安装在专设的支架上并用螺丝固定。

② 中型的设备，如伺服放大器等，挂装在专设的花槽钢或花角钢上并用螺丝固定。

③ 较小的设备，如熔断器、组合开关、继电器、小变压器、小接触器等，安装在电源板上，而电源板又用螺丝固定在盘内的柱和梁上。仪表线路调整电阻应安装牢固、整齐，拆装应方便。

# 7.2 调 节 器

## 7.2.1 XMA5000 系列通用 PID 调节器的接线及面板操作

XMA5000 系列通用 PID 调节器适用于温度、压力、液位、流量等各种工业过程参数测量、显示和精确控制。

(1) 功能特点

① 万能信号输入　只需进行相应的按键设置和硬件跳线设置，即可在以下所有输入信号之间任意切换，即设即用。

热电阻：Pt100、Cu50、Cu100、Pt10。

热电偶：K、E、S、B、T、R、N。

标准信号：0～10mA、4～20mA、0～5V、1～5V。

霍尔传感器："mV"输入信号，0～5V 以内任意信号按键即设即用。

远传压力表：30～350W，信号误差在现场用按键修正。

其他由用户特殊订制的输入信号。

② 多种给定方式可选

• 本机给定方式（LSP）：可通过面板上的增减键直接修改给定值，也可以加密码锁定不让修改。

• 时间程序给定（TSP）：时间程序给定曲线如图7-6所示，每段程序最长6000min；曲线最多可设16段。

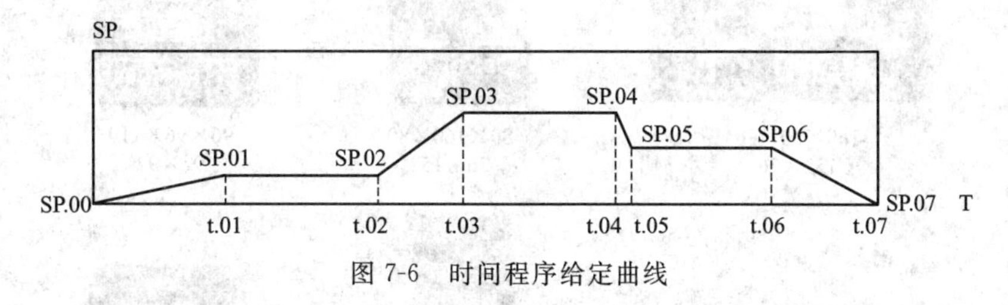


图7-6 时间程序给定曲线

• 外部模拟给定（远程给定）（RSP）：0～10mA、4～20mA、0～5V、1～5V通用。

③ 多种控制输出方式可选择（96mm×96mm、72mm×72mm方表和48mm×96mm小表多种控制输出之间可模块切换）

0～10mA、4～20mA、0～5V、1～5V控制输出；时间比例控制继电器输出（1A、220V AC阻性负载）；时间比例控制5～30V SSR控制信号输出；时间比例控制双向可控硅输出（3A，600V）；单相两路可控硅过零或移相触发控制输出（独创电路可触发3～1000A可控硅）；三相六路可控硅过零或移相触发控制输出（独创电路可触发3～1000A可控硅）；外挂三相SCR触发器。

④ 专家自整定算法 独特的PID参数专家自整定算法，将先进的控制理论和丰富的工程经验相结合，使得XMA5000系列PID调节器可适应各种现场，对一阶惯性负载、二阶惯性负载、三阶惯性负载、一阶惯性加纯滞后负载、二阶惯性加纯滞后负载、三阶惯性加纯滞后负载这六种有代表性的典型负载的全参数测试表明，PID参数专家自整定的成功率达95%以上。

可带RS-485/RS-232/Modem隔离通信接口或串行标准打印接口；单片机智能化设计；零点、满度自动跟踪，长期运行无漂移，全部参数按键可设定；FBBUS-ASCII码协议与MODBUS-RTU协议可选（MODBUS-RTU协议仅用于Modbus选项，接线方式与RS-485相同）。

（2）技术指标（表7-1）

**表7-1 XMA5000系列通用PID调节器技术指标**

| | |
|---|---|
| 使用条件 | 环境温度：0～50℃。相对湿度：≤90%RH |
| 电源电压 | 90～265V AC(50～60Hz)或(1±10%)24V DC |
| 基本误差 | 0.5%FS±1字 |
| 显示分辨率 | 0.001,0.01,0.1,1 |
| 输入特性 | 电偶型：输入阻抗大于10MΩ<br>电阻型：引线电阻要求0～5Ω,三线相等<br>电压型：输入阻抗大于300kΩ<br>电流型：输入阻抗250Ω |
| 输出特性 | 继电器容量：3A/220V AC或3A/24V DC,阻性负载<br>48mm×96mm小表及96mm×96mm方表：0.5A/240V AC<br>电流型变送器输出负载阻抗：小于600Ω<br>电压型变送器输出负载阻抗：大于200kΩ |
| 内部冷端补偿温度范围 | 0～50℃ |
| 变送器电源输出 | 电压(1±10%)24V DC,最大电流22mA,可直接配接二线制无源变送器 |
| 功耗 | <3W |
| 质量 | <0.5kg |

(3) 仪表外形及尺寸（图 7-7）

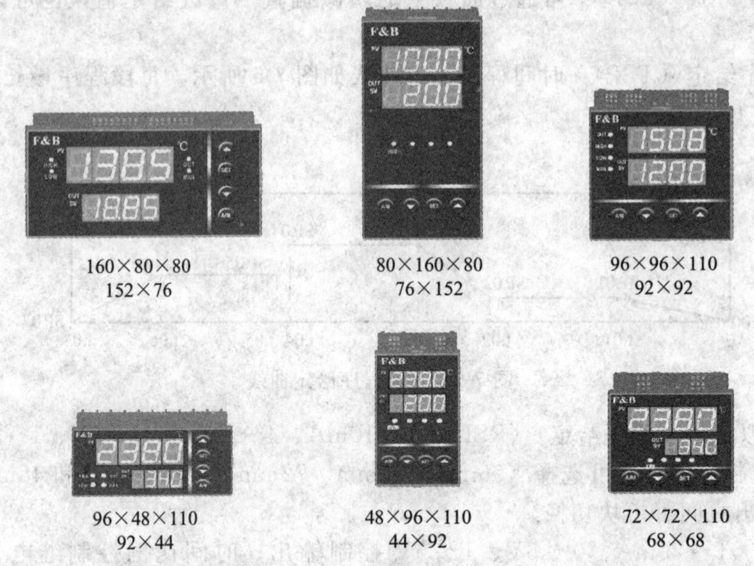


图 7-7 XMA5000 调节器外形尺寸图（上排为外形尺寸，下排为开孔尺寸，单位为 mm）

### 7.2.2 SLPC 可编程调节器

SLPC 可编程调节器是 YEWSERIES 80 单回路数字控制仪表系列（简称 YS-80 系列）中最有代表性的可编程仪表。本节主要讲述 SLPC * E 型（功能增强型）可编程调节器。

#### 7.2.2.1 SLPC 可编程调节器的性能

(1) 主要技术指标

模拟量输入信号：1～5V DC，共 5 路。

模拟量输出信号：1～5V DC，共 2 路，负载电阻≥2kΩ。

模拟量输出信号：4～20mA DC，共 1 路。

状态量输入信号：接点或电压电平，共 6 路。

状态量输出信号：晶体管接点（共用型）。

状态输入信号规格：接点信号 200Ω 以下为 ON，100kΩ 以上为 OFF。

电平信号：－1～＋1V DC 为 ON，4.5～30V DC 为 OFF。

比例度 δ：6.3%～999.9%。

积分时间：$T_I$：1～9999s。

微分时间：$T_D$：0～9999s。

控制功能：基本控制功能、串级控制功能、选择控制功能。

控制要素：标准 PID 控制要素、采样 PI 控制要素、批量 PID 控制要素。

程序功能：主程序 99 步，子程序 99 步，控制运算周期 0.1s 或 0.2s。

供电电源：交直流两用，无交直流电源转换开关。

100V 规格：20～130V DC，无极性；80～138V AC。

220V 规格：120～340V DC，无极性；138～264V AC。

(2) 主要功能

① 信号及参数显示、设定功能

• 正面板显示、设定功能。正面板可显示 PID 控制运算的测量值 *PV*、给定值 *SV* 及输出电流。给定值 *SV* 及手动方式时，设定输出电流，显示并设定运行方式 C、A 或 M，由指示灯显示报警和故障信号。

• 侧面板显示、设定。侧面板的键盘和数码显示器可选择显示许多种参数的数值。例如，各输入、输出信号，PID控制运算的测量值、给定值，偏差和比例度，积分时间，微分时间，各种报警设定值，运算用的各种可变参数等。上述各种参数中，大部分还可用键盘进行设定、变更。侧面板还可进行PID控制正/反作用设定等。

② 运算控制功能　对若干个模拟量、状态量输入信号进行46种运算，运算结果以模拟量、状态量输出。

③ 自整定功能　有的SLPC调节器具有自整定功能（STC）。它是利用微处理机技术，将熟练的操作人员、系统工程师的参数整定经验整理成多种调整规程，编成程序储存在ROM的“知识库”中。在调节器控制运行过程中，由调节器内的微处理机根据各项调节指标的实际状态反映出来的控制对象的特性及其动态变化，自动选择调用知识库中的调整规程，计算出PID调节参数（比例度、积分时间、微分时间等）时应取的最佳数值，向操作人员显示或进行自动变更，从而达到最佳控制效果。什么样的控制效果是最佳效果，应针对具体生产过程而定。例如，有的过程主要要求被调参数的超调量很小，有的则着重于要求被调参数衰减振荡的收敛较快等。不同的生产过程对控制效果各项指标的要求可能各有侧重，STC功能针对这些情况设计了四种控制目标形式，可由用户设定。这种自整定功能通常被称为“专家系统”。

④ 通信功能　SLPC既可在没有上位机系统的情况下独立工作，也可与上位机系统（YEWPACK或CENTUM集散控制系统）连接，进行数据通信，在集散控制系统的操作站集中监视、管理下工作，成为集散控制系统的一个基层组成部分。

⑤ 自诊断功能　能实施周期性自诊断。当有内部电路的重要器件发生故障，或运算出现异常，或过程参数发生异常等情况时，即可通过面板指示灯FAIL或ALM将异常信息告知操作人员，同时自动采取某些应急措施。如果要了解异常情况的具体内容，可通过侧面板的键盘操作在显示器显示。SLPC还有一组自诊断标志寄存器FL17～FL29，当发生某种异常情况时，其中相应的某个寄存器内的状态信号自动由0变为1，可利用用户程序检出。

(3) 运算控制功能的选定

SLPC内的微处理机软件有系统软件（管理程序）与应用软件。应用软件包括过程控制软件包与用户程序。SLPC具有生产过程控制需用的几十种运算控制功能，每一种运算功能都有一段相应的实现该功能的程序，也称为功能模块。这许多段程序作为资料化的标准程序组成过程控制软件包，在制造SLPC时已存储在ROM中以供调用。由用户编写的、按实际运算控制需要调用过程控制软件包中标准程序的程序就是用户程序。SLPC的用户程序是指令语句式程序，用助记符式的组态语言编写。这种语言包括许多条指令语句，每条指令语句与过程控制软件包中的一个标准程序相对应。用户程序中用一条指令语句即可从程序控制软件包中调用一个相应的标准程序，执行一种相应的运算。用户根据过程控制方案所需要进行的运算，选用若干条指令语句，按适当次序组成一个完整的用户程序，通过编程器存入调节器的EPROM中。调节器就在每个控制周期（0.1～0.2s）内依次调用过程控制软件包中的若干个标准程序，执行用户程序规定的全部运算控制。

用户程序允许容纳的指令语句数最多198条，其中主程序99条，子程序99条。每个控制周期内用户程序的实际执行步数（包括子程序重复执行）最多240步。

如果需要改变EPROM中的程序，可用紫外线照射EPROM，擦除原来固化在其中的程序，用编程器输入新的用户程序。

除了编制用户程序存入EPROM，还需要在调节器正面板、侧面板进行一些必要的设定操作，例如设定运行方式、正/反作用、PID参数及其他一些参数，才能完全确定一台调节器的运算控制功能。

7.2.2.2 SLPC 可编程调节器的硬件结构

(1) 外形结构

SLPC调节器是盘装式仪表，其外形如图7-8所示。外形结构中与用户操作使用直接有关的是正面板、侧面板、接线端子板。

① 正面板　正面板的两种形式：动圈表头指示型，如图7-9(a)所示，荧光指示型，如图7-9(b)所示。

这两种形式的区别仅是 *PV*、*SV* 的指示方式不同。面板包括以下功能件。

测量值（*PV*）与给定值（*SV*）指示器：动圈表头指示型调节器采用动圈式双针指示表，两个指针分别指示 *PV*（红针）和 *SV*（蓝针）；荧光指示型调节器由绿色荧光柱指示 *PV*，高辉度绿色荧光游标指示 *SV*。

显示器：可用侧面板的PV/SV数字显示选择按键选择显示 *PV* 或 *SV* 的数值。

工作方式选择键：C、A、M三个按键（带指示灯），分别对应串级给定自动控制方式（C）、本机给定自动控制方式（A）、手动操作方式（M）三种运行方式。

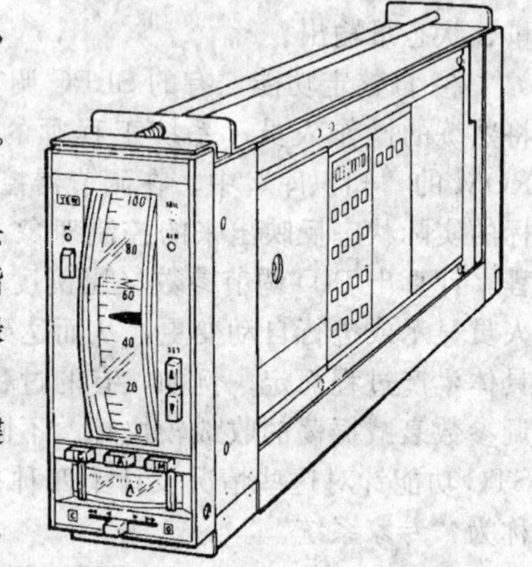

图7-8　SLPC调节器的外形

给定值调节键（SET键）：有增、减两个按键，在调节器为A、M方式时调节给定值的大小。

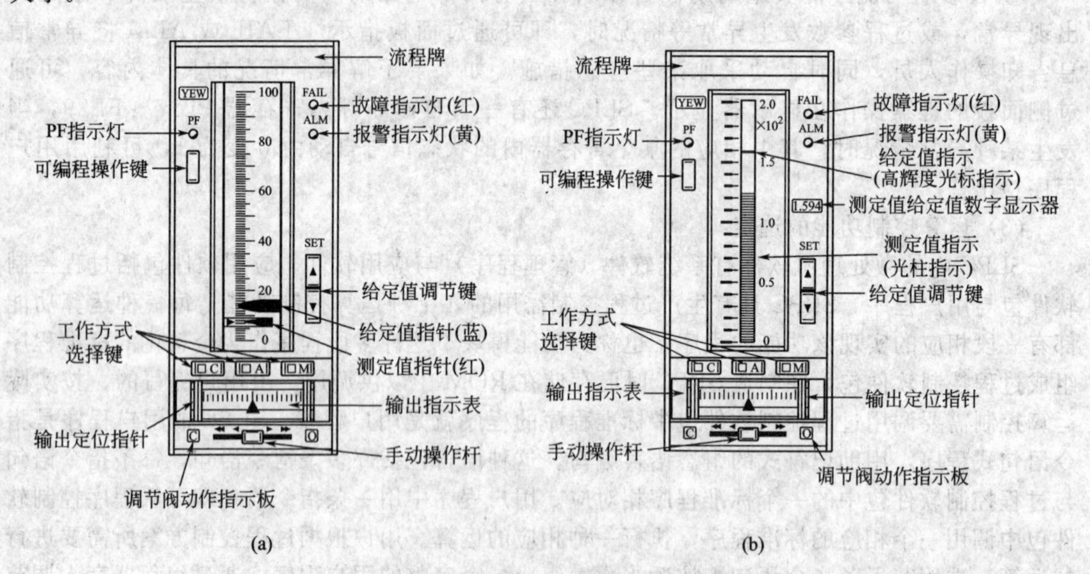


图7-9　SLPC调节器正面板

输出指示表：为动圈式表头，指示4～20mA DC输出电流信号。

手动操作杆：在调节器为M方式时，手动改变输出电流，向左拨减小，向右拨增大，不拨则自动处于中间位置，输出电流保持不变。

故障指示灯FAIL（红色）与报警指示灯ALM（黄色）：当调节器发生某些故障（硬件发生故障、用户程序出错等）时FAIL灯亮，发生测量值超限等情况时ALM灯亮，在侧面板显示器显示故障或报警的具体内容。

可编程操作键（PF 键）及其指示灯（PF 灯）：按 PF 键可产生一个供用户程序使用的状态信号；PF 灯的亮或灭也由用户程序控制，向操作人员提供某种含义的识别标志。

② 侧面板 侧面板有键盘、数码显示器及开关等操作部件，如图 7-10 所示。

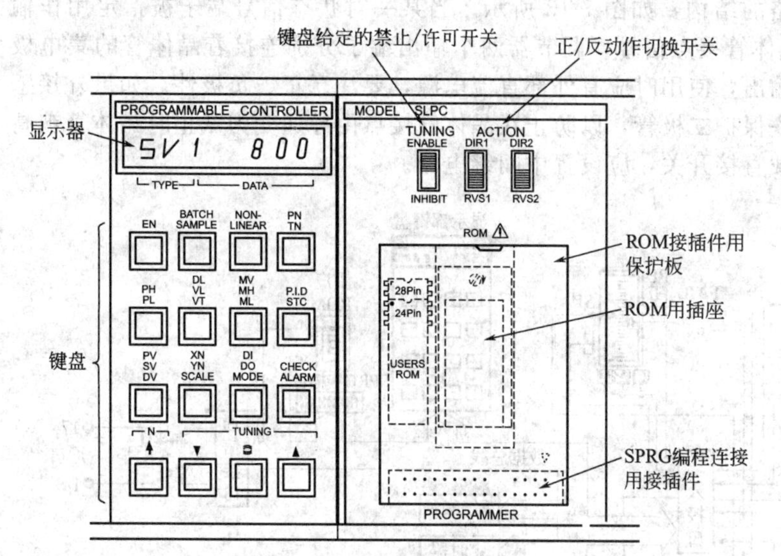


图 7-10 SLPC 调节器侧面板

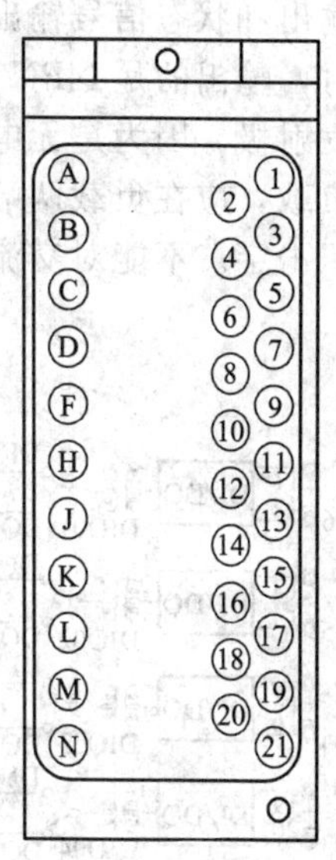


图 7-11 接线端子板

③ 接线端子板 背面接线端子板的端子编号如图 7-11 所示。

SLPC 调节器端子功能如表 7-2 所示，电源另有端子或电源线。

表 7-2 接线端子的功能

| 端子记号 | 信号名称 | 端子记号 | 信号名称 | 端子记号 | 信号名称 |
|---|---|---|---|---|---|
| 1 | + 模拟输入 1 | 11 | + 状态信号 1 (DI01,DO06) | A | + 模拟输出 1 (电流输出) |
| 2 | − | 12 | − | B | − |
| 3 | + 模拟输入 2 | 13 | + 状态信号 2 (DI02,DO05) | C | + 模拟输出 2 |
| 4 | − | 14 | − | D | − |
| 5 | + 模拟输入 3 | 15 | + 状态信号 3 (DI03,DO04) | F | + 模拟输出 3 |
| 6 | − | 16 | − | H | − |
| 7 | + 模拟输入 4 | 17 | + 通信 | J | + 状态信号 6 (DI06,DO01) |
| 8 | − | 18 | − | K | − |
| 9 | + 模拟输入 5 | 19 | + 状态信号 4 (DI04,DO03) | L | + 状态信号 5 (DI05,DO02) |
| 10 | − | 20 | − | M | − |
| | | 21 | − 故障(一端子) | N | + 故障(一端子) |

六对状态信号输入/输出端子的每一对既可用作输入（DI），又可用作输出（DO），视需要而定，使用很灵活。每一对端子究竟用作输入还是输出，由编程时对常数 DIO$n$（$n$=01～06，对应 1～6 状态信号端子对）的设定值决定。可分别设定为 0 或 1，指定相应端子对用作输入或输出。如果编程时不做这种设定，则默认 IN1、IN2、IN3 用作输入，另三对

端子 OUT1、OUT2、OUT3 用作输出。

（2）内部电路

SLPC 调节器的内部电路简图如图 7-12 所示。从用户使用的需要考虑，简要说明其中故障输出和状态信号输出电路的结构，如图 7-13 所示。当某一对状态信号端子被指定用作输出时，输出的是 NPN 型晶体管接点信号，调节器两个输出端子分别连接着晶体管的集电极与发射极。因为是无电源输出，使用时应有外部直流电源，要注意正、负极性。如果外接感性负载，应在负载两端并联保护二极管，以防止在晶体管接点由导通变为截止时晶体管被高电压击穿。不能对交流负载直接开关，应设置中间继电器。

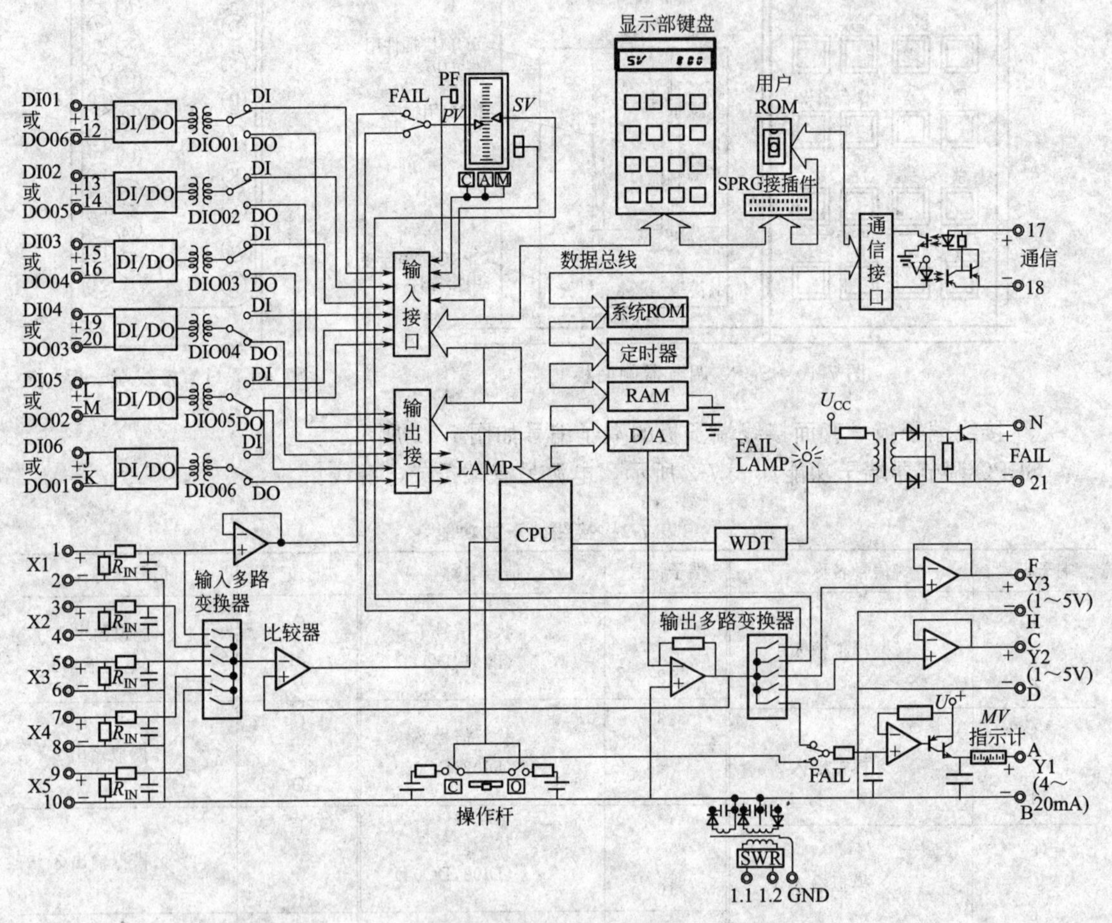


图 7-12 内部电路简图

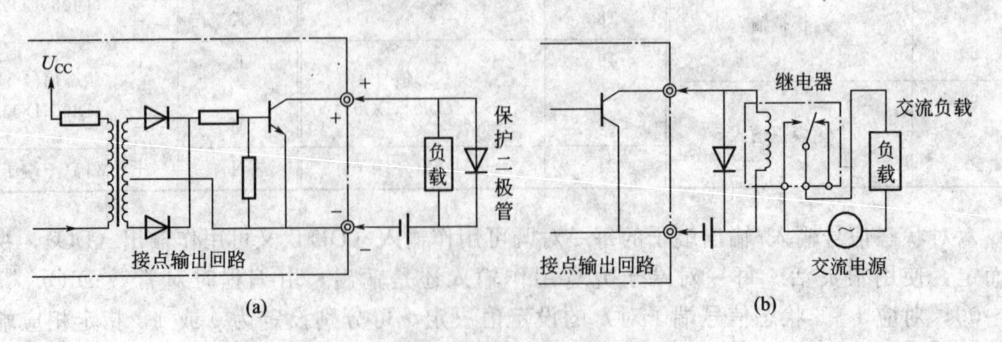


图 7-13 状态输出电路及外部负载接法

#### 7.2.2.3　SLPC可编程调节器的指令系统

（1）内部数据

SLPC调节器内部的运算是数字式运算，参加运算的数据及运算结果都分为连续数据、状态数据两类。

① 数据类型　连续数据：采用二进制16位数据，其中，1位符号，3位整数。因为实际位数有限，所谓连续数据是以$1\times2^{-12}$即约0.00024（十进制）为最小变化单位的。内部运算精度也因此受到限制。数据范围为－7.999～＋7.999（十进制）。内部运算中参加运算的数据以及任何一步运算结果，都必须在此范围内，否则便以极限值代替运算结果并发出报警。

状态数据：只有0和1两个数。

② 内部数据与输入、输出信号的关系　模拟信号与内部数据的关系：输入或输出的1～5V DC电压信号，输出的4～20mA DC电流信号，线性地对应内部连续数据为0.000～1.000。

状态信号与内部数据的关系：输入状态信号ON对应内部状态数据1，OFF对应0。内部状态数据1若从某状态输出端子输出，则该端子的晶体管接点为通；内部状态数据0输出则接点为断。

（2）用户寄存器

SLPC内部有许多与应用软件密切相关的用户寄存器，用于寄存各种连续数据、状态数据。编写用户程序时必须正确使用这些寄存器。

① 基本寄存器　基本寄存器主要有以下八种。

- 模拟量输入寄存器X*n*（*n*=1～5），共5个寄存器，与5个模拟输入信号相对应。5个模拟输入信号经A/D转换成内部连续数据后存入X1～X5。
- 模拟量输出寄存器Y*n*（*n*=1～6），共6个寄存器。Y1～Y3对应SLPC的3个模拟输出信号；Y1对应电流输出信号，Y2、Y3对应两个电压输出信号。Y4～Y6作为与上位机系统通信的辅助模拟输出寄存器，如果SLPC调节器与上位机系统有通信连接，Y4～Y6内的数据可由SLPC的通信端子传输给上位机系统。
- 状态量输入寄存器DI*n*（*n*=01～06），共6个寄存器，与SLPC的6个状态输入信号相对应。由状态输入信号决定寄存器内的状态数据，ON为1，OFF为0。
- 状态量输出寄存器DO*n*（*n*=01～06），共6个寄存器。DO01～DO06对应SLPC的6个接点输出信号。寄存器中的状态数据若是1，则相应的输出端子为通，0则为断。

应该指出，虽然DI*n*和DO*n*各有6个，但编程序时使用的DI*n*、DO*n*的总数不得超过6个，且DI*n*、DO*n*对应的状态输入、输出端子不得重复。SLPC的状态输入、输出端子共有6对，每一对端子都可设定用作输入或输出，但同一对端子不可既用作输入又用作输出。究竟哪几对作为输入、哪几对作为输出，由编程时对参数DIO*n*的设定值决定。如果编程时没有进行DIO01～DIO06设定，那么DIO01～DIO03自动取初始值0，DIO04～DIO06取初始值1；DIO07～DIO16用于内部状态数据寄存，它们没有对应的输入、输出端子。

- 可变参数寄存器P*n*（*n*=01～16），共16个寄存器用于存放过程控制中需要设定的可变参数，可通过侧面板设定，P*n*的内容可在用户程序中进行读写，其中P01、P02的数值还可由上位机系统设定。
- 常数寄存器K*n*（*n*=01～16），共16个寄存器，用于运算中固定常数设定。其数值在编程时通过编程器设定，调节器运行中不能修改，只能读出。
- 暂存寄存器T*n*（*n*=01～16），共16个寄存器，用于暂存中间运算结果，便于编程。
- 运算寄存器S*n*（*n*=1～5），5个寄存器为堆栈结构，S1在最上层，S5在最下层。数据只能从最上层的S1进出。当把数据装入S1时，各层中原来的数据依次压入下一层。控制功能、编程语言的每一条指令语句，用户程序的每一步，都与S堆栈有关。编程者必须清楚地了解使用每条指令语句时S堆栈各层应存放什么数据，每条指令执行后S堆栈中的数据有怎样的变化，否则不可能编写出正确的用户程序。

② 功能扩展寄存器　为了扩展控制功能，还设置了A类、B类、FL类功能扩展寄存器。每一类包括多个寄存器，如果不需要进行扩展，可对全部寄存器置于初始值。

• A类寄存器包括A01～A16共16个寄存器。这类寄存器主要用于扩展PID控制的功能，借助它们实现串级外给定、可变增益、输入输出补偿等控制功能。

• B类寄存器包括B0～B39（编号不连续）。这类寄存器使PID控制的各种参数，如比例度、积分时间、微分时间、报警设定值等，可由用户程序设定、变更，从而实现这些参数的自动修改。

• FL类寄存器包括FL01～FL32（编号不连续）。其中，FL01～FL08用于存放各种报警的标志；FL09～FL31用于由用户程序设定调节器的工作方式，从而实现运行方式自动切换；FL19～FL29用于存放自诊断结果的标志。

（3）功能模块

SLPC的过程控制软件包中有几十种标准程序（或称功能模块）供用户在编程时调用。每种功能模块对应编程语言中的一条指令语句。选用若干条指令按照一定规则依次排列，即可组成一个用户程序。

① 用户程序结构和运算寄存器的动作　一个完整的用户程序由输入、运算处理、输出、结束四部分组成。下面是一个简单的用户程序。

| 步序号 | 指　令 |
| --- | --- |
| 1 | LD X1 |
| 2 | LD X2 |
| 3 | — |
| 4 | ST Y1 |
| 5 | END |

假设程序执行前S1～S5内数据为A、B、C、D、E，这些数据与程序无关。

第一步：LD X1（读取模拟输入信号1）。

从端子1-2输入的模拟输入信号$U_{i1}$（1～5V DC）经A/D转换为内部数据，已存入输入寄存器X1内。执行“LD X1”指令后，X1内数据进入运算寄存器S1（X1内数据仍保持），而S堆栈各层原来的数据依次下移，S5中原来的数据丢失。

第二步：LD X2（读取模拟输入信号2）。

从端子3-4输入的模拟输入信号$U_{i2}$经A/D转换为内部数据，已存入X2。执行“LD X2”指令后，X2数据读入S1，而S堆栈各层原来的数据依次下移。此时，S2＝X1，S1＝X2。

第三步：－（减法运算）。

执行减法运算后，S1内数据是执行前S2数据与S1数据之差，即S1＝X1－X2。原S3～S5内数据依次上移一层，S5内数据不变。

第四步：ST Y1（电流输出）。

执行后S1内数据送入输出寄存器Y1，输出端子A-B输出与数据X1－X2对应的直流电流信号。S1～S5内的数据不变。

第五步：END（程序结束）。

一个控制运算周期内的运算至此结束，到下一周期再从头执行用户程序规定的运算，每经过一个周期，运算结果随输入信号改变一次。

程序各步 S 堆栈内数据变化情况如图 7-14 所示。

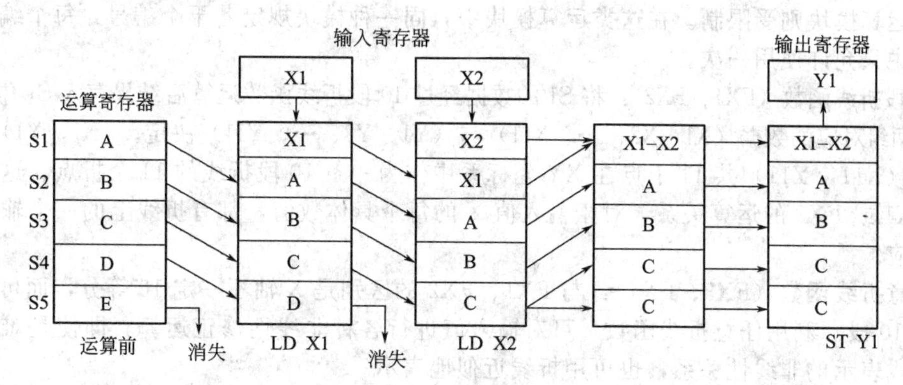


图 7-14　运算寄存器的运算原理

从上述用户程序例子可以看出，程序的每一步即每条指令都与 S 堆栈有关。编制程序时，每一步都要考虑此前 S 堆栈的内容，此后其内容有何变化。每个运算指令，参加运算的几个数据应分别存放在 S 堆栈的哪一层都是有规定的。编程人员应充分重视 S 堆栈的作用。必要时，应在编程过程中详细列出每一条指令执行前后 S 堆栈各层的内容。

② 功能模块　SLPC 的过程控制软件包中有五类功能模块。现对部分模块做简要介绍。

• 数据传输模块。

数据读入（LD）：把其他寄存器（X、Y、DI、DO、P、K、T、A、B、FL 等）的数据读入 S1，S 堆栈中原数据逐层下压，S5 的原数据丢失，被读寄存器的数据不变。

数据输出（ST）：把 S1 中数据送到其他寄存器（Y、DO、T、A、B、FL 等）中，S 堆栈中数据不变。

S 寄存器交换（CHG）：将 S1 与 S2 的数据交换，S3～S5 中的数据不变。

S 寄存器旋转（ROT）：S1 数据进入 S5，S2～S5 数据依次上移一层。

• 基本运算模块。

四则运算（＋、－、×、÷）：执行运算前，被加（减、乘、除）数应在 S2，加（减、乘、除）数应在 S1，运算后结果存入 S1。参加运算的两个数都丢失，原 S3～S5 中数据依次上移一层，S5 的数据不变。

开平方运算（SQT 或 $\sqrt{\phantom{x}}$）：S1 中的数据开平方后存入 S1，S2～S5 的数据不变。其小信号切除点固定为 1%，即当输入小于 1%时，运算结果是 0.000。小信号切除点可变型开平方运算（E 或 $\sqrt{E}$）与“$\sqrt{\phantom{x}}$”的区别是小信号切除点可设定。将 S1 内数据作为小信号切除点，对 S2 中的数据进行开平方运算，结果存入 S1，S3～S5 中的数据依次上移，S5 的数据不变。

绝对值运算（ABS）：将 S1 中的数据取绝对值，运算结果送 S1，S2～S5 的数据不变。

选择运算（HSL 高选，LSL 低选）：对 S1、S2 中的数据进行比较，若是高选，选择较大的数存入 S1，若是低选，则较小的数存入 S1，没有被选上的数据自行消失，S2～S5 的数据依次上移，S5 的内容不变。

限幅运算（HLM 高限幅，LLM 低限幅）：将限幅设定值存入 S1，接受限幅运算的输入值存入 S2。运算后 S1 中是被限幅了的输入值，若是上（下）限限幅，当输入值不大（小）于限幅设定值时，S1 中是输入值，当输入值大（小）于限幅设定值时，S1 中是限幅设定值。

• 带编号的运算模块。

前述的数据传输、基本运算模块，同一种运算在用户程序中的使用次数不受限制。而带编号的运算模块则受限制。在这类运算模块中，同一种模块规定若干个编号，每个编号在用户程序中只允许使用一次。

10 段折线函数（FX1、FX2）：将 S1 的数据经过 10 段折线函数运算后结果存入 S1 中。运算关系由两组对应的数据（X1、X2、…、X11）与（Y1、Y2、…、Y11）决定。（X1，Y1），（X2，Y2）…（X11，Y11）共 11 个点在 XY 坐标系中作为一条 10 段折线的 11 个折点。这条折线决定 FX1 或 FX2 的运算关系，对于输入值 X 的每个具体数值，都有折线上的一个输出值 Y 与其对应。

任意折线函数（FX3、FX4）：与 FX1、FX2 的区别是 X 轴不一定 10 等分，而可以任意地分为 10 段。利用任意折线函数，可对输入值进行各种非线性修正运算，即使是难以用数学关系式表示的非线性关系，也可用折线近似地表示。

• 条件判断模块。

逻辑运算：

| | | |
|---|---|---|
| AND | 逻辑与 | $S2 \cdot S1 \rightarrow S1$ |
| OR | 逻辑或 | $S2 + S1 \rightarrow S1$ |
| NOT | 逻辑非 | $\overline{S1} \rightarrow S1$ |
| EOR | 逻辑异或 | $S1 \oplus S2 \rightarrow S1$ |

参加运算的数据及运算结果都是状态数据。

转移（GO mn）：执行此指令，程序由该指令所在步无条件地转移到其后的第 mn 步执行。

条件转移（GIF mn）：程序步转移是有条件的，是否转移取决于指令执行前 S1 的状态数据。如果 S1 是 1 就转移到第 mn 步，否则顺序执行下一步指令。

比较（CMP）：比较 S1 和 S2 内数据的大小。当 $S2 \geqslant S1$ 时运算结果为 1，$S2 < S1$ 时运算结果为 0。运算结果存入 S1 中，S2 的数据不变。

信号切换（SW）：它相当于一个单刀双掷开关，运行前将两个输入信号分别存入 S2、S3 寄存器，在 S1 寄存器中放入切换信号。若 S1 的内容为 0，则 $S3 \rightarrow S1$；若 S1 的内容为 1，则 $S2 \rightarrow S1$。S2～S5 的内容不变。

运算终结（END）：用户程序的最后一步必须用这一指令。

7.2.2.4 SLPC 可编程调节器的控制功能

SLPC 有三大控制功能：基本控制、串级控制、选择控制，它们分别由若干个控制要素构成。在一个用户程序中，三种控制功能只允许使用其中的一种，且只可使用一次。同时，可使用其他各种运算功能。

(1) 控制要素

控制要素记为 CNT$n$（$n$=1～5），共有 5 个。在编程时，通过编程器设定数值来规定具体的控制运算规律。

CNT1、CNT2：可看作两个 PID 运算器。在编程时作为两个常数设定它们的数值，以规定具体运算规律。

$$\text{CNT1}=\begin{cases}1 & \text{标准 PID 运算}\\ 2 & \text{采样 PI 运算}\\ 3 & \text{批量 PID 运算}\end{cases}$$

$$\text{CNT2}=\begin{cases}1 & \text{标准 PID 运算}\\ 2 & \text{采样 PI 运算}\end{cases}$$

如果编程时不做设定，则取初始值 1，为标准 PID 运算，这是最常用的 PID 运算。

CNT3 可看作一个选择器，在编程时作为常数设定其数值为 0 或 1，若不做设定则取初始值 0。设定值规定选择规律。

$$\text{CNT3}=\begin{cases}0 & \text{低值选择}\\1 & \text{高值选择}\end{cases}$$

① 标准 PID 控制运算　若编程时设定 CNT1 或 CNT2 为 1，则其运算规律为标准 PID 控制运算。这种控制运算采用微分先行的算法，即微分运算只对测量值 $PV$ 进行，而不是对偏差 $E(PV-SV)$ 进行。标准 PID 控制运算又以 P 运算对象不同而有两种具体运算式。

• 定值控制运算式（I-PD 型）（CNT5=0）。

该运算的比例运算对测量值 $PV$ 进行，而不是对偏差 $E$ 进行，只有积分运算是对偏差 $E$ 进行。定值控制时，给定值 $SV$ 由手动设定，如果改变则往往是较急剧的变化，而 $PV$ 的变化不至于像 $SV$ 那样急剧，此时偏差 $E$ 的变化也是比较急剧的。比例运算对 $PV$ 进行，可在 $SV$ 急剧变化的情况下避免 PID 运算的输出急剧变化、产生冲击。这种运算较适宜于定值控制。运算式如下。

$$MV=\frac{100}{\delta}\left(PV+\frac{1}{T_{\mathrm{I}}s}E+\frac{T_{\mathrm{D}}s}{1+\frac{T_{\mathrm{D}}}{K_{\mathrm{D}}}s}PV\right)AG$$

式中　$\delta$——比例度；

$T_{\mathrm{I}}$——积分时间；

$T_{\mathrm{D}}$——微分时间；

$K_{\mathrm{D}}$——微分增益；

$AG$——可变增益，可在程序中改变，初始值是 1。

• 追值控制运算式（PI-D 型）（CNT5=1）。

与 I-PD 型的区别是比例运算对偏差 $E$ 追值控制时，给定值 $SV$ 经常在变化，偏差 $E$ 随之变化。这种运算可加快对 $SV$ 变化的响应。运算式如下。

$$MV=\frac{100}{\delta}\left(PV+\frac{1}{T_{\mathrm{I}}s}E+\frac{T_{\mathrm{D}}s}{1+\frac{T_{\mathrm{D}}}{K_{\mathrm{D}}}s}PVAG\right)$$

上述两种运算式究竟选用哪一种，由 CNT5 的设定值确定，CNT5 设定为 0 则选用 I-PD 型，设定为 1 则选用 PI-D 型。CNT1 和 CNT2 选用同一种运算式。

② 采样 PI 控制运算　若 CNT1、CNT2 设定为 2，运算规律为采样 PI 控制运算。CNT1、CNT2 分别设定，不一定用同一种运算。

PI 控制适用于滞后时间比较长的生产过程。这种控制的特点是“调一调，等一等，看一看，再调一调”。在整个控制过程中，断续地进行 PI 运算，即 PI 运算→输出保持→PI 运算→输出保持。在 SLPC 的侧面板用 BATCH/SAMPLE 键设定采样时间 ST 和控制时间 SW（设定范围都是 0～9999s），应使 $ST>SW$。在每一段采样时间 $ST$ 内，只有开始一段时间 $SW$ 进行 PI 运算，此后输出保持，直到进入第二个采样时间，再重复上述过程。

ST 和 SW 的大致选择标准如下。

ST：$\tau+T\times(2\sim3)$。

SW：$ST/10$。

式中　$\tau$——对象的纯滞后时间；

$T$——滞后时间常数。

侧面板设定的 ST1、SW1 对 CNT1，ST2、SW2 对 CNT2。

③ 批量PID控制运算　若设定CNT1为3，则选用批量PID运算规律。它适用于初始偏差很大的断续生产过程，自动地选择先手动、后自动的控制，使被调参数较快而无超调地达到给定值。

(2) 基本控制功能BSC

① BSC的基本功能　BSC由一个控制要素CNT1构成，相当于模拟仪表中的一台控制器，如图7-15所示，可用来构成各种单回路控制系统，运算前应把测量值*PV*放在S1中，给定值*SV*可以由本机设定或由外部给定。由CNT1进行PID运算，运算结果*MV*放在S1中。正/反作用及PID参数在调节器侧面板设定。除了上述最基本的功能，BSC还包含许多围绕PID运算的功能。

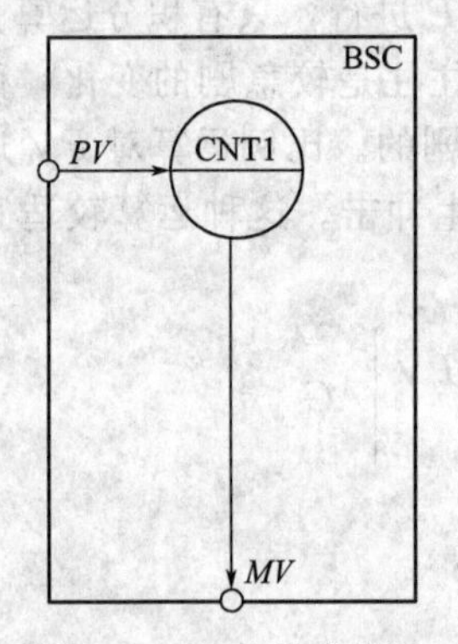


图7-15　BSC构成简图

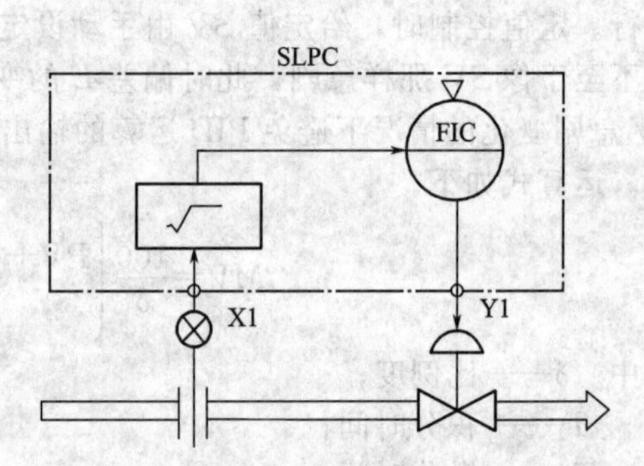


图7-16　使用SLPC的流量控制系统

【例7-1】　流量控制系统如图7-16所示。如果使用SLPC调节器，可由其承担差压信号的开平方运算和流量指示控制，后者即使用基本控制BSC。

可编写SLPC的用户程序如表7-3所示。

**表7-3　流量控制系统的用户程序**

| 步序 | 程　序 | S1 | S2 | S3 | 说　明 |
|---|---|---|---|---|---|
| 1 | LD X1 | X1 | A | B | 读取流量信号 |
| 2 | $\sqrt{\ }$ | $\sqrt{X1}$ | A | B | 开平方运算 |
| 3 | BSC | MV | A | B | 进行基本控制运算 |
| 4 | ST Y1 | MV | A | B | 将操作量送到Y1 |
| 5 | END | MV | A | B | 程序结束 |

注意各步指令执行前后S堆栈中的数据情况，还要在程序中设定CNT1为1（标准PID运算）。如不做设定，取初始值也是1。

② BSC的三种运行方式

- M方式为手动操作方式，由正面板的手动操作杆设定输出电流。
- A方式为自动方式，CNT1控制运算的给定值由正面板的SET键设定。
- C方式为串级给定自动方式，CNT1的给定值不能由SET键设定。有两个可能的来源：以功能扩展寄存器A1中的数据作为给定值，该数据可以是直接来自某个模拟输入信号，也可以是内部运算的结果；另一个来源是由上位机系统给定。

运行方式的设定有面板设定和用户程序设定两种设定方式，后者优先于前者，即在用户程序设定时面板设定无效。

面板设定由参数MODE2的设定值与面板M、C、A三个键的操作共同决定运行方式，如表7-4所示。

**表 7-4 运行方式的面板设定**

| MODE2 | M/A/C 键 | 运行方式 |
| --- | --- | --- |
| 0 | M | 手动方式 |
| | C | 无效(按 C 键也不会进入 C 方式) |
| | A | 自动(本机给定) |
| 1 | M | 手动方式 |
| | C | 自动(串级给定或以 A1 内数据为给定值) |
| | A | 自动(本机给定) |
| 2 | M | 手动方式 |
| | C | 自动(上位机给定) |
| | A | 自动(本机给定) |

MODE2 参数是 MODE 参数中的一个。MODE 参数包括一组参数 MODE1～MODE5，用于规定 SLPC 停电后恢复供电时的启动方式及 BSC、CSC、SSC 的运行方式等，它们都在 SLPC 侧面板用键盘设定。

而程序设定用 SLPC 的 FL 类功能扩展寄存器中的 FL10、FL11、FL13 进行运行方式设定，在用户程序中用 ST 指令给这三个寄存器置 0 或 1，以决定运行方式（表 7-5）。

**表 7-5 FL11、FL10、FL13 内数据与运行方式**

| FL11 | FL10 | FL13 | 运行方式 | |
| --- | --- | --- | --- | --- |
| 0 | × | × | M(手动) | |
| 1 | 0 | × | A(自动,本机给定) | |
| | 1 | 0 | C | 自动,A1 内数据 |
| | | 1 | | 自动,上位机给定 |

③ BSC 的扩展功能　如果在使用 BSC 时不使用各类功能扩展寄存器，则是使用 BSC 的基本功能。即使只用其基本功能，也有相当丰富的运算控制功能。有几种 PID 运算规律与运算式可供选用，在侧面板可设定非线性控制及各种报警，过程控制软件包中除控制功能模块外的各种运算都可同时使用。如果再次使用 A 类、B 类、FL 类功能扩展寄存器，BSC 还能够实现丰富的扩展功能。SLPC 的三类几十个功能扩展寄存器各有用途，其中大部分可供 BSC 使用。

（3）串级控制功能 CSC

① CSC 的基本功能　CSC 主要由 CNT1 和 CNT2 构成，CNT1 与 CNT2 两个 PI 运算串接起来，相当于两台模拟调节器，以 CNT1 为主调节器，CNT2 为副调节器，CNT1 的输出 *MV*1 作为 CNT2 的给定值，执行串级控制。CNT2 也可以直接接收另一给定信号 *SV*2，实现副回路单独控制（图 7-17）。运算前，把测量值 *PV*1、*PV*2 分别放在 S2、S1 中，CSC 的运算结果 *MV*（即 CNT2 的运算结果 *MV*2）放在 S1 中。CNT1、CNT2 的正/反作用及 PID 参数在 SLPC 的侧面板设定。

仪表工作在串级控制状态时，正面板上测量和给定指针一般只指示 CNT1 的状态，而操作输出值指针指示 CNT2 的输出 *MV*2。必要时，可通过编程来变换 CNT1 和 CNT2 的显示关系。但在任何情况下，仪表的侧面板都可以显示和修改主、副回路的全部参数。

**【例 7-2】** 加热炉温度串级控制系统如图 7-18 所示。若使用 SLPC 调节器，则由 CSC 承担串级 PID 运算。

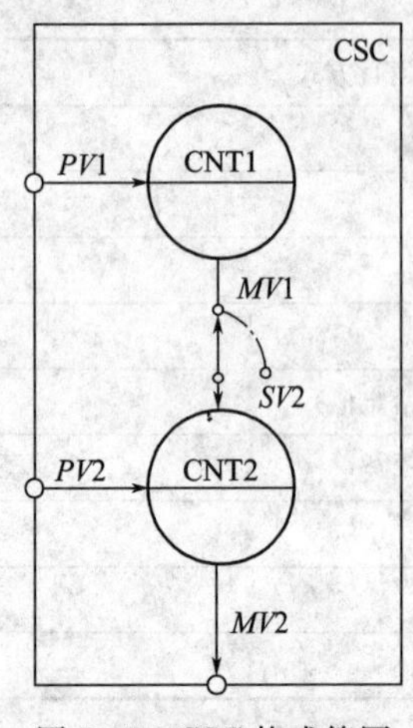


图 7-17 CSC 构成简图

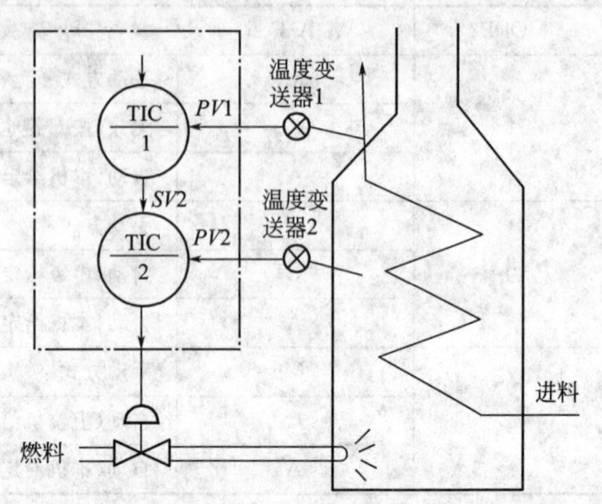


图 7-18 加热炉温度控制系统

编写的用户程序见表 7-6。

**表 7-6 加热炉温度串级控制的用户程序**

| 步序 | 程　序 | S1 | S2 | 说　明 |
|---|---|---|---|---|
| 1 | LD X1 | X1 | | 读取 *PV*1 |
| 2 | LD X2 | X2 | | 读取 *PV*1 |
| 3 | CSC | MV | X1 | CSC 控制运算 |
| 4 | ST　Y1 | MV | | *MV* 输出到电流输出端 Y1 |
| 5 | END | MV | | 程序结束 |

同样，也要设定 CNT1、CNT2 的数值，如果都用标准 PID 运算，则都设定为 1。

② CSC 的三种运行方式

- M 方式：手动设定输出电流。
- A 方式：CNT1 为本机给定，自动控制。
- C 方式：CNT2 以寄存器 A01 内数据为给定值或由上位机系统给定，自动控制。

运行方式的设定方法与 BSC 相同，但 CSC 有串级闭合和串级开环两种主、副调节器结合状态，与 M、A、C 三种方式组合有六种运行情况。所谓“串级闭合”，就是 CNT1 的输出作为 CNT2 的给定值，即通常意义下的串级控制；而“串级开环”则指主、副调节器断开，由 CNT2 单独控制，其给定值在侧面板手动设定，与 CNT1 无关。内部串级的闭合或开环，有两种设定方法：侧面板设定由参数 MODE3 的设定值决定，设定为 0 时串级闭合，设定为 1 时则串级开环；用户程序设定由寄存器 FL12 内数据决定，在用户程序中用 ST 指令给 FL12 置数，数据为 0 则是串级闭合，为 1 则是串级开环，这种设定优先于侧面板设定。

在自动（A 或 C）或手动（M）方式，以及在串级闭合或开环状况，CNT1、CNT2 的动作状态如表 7-7 所示。

③ CSC 的扩展　如果在使用 CSC 时不使用各类功能扩展寄存器，即仅使用 CSC 的基本功能，此时 CSC 也有相当丰富的运算控制功能。CNT1、CNT2 都有几种 PID 运算规律与运算式可供选用，过程控制软件包中除控制功能模块以外的各种运算可同时使用。而如果再使用功能扩展寄存器，CSC 还能够实现丰富的扩展功能。凡是 BSC 可使用的功能扩展寄存器，CSC 都可使用，因为 CSC 有 CNT1。另外，还有一些功能扩展寄存器，BSC 不能使用，CSC 却因有 CNT2 而可以使用。

表 7-7 串级控制功能的运行方式

<table>
<tr><th rowspan="2">MODE3</th><th rowspan="2">运行方式</th><th colspan="3">主回路(CNT1)</th><th colspan="3">副回路(CNT2)</th></tr>
<tr><th>给定值</th><th>测量值</th><th>操作输出</th><th>给定值</th><th>测量值</th><th>操作输出</th></tr>
<tr><td rowspan="3">0</td><td>C</td><td>A1 的信号</td><td rowspan="6">在正面板显示</td><td>自动控制(A)</td><td rowspan="3">CNT1 的输出(串级闭合)</td><td rowspan="6">在侧面板显示</td><td>A</td></tr>
<tr><td>A</td><td>用 SET 键给定</td><td>自动控制</td><td>A</td></tr>
<tr><td>M</td><td>用 SET 键给定</td><td>跟踪 CNT2 的测量值</td><td>M</td></tr>
<tr><td rowspan="3">1</td><td>C</td><td>A1 的信号</td><td rowspan="3">跟踪 CNT2 的测量值</td><td rowspan="3">用侧面板上的 $SV2$ 给定(开环)</td><td>A</td></tr>
<tr><td>A</td><td>用 SET 键给定</td><td>A</td></tr>
<tr><td>M</td><td>用 SET 键给定</td><td>M</td></tr>
</table>

(4) 选择控制 SSC

SSC 主要由 CNT1、CNT2、CNT3 构成，如图 7-19 所示。CNT1、CNT2 两个 PID 运算器处于并列地位，相当于两台控制器并联，它们的运算结果分别是 $MV1$、$MV2$。选择器 CNT3 从 $MV1$、$MV2$ 或 A10 寄存器送来的外部信号 $MV3$ 中按高选或低选的原则选择一个作为 SSC 的输出 $MV$。运算前，CNT1、CNT2 的测量值 $PV1$、$PV2$ 分别放在 S2、S1 中，给定值 $SV1$、$SV2$ 可以是本机给定或外给定。SSC 运算结果在 S1 中。

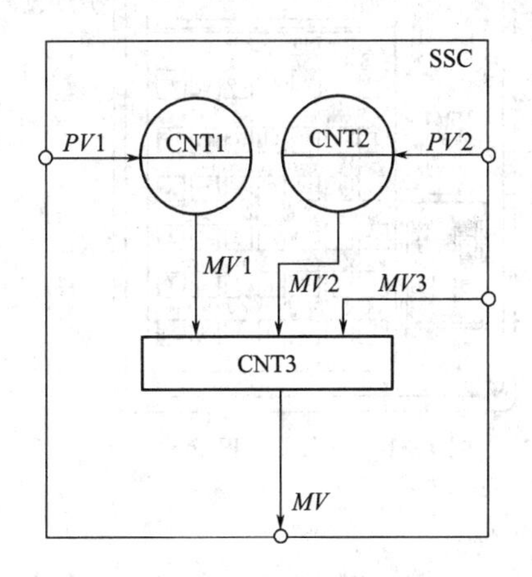


图 7-19 SSC 构成简图

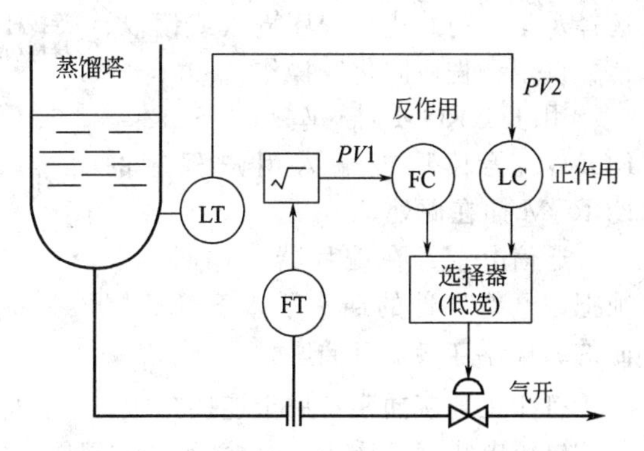


图 7-20 蒸馏塔底流量液位选择控制系统

**【例 7-3】** 蒸馏塔底流量液位选择控制系统如图 7-20 所示。正常情况（液位不低于下限值）时，流量调节器 FC 的输出小于液位调节器 LC 的输出，由于选择器是低值选择，所以由 FC 控制流量保持一定。当由于塔的进料量减少等原因造成液位下降，以致接近下限值时，正作用的 LC 输出减小到小于 FC 的输出，于是切换为由 LC 控制，减小流出量，使液位不至于过低。这一切换由自动选择器（低选）自动进行。液位恢复正常后，又自动切换为 FC 控制。如果使用 SLPC 调节器，利用 SSC 功能，FC 由 CNT2 承担，LC 由 CNT1 承担，自动低选由 CNT3 承担。SLPC 同时还可实现对差压信号的开平方运算。

CNT1、CNT2 设定为 1，即标准 PID 运算；CNT3 设定为 0，低选。蒸馏塔底流量液位选择控制系统的用户程序如表 7-8 所示。

#### 7.2.2.5 SLPC 可编程调节器的程序输入方法

SPRG 编程器是 YS-80 系列中的一种辅助设备，用于对该系列中的 SLPC 可编程调节器等可编程仪表进行参数初始化、用户程序输入、试运行、程序固化入用户 ROM 等工作。

表 7-8 蒸馏塔底流量液位选择控制系统的用户程序

| 步序 | 程序 | S1 | S2 | 说　明 |
| --- | --- | --- | --- | --- |
| 1 | LD X1 | X1 | | 读取流量信号 |
| 2 | $\sqrt{\ }$ | $\sqrt{X1}$ | | 开方求取流量信号 |
| 3 | LD X2 | X2 | $\sqrt{X1}$ | 读取液位信号 |
| 4 | SSC | MV | | 选择控制 |
| 5 | ST Y1 | MV | | 输出电流信号 |
| 6 | END | MV | | 结束 |

(1) 编程器

① 外部结构　SPRG 编程器的外形如图 7-21 所示，SPRG 编程器有以下的外部结构部件。

电源开关（POWER）：有些编程器不带此开关。

工作方式切换开关：在 PROGRAM 位置，输入或读取程序；在 TEST RUN 位置，试运行。

显示器字母、数字显示：用于显示编程器工作状态及程序步序号、指令、参数符号、数据等。

键盘：用于进行编程器工作状态选择及参数初始化、程序输入或读取、常数设定、程序固化等操作。

用户 ROM 插座（USER′S ROM)：需读取或输入用户程序的 EPROM 插在此处。

通信电缆：在编程器工作时，必须把该电缆端部的插头插入 SPRC 侧面的编程器连接端口插座。

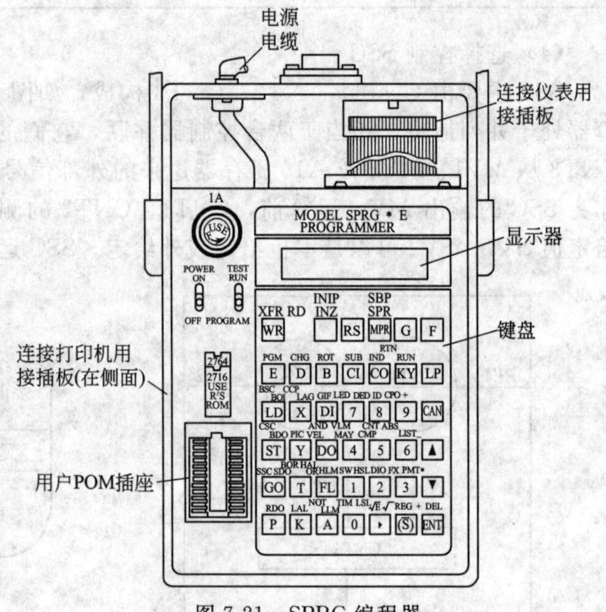

图 7-21　SPRG 编程器

打印机连接插座：用于连接打印机，打印记录程序、数据。

电源电缆（带插头）及熔丝（FUSE)。

② 键盘　键盘的分布如图 7-22 所示，键盘上共有 41 个按键，可分为单功能键、双功能键、三功能键。

• 单功能键：具有键上所标符号所代表的功能。

• 双功能键：键上所标符号代表一种功能；在键上方另一个蓝色符号代表第二种功能。例如“9”键是一个双功能键，如果仅按此键，则输入数字 9；如果先按 F 键再按此键，则输入加法运算的符号“+”。

• 三功能键：这类键标有三个符号，代表三种功能。在键上所标符号是一种，标在键上方的蓝色符号为第二种，键上方的黄色符号为第三种。例如“1”键就是一个三功能键，如果仅按此键，则输入数字 1；先按 F 键再按此键，则输入高值选择运算符号 HSL；先按 G 键再按此键，则输入信号切换运算符号 SW。

按照键的功能种类可分为以下几类。

数字键：用以设定 0～9 等 10 个数字及小数点。

寄存器键：用以指定各用户寄存器（X、Y、DI、DO、P、K、T、A、B、FL、KY、LP 等）。

运算指令键：用以输入程序各步的运算指令。

控制键介绍如下。

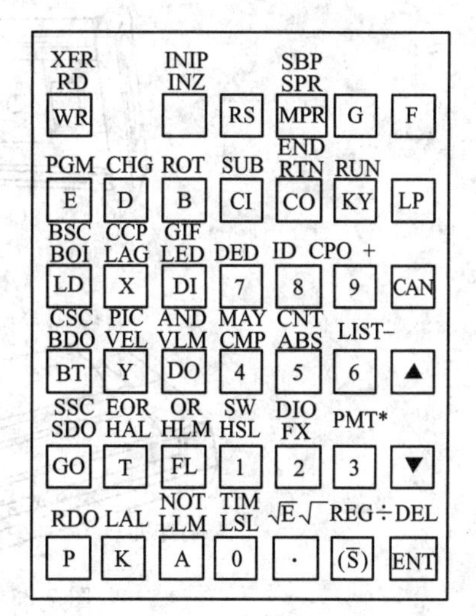


图 7-22　SPRG 编程器的键盘

• F——蓝色换挡键，可与双功能键或三功能键配合使用，若先按一下 F 键，再按某双功能键或三功能键，则指定双功能键或三功能键上方蓝色符号所代表的功能。

• G——黄色换挡键，与三功能键配合使用，若先按 G 键再按某三功能键，即指定三功能键上方黄色符号所代表的功能。

凡使用双功能键或三功能键，必须注意是否需与 F 键、G 键配合使用。

• MPR——输入或读取用户程序的主程序。

• SPR——输入或读取仿真程序。

• SBP——输入或读取用户程序的子程序。

• CNT——调节单元键。

• RS——复位键。在 PROGRAM（程序输入或读取）方式下，按此键则返回主程序起点等待；在 TEST RUN（试运行）方式下，按此键仪表内部复位后，执行用户程序。

• INZ——程序清除键，在输入新的程序前清除编程器 RAM 中原来的程序、常数，并使某些常数（CNT、DIO 等）初始化。

• INIP——参数清除键，清除与 SPRG 连接的 SLPC 的 RAM 中由侧面板键盘设定的各种参数，使其均取初始值。

• RD——程序读入键，将插于 SPRG 的用户 EPROM 中的内容读入 SPRG 的 RAM 中。

• WR——程序写入键，按此键则把 SPRG 的 RAM 中的内容（用户程序、常数）写入并固化在插入 SPRG 的用户 EPROM 中。

• XFR——程序调入键，将插入 SLPC 的用户 EPROM 的内容读入 SPRG 的 RAM 中。

• ENT——数据输入键，在进行 K$n$、CNT$n$，DIO$n$ 等常数设定时，每设定了一个常数的数据后必须按 ENT 键，所设定的数据才有效。

• DEL——程序删除键，删除当前显示的程序步，显示前一个程序步，用于修改已输入的程序。

• RUN——试运行键。

▲——进步键。每按一次，显示后一个程序步。

▼——退步键。每按一次，显示前一个程序步。

这两个键用于检查程序。

(2) 准备操作

① 把空白的用户 EPROM 插入编程器的用户 ROM 插座。

② 用编程器的通信电缆与 SLPC 调节器连接，如图 7-23 所示。

③ 编程器工作方式切换开关打在 PROGRAM 位置。

④ 先后接通编程器及 SLPC 调节器的工作电源（此时编程器的显示器显示“MAIN PROGRAM”）。应注意编程器、调节器的电源规格。

⑤ 使用 INZ 键清除编程器 RAM 中的内容，并使各常数初始化（此时应先显示“INIT PROGRAM”，片刻后恢复显示“MAIN PROGRAM”）。

⑥ 如果需要，可使用 INIP 键清除 SLPC 的 RAM 中由侧面板键入的各参数，使其初始化（此时应先显示“INIT PARAMETER”，片刻后恢复显示“MAIN PROGRAM”）。

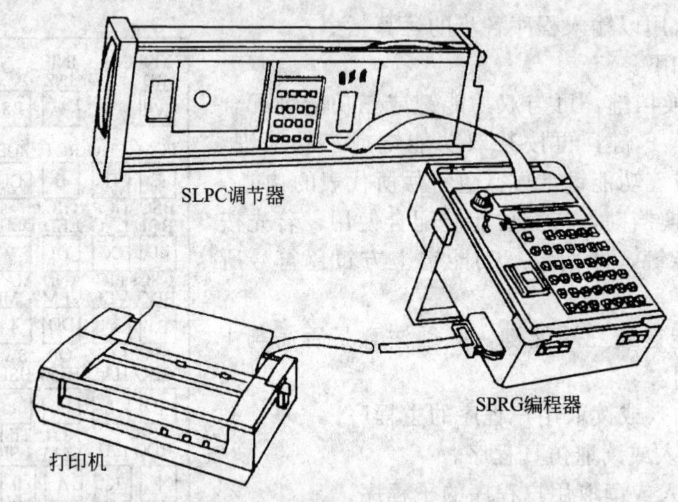


图 7-23 编程器与调节器、打印机的连接

(3) 程序输入操作

用操作运算指令键、寄存器键、数字键进行程序输入。设定常数时还须使用 ENT 键。

**【例 7-4】** 用编程器输入如下程序。

1 LD X1
2 $\sqrt{\ }$
3 LD K04
4 CPO1
5 BSC
6 ST Y1
7 END
K04 0.300
CNT1 1

编程器键盘操作步骤如表 7-9 所示。

表 7-9 程序输入操作步骤

| 程序 | 键盘操作 | | 显示器显示内容 |
|---|---|---|---|
| | 需用键 | 实际按键 | |
| 1 LD X1 | LD<br>X<br>1 | LD<br>X<br>1 | 1 LD<br>1 LD X<br>1 LD X1 |
| 2 $\sqrt{\ }$ | $\sqrt{\ }$ | F· | 2 SQT |
| 3 LD K04 | LD<br>K<br>0<br>4 | LD<br>K<br>0<br>4 | 3 LD<br>3 LD K<br>3 LD K0<br>3 LD K04 |
| 4 CPO1 | CPO<br>1 | F 8<br>1 | 4 CPO<br>4 CPO1 |
| 5 BSC | BSC | G LD | 5 BSC |
| 6 ST Y1 | ST<br>Y<br>1 | ST<br>Y<br>1 | 6 ST<br>6 ST Y<br>6 ST Y1 |
| 7 END | END | G CO | 7 END |

输入数据时，每设定一个常数后都必须按ENT键，所设的数据才有效。CNT1已取初始为1，不必进行输入操作。可用CNT键检查证实。

(4) 已输入的程序和常数的检查、修改

① 检查。

程序检查：按MPR键，让程序返回出发点，显示“MAIN PROGRAM”。然后按进步键▲，从第一步开始依次显示每个程序步的内容。需要时也可使用退步键▼。

常数检查：用键盘输入某个常数的符号，即可显示该常数符号及其设定值。

② 修改。

程序步插入：需要在已输入的程序中插入一条指令时，可先显示前一步程序，然后输入要插入的指令，即插在前面所显示的程序步之后。后面原有程序的步号会自动递加。

程序步删除：当显示某步指令时，使用DEL键即可清除，改为显示前一步指令。

程序步改写：显示欲改写的程序步，先清除它，再插入所希望的指令。

常数修改：显示欲修改的常数，重新用数字键输入新的设定值，然后操作ENT键即可。

(5) 程序固化到用户EPROM中

当确认已输入的程序（包括常数）正确无误后，如果要将其固化到插入编程器上的用户EPROM中，可按WR键，该用户EPROM即可用于SLPC调节器。

## 实践项目 SLPC可编程调节器的结构与使用方法

(1) 实训目标

① 熟悉SLPC的各部分功能。

② 学会SLPC的基本操作。

(2) 实训装置（准备）

① SLPC*E可编程调节器1台。

② 旋具、镊子各1把。

(3) 实训内容

① 认识正面板、侧面板各功能部件。

② 认识参数整定板的名称和功能。

③ 进行量程为－100.0～400.0时的操作。

(4) 实训步骤（要领）

教师先讲解正面板、侧面板各部件功能；再讲解整定板的名称和功能；最后进行操作前准备。

准备工作是把调节器安装在仪表控制板后，或者将调节器从仪表控制板上拆下来，放在专用设备上进行（带表箱）。

① 将手指扣入仪表正下方，顶起锁挡后将机芯拉出。由于中间锁挡的作用，机芯只能拉出到可以看见仪表侧面整定板的程度（图7-24）。

② 要将机芯从表箱中取出时，应按图7-25所示要领，一边将中间锁挡压下，一边将机芯全部抽出。

③ 将机芯与表箱分离时，如图7-26所示，将取出的机芯拔出接插件。

④ 安装部件的确认。检查熔丝、数据保护用电池及功能ROM是否安装在规定位置上。

⑤ 运转准备。

• 控制阀动作与显示板的位置一致。显示板用手指或镊子拉出，如图7-27所示。

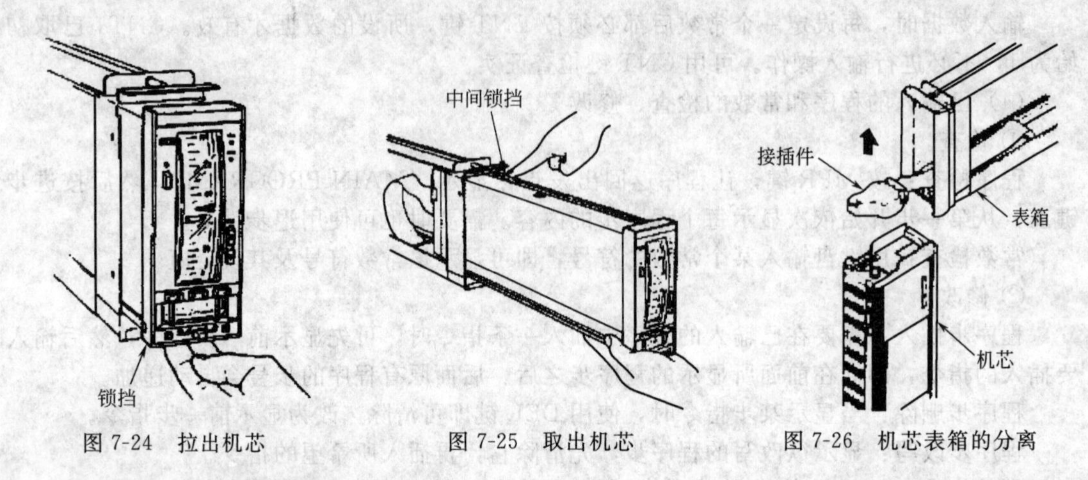


图 7-24 拉出机芯　　图 7-25 取出机芯　　图 7-26 机芯表箱的分离

C：CLOSE（控制阀关闭的方向）。

O：OPEN（控制阀打开的方向）。

• 整定板的给定。将整定板上的 DIR/RIV 设定开关给定在规定动作的位置上，如图 7-28所示。接通电源，并将 TUNING 开关给定在 ENABLE 位置时，即可从键盘上进行参数给定。

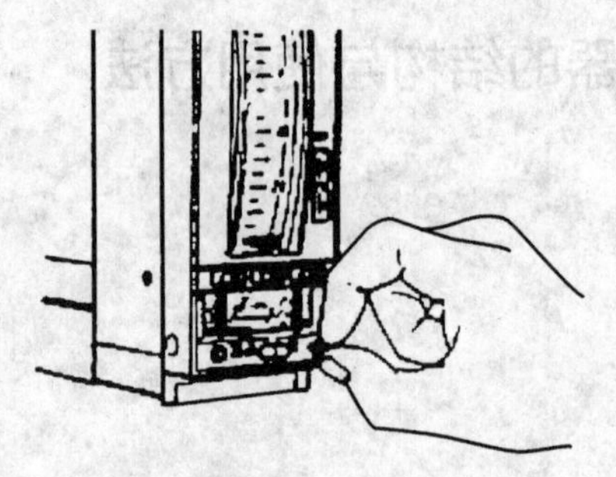

图 7-27 控制阀动作指示标志的给定

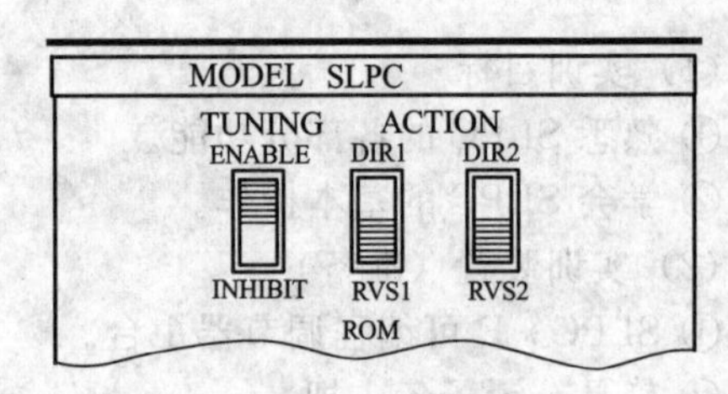


图 7-28 开关的给定

• MODE 给定。用键盘调出 MODE，然后按▲▼键进行给定。

• SCALE 给定。按最大值、最小值和小数点的顺序，制作工程量表示测定值和给定值的刻度板。

⑥ 进行量程为－100.0～400.0 时的操作。

(5) 实训报告

① 写出使用 SLPC 可编程调节器的正面板、侧面板的设定方法。

② 写出设定量程－100.0～400.0 时的键操作方法。

## 7.3 显示器和记录仪

### 7.3.1 显示器

在工业生产中，不仅需要测量出生产过程中的各个参数的大小，而且还要求把这些测量值进行指示、记录，或用字符、数字、图像等显示出来。这种作为显示被测参数测量值的仪表称为显示仪表。显示仪表直接接收检测元件、变送器或传感器的输出信号，然后经测量线路的显示装置，把被测参数进行显示，以提供生产所必需的数据，让操作者了解生产过程进行情况，更好地进行控制和生产管理。此处，以 XMZ5000 系列智能数字显示仪表为例做介绍。

(1) 功能特点

① 万能输入信号 通过简单的软、硬件设定，即可适用于以下任意一种输入信号。

热电阻：Pt100、Pt10、Cu50、Cu100。

热电偶：K、E、S、B、J、R、T、N，并带自动冷端温度补偿。

标准信号：0～10mA、4～20mA、0～5V、1～5V，线性或开方信号。

远传压力表：30～350Ω，信号偏差可在现场用按键修正，即设即用。

一般线性非标信号：0～60mV以内或0～5V以内任意信号，可按键即设即用。

其他特殊定做的非标信号。

FBBUS-ASCII码协议与MODBUS-RTU协议可选（MODBUS-RTU协议仅用于Modbus选项，接线方式与RS-485相同。

② 单片机智能化 零点和放大倍数自动跟踪，长期运行无漂移。仪表量程等全部参数可按键设定。具有超量程指示、断线指示等故障自诊断功能。

(2) 技术指标（表7-10）

表7-10 XMZ500技术指标

| | |
|---|---|
| 使用条件 | 环境温度:0～50℃。相对湿度:≤90%RH |
| 电源电压 | 90～265V AC(50～60Hz)或(1±10%)24V DC |
| 基本误差 | 0.5%FS±1字 |
| 显示分辨率 | 0.001,0.01,0.1,1 |
| 输入特性 | 电偶型:输入阻抗大于10MΩ。<br>电阻型:引线电阻要求0～5Ω,三线相等。<br>电压型:输入阻抗大于300kΩ。<br>电流型:输入阻抗小于或等于250Ω |
| 内部冷端补偿温度范围 | 0～50℃ |
| 变送器电源输出 | 电压(1±10%)24V DC,最大电流22mA,可直接配接二线制无源变送器 |
| 功耗 | <3W |
| 质量 | <0.5kg |

仪表外形及尺寸如图7-29所示。

(3) XMZ5000系列智能数字显示仪选型表（表7-11）

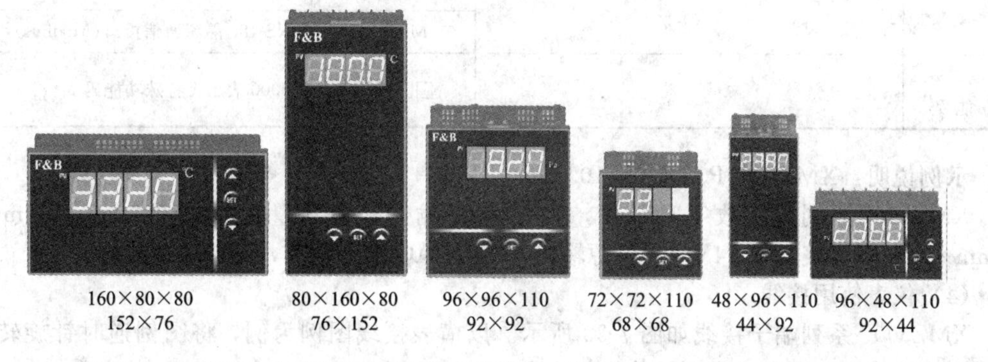


图7-29 XMZ500外形及尺寸（上排为外形尺寸，下排为开孔尺寸，单位为mm）

**表 7-11 XMZ5000 系列智能数字显示仪选型表**

| 型谱 | | 说明 |
| --- | --- | --- |
| XMZ | | 智能数字显示控制仪表 |
| 设计序列 | 5 | 开关电源 |
| 控制类型 | 0 | 不带控制报警 |
| 输入信号类型 | 1 | 适配热电偶 |
| | 2 | 适配热电阻 |
| | 3 | 适配霍尔变送器 |
| | 4 | 适配远传压力表 |
| | 5 | 适配直流 0～10mA |
| | 6 | 适配直流 4～20mA |
| | 7 | 适配直流 0～5V |
| | 8 | 适配直流 1～5V |
| | 9 | 用户特殊要求的分度号 |
| | U | 万能分度号输入 |
| 输出类型 | 0 | 无变送输出 |
| 外形结构类型 | | 160×80×80(mm)横表 |
| | V | 80×160×80(mm)竖表 |
| | F | 96×96×110(mm)方表 |
| | SF | 72×72×110(mm)方表 |
| | S | 96×48×110(mm)横表 |
| | SV | 48×96×110(mm)竖表 |
| 变送器配电电源 | | 缺省为不带直流电源输出 |
| | P | 带直流 24V DC/30mA 电源输出 |
| 供电电源类型 | | 供电电源 220V AC |
| | D | 供电电源 24V DC |
| 通信接口类型（备注：外形结构为 S、SV 的仪表不具备此项功能。） | | 不带通信接口 |
| | RS232 | RS-232 隔离通信接口 |
| | RS485 | RS-485 隔离通信接口(FBbus) |
| | Modbus | RS-485 隔离通信接口(Modbus) |
| 特殊功能码 | □□□□ | 0000 表示无特殊功能码 |

示例说明：XMZ5060P0000 0～10.00m。

XMZ5000 系列智能数字显示仪，4～20mA 输入，显示量程 0～10.00m，160mm×80mm×80mm 横表，带 24V DC 电源输出，220V AC 供电电源，无特殊功能码。

(4) 仪表使用接线

XMZ5000 系列端子接线如图 7-30 所示（以横表接线图例为例，将图例逆时针旋转 90°即为竖表接线图，即竖表电源接线在右上角）。

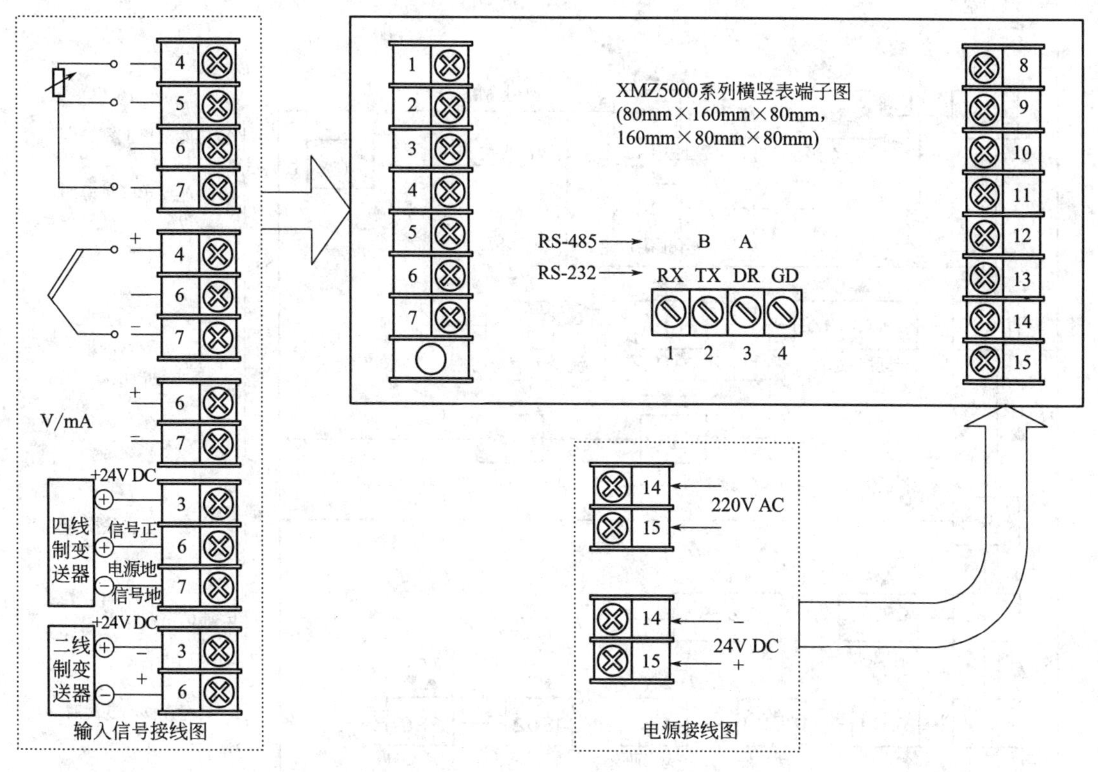


图 7-30 XMZ5000 系列接线图

操作总框图如图 7-31 所示。

说明：进入设置菜单，停止操作约 40s 自动返回工作态，如果对应菜单不出现，则已上锁或无此功能，图中▼、s、▲分别表示仪表上的▼、SET 和▲键，方框中符号为仪表 LED 显示符号。

### 7.3.2 无纸记录仪

无纸记录仪无纸、无笔，避免了纸和笔的消耗与维护；内部无任何机械传动部件，大大减轻了仪表工人的工作量。无纸记录仪内置有大容量 RAM，存储大量瞬时值和历史数据，可以与计算机连接，将数据存入计算机，进行显示、记录和处理等。下面以目前应用较多的 SmeR 系列无纸记录仪为例，简要介绍它的技术特点及使用方法。

#### 7.3.2.1 SmeR 系列无纸记录仪的特点

SmeR 系列无纸记录仪如图 7-32 所示，是视迈电子技术有限公司推出的多功能智能仪表。SmeR 系列无纸记录仪集显示、处理、记录、存储、报警、转存和配电等功能与一身，采用基于 ARM 内核的高档处理器，实现高速信息采集和处理，大容量闪存芯片可实现超长时间数据存储。可以输入标准电流、标准电压、热电偶、热电阻等信号。具有传感器隔离配电、继电器输出、流量积算、温压补偿、热能积算、PID 调节、历史数据转存及通信功能。同时采用 U 盘作为外部转存介质，可将数据转存到计算机上，实现数据永久保存、分析和打印功能。SmeR 系列无纸记录仪广泛适用于各类工业过程控制现场，主要应用在热处理、食品、化工、电力、冶金、石油、建材、造纸、制药和水处理等工业场合，是替代传统有纸记录仪的新一代仪表。

① SmeR 系列无纸记录仪的性能（表 7-12）。

② 万能输入类型量程表（表 7-13）。

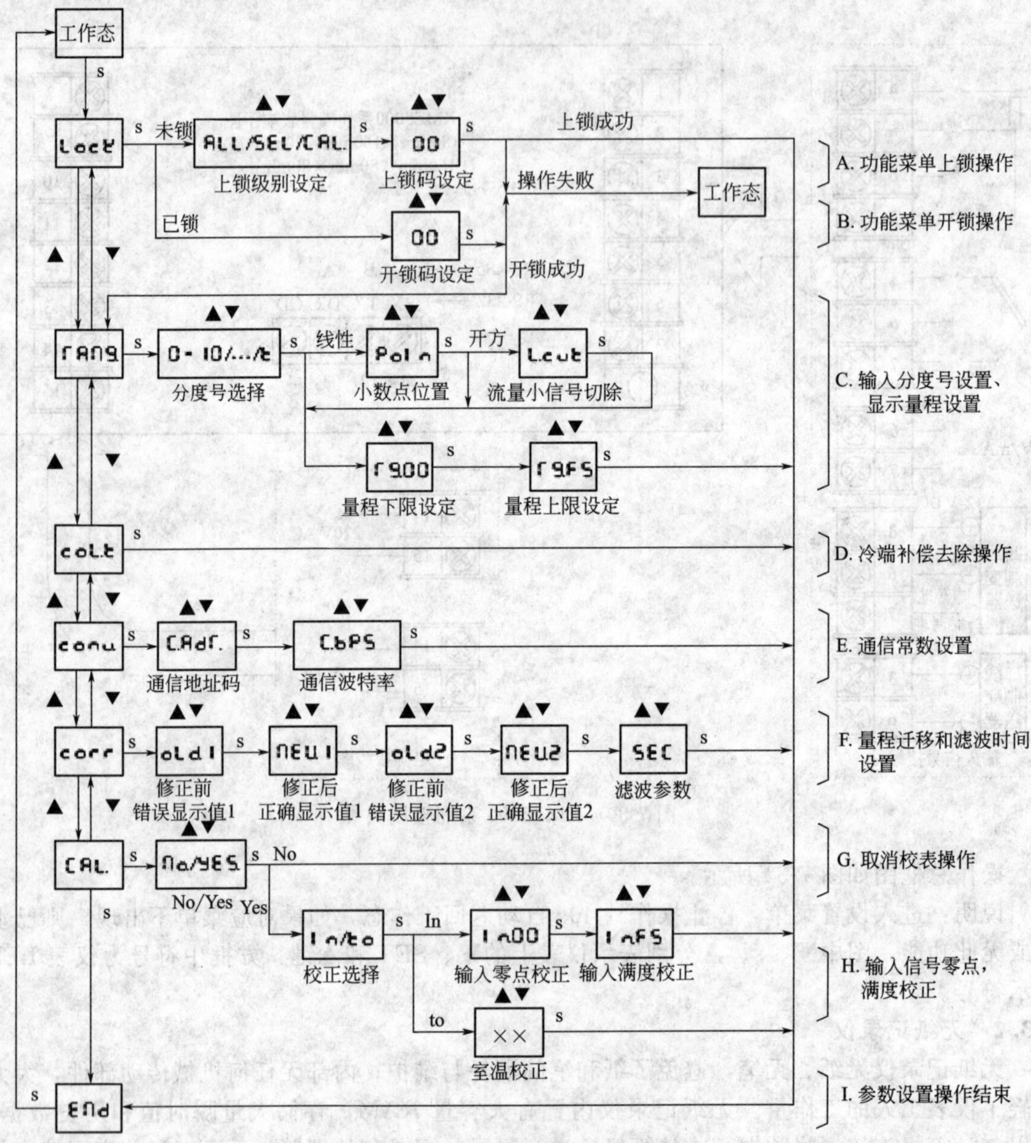


图 7-31　XMZ5000 操作总框图

图 7-32　SmeR3000 系列外形图

表 7-12　SmeR 系列无纸记录仪的性能

| 模 拟 输 入 | |
|---|---|
| 通道数 | 最多 16 通道万能信号输入 |
| 输入信号类型 | ①标准Ⅱ型信号:0～10mA、0～5V DC。<br>②标准Ⅲ型信号:4～20mA、1～5V DC。<br>③热电偶:K、E、J、T、S、B、R、WR25。<br>④热电阻:Pt100、Cu50。<br>⑤根据用户要求定制 |
| 精度 | ±0.5%FS(热电偶不含冷端补偿误差) |
| 输入阻抗 | 标准电压信号:输入阻抗为 1MΩ<br>其他信号输入大于 100kΩ |
| 隔离 | 通道间完全隔离,隔离电压大于 1000V |
| 冷端补偿范围及误差 | 范围:－25～85℃,误差±3℃ |
| 断偶检测 | 走向始点,走向终点,保持三种处理方式 |
| 其 他 参 数 | |
| 供电 | 电压:170～264V AC。频率:(1±5%)50Hz。最大功耗:30W |
| 配电规格 | 每通道 50mA,24V DC,最多 8 路输出 |
| 报警输出 | 每路规格 250V AC、3A(阻性负载),默认为常开触点,最多 8 路输出 |
| 掉电保护 | 所有数据保存在 Flash 存储器中,掉电后数据不会丢失 |
| 通信接口 | 提供 RS-232、RS-485 两种接口,但使用 RS-485 时需外接接口转换模块 |
| 存储容量 | 32Mbit(或更大) |
| 记录间隔 | 1～300s 任意设定,或者 1～240s 任意设定 |
| 记录时间 | 记录时间长短与存储容量、记录间隔及通道数有关<br>$记录时间(天)\approx\frac{24\times 记录间隔}{通道数}$ |
| 环境条件 | 工作:0～50℃,相对湿度 10%～85%RH(无结露)。<br>运输和存储:－20～70℃,相对湿度 5%～95%RH(无结露)。<br>海拔高度:<2000m |

表 7-13　SmeR 系列无纸记录仪的万能输入类型量程表

| 输入类型 | | 最大量程范围 |
|---|---|---|
| 标准Ⅱ型信号:0～10mA、0～5V | | －3000～30000(小数位数为 0 时) |
| 标准Ⅲ型信号:4～20mA、1～5V | | －3000～30000(小数位数为 0 时) |
| 热电偶(不含冷端误差) | K 型 | －50.0～1300.0℃ |
| | E 型 | －50.0～700.0℃ |
| | J 型 | －50.0～600.0℃ |
| | T 型 | －200.0～400.0℃ |
| | S 型 | －50.0～1600.0℃ |
| | B 型 | 400.0～1800.0℃ |
| | R 型 | 0.0～1600.0℃ |
| | WR25 型 | 200.0～2300.0℃ |
| 热电阻 | Pt100 | －200.0～600.0℃ |
| | Cu50 | －50.0～150.0℃ |

7.3.2.2 SmeR 系列无纸记录仪的使用

(1) 使用环境

为保证无纸记录仪正常工作，必须将仪表安装在控制柜上，仪表的使用环境不仅影响仪表正常使用，也关系到仪表的维修和测量精度。仪表使用环境应符合以下要求：工作环境温度为 0～50℃；工作环境湿度为 10%～85%RH（无结露）；振动较小、空气流通的环境；不易产生冷凝液，无腐蚀气体或易燃气体的环境；无强烈的感应干扰，不易产生静电、磁场或噪声干扰的环境。

(2) 安装

拧下记录仪卡条固定螺钉，取下固定卡条；将仪表推入仪表安装孔；上好仪表固定卡条；将卡条固定螺钉拧上，拧紧；仪表安装完毕，即可进行接线。

(3) 接线

① 端子说明（图 7-33）

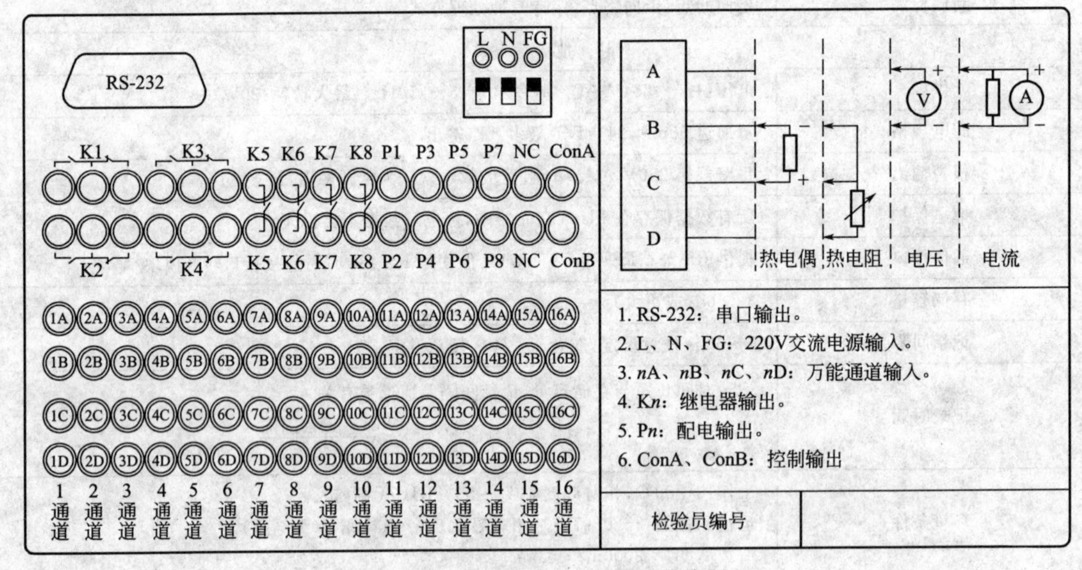


图 7-33 SmeR3000 系列端子接线图

② 接线

**电源线的连接** 仪表供电电源为 170～264V AC 范围内正常工作。仪表后面板电源接口上 N、L 接交流电源，GND（FG）是保护地，把 GND（FG）接到大地可有效地防止静电干扰。

**信号线的连接** 如图 7-34 所示。

- 热电偶接线方法：热电偶正端接仪表通道 C 端子，负端接仪表通道 B 端子。

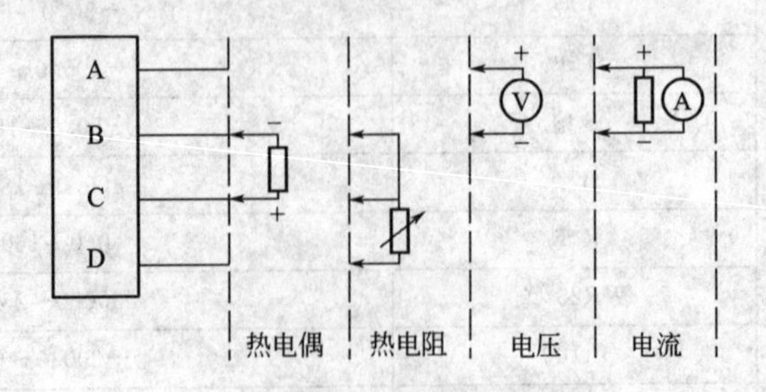


图 7-34 输入信号接线图

• 热电阻接线方法：电阻一端接仪表通道 D 端子，另外两端接仪表通道 B、C 端子。

• 线性电压 0～5V 或 1～5V 接线方法：电压正端接仪表通道 A 端子，负端接仪表通道 B 端子。

• 线性电流 0～10mA 或 4～20mA 接线方法：接仪表通道 A、B 端子之间并联 500Ω 或 250Ω 的标准电阻，使线性电流转换为线性电压，剩下的接法同线性电压。

**通信线的连接**

• RS-232 通信线的连接　RS-232 通信接口位于仪表的背面，它不仅可以和计算机之间进行通信，还可以和串行打印机等外设进行通信。通信线长度不能超过 10m。

• RS-485 通信线的连接　RS-485 通信线使用屏蔽双绞线，通信线长度不能超过 1000m。在通信线长度大于 100m 的条件下进行通信时，为减少反射和回波，必须增加阻值为 120Ω 的终端匹配电阻，终端匹配电阻应加在 RS-485 通信线的最远两端。

（4）操作说明（详见产品说明书，这里不作介绍）

## 实践项目　无纸记录仪的认识、组态和操作

（1）实践目标

① 选择不同的输入方式，通过对无纸记录仪的各通道进行组态，熟练掌握其组态方法。

② 通过对记录仪的操作和认识，充分了解该类仪器的先进性和操作方便等特点，从感性上认识新型仪表的优越性。

③ 通过各通道记录特性的实际操作和观察，学会该类仪表的检定方法。

（2）实践装置准备

① 无纸记录仪一台，型号 JL-22A。

② 标准电阻箱一台，推荐型号 ZX/38A。

③ 精密直流手动电位差计一台，推荐型号 UJ33a 或 UJ36 型。

④ 可调直流电流源一台，相应的电流指示仪表一块。

⑤ 可调直流电压源一台，相应的电压指示仪表一块。

（3）实践步骤（要领）

校验装置连接如图 7-35 所示。

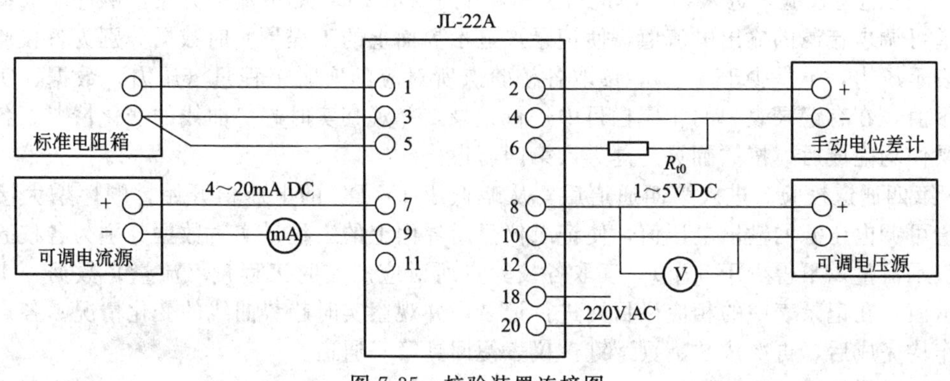


图 7-35　校验装置连接图

（4）实践内容

① 实时单通道显示。

② 八通道棒图显示。

③ 四通道校验。

（5）实践步骤

① 进入组态界面　在表芯的右侧面板上有一个“组态/显示”切换插针（亦称为跳线），当用短路片将左边的两个插针短路时，该仪表即进入了组态界面，利用该界面可对本仪表进行各种不同形式的组态。组态完毕后将短路片拔下，仪表即进入显示界面。

② 组态主菜单　进入组态界面后，仪表即时显示组态主菜单，利用“↓”、“↑”键可将光标任意移至某一个组态号上，然后按回车键即可进入该号所代表的下一级组态菜单。

• 时间及通道组态。在组态主菜单中将光标移至“组态 1”，按回车键即可进入组态 1 画面进行日期、时钟、记录点数及采样周期的组态。

• 第一通道信息组态。

• 第二通道信息组态。

• 第三通道信息组态。

• 第四通道信息组态。

③ 各通道指示及记录准确性的校验

• 第一通道校验。仪表通电后便自动进入实时单通道显示界面，进入该画面后按下述步骤进行实验。

用“←”键将手动/自动翻页标志设定为“M”，即手动翻页状态。从略低于 100Ω 的限值开始，顺序增大接入第一通道的电阻箱阻值，使记录仪显示界面上的工程量实时数据分别为各校验分度点（不得少于 5 个），读取各校验点所对应的电阻箱阻值、实时棒图显示值，并观察实进趋势曲线的变化情况。各点的校验操作均完成后，按“翻页”键进入第二通道。

• 第二通道校验。仪表仍处于实时单通道显示界面、手动翻页状态，从 0mV DC 开始，顺序增大接入第二通道的电位差计输出值，使记录仪显示界面上的工程量实时数据分别为各校验分度点（不得少于 5 个），读取各校验点所对应的毫伏电压值、实时棒图显示值，在记录表中的相应栏目内进行记录，并观察实时趋势曲线的变化情况。

由于在线路连接时第二通道的 4、6 端子间接入了 19Ω 的固定电阻，在此不必考虑冷端温度补偿的问题，故实验过程中不考虑室温。

各点的校验操作均完成后，按“翻页”键进入第三通道。

• 第三通道校验。进入第三通道后，从略低于 4mA DC 的电流值开始，顺序增大接入第三通道可调电流源的输出电流值，使记录仪显示界面上的工程量实时数据分别为各校验分度点（表示压力，不得少于 5 个），读取各校验点所对应的实时工程量（压力）数据、实时棒图显示值，在有记录表中的相应栏目内进行记录，并观察实时趋势曲线的变化情况。各点的校验操作均完成后，按“翻页”键进入第四通道。

• 第四通道校验。进入第四通道后，从略低于 1V DC 的电压值开始，顺序增大接入第四通道可调电压源的输出电压值，使记录仪显示界面上的工程量实时数据分别为各校验分度点（表示流量，不得少于 5 个），读取各校验点所对应的实时工程量（流量）数据、实时棒图显示值，在记录表中的相应栏目内进行记录，并观察实时趋势曲线的变化情况。各点的校验操作均完成后，再次按“翻页”键，仪表便回到第一通道。

（6）数据处理

上述操作完成后，按一下“功能”键，仪表便进入八通道棒图显示界面，由于只设置了四个通道，在该显示界面内可看到前四个通道变量值在同一显示界面内以百分比形式的棒图共同显示。对各通道分别加入信号，使各自的棒图分别指示 0%、20%、40%、60%、80%、100%，测取相应的电量值，将实验结果记录，并与实时单通道显示界面下的各测量结果进行比较。

# 7.4　安全栅、操作器、变频器

## 7.4.1　安全栅

安全栅是构成安全火花防爆系统的关键器件，安装在控制室内，是控制室仪表和现场仪表之间的关联设备。其作用是：系统正常时，保证信号的正常传输；故障时，限制进入危险场所的能量，确保系统的安全火花性能。目前常用的安全栅有：齐纳式安全栅和变压器隔离式安全栅。

### 7.4.1.1　齐纳式安全栅

（1）齐纳式安全栅的工作原理

齐纳式安全栅是基于齐纳二极管（又称稳压管）反向击穿特性工作的，由限压电路、限流电路和熔断器三部分组成。其原理电路如图7-36所示，图中$R$为限流电阻，$VZ_1$、$VZ_2$为齐纳二极管，FU为快速熔断器。

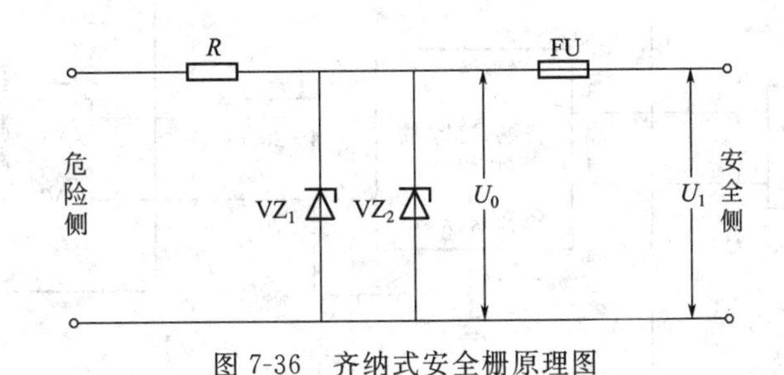


图7-36　齐纳式安全栅原理图

系统正常工作时，安全侧电压$U_1$低于齐纳二极管的击穿电压$U_0$，齐纳二极管截止，安全栅不影响正常的工作电流。但现场发生事故，如短路，利用电阻$R$进行限流，避免进入危险场所的电流过大；当安全侧电压$U_1$高于齐纳二极管的击穿电压$U_0$时，齐纳二极管击穿，进入危险场所的电压被限制在$U_0$上，同时安全侧电流急剧增大，快速熔断器FU很快熔断，从而将可能造成危险的高电压立即与现场断开，保证了现场的安全。并联两个齐纳二极管，以增加安全栅的可靠性。

齐纳式安全栅的优点是采用的器件非常少，体积小，价格便宜。缺点是齐纳式安全栅必须本安接地，且接地电阻必须小于1Ω；危险侧本安仪表必须是隔离型的；齐纳式安全栅对供电电源电压响应非常大，电源电压的波动可能会引起齐纳二极管的电流泄漏，从而引起信号的误差或者发出错误电平，严重时会使快速熔断器烧断。

（2）齐纳式安全栅的应用

用齐纳式安全栅组成安全火花防爆系统时，一定要注意安全栅和仪表是否能够配套使用，安全栅或仪表有没有什么特殊的要求。下面以NF系列齐纳式安全栅为例说明它的应用。

① 齐纳式安全栅和两线制变送器的应用　两线制变送器和齐纳式安全栅的应用如图7-37所示。

图7-37中，24V DC电源一方面通过安全栅向两线制变送器供电，同时将两线制变送器产生的4～20mA DC的信号传送过来，由250Ω精确电阻转换为1～5V DC的电压信号送显示仪表或控制器。当然，变送器传送来的信号也可通过信号分配器，其输出的多路信号可分别送显示仪表和调节仪表。

② 齐纳式安全栅和电/气转换器的应用　控制器的输出往往送给电/气转换器或电/气阀

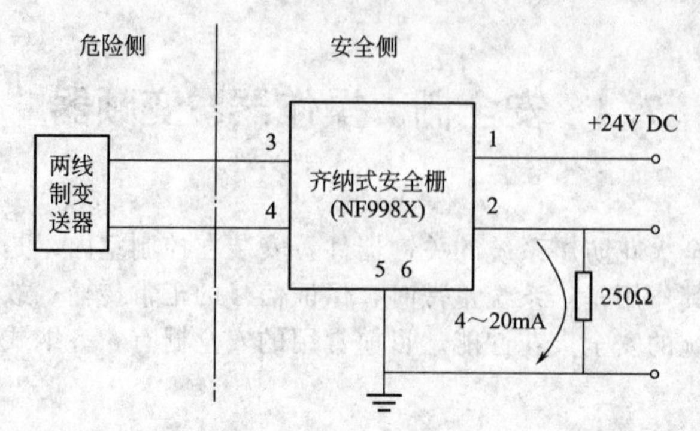


图 7-37 两线制变送器和齐纳式安全栅的应用

门定位器，由气动执行器实现对被控对象的调节。由于控制器的输出方式不同，安全栅有两种不同的连接方法，如图 7-38 和图 7-39 所示。

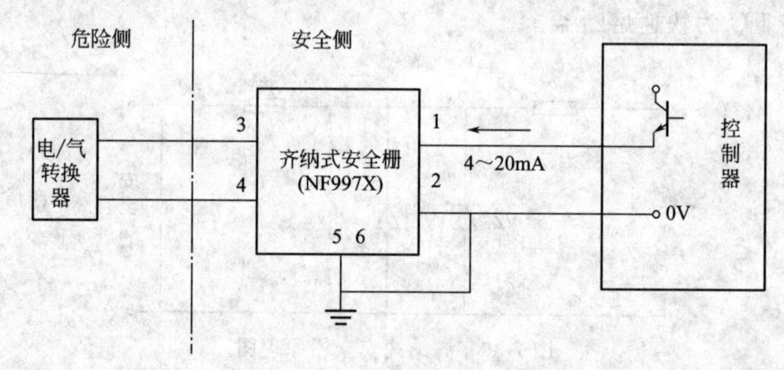


图 7-38 齐纳式安全栅连接发射极输出的控制器和电/气转换器的接线

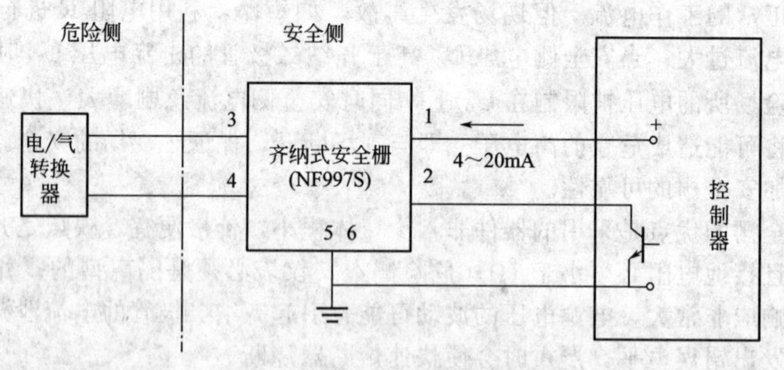


图 7-39 齐纳式安全栅连接集电极输出的控制器和电/气转换器的接线

发射极输出型的控制器可以和安全栅共地，故可采用单通道保护的安全栅；而集电极输出型控制器的两个输出端都不接地，故需采用双通道齐纳式安全栅。

7.4.1.2 变压器隔离式安全栅

变压器隔离式安全栅利用变压器或电流互感器将供电电源、信号输入端和信号输出端进行电气隔离，同时通过电子电路（限能器）限制进入危险场所的能量。变压器隔离式安全栅分为检测端安全栅（输入式安全栅）和操作端安全栅（输出式安全栅）两种。

(1) 变压器隔离式安全栅的工作原理

① 检测端安全栅 检测端安全栅一方面为现场两线制变送器进行隔离供电，另一方面将现场变送器送来的 4～20mA DC 信号 1∶1 地转换成与之隔离的 4～20mA DC 信号或 1～

5V DC信号送给安全侧指示仪表或调节仪表等，并且在故障条件下，通过限能器（限压或限流）限制进入危险场所的能量，使电压不超过30V DC，电流不超过30mA DC。其构成原理如图7-40所示，由DC/AC转换器、整流滤波器、调制器、解调放大器、限能器、隔离变压器$T_1$和电流互感器$T_2$等组成。

其中，DC/AC转换器将24V DC供电电源变换成8kHz的交流方波电压，由隔离变压器$T_1$隔离后，经整流滤波为限能器和解调放大器提供工作电压，同时8kHz的交流方波电压经调制器整流滤波转换成为24V DC电压，并由限能器限压后为现场变送器提供工作电压。能量传输线如图中实线所示。而现场变送器产生的4～20mA DC的测量信号经限能器限流后，由调制器转换成交流信号后由电流互感器$T_2$隔离并耦合至解调放大器，解调放大器又将其恢复成4～20mA DC（或1～5V DC）送给控制室显示仪表或调节仪表。信号传输线如图中虚线所示。

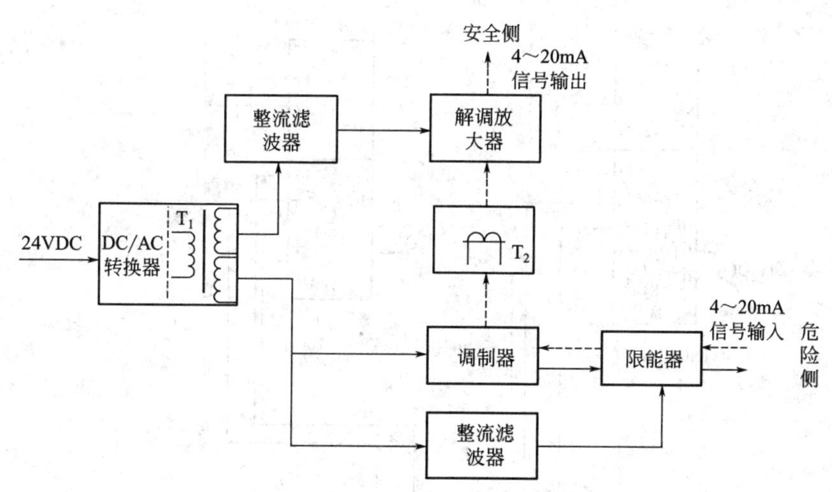


图7-40 隔离式检测端安全栅原理框图

② 操作端安全栅 操作端安全栅将控制室（安全侧）来的4～20mA DC控制信号转换成与之隔离的、成正比（1∶1）的电流信号送给现场执行器，同时对其进行限压和限流，防止危险能量进入危险场所。隔离式操作端安全栅原理框图如图7-41所示，由DC/AC转换器、整流滤波器、调制器、解调放大器、限能器、隔离变压器$T_1$和电流互感器$T_2$等组成。

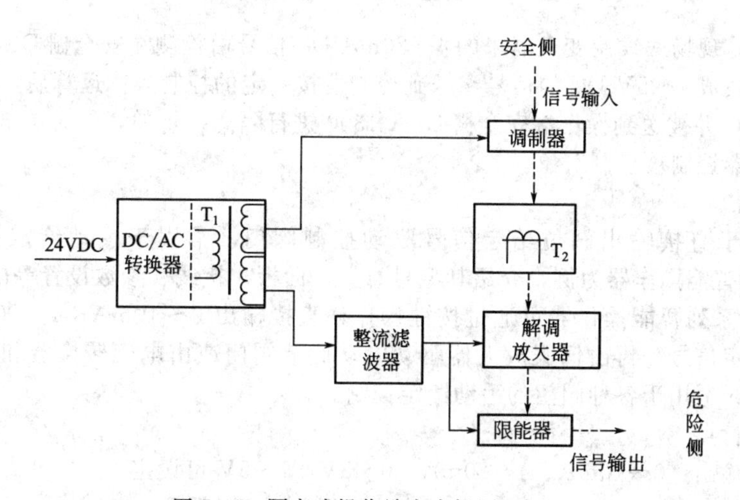


图7-41 隔离式操作端安全栅原理框图

其中，DC/AC 转换器将 24V DC 供电电源变换成 8kHz 的交流方波电压，由隔离变压器 $T_1$ 隔离后，一方面经整流滤波为限能器和解调放大器提供工作电压；另一方面，8kHz 的交流方波电压供给调制器将控制室来的 4～20mA DC 的控制信号调制成交流信号，并由电流互感器 $T_2$ 隔离并耦合至解调放大器，解调放大器将其恢复成 4～20mA DC 信号并由限能器限压、限流后送给执行器。图中实线为能量传输线，虚线为信号传输线。

(2) 变压器隔离式安全栅的应用

图 7-42 所示是利用变压器隔离式检测端安全栅（DFA-1100）和变压器隔离式操作端安全栅（DFA-1300）及 DDZ-Ⅲ型控制器（DTZ-2100）组成的安全火花型单回路调节系统。

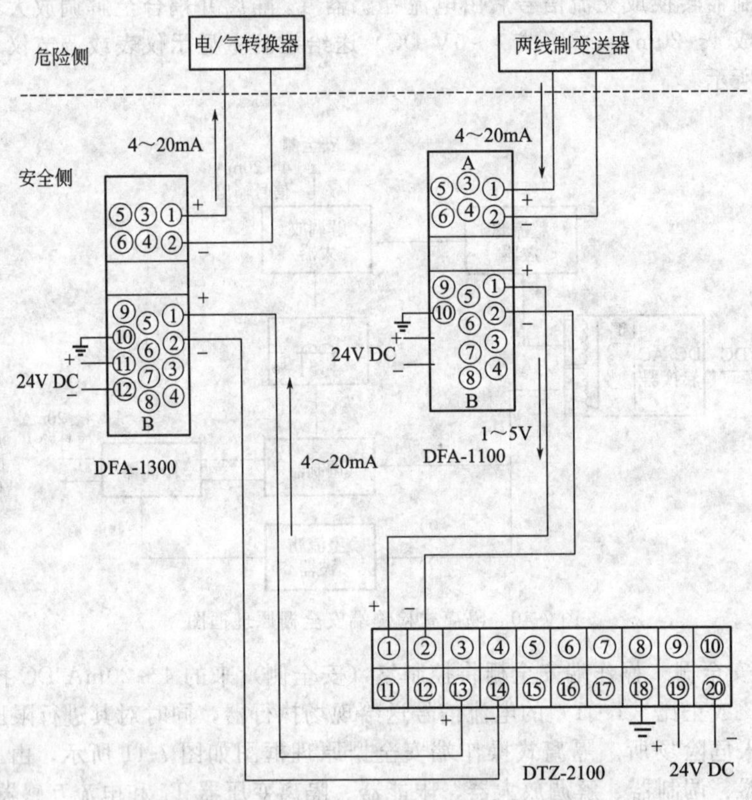


图 7-42 安全火花型单回路调节系统

由图可知，现场两线制变送器来的 4～20mA DC 信号由检测端安全栅 DFA-1100 进行隔离、传递并转换成 1～5V DC 的信号，送到控制器按一定的控制规律运算后，得到的控制信号 4～20mA DC 并被送到操作端安全栅 DFA-1300 进行隔离、传递，然后送给电/气转换器，再由气动执行器控制被控制对象。

### 7.4.2 操作器

操作器用于直接输出阀位给定信号驱动控制阀门，常用于手动给定控制。此处以 DFQ5000 系列智能操作器为例，介绍其型号意义、面板、接线、参数设置等内容。

DFQ5000 系列智能操作器可通过按键操作，直接输出 0～10mA、4～20mA、0～5V、1～5V 阀位给定信号，再由伺服放大器驱动电动调节阀门或由电气转换器和阀门定位器驱动气动薄膜阀，适用于各种阀门的手动给定控制。

(1) 功能特点

阀位给定输出：0～10mA、4～20mA、0～5V、1～5V 可设定。

阀位反馈输入：0～10mA、4～20mA、0～5V、1～5V 通用。

双屏数字显示：主屏显示阀位给定值，附屏显示阀位反馈值。

单片机智能：部分参数可按键设定。

可带 RS-485/RS-232 隔离通信接口。

FBBUS-ASCII 码协议与 MODBUS-RTU 协议可选（MODBUS-RTU 协议仅用于 Modbus 选项，接线方式与 RS-485 相同）。

（2）技术指标（表 7-14）

表 7-14　DFQ5000 系列智能操作器技术指标

| 电源 | 220V AC 或 24V DC |
|---|---|
| 阀位控制输出 | 0～10mA、4～20mA、0～5V、1～5V 可选 |
| 阀位反馈输入 | 0～10mA、4～20mA、0～5V、1～5V 可选 |
| 报警继电器输出 | 220V AC/3A 或 24V DC/3A |
| 通信接口 | RS-485 或 RS-232 |

仪表外形及尺寸如图 7-43 所示。

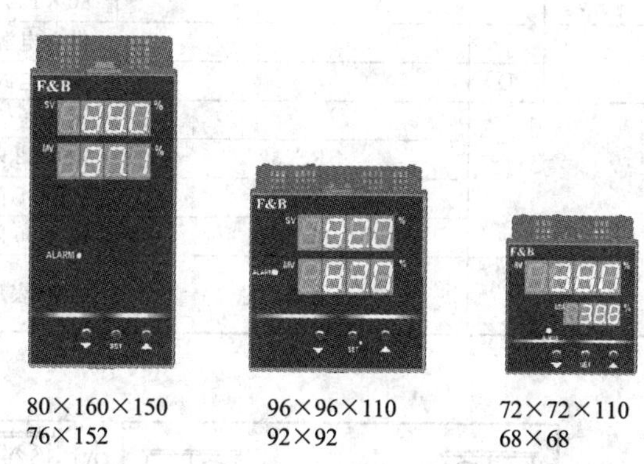


图 7-43　DFQ5000 系列智能操作器仪表外形
（上排为外形尺寸，下排为开孔尺寸，单位为 mm）

（3）DFQ5000 系列智能操作器选型表（表 7-15）

示例说明：DFQ566SFRS2320000 0～100.0%。

DFQ5000 系列智能操作器，4～20mA 阀位给定信号输出，4～20mA 阀位反馈信号输入，显示量程 0～100.0%，72mm×72mm 方表，带 RS-232 隔离通信接口，无特殊功能码。

（4）仪表接线

仪表接线如图 7-44 所示。

操作总图如图 7-45 所示。

说明：进入设置菜单，停止操作约 40s 自动返回工作态，如果对应菜单不出现，则已上锁或无此功能，图中▼、s、▲分别表示仪表上的▼、SET 和▲键，方框中符号××××为仪表 LED 显示符号。

### 7.4.3　变频器

变频器即变频调速器，是通过改变电动机电源的频率来调整电动机转速的。变频调速器是 20 世纪 80 年代开始使用并迅速发展起来的，目前已应用到各个生产领域。在自动化领域，变频调速器可以作为系统的执行部件，接收来自控制器的控制信号，并根据控制信号的大小改变输出电源的频率来调节电动机转速，改变被控制对象；也可作为系统中的调节部件，单独完成系统的调节和控制作用。下面介绍变频调速器的组成及工作原理。变频调速器的结构框图如图 7-46 所示。

**表 7-15　DFQ5000 系列智能操作器选型表**

| 型谱 | | | | | | | 说明 |
|---|---|---|---|---|---|---|---|
| DFQ | | | | | | | 智能模拟输出操作器 |
| 设计序列 | 5 | | | | | | 开关电源 |
| 阀位给定输出信号 | | 5 | | | | | 0～10mA 输出信号 |
| | | 6 | | | | | 4～20mA 输出信号 |
| | | 7 | | | | | 0～5V 输出信号 |
| | | 8 | | | | | 1～5V 输出信号 |
| | | 9 | | | | | 特殊规格的输出信号 |
| 阀位反馈输入信号 | | | 5 | | | | 0～10mA 输入信号 |
| | | | 6 | | | | 4～20mA 输入信号 |
| | | | 7 | | | | 0～5V 输入信号 |
| | | | 8 | | | | 1～5V 输入信号 |
| | | | 9 | | | | 特殊规格的输入信号 |
| 外形结构类　型 | | | | F | | | 96×96×110(mm)双数显方表 |
| | | | | SF | | | 72×72×110(mm)双数显方表 |
| | | | | V | | | 80×160×150(mm)双数显竖表 |
| 供电电源类　型 | | | | | | | 供电电源 220V AC |
| | | | | | D | | 供电电源 24V DC |
| 通信接口类　型 | | | | | | | 不带通信接口 |
| | | | | | | RS232 | RS-232 隔离通信接口 |
| | | | | | | RS485 | RS-485 隔离通信接口(FBbus) |
| | | | | | | Modbus | RS-485 隔离通信接口(Modbus) |
| 特　殊功能码 | | | | | | □□□□ | 0000 表示无特殊功能码 |

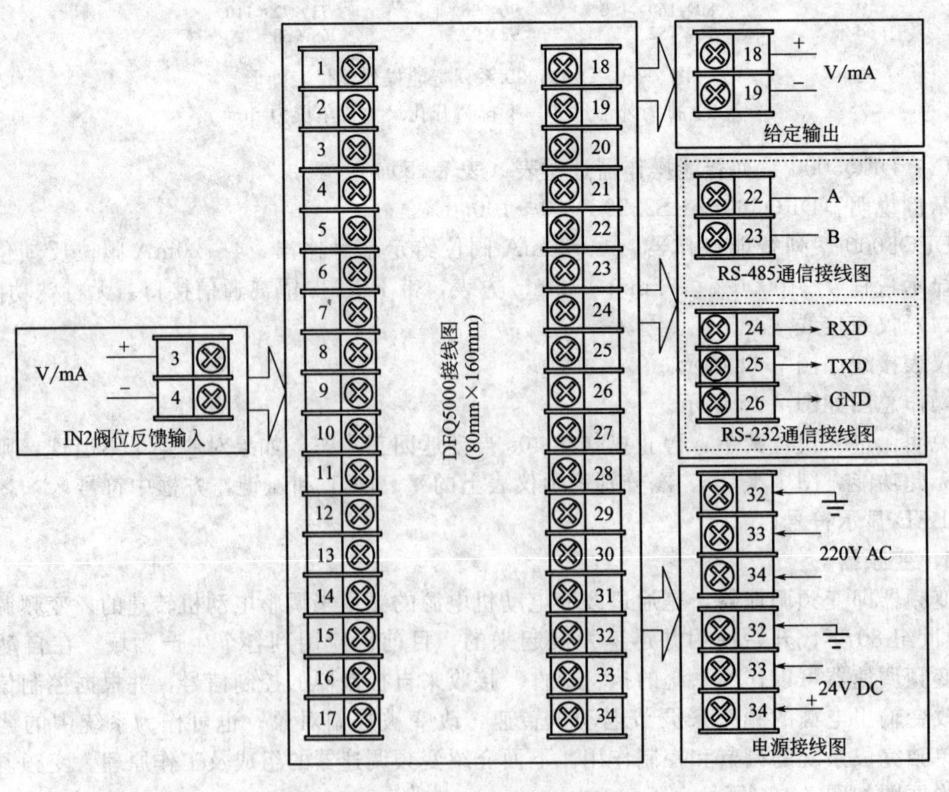


图 7-44　DFQ5000 系列接线图

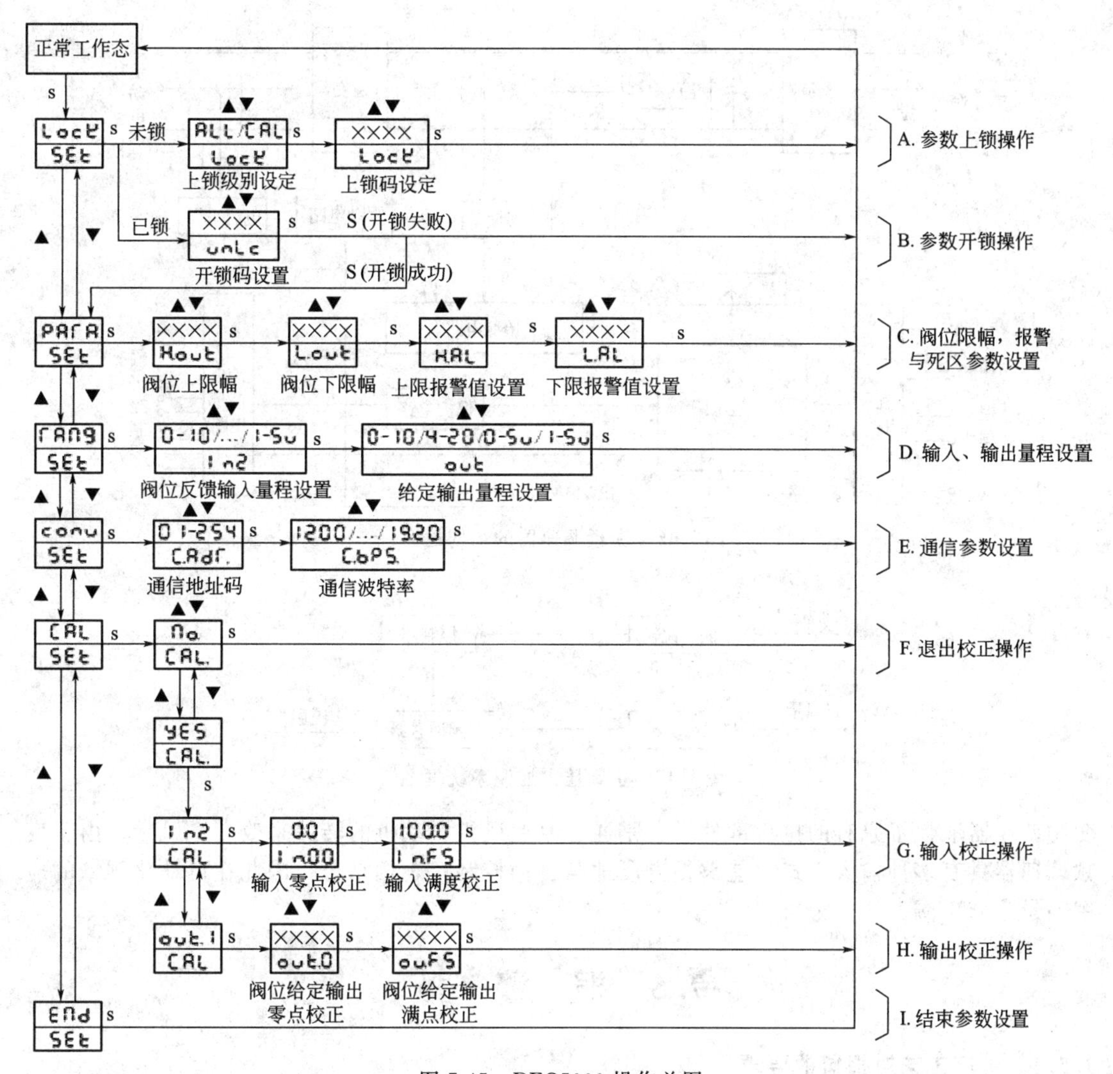


图 7-45　DFQ5000 操作总图

电源输入回路将输入的电源信号进行整流变成直流信号，然后由逆变电路根据主控电路发来的控制命令，将整流后的直流电源信号调制成某种频率的交流电源信号输出给电动机，输出频率可在 0～50Hz 之间变化。电源频率降低，电源电压也随之降低，使得电动机的瞬时功率下降，从而减少了电源消耗。

主控电路以 CPU 为核心，接收从键盘或输入控制端来的给定频率值和控制信号以及从传感器送来的运行参数进行必要的运算，输出 SPWM 波的调制信号至逆变器的驱动电路，使逆变器按要求工作。同时，把需要显示的信号送显示器，把用户通过功能预置所要求的状态信息送输出控制电路。

下面以常见的锅炉燃烧时炉膛压力自动控制系统为例说明变频调速器的应用。

大型锅炉运行时，炉膛内的压力基本是一个常数，压力过高或者过低都会给锅炉的正常运行带来不良影响。常常需要调整鼓风量使锅炉能够处于最佳的运行状态。

炉膛压力控制系统是根据炉膛压力检测信号与给定值进行比较，其偏差送控制器进行运算，得到的控制信号送执行器调整送风量，而此时风机电动机照常以额定的转数运转。采用变频调速器后，控制系统发生了变化。系统框图如图 7-47 所示。与传统的控制系统相比，

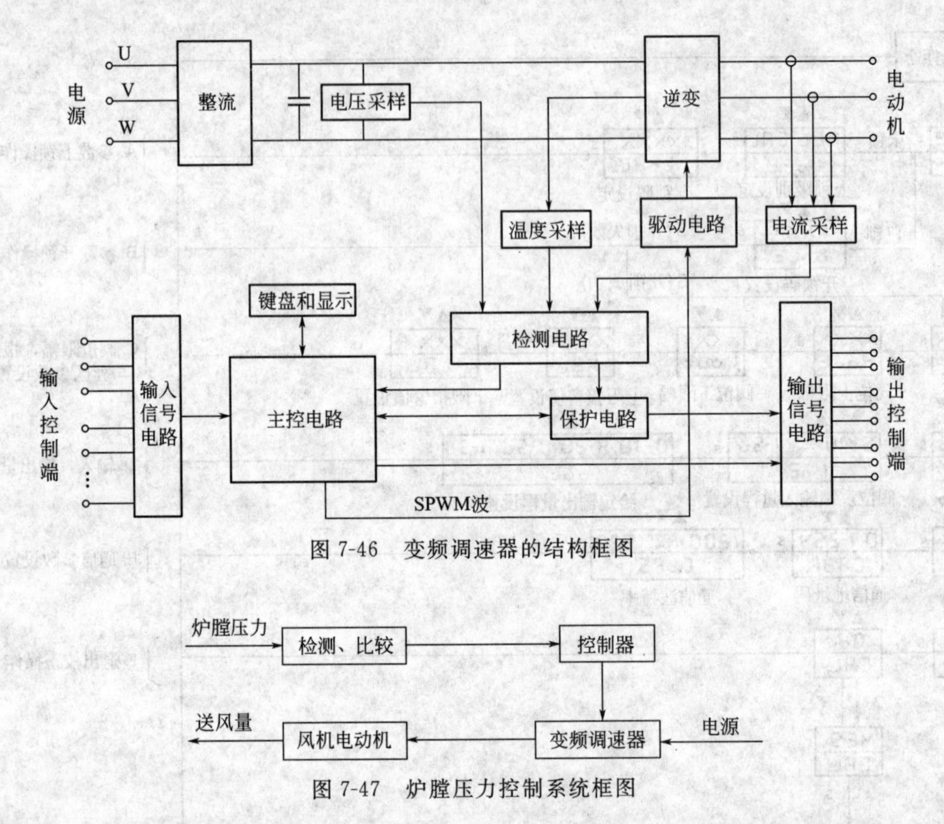


图 7-46 变频调速器的结构框图



图 7-47 炉膛压力控制系统框图

变频调速器取代了原有的执行部件，它是通过改变风机电动机的转速来改变送风量。由于变频调速器具有多种输入方式，能够很方便地与自动控制仪表相结合，因此在自动化领域的应用前景十分广阔。

# 7.5 报 警 器

### 7.5.1 生产工艺对报警的要求

当生产过程中的被控参数偏离给定值，接近危险边缘时，要求控制系统发出声光报警信号，提醒操作人员注意，以调整生产状态。下面通过一个实例介绍生产工艺对报警的要求。

某气化炉以天然气、氧气、蒸汽为原料，在 6.0MPa、1250～1350℃的条件下进行部分氧化反应制取 $H_2$ 和 CO 为主要成分的氨合成原料气。

(1) 工艺流程说明

① 天然气流程　来自天然气压缩机的天然气首先分两路，送入天然气加热器中的用 6.9MPa 的蒸汽预热至 250℃，送入气化炉的工艺烧嘴的和氧气及少量的屏蔽蒸汽进行“部分氧化反应”。

② 氧气流程　空气送来的纯氧（98.5%、温度约 38℃）分两路分别送气化炉，分流后的氧气在两台并联的氧预热器中被加热至 200～240℃，与过热蒸汽混合进入气化炉。

③ 过热蒸汽流程　管网提供 6.9MPa、380℃的蒸汽进入气化界区，分两路分别供气化炉，分流后的蒸汽分三路：第一路作为工艺蒸汽与氧气混合进入气化炉；第二路作为保护蒸汽进入气化炉；第三路蒸汽接口在天然气管线上，在气化炉停车后用于吹扫冷却烧嘴。

④ 废热锅炉给水流程　锅炉给水泵输送的锅炉给水进入界区，经预热后，进入废热锅炉特殊设计的管板。当气化炉温度低于 800℃时，水进入废热锅炉上部；温度高于 800℃时，

水经过特殊设计的管板进入废热锅炉。在废热锅炉底部和上部分别设有间断排污管和连续排污管。

(2) 气化炉的报警要求

气化炉的控制方案如图 7-48 所示。为了废热锅炉的安全，废热锅炉的液位必须一定，因此采用双冲量控制，对液位进行报警。气化炉控制的特点是在炉壳上有多个测温点，进行上下限报警；气化炉顶上有多个测温点，进行上限报警。详见表 7-16。

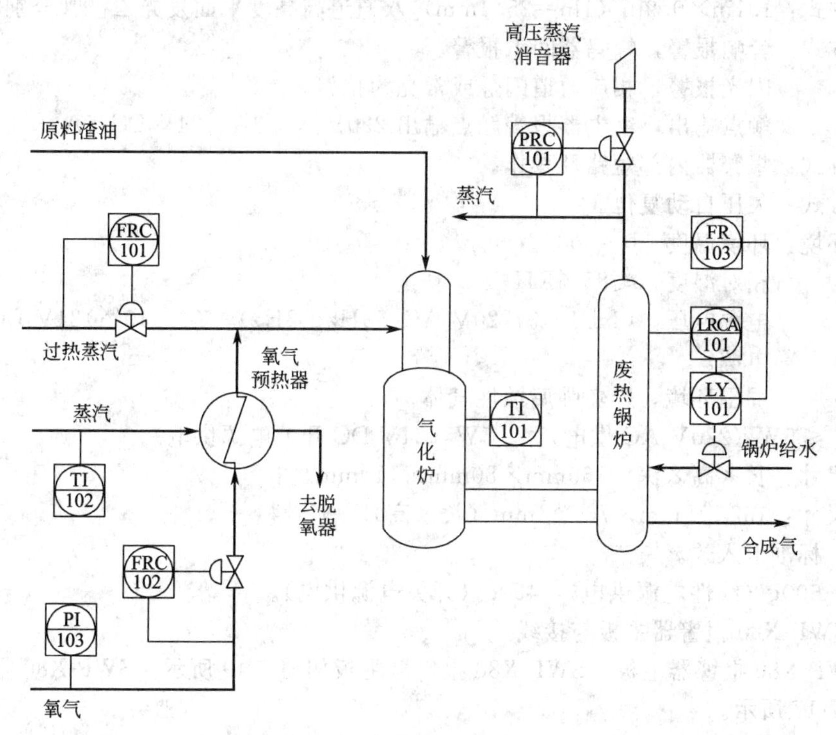


图 7-48 气化炉的控制方案

表 7-16 报警清单

| 序号 | 位号 | 描述 | 量程 | 单位 | 报警要求 |
| --- | --- | --- | --- | --- | --- |
| 1 | FRC101 | 过热蒸汽流量 | 0～100 | $m^3/h$ | 90%高报 |
| 2 | FRC102 | 氧气流量 | 0～150 | $m^3/h$ | 10%低报 |
| 3 | PRC101 | 高压蒸汽压力 | 0～16 | MPa | 高偏 6 报警<br>低偏 2 报警 |
| 4 | PI103 | 氧气压力 | 0～10 | MPa | 下降速度 10%/s 报警 |
| 5 | FR103 | 高压蒸汽流量 | 0～200 | $m^3/h$ | 20%低报 |
| 6 | TI101 | 气化炉温度 | 0～1200 | ℃ | 10%低低报<br>90%高高报 |
| 7 | TI102 | 蒸汽温度 | 0～500 | ℃ | 80%高报 |
| 8 | LRCA101 | 锅炉液位 | 0～300 | mm | 250 高报 |

具体的报警仪表可选用 SWP-X80 系列闪光报警器来实现。

### 7.5.2 闪光报警器及其应用

闪光报警器是控制室中常用的报警仪表，下面以 SWP-X80 系列闪光报警器为例学习其用法。

(1) SWP-X80 系列闪光报警器的主要技术参数

输入信号：接点式，无源接点信号。

电平式，标准 TTL 电平，输入信号地与端子 1 连接。

测量通道：八通道（若选择高电平报警，不用的通道可开路；若选择低电平报警，不用的通道可与端子 1 接）。

显示方式：1.1in×0.9in（1in=25.4mm）八通道高亮度平面发光二极管分别状态显示。

报警方式：音响报警，蜂鸣器间歇报警。

闪光报警，相应通道闪烁或常亮为报警。

触点输出，继电器报警触点输出 220V AC/3A、24V DC/5A。

设定方式：报警器内部短路环操作。

保护方式：欠压自动复位。

使用环境：环境温度，0～50℃。

相对湿度，≤85%RH。

电源电压，(1±10%)220V AC(50Hz±2Hz)，(1±10%)24V DC——开关电源。

周围环境，避免强腐蚀性气体。

功耗：≤5W（220V AC 供电），≤5W（24V DC 开关电源供电）。

外形尺寸：长×高×深=160mm×80mm×110mm。

开孔尺寸：$152^{+0.5}_{-0}$mm×$76^{+0.5}_{-0}$mm（长×高）。

结构：标准卡入式。

质量：600g（线性电源供电），450g（开关电源供电）。

(2) SWP-X80 报警器主板与接线

① SWP-X80 报警器主板　SWP-X80 报警器主板如图 7-49 所示。SWP-X80 报警器状态设置如表 7-17 所示。

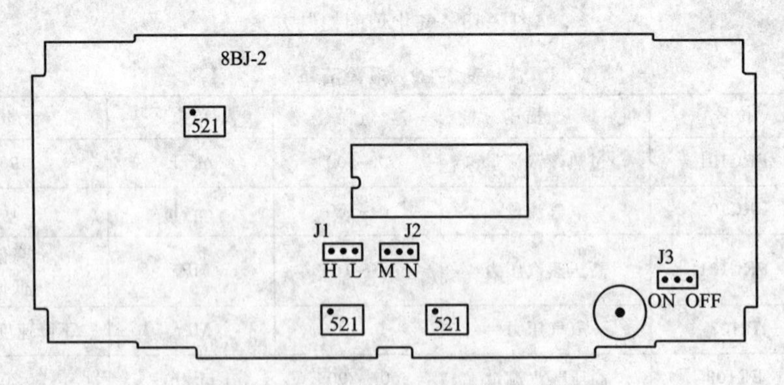


图 7-49　SWP-X80 报警器主板示意图

② SWP-X80 接线图　SWP-X80 接线如图 7-50 所示。

③ SWP-X80 报警器操作说明

• 上电后报警器右下方红色指示灯亮，表明电源已接通，若使用内部蜂鸣器，则蜂鸣约 1s，然后显示器逐个自检完成后，进入工作状态。

• 若报警器选择有记忆功能，当新的报警信号出现，则相应显示器闪烁，蜂鸣器间歇蜂鸣，输出继电器触点闭合；若新的报警信号已解除，该状态仍保持，直到按下消音键。

表 7-17　SWP-X80 报警器状态设置表

| 短路插头＼功能 | 短路环位置 | 对应功能 |
| --- | --- | --- |
| J1 | H　L（短接H） | 输入信号为触点信号时，断开报警。输入信号为电平信号时，高电平报警 |
| | H　L（短接L） | 输入信号为触点信号时，闭合报警。输入信号为电平信号时，低电平报警 |
| J2 | M　N（短接M） | 报警器报警有记忆功能 |
| | M　N（短接N） | 报警器报警无记忆功能（出厂时默认） |
| J3 | ON　OFF（短接ON） | 使用报警器内部蜂鸣器：当报警器报警时，报警器内部蜂鸣器蜂鸣 |
| | ON　OFF（短接OFF） | 不使用报警器内部自带的蜂鸣器：任何情况下内部蜂鸣器都不起作用 |

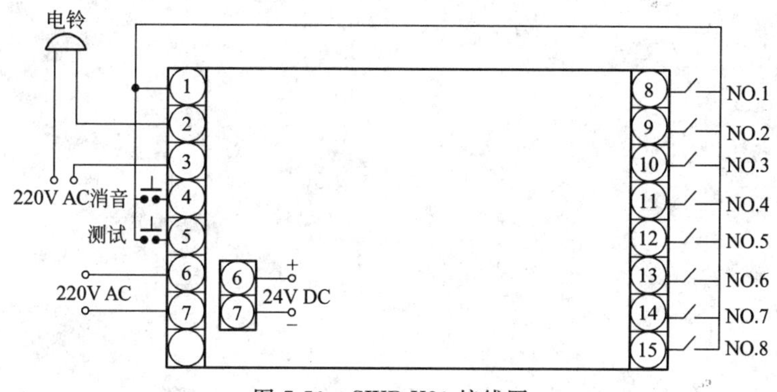


图 7-50　SWP-X80 接线图

• 若报警器选择无记忆功能，当新的报警信号出现，则相应显示器闪烁，蜂鸣器间歇蜂鸣，输出继电器触点闭合；当新的报警信号解除，对应的显示器不亮，蜂鸣器停止蜂鸣，输出继电器触点断开。

• 新的报警发生后，按消音键，蜂鸣器停止蜂鸣，输出继电器触点断开。若报警信号仍未消除，则对应的显示器亮；若报警信号已解除，则对应的显示器不亮。

• 若按测试键，则 8 个显示器同时闪烁，蜂鸣器间歇蜂鸣，输出继电器触点闭合，报警器处于测试状态，释放测试键，报警器又进入工作状态。

## 习　题

7-1　控制室仪表盘面一般分几段布置？各段分别布置哪些仪表？

7-2　控制室盘后框架一般分几段布置？各段分别布置哪些仪表？

7-3　试写出组态王对控制器设备组态的步骤。

7-4　SLPC * E 正面板由哪些部分组成？简要说明它们的功能。

7-5　使用 SLPC 的状态输出端子，在接线时应注意哪些问题？

7-6　简述 SLPC * E 输入、输出信号的种类、数量和规格。

7-7　SLPC * E 有哪些寄存器？分别说明它们的用途。

7-8　什么是控制要素？SLPC * E 有几个控制要素？它们各用于指定什么控制运算规律？

7-9　BSC 有哪几种运行方式？如何设定？

7-10 试简述无纸记录仪的特点。其输入信号有哪几种？可以显示、记录哪些工艺变量？

7-11 无纸记录仪和自动平衡式记录仪相比有哪些优越性？

7-12 安全栅有哪些作用？

7-13 说明齐纳式安全栅的工作原理。

7-14 说明检测端安全栅和操作端安全栅的构成及基本原理。

# 第8章　执　行　器

## 8.1　执行器的用途和分类

### 8.1.1　执行器的用途

执行器接收控制器的输出信号，直接控制能量或物料等调节介质的输送量，达到控制温度、压力、流量、液位等工艺参数的目的。

例如，换热器的温度单回路控制如图8-1所示，控制器TC根据检测到的被控温度输出信号，改变调节阀的开度，调节进入换热器壳程的热载体（如蒸汽）的流量，换热器管程中冷流体的温度（被控温度）会随调节阀的开度而变化。这里的调节阀就是典型的执行器。

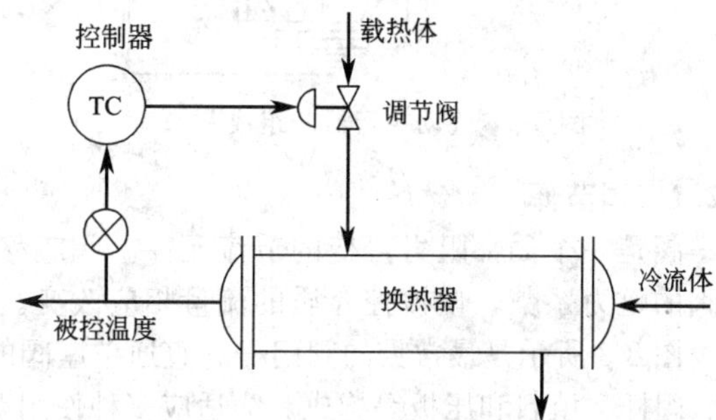


图8-1　换热器的温度单回路控制

### 8.1.2　执行器的分类

执行器的种类很多，不同的执行器有不同的特点，以适应各种生产工艺的要求。生产过程自动化主要针对流程工业的生产工艺，所以其执行器一般都是阀门加上驱动阀门开、关的执行机构。驱动阀门的执行机构通常需要能源产生驱动力。按执行机构所用能源分类，执行器可分为气动执行器、电动执行器、液动执行器。

① 气动执行器　是以气压为驱动能源的执行器，工作时，由4～20mA的标准电流信号控制气压的大小，调节阀门开度。由于气动执行器不使用强电作为驱动能源，所以具有本质安全防爆的优点。

② 电动执行器　是以电能为驱动能源的执行器，工作时，由4～20mA的标准电流信号控制伺服电动机动作，调节阀门开度。由于伺服电动机需要强电作为驱动能源，所以电动执行器属于非本质安全防爆型。

③ 液动执行器　是通过液压传动使活塞缸产生推力的执行器。

由于气动执行器结构简单，性能可靠，技术成熟，特别是具有本质安全防爆的特点，在过程控制系统中应用最为广泛。

## 8.2　气动执行器

20世纪20年代，气动执行器以调节阀的形式问世；60年代，中国对气动执行器进行了标准化、规范化设计，形成了P、N、S、Q、W、R、T七大系列调节阀；70年代，出现了偏心旋转阀和套筒阀；80年代，四川仪表厂引进了日本山武CV3000技术生产调节阀；90年代，气动执行器向高性能、专业化、智能化方向发展；进入21世纪，应用现场总线技术(Fieldbus)的执行器具有了远程诊断、远程调校、单端检查和可靠性高的智能化功能。

气动执行器通常由调节阀、气动执行机构和电气阀门定位器三部分组成，如图8-2所示。

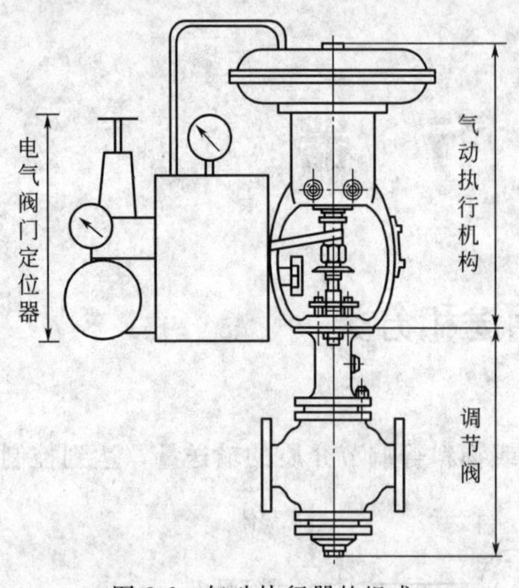


图 8-2 气动执行器的组成

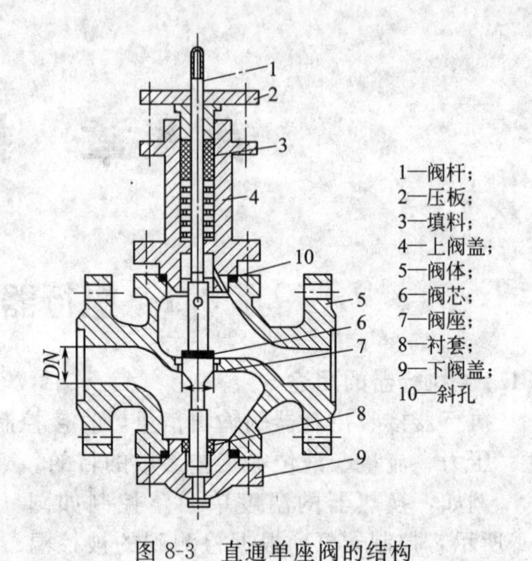


图 8-3 直通单座阀的结构

### 8.2.1 调节阀

阀是一个局部阻力可变的节流元件。阀芯移动改变了阀芯与阀座间的流通面积，即改变了阀的阻力系数，使被控介质的流量相应改变。

图 8-3 所示是最常见的阀门——直通单座阀的结构，由上阀盖、下阀盖、阀体、阀座、阀芯、阀杆、填料和压板等构成。为适应多种使用要求，阀芯和阀体可以作成不同的结构，使用的材料也各不相同。阀杆 1 带动阀芯 6 上移，阀座 7 的流通面积会逐渐增大，流体从左侧进入，从阀座下方流向上方，最后从阀的右侧流出。阀座一般都设计成低进高出的结构形式。

常用于调节功能的阀门有：直通单座阀、直通双座阀、角形阀、高压阀、三通阀、隔膜阀、蝶阀、球阀、凸轮挠曲阀、套筒阀等。

(1) 直通单座阀

直通单座阀的阀体内只有一个阀芯与阀座，如图 8-4 所示。

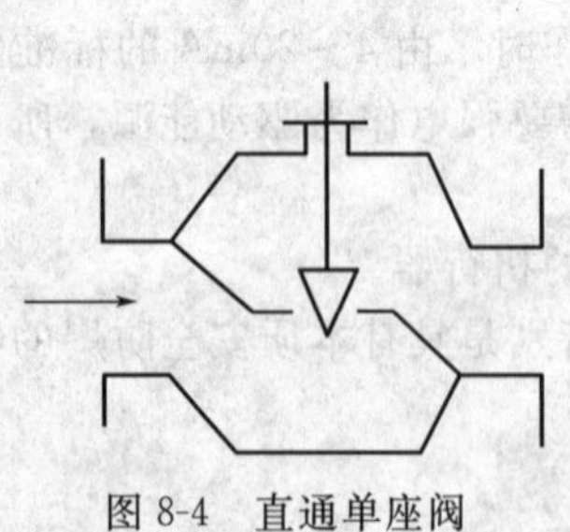

图 8-4 直通单座阀

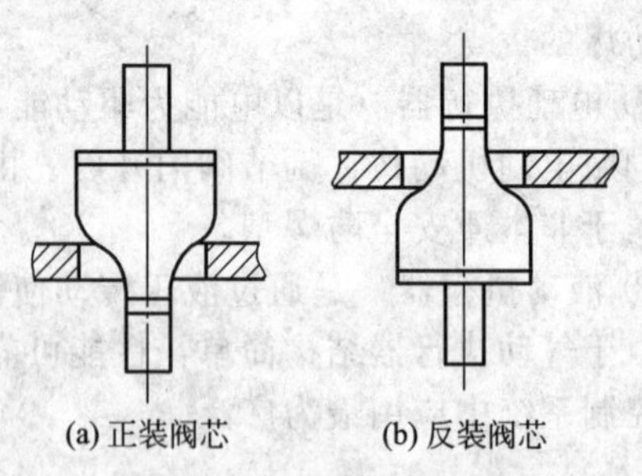


图 8-5 阀芯的安装形式

在图 8-4 所示的结构中，阀体下部没有阀盖安装孔，这种阀体只能采用阀芯正装的装配形式，小口径阀门多采用这种结构形式。

图 8-3 所示的直通单座阀的结构中，阀杆 1、压板 2、上阀盖 4 等结构均可拆下，并装于阀的底部，下阀盖 9 装于阀的顶部，这就是可以反装的直通单座阀。大口径阀门多采用可以反装的结构形式。阀反装后，需要翻转使用，阀杆在上部，便于操作，其内部的阀芯变成反装结构，如图 8-5 所示。

正装阀在阀芯下移时，开度变小；反装阀在阀芯下移时，开度变大。

直通单座阀结构简单、价格便宜、全关时泄漏量少。但是，在差压大的时候，流体对阀芯上下作用的推力不平衡，这种不平衡力会影响阀芯的移动。

（2）直通双座阀

直通双座阀的阀体内有两个阀芯和两个阀座，如图 8-6 所示。流体流入后分别从上下两个阀座流出，其中的上阀座为流开型结构，下阀座为流闭型结构。

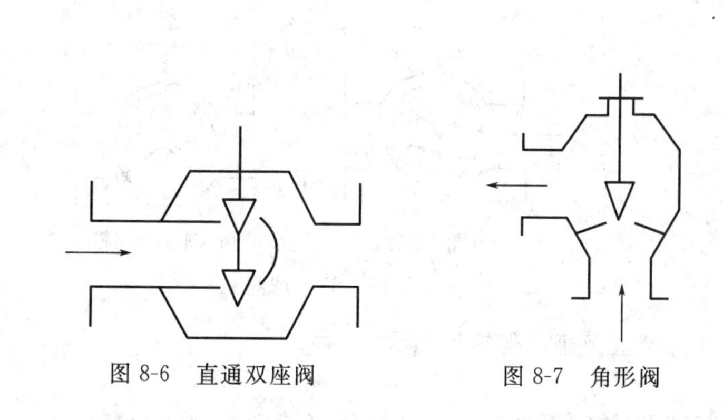

图 8-6　直通双座阀

图 8-7　角形阀

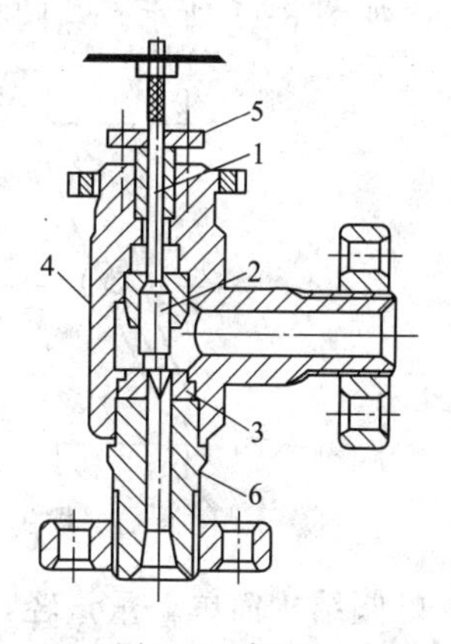


图 8-8　高压阀

1—阀杆；2—阀芯；3—阀座；4—阀体；5—阀盖；6—下阀盖

直通双座阀在流体流过的时候，不平衡力小，但泄漏量大。

（3）角形阀

角形阀的流体进口和出口呈直角形，流向一般是底进侧出。如图 8-7 所示。

这种结构流路简单、阻力较小，适于现场管道要求直角连接，介质为高黏度、高差压和含有少量悬浮物和固体颗粒状的场合。

（4）高压阀

高压阀的结构形式大多为角形，阀芯头部掺铬或镶以硬质合金，以适应高差压下的冲刷和气蚀。如图 8-8 所示。为了减少高差压对阀的气蚀，有时采用几级阀芯，把高差压分开，各级都承担一部分差压以减少冲刷和气蚀造成的损失。

（5）三通阀

三通阀有三个出入口与工艺管道连接，按照流通方式分为合流型和分流型两种，如图 8-9 所示。根据工艺需要，三通阀主要用于调节物料的混合比与分配比。

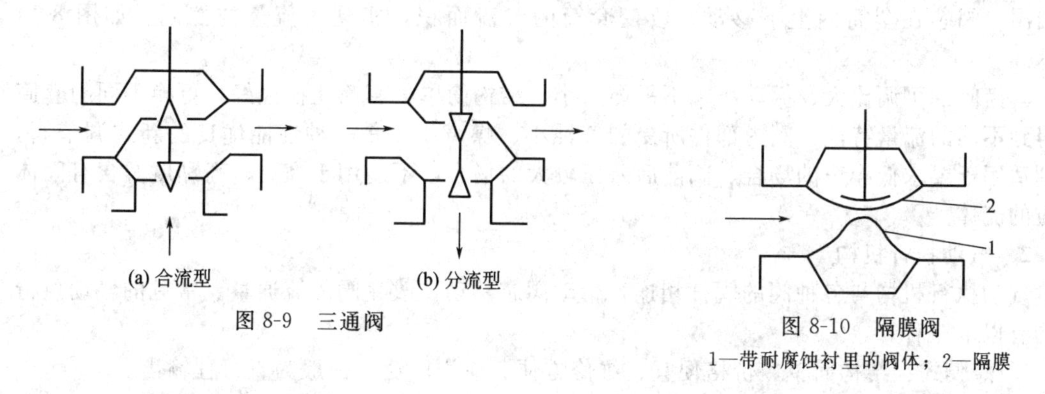


图 8-9　三通阀

图 8-10　隔膜阀

1—带耐腐蚀衬里的阀体；2—隔膜

（6）隔膜阀

隔膜阀采用带耐腐蚀衬里的阀体和隔膜作为流体的切断结构。如图 8-10 所示。

隔膜阀结构简单、流阻小、流通能力比同口径的其他种类的阀要大，不易泄漏，耐腐蚀性强，适用于强酸、强碱、强腐蚀性介质的控制，也能用于高黏度及悬浮颗粒状介质的控制。注意，阀杆上连接的执行机构须有足够的推力。

(7) 蝶阀

蝶阀的结构是在管状阀体中安装一个可以旋转的圆形扁平阀芯，用于调节管状阀体的流通量。如图 8-11 所示。蝶阀在使用时须配用角行程执行机构。

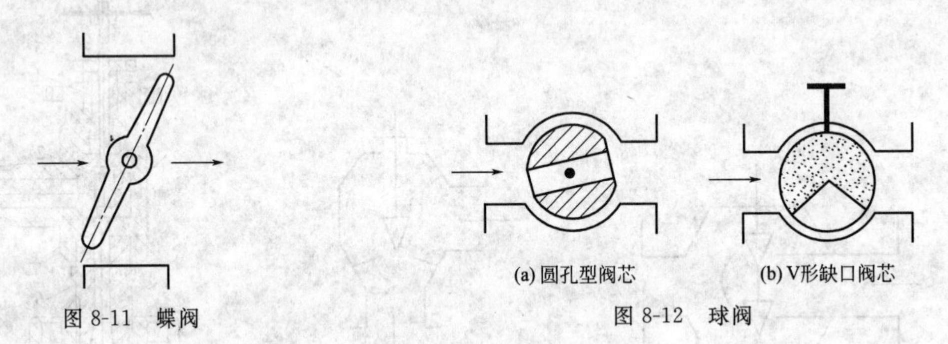


图 8-11　蝶阀

图 8-12　球阀

蝶阀结构简单，重量轻，价格便宜，流阻极小，但泄漏量大。

(8) 球阀

球阀的阀芯是一个球体，球体上开圆孔或 V 形缺口，转动球体可起到控制和切断流体的作用。如图 8-12 所示。

(9) 凸轮挠曲阀

凸轮挠曲阀的阀芯呈扇形球面状，与挠曲臂及轴套一起铸成，固定在转动轴上。如图 8-13 所示。凸轮挠曲阀密封性好，重量轻，体积小，安装方便。

图 8-13　凸轮挠曲阀

图 8-14　套筒阀

(10) 套筒阀

套筒阀也叫笼式阀，阀体内有一个可拆卸的圆柱形套筒，套筒侧壁开有流体流通的窗口或圆洞，阀芯在套筒内上下移动，改变套筒的节流面积，实现对流量的控制。如图 8-14 所示。

套筒阀的可调比大、振动小、不平衡力小、结构简单、套筒互换性好，更换不同的套筒可得到不同的流量特性，阀内部件所受的气蚀小、噪声小，是一种性能优良的新式调节阀，特别适用于要求低噪声的场合、阀前后差压较大的场合，不适用于高温、高黏度及含有固体颗粒的流体。

### 8.2.2 气动执行机构

气动执行机构与各种阀的阀杆相连，带动阀芯移动，改变阀的流通量。常见的气动执行机构有以下三种。

① 薄膜式：结构简单、价格便宜、维修方便、应用广泛，一般为直行程输出。

② 活塞式：推力较大，用于大口径、高压降控制阀或蝶阀的推动装置。

③ 长行程式：行程长、转矩大，适于输出力矩和转角（60°～90°）。

下面介绍过程控制中应用最广的薄膜式执行机构。薄膜式执行机构根据信号压力进气位置的不同分为正作用执行机构和反作用执行机构两种结构形式。

图 8-15(a) 所示为正作用执行机构。信号压力从上膜盖进入，作用在波纹膜片上，转换成膜片中心的力，克服弹簧力带动推杆下移，推杆通过连接阀杆的螺母与调节阀的阀杆相连。当信号压力增大，推杆带动阀杆下移，改变阀门开度。

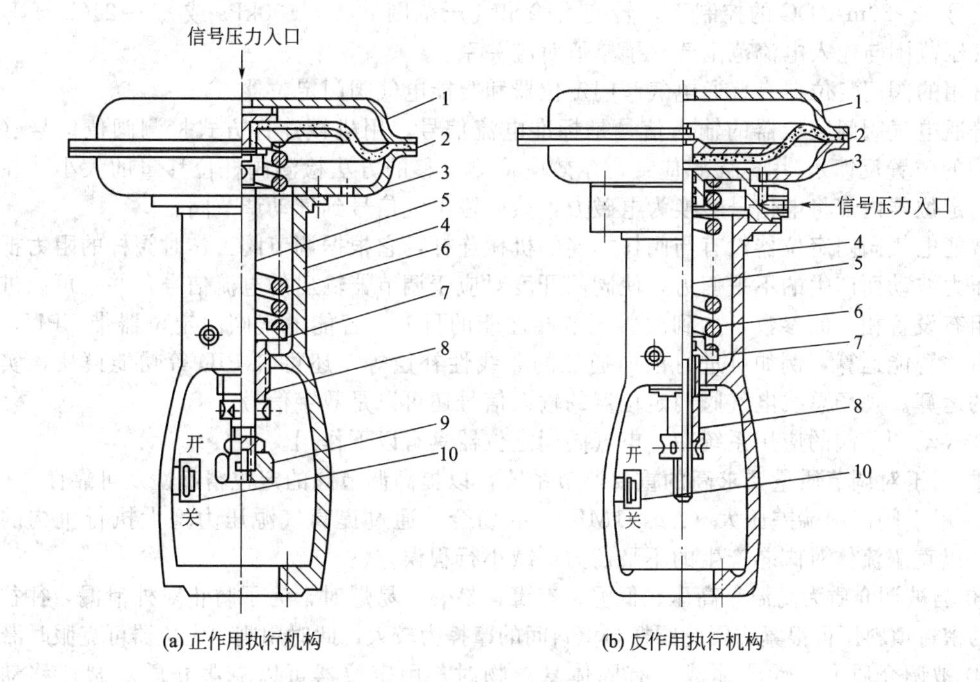


图 8-15　执行机构的结构

1—上膜盖；2—波纹膜片；3—下膜盖；4—支架；5—推杆；6—弹簧；7—弹簧座；8—调节件；9—连接阀杆的螺母；10—行程标尺

图 8-15(b) 所示为反作用执行机构。信号压力从下膜盖进入，当信号压力增大，膜片带动推杆和阀杆上移，改变阀门开度。

### 8.2.3　电气阀门定位器

气动执行器在使用过程中，还需要配备一些辅助装置，常用的有电/气转换器和电气阀门定位器以及手轮机构。

电/气转换器可将来自调节器的 4～20mA DC 标准电信号转换为标准气压信号，用以驱动气动执行器。

电气阀门定位器除了能起到电/气转换器的作用外，还具有阀位反馈环节，使调节阀按照调节器信号迅速、准确定位。采用电气阀门定位器后，可用调节器输出的 4～20mA DC 电流信号准确地操纵气动执行机构。如图 8-16 所示。

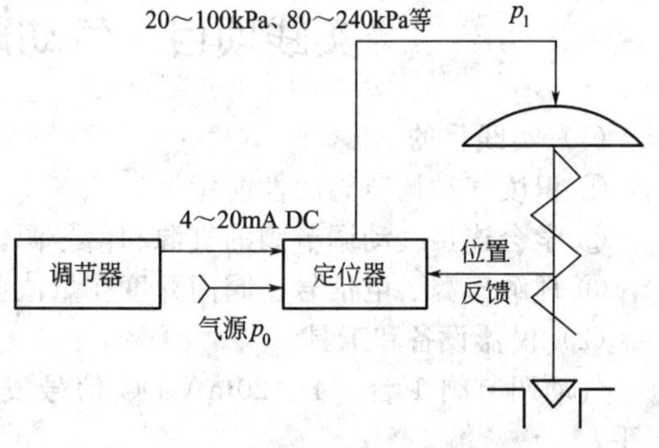


图 8-16　电气阀门定位器的用法

电气阀门定位器将阀杆位移信号作为输入的反馈测量信号，如图 8-16 中的位置反馈所示，以定位器输入信号的 4～20mA DC 作为设定信号，进行比较，当两者有偏差时，改变其到执行机构的输出气压信号（如 20～100kPa)，使执行机构动作，建立了阀杆位移量与调节器输出信号之间的一一对应关系。因此，阀门定位器与调节阀一起组成以阀杆位移为测量信号，以调节器输出为设定信号的反馈控制系统。该控制系统的操纵变量是阀门定位器去执行机构的气压输出信号。

气动调节阀常用的输入气压范围有20～100kPa、80～240kPa等，这也是阀门定位器的输出气压范围，对应的阀门定位器气源压力$p_0$应为140kPa和280kPa等。气源压力$p_0$在输入信号4～20mA DC的控制下，转变为输出气压范围（20～100kPa或80～240kPa等），输出气压范围与输入电流范围建立了单值对应关系。

常用的阀门定位器有普通电气阀门定位器和智能电气阀门定位器。

普通电气阀门定位器的输入信号是标准电流信号，用机械连杆方式检测阀位信号（图8-16中的位置反馈），用电磁感应或霍尔效应检测位移的方法检测阀杆位移量的大小，在电气阀门定位器内部将电信号转换为电磁力，然后输出气信号到气动调节阀。

智能电气阀门定位器没有与阀杆相连的机械连杆，它根据调节阀工作时阀杆的阻力抵消介质压力波动而产生的不平衡力，使阀门开度对应于调节器输出的电流信号，并且可以进行智能组态设置相应的参数，达到改善调节阀性能的目的。智能电气阀门定位器带CPU，可处理有关智能运算，例如可进行前向通道的非线性补偿等，还可带PID等功能模块，实现相应的运算。现场总线电气阀门定位器的输入信号还可以是数字信号。

在气动调节阀的应用系统中，电气阀门定位器具有以下作用。

① 用于对调节质量要求高的重要调节系统，以提高调节阀的定位精确性及可靠性。

② 用于阀门两端差压大（$\Delta p>1$MPa）的场合，通过提高气源压力增大执行机构的输出力，以克服流体对阀芯产生的不平衡力，减小行程误差。

③ 当被调介质为高温、高压、低温、有毒、易燃、易爆时，为了防止对外泄漏，往往将阀杆的密封填料压得很紧，因此阀杆与填料间的摩擦力较大，此时用阀门定位器可克服时滞。

④ 被调介质为黏性流体或含有固体悬浮物时，用定位器可以克服介质对阀杆移动的阻力。

⑤ 用于大口径（$DN>100$mm）的调节阀，以增大执行机构的输出推力。

⑥ 当调节器与执行器距离在60m以上时，用定位器可克服控制信号的传递滞后，改善阀门的动作反应速度。

⑦ 用来改善调节阀的流量特性。

⑧ 一个调节器控制两个执行器实行分程控制时，可用两个定位器分别接收低输入信号和高输入信号，则一个执行器低程动作，另一个高程动作，构成分程调节系统。

## 实践项目　气动薄膜调节阀的应用

(1) 实践目的

① 识读气动调节阀的性能指标。

② 学会连接气动调节阀的气源和信号源。

③ 理解气源、电信号、阀门开度在量值上的对应关系。

(2) 仪器设备和工具

气动调节阀1台、4～20mA DC信号发生器1块、空气压缩机一台、空气软管、活扳手。

(3) 项目要求

用信号发生器代替控制器，连接调节阀应用系统（图8-16）。

(4) 实训步骤

① 查看调节阀铭牌，记录铭牌内容：

② 根据铭牌标注的气源压力，调整空气压缩机的气源输出，并用空气软管连接到电气阀门定位器空气过滤减压器上。

③ 将信号发生器置信号输出挡，并接在阀门定位器的接线端子上。

④ 根据调节阀铭牌，调整空气过滤减压器，使140kPa或280kPa的气源压力加入阀门定位器。

⑤ 用信号发生器向阀门定位器输入4～20mA电流信号，填写表8-1。

表8-1 气动薄膜调节阀的应用

| 输入信号/mA | 4 | 8 | 12 | 16 | 20 |
| --- | --- | --- | --- | --- | --- |
| 定位器输出压力/MPa | | | | | |
| 调节阀指针移动/格 | | | | | |
| 调节阀开度/% | | | | | |

## 8.3 调节阀的选型

### 8.3.1 调节阀结构的选择

调节阀结构形式的确定主要是根据工艺参数（温度、压力、流量）、介质性质（黏度、腐蚀性、毒性、杂质状况）以及调节系统的要求（可调比、噪声、泄漏量）综合考虑来确定的。一般情况下，应首选普通单、双座调节阀和套筒阀，因为此类阀结构简单，阀芯形状易于加工，比较经济。如果此类阀不能满足工艺的综合要求，可根据具体的要求选择相应结构形式的调节阀。

（1）常用调节阀的特点及适用场合

① 单座阀　泄漏量小（泄漏量是额定 $K_v$ 值的0.01%）、允许差压小、体积小、重量轻，适用于一般流体，要求差压小、泄漏量小的场合。

② 双座阀　不平衡力小、允许差压大、流量系数大、泄漏量大（泄漏量是额定 $K_v$ 值的0.1%），适用于要求流通能力大、差压大、对泄漏量要求不严格的场合。

③ 套筒阀　稳定性好，允许差压大，容易更换、维修阀内部件，通用性强，更换套筒即可改变流通能力和流量特性，适用于差压大、要求工作平稳、噪声低的场合。

④ 角形阀　流路简单，便于自洁和清洗，受高速流体冲蚀较少，适用于高黏度、含颗粒等物质及闪蒸、气蚀的介质，特别适用于直角连接的场合。

⑤ 凸轮挠曲阀　体积小、密封性好、泄漏量小、流通能力大、可调比宽（$R$=100）、允许差压大，适用于要求调节范围宽、流通能力大、稳定性好的场合。

⑥ V形球阀　流通能力大、可调比宽（$R$=200～300）、流量特性近似等百分比、V形口与阀座有剪切作用，适用于纸浆、污水和含纤维、颗粒物的介质的控制。

⑦ O形球阀　结构紧凑、重量轻、流通能力大、密封性好、泄漏量近似零、调节范围宽（$R$=100～200）、流量特性为快开，适用于纸浆、污水和高黏度、含纤维、含颗粒物的介质，要求严密切断的场合。

⑧ 隔膜阀　流路简单、阻力小，采用耐腐蚀衬里和隔膜，有很好的防腐性能，流量特性近似为快开，适用于常温、低压、高黏度、带悬浮颗粒的介质。

⑨ 蝶阀　结构简单、体积小、重量轻，易于制成大口径，流路畅通，有自洁作用，流

量特性近似等百分比，适用于大口径、大流量、含悬浮颗粒的流体控制。

(2) 调节阀气开与气关形式的选择

执行机构有正作用和反作用两种形式，阀有正装和反装两种形式，所以执行机构与阀可以有四种组合方式。如图 8-17 所示。

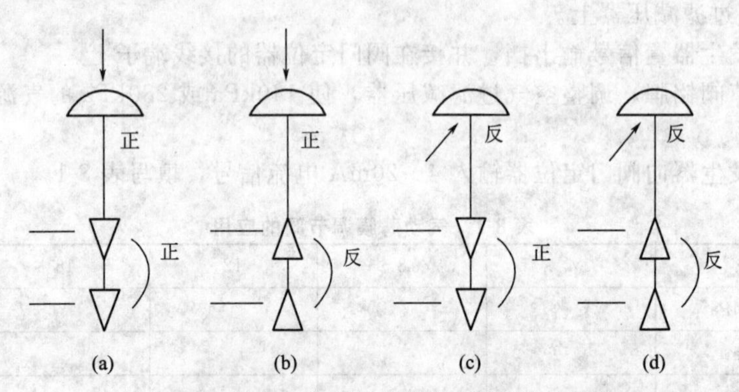


图 8-17 执行机构与调节阀的正作用和反作用

当压力信号增加时，调节阀开度关小，压力信号减小时，阀开度增大，这种阀门称为气关式调节阀；反之，为气开式调节阀。四种组合方式的气开与气关效果如表 8-2 所示。

**表 8-2 气动薄膜调节阀的气开与气关形式**

| 序号 | 执行机构 | 阀 | 调节阀 |
| --- | --- | --- | --- |
| 图 8-17(a) | 正 | 正 | 气关(反) |
| 图 8-17(b) | 正 | 反 | 气开(正) |
| 图 8-17(c) | 反 | 正 | 气开(正) |
| 图 8-17(d) | 反 | 反 | 气关(反) |

调节阀气开与气关形式的选择主要从工艺生产上的安全要求出发。信号压力中断时，应保证设备和操作人员的安全。如果阀处于打开位置时危害性小，则应选用气关式，以使气源系统发生故障、气源中断时，阀门能自动打开，保证安全。反之，阀处于关闭时危害性小，则应选用气开阀。例如，控制加热炉燃料油或燃料气的执行器应选择气开阀，这样，当信号压力中断时，能切断进入炉内的燃料，以免炉温过高而造成事故。

双座阀和 $DN>25$mm 的单座阀均为双导向阀，可以反装，推荐采用正作用执行机构，选择调节阀的正、反装来实现气开或气关；高压阀、角形阀、三通阀、隔膜阀、$DN<25$mm 的单座阀均为单导向阀，其阀体只有正装一种形式，只能通过选择执行机构的正、反作用来实现气开或气关。

### 8.3.2 调节阀的流量特性的选择

调节阀的流量特性是指被控介质流过阀门的相对流量与阀门的相对开度（阀芯相对位移）间的关系，即

$$\frac{q}{q_{\max}}=f\left(\frac{l}{L}\right) \tag{8-1}$$

式中 $\frac{q}{q_{\max}}$——阀门在某一开度的流量与全开度流量之比；

$\frac{l}{L}$——阀门某一开度的阀芯位移与全开度阀芯位移之比。

(1) 调节阀的理想流量特性

在不考虑调节阀前后差压变化时得到的流量特性称为理想流量特性，它取决于阀芯的形状。如图 8-18 所示。图中的理想流量特性是在可调比 $R=30$ 条件下绘制的，调节阀所能控制的最大流量与最小流量之比称为可调比，即

$$R=\frac{q_{\max}}{q_{\min}} \tag{8-2}$$

式中，$q_{\min}$是调节阀可调节的最小流量，一般为（2%～4%）$q_{\max}$。$q_{\min}$不是调节阀的泄漏量，调节阀的泄漏量是调节阀全关时的流量，一般为（0.01%～0.1%）$q_{\max}$。

① 直线流量特性　直线流量特性如图 8-18 中的 1 所示，这种特性的调节阀的相对流量与相对开度成直线（比例）关系，其单位位移变化引起的流量变化是常数

$$\frac{d\left(\frac{q}{q_{\max}}\right)}{d\left(\frac{l}{L}\right)}=K$$

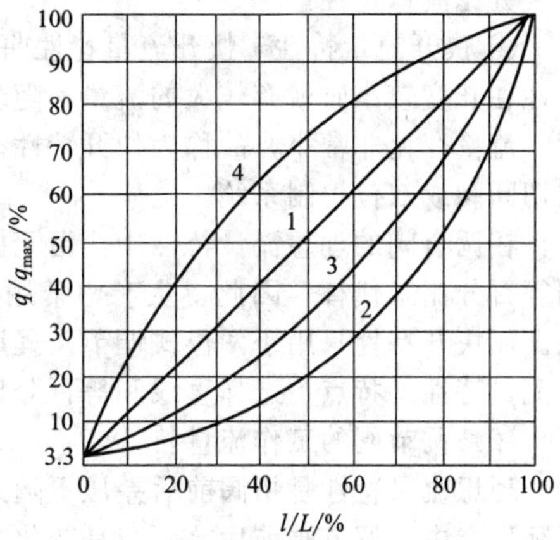


图 8-18　控制阀的理想流量特性（$R=30$）

1—直线流量特性；2—等百分比流量特性；3—抛物线流量特性；4—快开流量特性

直线流量特性调节阀在小开度时，流量的相对变化量大；大开度时，流量的相对变化量小，如表 8-3 所示。例如，开度 $l$ 由 1 变到 2，流量 $q$ 由 10 变到 20，流量增大了一倍；而开度 $l$ 由 9 变到 10，流量 $q$ 由 90 变到 100，流量增大了十分之一。

**表 8-3　流量的相对变化量分析表**

| $\frac{q}{q_{\max}}$ | 10/100 | 20/100 | 30/100 | 40/100 | …… | 80/100 | 90/100 | 100/100 |
|---|---|---|---|---|---|---|---|---|
| $\frac{l}{L}$ | 1/10 | 2/10 | 3/10 | 4/10 | …… | 8/10 | 9/10 | 10/10 |
| $\frac{d\left(\frac{q}{q_{\max}}\right)}{d\left(\frac{l}{L}\right)}=K$ | 1 | 1 | 1 | 1 | …… | 1 | 1 | 1 |

直线流量特性调节阀在小开度时，因灵敏度高而不易控制，甚至产生振荡；大开度时调节缓慢，不够及时。

② 等百分比流量特性　等百分比流量特性曲线如图 8-18 中的 2 所示，调节阀单位相对行程变化所引起的相对流量变化与此点的相对流量成正比关系，即

$$\frac{d\left(\frac{q}{q_{\max}}\right)}{d\left(\frac{l}{L}\right)}=K\frac{q}{q_{\max}}$$

从等百分比流量特性曲线可以看出，这种调节阀的放大倍数随阀门开度的增大而增大，使得开度小时，流量变化小，开度大时，流量变化大。单位位移变化引起的流量的相对变化值是不变的（百分比相等）。

等百分比流量特性调节阀在小开度时，因放大倍数小而调节平稳；大开度时，则因放大系数大而调节灵敏有效。

③ 抛物线流量特性　抛物线流量特性曲线如图 8-18 中的 3 所示，表示调节阀单位相对

位移所引起的相对流量变化与此点的相对流量的平方根成正比关系。

抛物线流量特性的曲线介于等百分比流量特性和直线流量特性之间，在应用上一般选用等百分比流量特性。

④ 快开流量特性　快开流量特性曲线如图 8-18 中的 4 所示。从曲线可以看出，该流量特性在开度较小时就有较大的流量，随着开度的增大，流量很快就达到最大，此后再增加开度，流量变化非常小，故称为快开特性。快开特性的阀芯形式是平板形的，适用于迅速启闭的切断阀或双位控制系统。

在调节阀的理想流量特性中，由于抛物线的流量特性介于直线和等百分比之间，一般可用等百分比来代替，因此，生产中常用的流量特性是：直线特性、等百分比特性、快开特性。而快开特性只用于两位式调节及程序控制系统中，故调节阀理想流量特性的选择就是根据流量特性的特点，选择直线和等百分比流量特性。

(2) 调节阀的工作流量特性

理想流量特性是指阀前后差压不随开度而变化时的流量特性，也称固有流量特性。但在实际生产中，调节阀前后差压总是变化的，从而使理想流量特性发生畸变，这时的流量特性称为工作流量特性。

① 串联管道的工作流量特性　串联管道系统可以将管道各处的阻力抽象为一个集中阻力，并与调节阀串联，如图8-19所示，其中影响流量特性的主要因素是阀阻比。

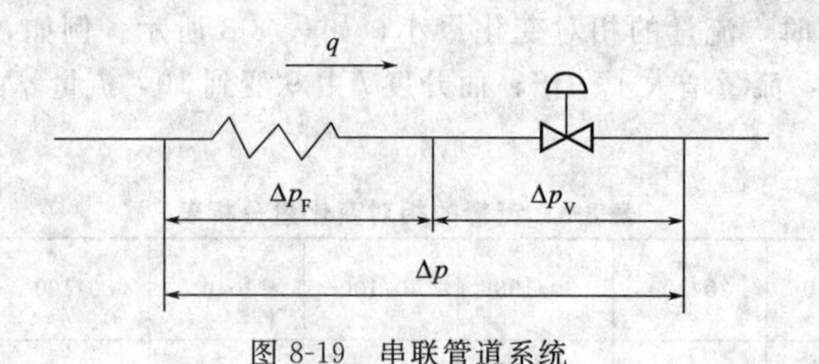


图 8-19　串联管道系统

管道阻力和调节阀的截流作用都会形成压力差，阀前后差压与管路系统总差压之比称为阀阻比，用 $s$ 表示。

$$s=\frac{\Delta p_V}{\Delta p}=\frac{\Delta p_V}{\Delta p_V+\Delta p_F} \tag{8-3}$$

式中　$\Delta p_V$——调节阀的差压；

$\Delta p_F$——管路系统中其他工艺设备和管路的总差压。

在计算 $s$ 值时，应把离调节阀位置最近，且压力基本稳定的两个设备作为调节阀两端的恒压点，以此作为管路系统计算范围。

$\Delta p_F$ 包括此范围内所有阻力件上的动能损失，如弯头、管道、节流装置、手动阀门、工艺设备等的压力损失，但不包括管路系统两端的位差和静差压。

从两个恒压点的总差压中减去这两点的静差压，再减去系统压力损失 $\Delta p_F$，剩余的差压即为调节阀上的差压 $\Delta p_V$。

管道串联时，调节阀的理想流量特性随阀阻比变化，就是此时的工作流量特性。如图 8-20 所示。

由图 8-20 中的曲线可以看出以下结论。

- 当 $s=1$ 时（管道阻力 $\Delta p_F$ 为零），工作流量特性与理想流量特性一致。
- 随着 $s$ 值的减小（管道阻力 $\Delta p_F$ 增加），调节阀全开时的流量也减小，因此，调节阀的可调比下降。

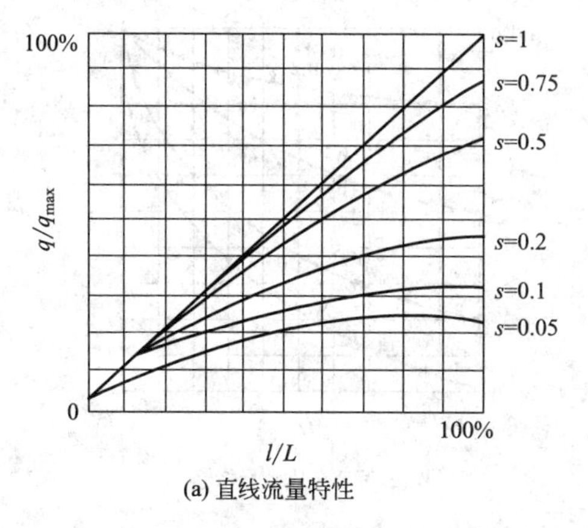

(a) 直线流量特性

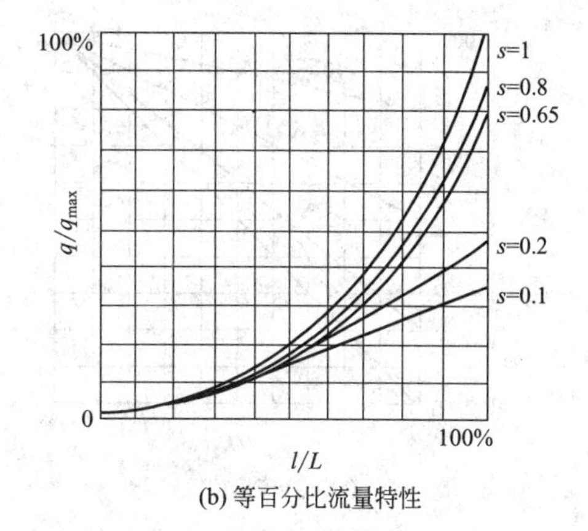

(b) 等百分比流量特性

图 8-20　串联管道系统的调节阀工作流量特性

• 流量特性的畸变程度随 $s$ 值的减小而逐渐增加，即直线流量特性趋近于快开流量特性，等百分比流量特性则趋近于直线流量特性。

• 在小开度时，调节阀的放大系数减小量不大；而在大开度时，调节阀的放大系数减小较多，对调节质量产生影响。

• 在实际使用中，通常希望 $s$ 值不低于 0.3。

串联管道在工艺中不可避免，所以实际使用中总存在着串联管道阻力的影响，调节阀上的差压还会随流量的增加而降低，使可调范围下降得更多些。当 $s$ 值过小时，调节阀在工作过程中所能控制的流量变化范围太小，甚至几乎不起控制作用，如果出现这种情况，应由工艺技术人员考虑降低管道阻力或提高管道总差压 $\Delta p$。

② 并联管道的工作流量特性　调节阀一般都装有并联的旁路管道，以便手动操作和进行调节阀的维护。当生产量提高或调节阀选小了时，只好将旁路阀打开一些，此时调节阀的理想流量特性就改变成为工作特性。如图 8-21 所示，管路的总流量 $q$ 是调节阀流量 $q_1$ 与旁路流量 $q_2$ 之和，即 $q=q_1+q_2$。

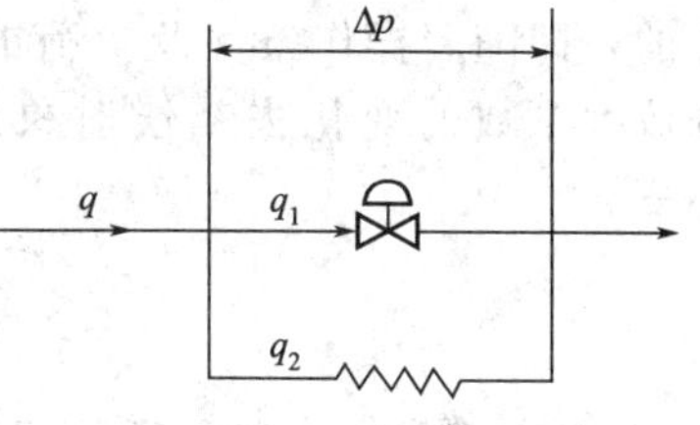

图 8-21　并联管道系统

以 $x$ 代表并联管道情况下调节阀全开时的流量与总管最大流量 $q$ 之比，可以得到在压差 $\Delta p$ 一定而 $x$ 为不同数值时的工作流量特性曲线，如图 8-22 所示。

$$x=\frac{q_1}{q}=\frac{q_1}{q_1+q_2}$$

由图 8-15 可以看出以下结论。

• 当 $x=1$，即旁路阀关闭时，调节阀的工作流量特性与理想流量特性相同。

• 随着 $x$ 值的减小，即旁路流量 $q_2$ 逐渐增大（旁路阀逐渐打开），虽然调节阀本身的流量特性变化不大，但可调范围大大降低了，调节阀关死（$l/L=0$）时，总流量 $q$ 的最小值大大增加。

采用打开旁路管道上阀门的控制方案是不好的，一般认为旁路流量最多只能是总流量的百分之十几，即 $x$ 值最小不低于 0.8，所以并联管道与调节阀同时工作的控制方案要尽量少用。调节阀的旁路管道一般用于调节阀维修时保证生产的连续性。

综上所述，可得以下结论。

• 串、并联管道都会使阀的理想流量特性发生畸变，串联管道的影响尤为严重。

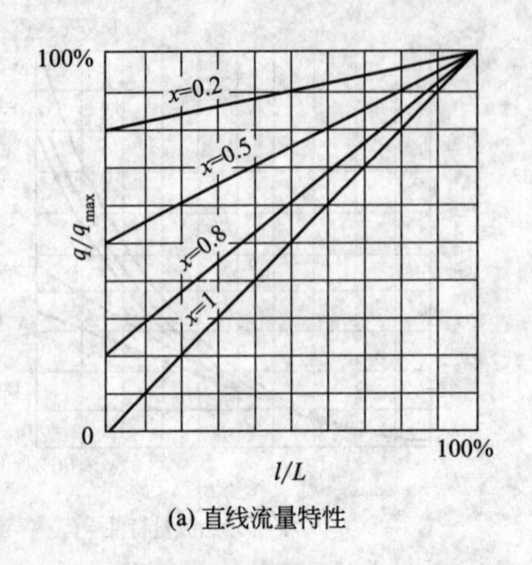

(a) 直线流量特性

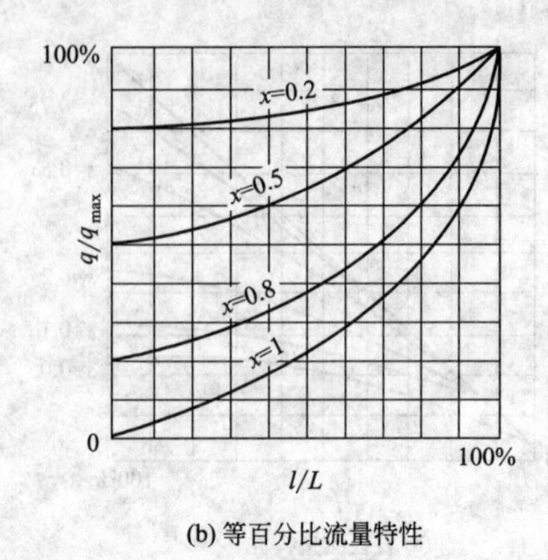

(b) 等百分比流量特性

图 8-22 并联管道系统的调节阀工作流量特性

- 串、并联管道都会使调节阀的可调范围降低，并联管道尤为严重。
- 串联管道使系统总流量减少，并联管道使系统总流量增加。
- 串、并联管道都会使调节阀的放大系数减小。串联管道时，调节阀在大开度时影响严重；并联管道时，调节阀在小开度时影响严重。

③ 流量特性的选择 流量特性的选择主要考虑以下几方面的内容。

- 考虑控制系统的控制品质。对于一个控制系统来说，若要保持其预定的品质指标，就应在控制系统的整个操作范围内，保持总的放大系数不变。以图 8-23 所示的单回路简单控制系统为例，通常变送器、控制器（在已整定好的情况下）和执行机构（执行机构与阀一起构成图中的执行器）的放大系数是常数，但控制对象的放大系数往往是非线性的，即随着操作条件及负荷的变化而变化。适当选择调节阀的流量特性，就可以用阀的放大系数的变化去补偿对象放大系数的变化，使系统总的放大系数保持不变或近似不变。

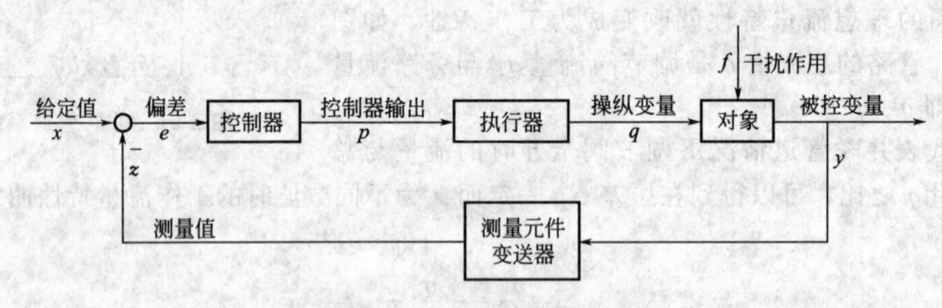

图 8-23 单回路简单控制系统

- 考虑工艺的配管情况。调节阀总是与管道或设备等连在一起使用，因此，存在的管道阻力将引起调节阀上的差压变化，使理想的流量特性发生畸变。在实际使用中，先根据控制系统的特点来选择阀的希望流量特性（阀的工作特性），然后再考虑工艺配管情况，通过 $s$ 值来选择相应的理想流量特性，见表 8-4。

**表 8-4 考虑工艺配管状况的流量特性选择**

| 配管情况 | $s=0.6\sim1$ | | | $s=0.3\sim0.6$ | | |
|---|---|---|---|---|---|---|
| 阀的工作特性 | 直线 | 抛物线 | 等百分比 | 直线 | 抛物线 | 等百分比 |
| 阀的理想特性 | 直线 | 抛物线 | 等百分比 | 等百分比 | 等百分比 | 等百分比 |

• 考虑负荷变化的情况　直线特性的调节阀在小开度时，流量的相对变化值大，过于灵敏，容易引起振荡，使阀芯和阀座受到破坏，因此在 $s$ 值小，负荷变化幅度大的情况下，不宜采用。

等百分比特性调节阀的放大系数随阀门行程增加而增大，而流量的相对变化值是不变的，因此对负荷的波动有较强的适应性。

### 8.3.3　调节阀流通能力选择

调节阀的流通能力就是单位时间能够通过调节阀的流体数量，它决定于调节阀的公称直径和阀座直径。定量描述调节阀流通能力的参数是调节阀的流量系数，其数值的大小直接与调节阀的大小对应，是调节阀选型过程中需要确定的最为重要的一个参数。

调节阀流通能力的大小不仅与阀的结构、大小有关，也与阀的使用条件有关。阀前后的压差大，或者流过调节阀的流体黏度低，调节阀的流通能力就强；如果使用条件相反，即使是同一阀体，流通能力也会变小。所以，为了保证调节阀流量系数能够准确地反映调节阀的流通能力，流量系数是在确定的使用条件下定义的。

在采用国际单位制时，流量系数用 $K_V$ 表示。$K_V$ 的定义为：调节阀全开，温度为 278～313K（5～40℃）的水，在 $10^5$Pa（100kPa）压降下，1h 内流过阀的立方米数。

中国过去曾用 $C$ 表示流量系数，现在许多手册也仍然习惯采用这个 $C$ 值，$C$ 值的定义与上述定义相同，但压降单位用 $1\mathrm{kgf/cm^2}$（≈100kPa），所以 $K_V \approx 1.01C$，在数值上 $K_V$ 和 $C$ 没有太大区别，一般情况下可以替换。

例如，ZJHP 型精小型气动单座调节阀，当其公称直径 $DN=25\mathrm{mm}$ 时，阀座直径 $d_N$ 也为 25mm，其直线特性调节阀的流通能力 $K_V=11$，表示该阀门全开，密度为 $1\mathrm{g/cm^3}$ 的水，在阀两端 100kPa 的差压驱动下，每小时流过阀芯的体积流量为 $11\mathrm{m^3}$。

国外调节阀产品的流量系数也有用 $C_V$ 表示的，$C_V$ 的定义方法与上述定义基本相同，只是涉及的物理量单位均采用英制单位。$C_V$ 与 $K_V$ 的换算关系为，$C_V=1.167K_V$。

在实际的调节阀选型问题中，通常是先根据工艺条件，计算出管道上调节阀需要的流量系数（流通能力），再根据流量系数的大小，在调节阀生产厂家的选型表格中选择调节阀的公称直径 $DN$。调节阀内流动的流体不同，其选型用流量系数的计算方法也不同。下面列举几种流量系数的计算方法。

（1）液体情况下流量系数的计算

液体在流过调节阀被节流时，如果阀前后差压过大，会出现闪蒸现象，当液体因闪蒸而汽化严重时，就会出现阻塞流，所以首先要判断是否产生阻塞流，再根据不同的计算方法计算流量系数 $K_V$。

开始产生阻塞流时阀两端的差压称为临界差压，用 $\Delta p_T$ 表示，$\Delta p_T$ 可用下式计算

$$\Delta p_T = F_L^2 (p_1 - F_F p_V) \tag{8-4}$$

式中　$F_L$——压力恢复系数，与阀门结构有关，表示阀内流体经缩流处之后动能转变成静压能的恢复能力，可由表 8-5 查出；

$p_1$——调节阀的阀前压力，绝对压力，等式中的压力应使用相同的压力单位，如 Pa、kPa、MPa；

$F_F$——液体的临界压力系数，可用下式计算

$$F_F = 0.96 - 0.28\sqrt{\frac{p_V}{p_C}} \tag{8-5}$$

$p_V$——介质的饱和蒸气压，可由 Antoine 方程（下式）计算，式中对应不同物质的 $A$、$B$、$C$ 值可由化工手册查出

$$\ln p_{V}(\text{mmHg})=A-\frac{B}{T(\text{绝对温度})+C} \tag{8-6}$$

Antoine方程有不同的形式，计算时 $p_V$ 选不同的单位或者 $p_V$ 的计算采用常用的以10为底的对数进行时，同一种物质的 $A$、$B$、$C$ 值会有所不同，选用时应注意；

$p_C$——介质的热力学临界压力，可由化工手册中物质的物理性质表查出，表8-6列出了部分流体的物理性质。

**表8-5 压力恢复系数 $F_L$ 和临界差压比 $x_T$**

| 阀形式 | 阀芯形式 | 流向 | $F_L$ | $x_T$ |
|---|---|---|---|---|
| 单座阀 | 柱塞形 | 流开 | 0.90 | 0.72 |
| | 柱塞形 | 流闭 | 0.90 | 0.55 |
| | 窗口形 | 任意流向 | 0.90 | 0.75 |
| | 套筒形 | 流开 | 0.90 | 0.75 |
| | 套筒形 | 流闭 | 0.80 | 0.70 |
| 双座阀 | 柱塞形 | 任意流向 | 0.85 | 0.70 |
| | 窗口形 | 任意流向 | 0.90 | 0.75 |
| 角形阀 | 柱塞形 | 流开 | 0.90 | 0.72 |
| | 柱塞形 | 流闭 | 0.80 | 0.65 |
| | 套筒形 | 流开 | 0.85 | 0.65 |
| | 套筒形 | 流闭 | 0.80 | 0.60 |
| 球阀 | O形球阀(孔径=0.8$d$) | 任意流向 | 0.55 | 0.15 |
| | V形球阀 | 任意流向 | 0.57 | 0.25 |
| 偏心旋转阀 | | 任意流向 | 0.85 | 0.61 |
| 蝶阀 | 60°全开 | 任意流向 | 0.68 | 0.38 |
| | 90°全开 | 任意流向 | 0.55 | 0.20 |

**表8-6 部分物料的临界压力和临界温度（粗略）**

| 名称 | 分子式 | $p_C$/100kPa | $T_C$/K | 名称 | 分子式 | $p_C$/100kPa | $T_C$/K |
|---|---|---|---|---|---|---|---|
| 氩气 | Ar | 49.7 | 150.8 | 氢气 | $H_2$ | 13.9 | 33.2 |
| 氯气 | $Cl_2$ | 77.9 | 417 | 水 | $H_2O$ | 219.7 | 647.3 |
| 氟气 | $F_2$ | 53.1 | 144.3 | 氨气 | $NH_3$ | 114 | 505.6 |
| 氯化氢 | HCl | 83.9 | 324.6 | 二氧化碳 | $CO_2$ | 74.7 | 304.2 |

① 非阻塞流情况 $K_V$ 值的计算 当调节阀前后的差压 $\Delta p<F_L^2(p_1-F_F p_V)$ 时，是非阻塞流情况，这时流量系数计算公式为

$$K_V=10q_L\sqrt{\frac{\rho_L}{\Delta p}} \tag{8-7}$$

$$K_V=\frac{10^{-2}M_L}{\sqrt{\Delta p\rho_L}} \tag{8-8}$$

式中 $q_L$——流过调节阀的体积流量，$m^3/h$；

$M_L$——流过调节阀的质量流量，kg/h；

$\Delta p$——调节阀阀前、阀后的压差，kPa；

$$\Delta p = p_1 - p_2$$

$p_1$——阀前压力，kPa；

$p_2$——阀后压力，kPa；

$\rho_L$——液体的密度，$g/cm^3$。

② 阻塞流情况 $K_V$ 值的计算 当调节阀前后的差压 $\Delta p \geqslant F_L^2(p_1 - F_F p_V)$ 时，是阻塞流情况，这时流量系数计算公式为

$$K_V = \frac{10 q_L \sqrt{\rho_L}}{\sqrt{F_L^2 (p_1 - F_F p_V)}} \tag{8-9}$$

$$K_V = \frac{10^{-2} M_L}{\sqrt{\rho_L F_L^2 (p_1 - F_F p_V)}} \tag{8-10}$$

③ 高黏度液体 $K_V$ 值的修正 流量系数 $K_V$ 是在适当的雷诺数、紊流情况下测定的。黏性很大的液体，其流动已经成为层流状态，其流量与阀压降成正比，而不是与阀压降的开方值成正比，这时如果还按上式计算 $K_V$ 值，误差一定很大。由雷诺数 $Re$ 的大小可以判断流体的流动状态是层流还是紊流，对雷诺数偏低的流体，其 $K_V$ 值需要进行校正。

对于只有一个流路的调节阀，如直通单座阀、套筒阀、球形阀、角形阀、隔膜阀等，雷诺数为

$$Re = 70700 \frac{q_L}{\upsilon \sqrt{K_V}} \tag{8-11}$$

对于具有两个平行流路的调节阀，如直通双座阀、蝶阀，雷诺数为

$$Re = 49490 \frac{q_L}{\upsilon \sqrt{K_V}} \tag{8-12}$$

式中 $q_L$——流过调节阀的体积流量，$m^3/h$；

$K_V$——按一般液体计算出的流量系数；

$\upsilon$——液体在流动温度下的运动黏度，$mm^2/s$。

当 $Re < 3500$ 时，按一般液体计算出的流量系数 $K_V$ 需按下式修正为 $K_V'$

$$K_V' = \frac{K_V}{F_R} \tag{8-13}$$

式中 $F_R$——雷诺数修正系数，可从图 8-24 中查得。

这些方程式是以不可压缩牛顿流体的伯努利方程式为基础得出的，当遇到非牛顿流体、混合流体、泥浆或液态-固态输送系统时，则不能用这些公式计算。

**【例 8-1】** 已知水流量 $q_L = 100 m^3/h$，$\rho_L = 0.97 g/cm^3$，$t_1 = 80℃$，$p_1 = 1170 kPa$，$p_2 = 500 kPa$，$p_V = 47 kPa$，试选择调节阀并计算 $K_V$ 值。

**解** 第一方案选用 V 形球阀。

查表 8-5，V 形球阀 $F_L = 0.57$。查表 8-6，$p_C = 21966.5 kPa$。

$$F_F = 0.96 - 0.28\sqrt{\frac{p_V}{p_C}} = 0.96 - 0.28\sqrt{\frac{47}{21966.5}} = 0.95$$

所以 $\Delta p_T = F_L^2 (p_1 - F_F p_V) = 0.57^2 (1170 - 0.95 \times 47) = 365.5 kPa$

因为 $\Delta p = p_1 - p_2 = 1170 - 500 = 670 kPa$

$$\Delta p > \Delta p_T$$

是阻塞流情况，流量系数按式(8-9) 计算

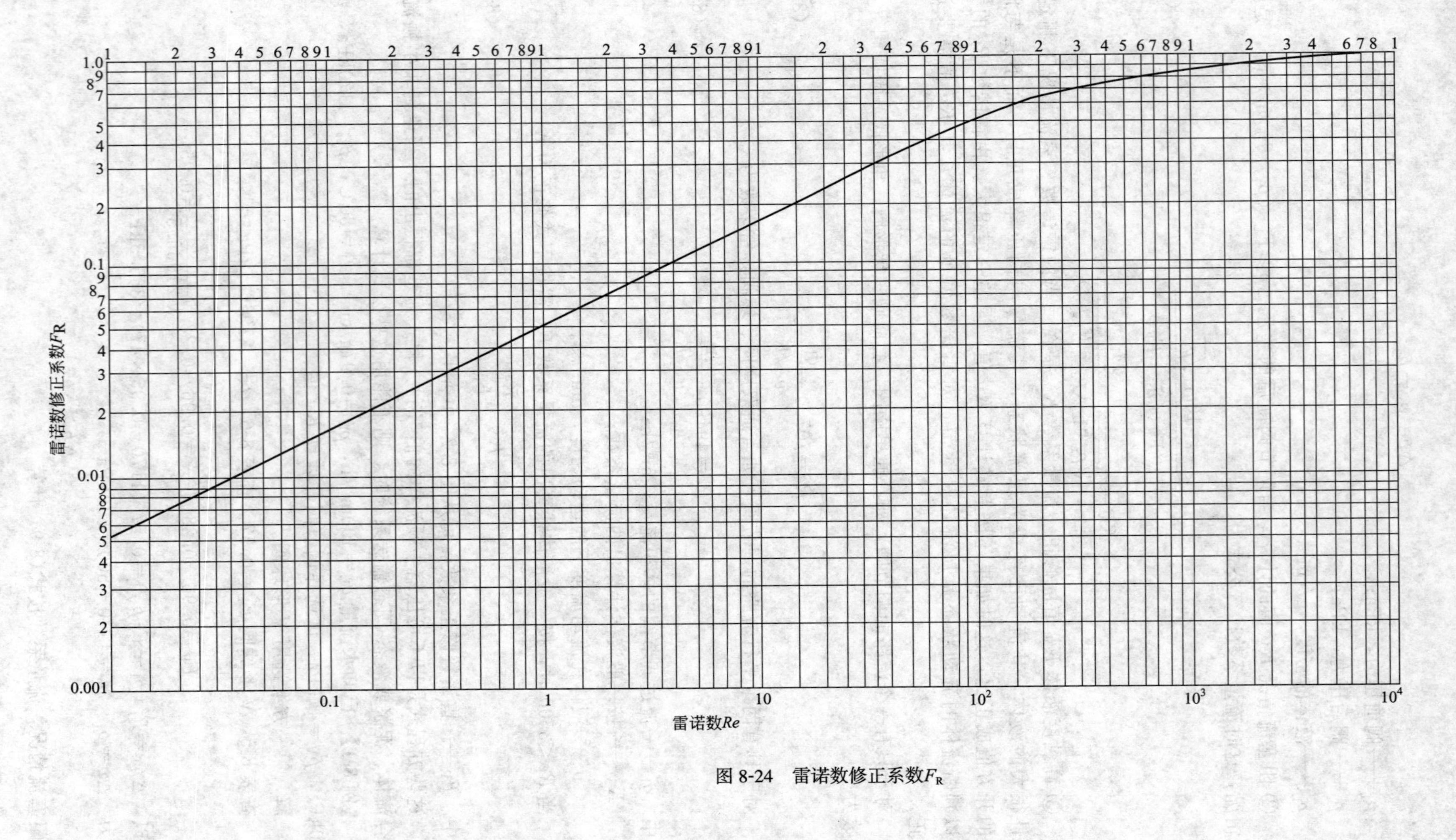


图 8-24 雷诺数修正系数$F_R$

$$K_V=10q_L\sqrt{\frac{\rho_L}{F_L^2(p_1-F_F p_V)}}=1000\sqrt{\frac{0.97}{365.5}}=51.5$$

第二方案使用流开流向的直通双座阀。

查表 8-5，$F_L=0.90$。

$$\Delta p_T=F_L^2(p_1-F_F p_V)=0.90^2(1170-0.95\times47)=911\text{kPa}$$

由于 $\Delta p<\Delta p_T$，因此不会产生阻塞流。流量系数可按式(8-7) 计算

$$K_V=10q_L\sqrt{\frac{\rho_L}{\Delta p}}=1000\sqrt{\frac{0.97}{670}}=38$$

**【例 8-2】** 液体介质为重油，$\upsilon=180\text{mm}^2/\text{s}$ (cst)，$p_1=5.2\text{MPa}$，$p_2=5.13\text{MPa}$，$\rho_L=850\text{kg/m}^3$，$q_L=6.8\text{m}^3/\text{h}$，若选用单座阀，试计算其流量系数。

**解** 由于是重油，黏度大，因此，首先要计算未修正时的流量系数 $K_V$，再求出它的雷诺数 $Re$。

按式(8-7) 计算

$$K_V=10q_L\sqrt{\frac{\rho_L}{p_1-p_2}}$$

经单位换算之后

$$K_V=0.01\times6.8\sqrt{\frac{850}{5.2-5.13}}\approx7.49$$

按式(8-11)

$$Re=\frac{70700q_L}{\upsilon\sqrt{K_V}}=\frac{70700\times6.8}{180\sqrt{7.49}}\approx976$$

查图 8-17，得雷诺数修正系数，$F_R=0.81$。最后计算修正后的流量系数

$$K_V'=\frac{K_V}{F_R}=\frac{7.49}{0.81}\approx9.13$$

(2) 可压缩流体情况下流量系数的计算

气体和蒸气具有可压缩性，所以调节阀前后的密度因压力不同而不同，下面介绍计算可压缩流体流量系数的膨胀系数法。这种方法在实验数据的基础上考虑了压力恢复系数的影响，计算较为准确合理。

调节阀两端差压 $\Delta p$ 与阀入口前压力 $p_1$ 的比值称为差压比，表示为

$$x=\frac{\Delta p}{p_1} \tag{8-14}$$

可压缩流体产生阻塞流时的差压比称为临界差压比，用 $x_T$ 表示。各种调节阀的临界差压比见表 8-5，表中的 $x_T$ 值是由空气实验得出的。空气介质流过一个确定的调节阀，临界差压比 $x_T$ 是一个常数，它只与阀的结构、流路形状有关。在相同条件下，非空气可压缩流体的临界差压比 $x_T'$ 与流体的等熵指数有关。非空气流体的等熵指数 $\kappa$ 与空气的等熵指数 $\kappa_{空}$ 之比，称为比热比系数，用 $F_\kappa$ 表示

$$F_\kappa=\frac{\kappa}{\kappa_{空}}=\frac{\kappa}{1.4} \tag{8-15}$$

空气的等熵指数 $\kappa_{空}=1.4$。

可压缩流体产生阻塞流时的临界差压比 $x_T'$ 可用下式计算

$$x_T'=F_\kappa x_T \tag{8-16}$$

**一般气体 $K_V$ 值的计算**

① 非阻塞流时 当 $x<x_T'=F_\kappa x_T$ 时，是非阻塞流情况。

如果采用法定计量单位制，则计算公式为

$$K_V=\frac{q_g}{5.19p_1y}\sqrt{\frac{T_1\rho_N Z}{x}} \tag{8-17}$$

$$K_V=\frac{q_g}{24.6p_1y}\sqrt{\frac{T_1MZ}{x}} \tag{8-18}$$

$$K_V=\frac{q_g}{4.57p_1y}\sqrt{\frac{T_1GZ}{x}} \tag{8-19}$$

式中 $q_g$——气体标准体积流量，$N \cdot m^3/h$；

$\rho_N$——气体标准状态下密度（273K，$1.013\times10^2$kPa），$kg/N \cdot m^3$；

$p_1$——阀前绝对压力，kPa；

$x$——差压比$\left(x=\frac{\Delta p}{p_1}\right)$；

$y$——膨胀系数；

$T_1$——入口绝对温度，K；

$M$——气体分子量；

$G$——气体的相对密度（空气为1），$G=\frac{\rho_N}{\rho_{N空}}$；

$Z$——压缩系数。

膨胀系数 $y$ 用来校正可压缩流体在阀内流动时密度对 $K_V$ 值的影响，可用下式计算

$$y=1-\frac{x}{3F_\kappa x_T} \tag{8-20}$$

② 阻塞流时　当 $x\geqslant x'_T=F_\kappa x_T$ 时，即出现阻塞流情况。

如果阀前压力 $p_1$ 保持不变，阀后压力逐步降低，气流就慢慢形成了阻塞流，这时即使阀后压力再降低，流量也不会增加。

阻塞流情况下，流量系数的计算公式可简化为

$$K_V=\frac{q_g}{2.9p_1}\sqrt{\frac{T_1\rho_N Z}{\kappa x_T}} \tag{8-21}$$

$$K_V=\frac{q_g}{13.9p_1}\sqrt{\frac{T_1MZ}{\kappa x_T}} \tag{8-22}$$

$$K_V=\frac{q_g}{2.58p_1}\sqrt{\frac{T_1GZ}{\kappa x_T}} \tag{8-23}$$

式中符号意义与前面相同。

**蒸气 $K_V$ 值的计算**

根据膨胀系数法，以质量流量为单位，可推导出下面的计算公式。

① 非阻塞流时　当 $x<F_\kappa x_T$ 时，是非阻塞流情况。

$$K_V=\frac{M_s}{3.16y}\sqrt{\frac{1}{xp_1\rho_s}} \tag{8-24}$$

$$K_V=\frac{M_s}{1.1p_1y}\sqrt{\frac{T_1Z}{xM}} \tag{8-25}$$

② 阻塞流　当 $x\geqslant F_\kappa x_T$ 时，即出现阻塞流情况。

$$K_V=\frac{M_s}{1.78}\sqrt{\frac{1}{\kappa x_T p_1\rho_s}} \tag{8-26}$$

$$K_V=\frac{M_s}{0.62p_1}\sqrt{\frac{T_1Z}{\kappa x_T M}} \tag{8-27}$$

式中　$M_s$——蒸气的质量流量，kg/h；

$\rho_s$——阀前入口蒸气的密度，$kg/m^3$，如果是过热蒸气，应代入过热条件下的实际密度。

**【例 8-3】** 已知蒸气流量 $M_s$ 为 35000kg/h，$p_1=4050kPa$，$p_2=500kPa$，$t=368℃$，蒸气密度为 $14.3kg/m^3$，如果选用流开型套筒调节阀，求流量系数（等熵指数 $\kappa=1.3$）。

**解**

$$x=\frac{\Delta p}{p_1}=\frac{4050-500}{4050}=0.87$$

$$F_\kappa=\frac{\kappa}{\kappa_{空}}=\frac{\kappa}{1.4}=\frac{1.3}{1.4}$$

查表 8-5，流开型套筒调节阀的 $x_T=0.75$。

$$x'_T=F_\kappa x_T=\frac{1.3}{1.4}\times0.75\approx0.7$$

因 $x>F_\kappa x_T$，即出现阻塞流情况。

$$K_V=\frac{M_s}{1.78}\sqrt{\frac{1}{\kappa x_T p_1\rho_s}}=\frac{35000}{1.78}\sqrt{\frac{1}{1.3\times0.75\times4050\times14.3}}\approx82.7$$

(3) 调节阀口径的确定

阀门的口径大小是调节阀最重要的指标之一。调节阀口径如果太小，在最大负荷时可能无法提供足够的流量；口径如果太大，阀门在正常工作时的开启度将会过小，会导致阀芯的过度磨损，并且引起系统不稳定，还会增加工程造价。

调节阀口径的确定主要包括公称直径和阀座直径的确定，是根据流量系数 $K_V$ 的计算结果进行的。从工艺人员提供数据到计算出流量系数，到确定调节阀的口径，需要经过以下几个步骤。

① 最大计算流量的确定　根据现有的生产能力、设备的负荷及介质的状况，确定最大计算流量 $q_{max}$。

如果工艺上提供的流量是在最大生产能力下的稳定流量，则应以这个流量的 1.15～1.5 倍作为最大计算流量 $q_{max}$。如果工艺上提供的流量就是在最大生产能力时为克服干扰作用流过调节阀的动态最大流量，则应以这个流量作为最大计算流量 $q_{max}$，不必引入系数。

为保证调节阀正常使用，应合理选用最大计算流量。$q_{max}$ 太大，会造成选用调节阀口径偏大，调节阀经常工作在小开度状态下，阀的可调比变小，阀的特性得不到体现，影响控制质量；$q_{max}$ 太小，系统在最大生产能力下工作时，阀门全开也不能满足调节需要。一般希望调节阀在正常流量范围内工作时，直线流量特性调节阀的相对行程在 60%左右，等百分比流量特性调节阀的相对行程在 80%左右。

② 计算差压的确定　调节阀前后的差压 $\Delta p_V$ 越大，调节阀的阀阻比 $s$ [式(8-3)] 也越大，调节阀的工作特性越接近理想工作特性，这时调节阀可以起到很好的调节作用。但调节阀前后的差压 $\Delta p_V$ 太大，会使管路压力损失过大，动力消耗大，影响整个管路的物料流动。

$\Delta p_V$ 太小，阀阻比 $s$ 也会太小，物料流量大小主要由管路中的其他部分的阻力决定，调节阀的开关对流量大小的影响不大，调节阀流量特性畸变，调节性能不好。

根据工艺人员提供的管路系统情况（包括 $\Delta p_V$），按式(8-3) 计算阀全开时的阀阻比 $s$。$s$ 一般不宜小于 0.3，对于高压系统，为了尽量减少动力消耗，允许 $s$ 降到 0.15。如果 $s$ 值偏低，则应与工艺方面协商，适当增大管路系统的差压，从而增大阀两端的差压，提高 $s$ 的值。确定了 $s$ 值以后，将式(8-3) 变形，可以按下式确定计算差压。

$$\Delta p_V=\frac{s\Delta p_F}{1-s} \tag{8-28}$$

式中 $\Delta p_F$——管路系统中除调节阀外其他工艺设备和管路的总差压。

如果设备及系统中的静压 $p$ 经常波动，则会影响阀两端的差压变化，计算 $\Delta p$ 时应留出一定余量。

$$\Delta p=\frac{s\Delta p_F}{1-s}+(0.05\sim0.1)p \tag{8-29}$$

③ 最大流量系数的计算

• 在可以求出最大计算流量时，按照工作条件，判定介质的性质及阻塞流情况，选择恰当的计算公式或图表，根据已确定的最大计算流量和计算差压，求取最大流量时阀门流量系数 $K_{Vmax}$。

• 如果工艺只能提供正常工作流量 $q_N$，则需要先计算出正常流量系数 $K_V$，通过下述方法估算最大流量系数 $K_{Vmax}$。

设正常流量系数 $K_V$ 放大 $m$ 倍，可以得到最大流量系数 $K_{Vmax}$，即

$$K_{Vmax}=mK_V \tag{8-30}$$

则

$$m=n\sqrt{\frac{s_N}{s_{qmax}}} \tag{8-31}$$

式中 $n$——流量放大系数，$n\geqslant1.25$；

$s_N$——额定状态下的阀阻比；

$s_{qmax}$——最大计算流量 $q_{max}$时的阀阻比。

对于调节阀上下游均有恒压点的场合

$$s_{qmax}=1-n^2(1-s_N) \tag{8-32}$$

对于调节阀装于泵或风机的出口，而下游有恒压点的场合

$$s_{qmax}=\left(1-\frac{\Delta h}{\sum\Delta p}\right)-n^2(1-s_N) \tag{8-33}$$

式中 $\Delta h$——流量从 $q_N$ 增大到 $q_{max}$时，泵或风机出口压力的变化值；

$\sum\Delta p$——最大流量时管路系统总压降。

④ 流量系数 $K_V$ 值的选用　根据已经求取的 $K_{Vmax}$进行放大圆整，即在所选用的产品型号标准系列中，选取大于 $K_{Vmax}$并与其最接近的 $K_V$ 值，该 $K_V$ 值就是调节阀额定流量系数 $K_{VN}$，用 $K_{VN}$进行下面的验算。

⑤ 调节阀开度验算　调节阀的开度可用相对行程 $L/L_{100}$ 来表示，$L$ 为调节阀阀杆在某一流量时的行程，$L_{100}$ 为调节阀的额定行程。

对于等百分比流量特性调节阀，一般要求最大流量时的相对行程 $L/L_{100}$ 不大于 90%，最小流量时的相对行程 $L/L_{100}$ 不小于 30%。对于直线流量特性调节阀，一般要求最大流量时的相对行程 $L/L_{100}$ 不大于 80%，最小流量时的相对行程 $L/L_{100}$ 不小于 10%。

在串联管道场合，直线调节阀的相对行程

$$\frac{L}{L_{100}}\approx\frac{K_V}{K_{VN}} \tag{8-34}$$

式中 $K_V$——调节阀在行程为 $L$ 时的流量系数；

$K_{VN}$——调节阀的额定流量系数。

在串联管道场合，等百分比调节阀的相对行程

$$\frac{L}{L_{100}}\approx1+0.68\lg\frac{K_V}{K_{VN}} \tag{8-35}$$

⑥ 调节阀实际可调比的验算　调节阀所能控制的最大流量与最小流量之比称为可调比

$R$［式(8-2)］。国产调节阀的理想可调比 $R=30$，在串联管道情况下，调节阀的实际可调比因阀阻比的不同会有所降低，设调节阀全开时的阀阻比为 $s_{100}$，则可调比的验算公式为

$$R_{实}=R\sqrt{s_{100}} \tag{8-36}$$

对于调节阀上下游均有恒压点的场合，全开阀阻比为

$$s_{100}=\frac{1}{1+\left(\frac{K_{VN}}{K_V}\right)^2\left(\frac{1}{s_N}-1\right)} \tag{8-37}$$

对于调节阀装于泵或风机出口，而下游有恒压点的场合，全开阀阻比为

$$s_{100}=\frac{1-\frac{\Delta h}{\sum\Delta p}}{1+\left(\frac{K_{VN}}{K_V}\right)^2\left(\frac{1}{s_N}-1\right)} \tag{8-38}$$

式中 $\Delta h$——流量从 $q_N$ 增大到 $q_{max}$时，泵或风机出口压力的变化值；

$\sum\Delta p$——最大流量时管路系统总压降。

调节阀一般要求实际可调比不小于 10。

⑦ 阀座直径和公称直径的决定 根据验证合格的 $K_V$ 值，查找调节阀生产厂家的选型表格，确定阀座直径和公称直径。

**【例 8-4】** 已知气体介质为氨气，在正常流量条件下的计算数据为：阀前温度 $T_1=271.5℃$，阀前压力 $p_1=410\text{kPa}$，阀后压力 $p_2=80\text{kPa}$，阀前后的管道内径 $D_1=D_2=25\text{mm}$，阀阻比 $s_N=0.7$，正常工作流量 $q_g=252\text{m}^3/\text{h}$。在化工手册上查出，密度为 $0.771\text{kg/m}^3$，压缩系数 $Z\approx1$，等熵指数为 1.32。试选择调节阀的口径。

**解** ① 工艺条件给出的是正常流量条件下的计算数据，无法确定最大计算流量，所以只能用正常流量系数估算最大流量系数。

② 由工艺条件也无法确定阀门全开时的阀阻比 $s$，无法确定最大流量下的计算差压。

正常流量下的差压

$$\Delta p=p_1-p_2=410-80=330\text{kPa}$$

该差压值可以用于正常流量系数的计算。

③ 最大流量系数的计算。

先计算正常流量系数 $K_V$。

拟选用流开型气动单座阀、等百分比流量特性，查表 8-5 得 $x_T=0.72$。

比热比系数 $$F_\kappa=\frac{\kappa}{\kappa_{空}}=\frac{1.32}{1.4}=0.943$$

临界差压比 $$x_T'=F_\kappa x_T=0.943\times0.72=0.697$$

差压比 $$x=\frac{\Delta p}{p_1}=\frac{330}{410}=0.8$$

因 $x>x_T'$，为阻塞流情况，则

$$K_V=\frac{q_g}{2.9p_1}\sqrt{\frac{T_1\rho_N Z}{\kappa x_T}}=\frac{252}{2.9\times410}\sqrt{\frac{271.5\times0.771\times1}{1.32\times0.72}}=3.15$$

最大流量系数 $K_{Vmax}=mK_V$，流量放大系数 $n$ 取 1.3。

假设调节阀上下游均有恒压点，则

$$s_{qmax}=1-n^2(1-s_N)=1-1.3^2(1-0.7)=0.49$$

$$m=n\sqrt{\frac{s_N}{s_{qmax}}}=1.3\sqrt{\frac{0.7}{0.49}}=1.55$$

$$K_{Vmax}=mK_V=1.55\times3.15=4.89$$

④ 流量系数 $K_V$ 值的选用。由 $K_{Vmax}=4.89$，查相应表格，等百分比阀，选大于 4.89 的最接近值，额定流量系数 $K_{VN}=6.3$。

⑤ 调节阀开度验算。该调节阀是等百分比流量特性调节阀，最大流量时的相对行程 $L/L_{100}$ 应不大于 90%，最小流量时的相对行程 $L/L_{100}$ 应不小于 30%。

用最大流量时的流量系数 $K_{Vmax}$ 代入式(8-34) 中的 $K_V$ 验算相对行程。

$$\frac{L}{L_{100}}\approx\frac{K_V}{K_{VN}}=\frac{4.89}{6.3}\approx0.78<0.9 \quad —— \quad 合格$$

最小流量时的流量系数 $K_{Vmin}$ 可以用 $q_{min}$（2%～4%的 $q_{max}$）重新计算，$q_{max}$ 可以用 $K_{VN}=6.9$ 反算，用 $K_{Vmin}$ 验算最小流量时的相对行程 $L/L_{100}$，这里略去。

⑥ 调节阀实际可调比的验算　调节阀一般要求实际可调比不小于 10。设调节阀上下游均有恒压点的场合，全开阀阻比为

$$s_{100}=\frac{1}{1+\left(\frac{K_{VN}}{K_V}\right)^2\left(\frac{1}{s_N}-1\right)}=\frac{1}{1+\left(\frac{6.3}{3.15}\right)^2\left(\frac{1}{0.7}-1\right)}=0.368$$

$$R_{实}=R\sqrt{s_{100}}=30\sqrt{0.368}\approx18>10 \quad —— \quad 合格$$

⑦ 阀座直径和公称直径的决定。由额定流量系数 $K_{VN}=6.3$，查相应表格，调节阀公称直径 $DN$ 为 20mm，阀座直径 $d_N$ 也为 20mm。

## 8.4 电动执行器

### 8.4.1 电动执行器的用途和特点

电动执行器可以与变送器、调节器等仪表配套使用，它以电源为动力，接受 4～20mA DC 信号，并将其转换成与其相对应的直线位移或角位移，自动地操纵阀门等调节机构，完成自动调节任务，也可以配用电动操作器实现远方手动控制，可广泛应用于电力、钢铁、化工、轻工等行业的调节系统中。

电动执行器由电动执行机构和调节阀组成，如图 8-25 所示。电动执行器中的调节阀与气动执行器中的相同，它与气动执行器的主要区别就在执行机构上。

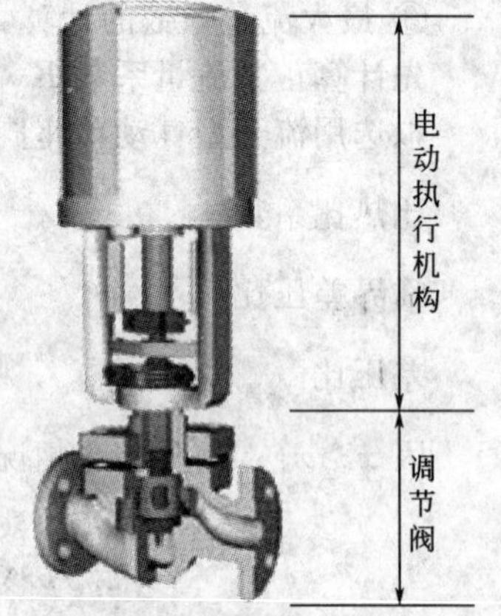


图 8-25　电动执行器的组成

电动执行机构把来自控制仪表的 4～20mA DC 统一信号转换成与输入信号相对应的转角或直线行程，推动各种类型的调节阀，从而达到连续控制生产工艺过程中的流量，自动控制生产过程的目的。

电动执行机构根据其输出形式不同可分为角行程电动执行机构、直行程电动执行机构和多转式电动执行机构。近年来，电动执行机构发展很快，出现了多种新型结构，按工作原理又可分为组合式结构、机电一体化结构、电器控制型、电子控制型、智能控制型（带 HART、FF 协议）、数字型、模拟型、手动接触调节型、红外线遥控调节型等。

电动执行器使用工频电源，不需增添专门的能源装置（气源站），既方便又节约，特别适合执行器应用数量不太多的情况；动作灵敏、精度较高、信号传输速度快、传输距离可以很长、便于集中控制；在电源中断时，电动执行器能保持原位不动，不影响主设备的安全；与电动控制仪表配合方便，安装接线简单，功能全，轻便。

因为使用工频电源作能源，电动执行器不是本质安全型电器，只能应用于防爆要求不太

高的场合；在调节频繁的工况下，电动执行器容易产生电动机热保护动作、减速齿轮损坏、模块可控硅烧毁等故障；电动机必须经过多级减速才能输出力矩，所以执行速度还不是很快，在有些要求快速启闭的场合还不适用。

### 8.4.2　电动执行机构的动作原理

电动执行机构接收控制器的直流电流信号作为指令输入，以交流电源为动力，驱动电动机动作，然后经减速器等机械结构输出机械位移。

角行程电动执行机构的减速器将电动机的转动减速，并转变为 0°～90°的转角位移，以一定的机械转矩和旋转速度自动操纵挡板、阀门等调节机构，完成调节任务。

直行程电动执行机构的减速器将电动机的转动减速，并转换为直线位移输出，去操作单座、双座、三通等各种控制阀和其他直线式调节机构，以实现自动调节的目的。

电动执行机构的组成方框图如图 8-26 所示。

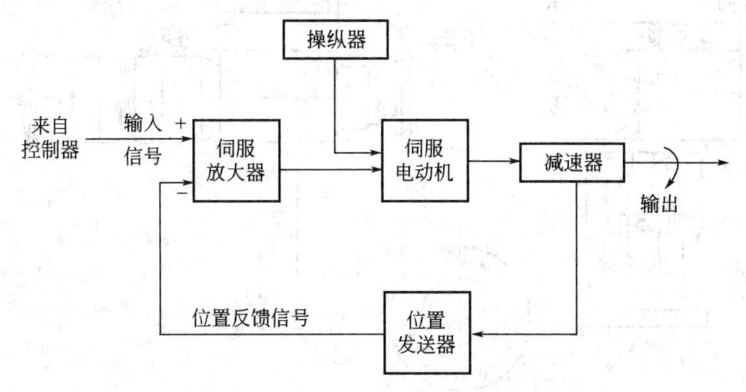


图 8-26　电动执行机构的组成方框图

220V AC 或 380V AC 交流电源给电动机和各环节的电路提供能源。来自控制器的 4～20mA DC 控制信号输入伺服放大器放大后，驱动伺服电动机转动，伺服电动机的转动由减速器中的齿轮、杠杆等机构传动，实现输出轴的直行程或角行程动作，去操纵阀门、挡板等调节机构。

位置发送器检测减速器输出轴位置变化，将输出轴位移的行程和位置转换成 4～20mA DC 信号，送回伺服放大器，与输入控制信号比较行程偏差。如果偏差为零，伺服放大器输出降为零，伺服电动机停止，输出位移保持在现有位置。

电动执行机构不仅可与控制器配合实现自动控制，还可通过操纵器实现控制系统的自动控制和手动控制的相互切换。

### 8.4.3　电动执行机构的应用

(1) 电动执行机构用于连续调节的控制过程

当输入信号 $I_i=4$mA DC 时，位置发送器反馈电流 $I_f=4$mA DC，此时伺服放大器没有输出电压，交流伺服电动机停转，执行机构输出轴稳定在预选好的零位。

当输入信号 $I_i>4$mA DC 时，此输入信号与系统本身的位置反馈电流在伺服放大器的前置级磁放大器中进行磁势的综合比较，输入信号的接入极性应与位置反馈电流极性相反，以便形成负反馈。由于这两个信号大小不相等且极性相反，就有偏差磁势出现，从而使伺服放大器输出功率，驱动交流伺服电动机，执行机构输出轴就朝着减少这个偏差磁势的方向运动，直到输入信号和位置反馈信号两者相等为止，此时输出轴就稳定在与输入信号相对应的位置上。

(2) 电动执行机构常用的工作电源

电动执行机构常用的工作电源有 24V DC、220V AC、380V AC 等电压等级。

(3) 电动执行机构的安装和接线

① 电动执行机构的安装　伺服放大器应安装在环境温度为 0～50℃，相对湿度≤85% RH 的无腐蚀性气体环境中；执行机构应安装在环境温度为 −25～70℃，相对湿度≤95% RH 的无腐蚀性气体环境中。在一般情况下，执行机构均安装在调节阀的阀体上，用螺钉紧固，当然也可以安装在其他调节机构上。安装时，应考虑到手动操作及维修拆装的方便，安装时必须避免所有接合处的松动间隙。

图 8-27 所示是一种常见电动执行机构的外形及安装方式。

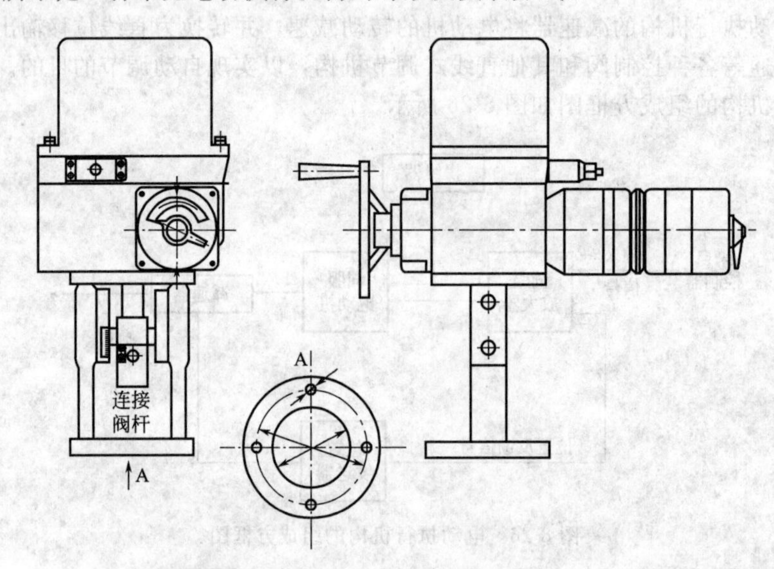


图 8-27　电动执行机构的外形及安装方式

② 电动执行机构的接线　电动执行机构通常需要配接伺服放大器。伺服放大器有两种模式可供选择：一种为执行机构本身的控制板上带有伺服放大器功能，结构紧凑，不需占用仪表盘后空间，安装及调试较为简单（即电子一体化）；另一种为单独放置的位置定位器，安装于仪表盘后，这是一种较为传统的应用方法，检修及更换较为容易（即分立式比例调节型）。

图 8-28 所示是一种分立式电动执行机构的接线图。

③ 电动执行器配接操作器的线路及操作方法　图 8-29 所示是电动执行器配接操作器的线路。伺服放大器有三路输入信号，可以选择一路接入，经放大后由 7、8 端子输出，而后进入操作器的 7、8 端子，经操作器的 5、6 端子送往执行机构。执行机构的 3 端子和 8 端子将位置反馈信号送回操作器并反馈回伺服放大器的 9 端子和 11 端子。

当电动操作器切换开关放在“自动”位置时，即处在连续调节控制状态，输入信号与位置反馈信号比较，精确控制阀位。

当电动操作器切换开关放在“手动”位置时，即处在手动远方控制状态，操作时只要将旋转切换开关分别拨到“开”或“关”的位置，执行机构输出轴就可以上行或下行，在运动过程中观察电动操作器上的阀位开度表，到所需控制阀位开度时，立即松开切换开关即可。

当电动操作器切换开关放置在“手动”位置时，把交流伺服电动机端部的旋钮也放在“手动”位置，拉出执行机构上的手轮，摇动手轮就可以实现手动操作。当不用就地手动操作时，要注意，把交流伺服电动机端部的旋钮放在“自动”位置，并把手轮

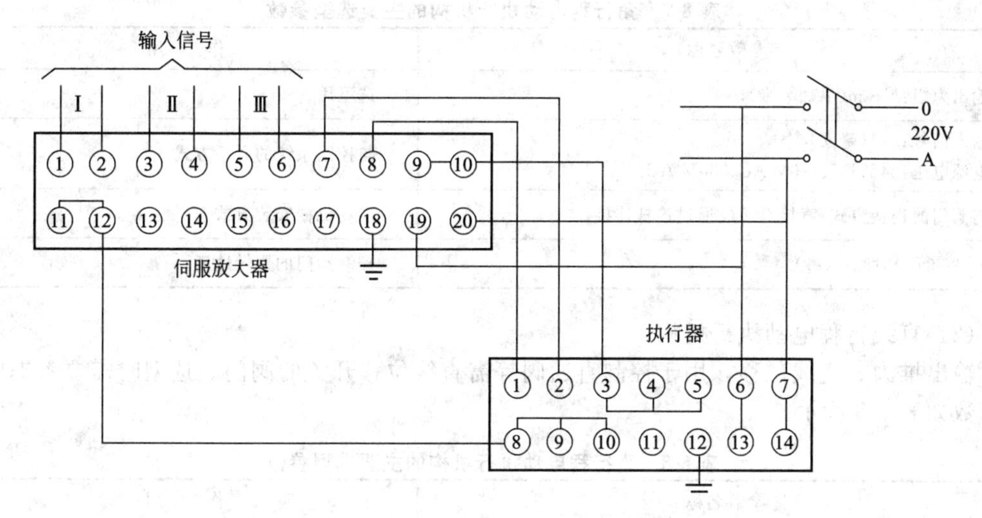


图 8-28　分立式电动执行机构的接线图

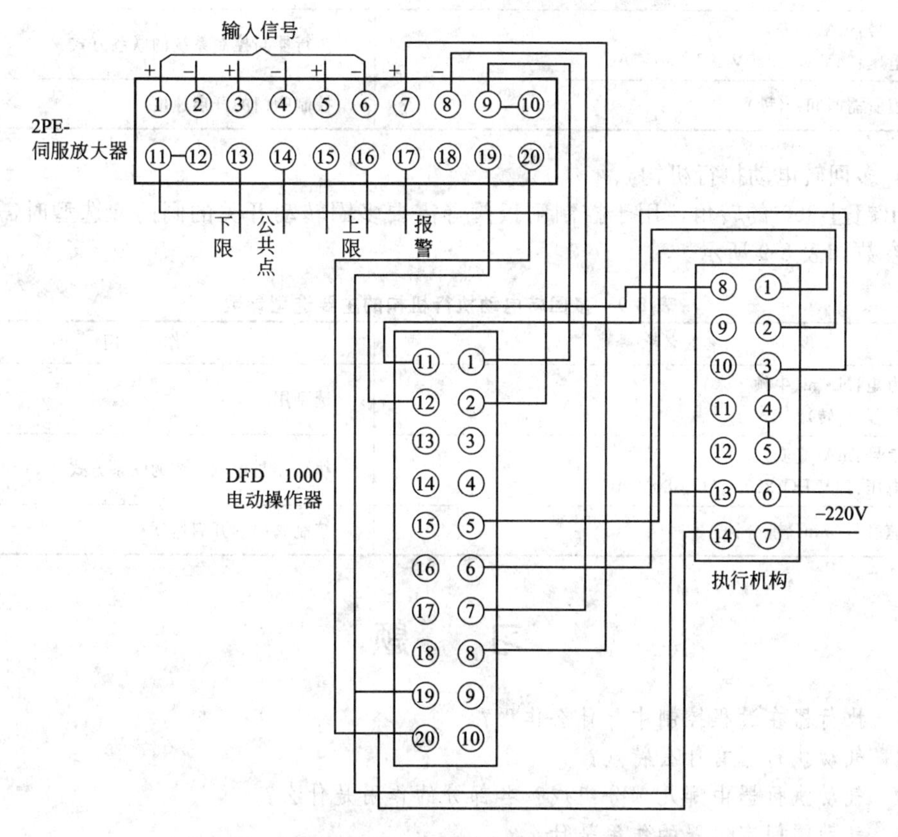


图 8-29　伺服放大器、电动操作器、执行机构接线图

复位。

### 8.4.4 电动执行机构选型

(1) 角行程电动执行机构

输出 0～90°的转角，用于控制蝶阀、风门、球阀等需要 0～90°转动开关的场合。选型时需要考虑的主要参数如表 8-7 所示。

表 8-7 角行程电动执行机构的主要选型参数

| 参数名称 | 作　用 |
| --- | --- |
| 输出力矩:N·m(牛顿·米) | 选型用 |
| 输入信号:mA(毫安)<br>电源电压:24V DC、220V AC、380V AC | 与控制系统的联系方式 |
| 与阀门的连接方式:直接对接或通过连杆连接 | 现场机械安装方式 |
| 0～90°行程时间:s(秒) | 控制阀门的回转速度 |

(2) 直线行程电动执行机构

输出推力、直线位移，用于控制直通阀等需直线位移开关的阀门。选型时需要考虑的主要参数如表 8-8 所示。

表 8-8 直行程电动执行机构的主要选型参数

| 参数名称 | 作　用 |
| --- | --- |
| 行程:mm(毫米)<br>推力:N(牛顿) | 选型用 |
| 输入信号:mA(毫安)<br>电源电压:24V DC、220V AC、380V AC | 执行器与控制系统的联系方式 |
| 全行程所需时间:s(秒) | 控制阀门的开启速度 |

(3) 多回转电动执行机构

输出超过 360°的转角，用于控制闸板阀等需要多圈转动开关的阀门。选型时需要考虑的主要参数如表 8-9 所示。

表 8-9 多回转电动执行机构的主要选型参数

| 参数名称 | 作　用 |
| --- | --- |
| 额定力矩:N·m(牛顿·米)<br>额定行程:r(转) | 选型用 |
| 输入信号:mA(毫安)<br>电源电压:24V DC、220V AC、380V AC | 执行器与控制系统的联系方式 |
| 额定速度:r/min(转/分钟) | 控制阀门的开启速度 |

## 习　题

8-1 执行器在过程控制中起什么作用？

8-2 气动执行器有什么特点？

8-3 气动执行器由哪几部分组成？各部分的作用是什么？

8-4 气动阀门定位器的作用是什么？

8-5 确定调节阀的气开、气关作用方式的原则是什么？试举例说明。

8-6 直通单座阀、双座阀有何特点，适用于哪些场合？

8-7 什么是调节阀的流量特性？串联或并联管道时，调节阀的工作流量特性和理想流量特性有什么不同？

8-8 什么是调节阀的可调比？串联或并联管道时会使实际可调比如何变化？

8-9 什么是调节阀的流量系数？确定流量系数的目的是什么？

8-10　已知液氨介质，其工作时的最大计算流量 $M_L=6300\text{kg/h}$，此时的工作压力 $p_1=26200\text{kPa}$，差压 $\Delta p=24500\text{kPa}$，$T_1=313\text{K}$，运动黏度 $\nu=0.1964\text{mm}^2/\text{s}$，$\rho_L=580\text{kg/Nm}^3$，由化工手册查得 $p_V=1621\text{kPa}$、$p_C=11378\text{kPa}$，因工作压力较高，选角形高压阀（柱塞式，流开），试确定调节阀的口径。

8-11　电动执行器有何特点？

8-12　简述电动执行机构的构成原理。

# 第 9 章　自动化仪表在工业控制中的应用

自动化仪表是实现过程自动化的支撑条件。基型控制器、可编程调节器、DCS、现场总线仪表作为自动化仪表的主体，已广泛应用于电力、石油化工、冶金等行业。本章结合石油化工、电力、冶金等行业的实际对象，介绍基型控制器应用、可编程调节器功能实现、DCS应用系统组态、现场总线仪表系统构成等方法。

## 9.1　基型控制器在安全火花型防爆系统中的应用

### 9.1.1　温度控制系统原理图

某列管式换热器的温度控制系统如图 9-1(a) 所示。换热器采用蒸汽为加热介质，被加热介质的出口温度为 (400±5)℃，温度要求记录，并对上限报警，被加热介质无腐蚀性。

现采用电动Ⅲ型仪表，并组成本质安全防爆的控制系统。图 9-1(b) 为温度控制系统方框图。图中 WZP-210 为一次测温元件铂热电阻，分度号 Pt100，碳钢保护套管；DBW-4230 为温度变送器，测温范围 0～500℃；DXJ-1010S 为单笔记录仪，输入 1～5V DC，标尺 0～500℃；DTZ-2100 为电动指示控制器，采用 PID 调节规律；DFA-3100 为检测端安全栅（温度变送器在现场）；DFA-3300 为操作端安全栅；ZPD-1111 为电气阀门定位器；DGJ-1100 为报警给定器，用于上限报警设定；XXS-01 为闪光报警器；最下方为气动薄膜控制阀。

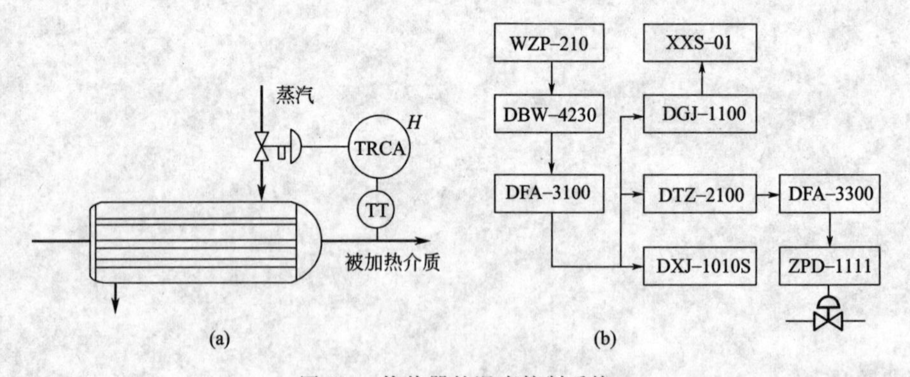


图 9-1　换热器的温度控制系统

### 9.1.2　温度控制系统接线图

该温度控制系统接线如图 9-2 所示。图中共有 3 个信号回路。

① 热电阻和温度变送器 DBW-4230 输入端的信号回路。

② 控制器的输入回路。温度变送器 DBW-4230 经检测端安全栅 DFA-3100，其 4～20mA DC 信号转换为 1～5V DC 的信号，送到报警单元 DGJ-1100、记录仪表 DXJ-1010S 和控制器 DTZ-2100 输入端，采用并联接法。

③ 控制器的输出回路。控制器 DTZ-2100 输出经操作端安全栅 DFA-3300 送到阀门定位器 ZPD-1111，转换为 0.02～0.1MPa 的输出，推动气动薄膜控制阀动作。

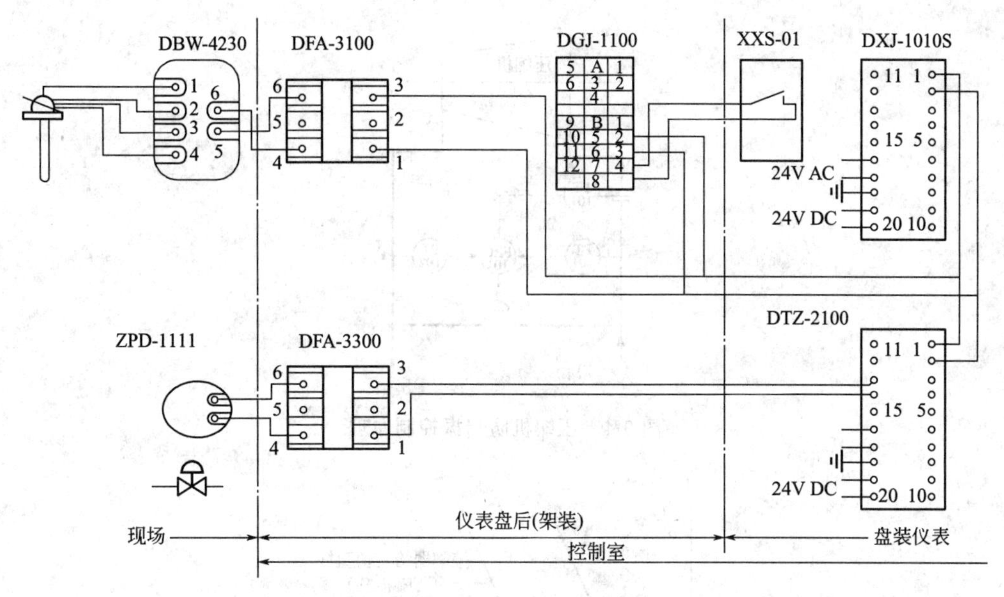


图 9-2　温度控制系统接线

# 9.2　SLPC 可编程调节器在压缩机防喘振控制中的应用

## 9.2.1　工艺流程及控制要求

空压站是把大气中的空气经过过滤除尘，送到压缩机多级压缩，被压缩的空气经过冷却，送往干燥车间进行吸附干燥或冷凝干燥，送出来的干燥清洁的空气作为生产需要的仪表风和工业风，其流程简图如图 9-3 所示。

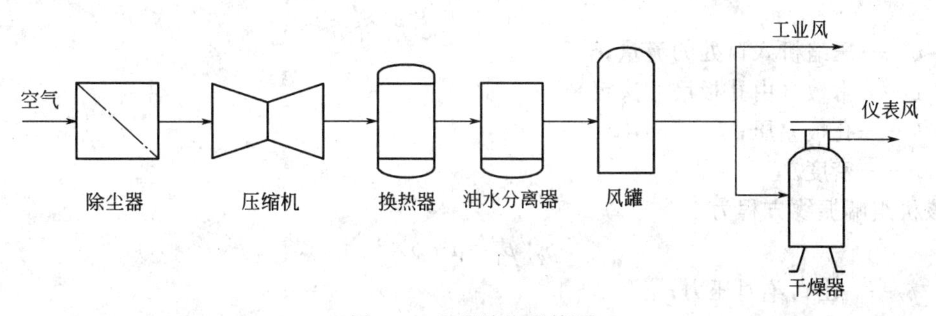


图 9-3　空压站流程简图

压缩机是空压站的关键设备。在压缩机工作中，一些操作的变化使压缩机在运行过程中吸入流量减少到一定值时，出现一种不稳定的工作现象，其吸入流量和出口压力会周期低频率大幅度地波动，并引起设备的强烈振动，这种现象被称为压缩机的喘振。防止喘振现象发生，必须改变操作，增加压缩机的入口流量，或者降低出口流体的阻力，应用专门的控制技术及时开启喘振阀。典型离心式压缩机防喘振控制方案如图 9-4 所示。

## 9.2.2　防喘振方案分析

要想防止压缩机喘振的发生，就要知道压缩机运行时它的喘振点在哪里，才能确定一个合适的喘振控制裕度，再根据喘振发生的特点，通过一些特定的控制方案来防止喘振的发生，保护机组安全稳定地运行。采用压缩比 $p_2/p_1$ 和入口流量变送器的差压值 $h$ 为坐标轴，做图得到的喘振线在工作点附近基本呈直线形状，如图 9-5 所示。

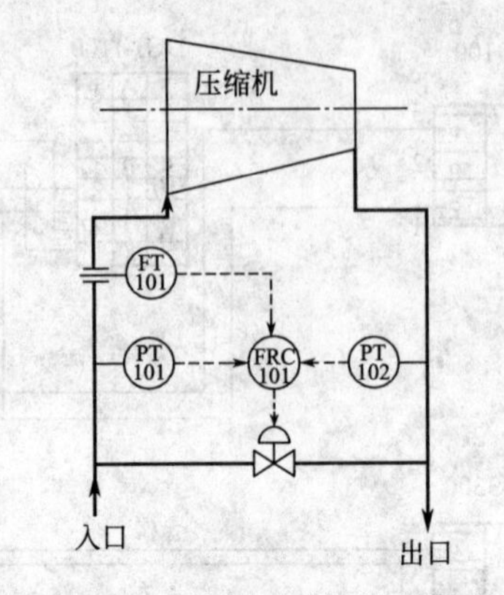


图 9-4 压缩机防喘振控制原理

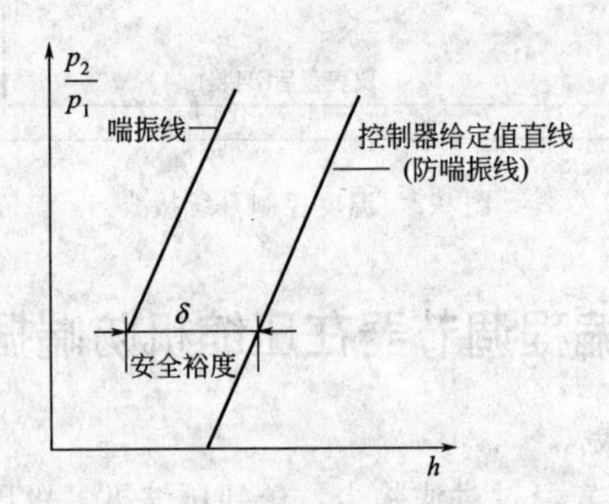


图 9-5 离心式压缩机防喘振曲线

流量与差压的关系为

$$q^2=ch/\rho \tag{9-1}$$

式中 $q$——压缩机入口处的流量；

$c$——常数（由孔板尺寸决定）；

$h$——孔板差压；

$\rho$——密度。

该机组喘振线方程为

$$p_2/p_1=a+b\times h \tag{9-2}$$

式中 $p_2$——出口绝对压力；

$p_1$——入口绝对压力；

$a$，$b$——喘振线性系数，由机组特性决定。

实际使用时，根据厂家提供的压缩机预期性能图和数据表确定 $a$、$b$ 的值，得到压缩机喘振曲线，然后向右移动 $\delta$（1%～10%）的裕量，即为压缩机的防喘振设定曲线，其控制器设定值方程式为

$$h_{SP}=(p_2/p_1-a)/b+\delta \tag{9-3}$$

式中 $h_{SP}$——差压设定值（百分数）；

$\delta$——安全裕度（百分数）。

**9.2.3 用 SLPC 实现防喘振方案**

(1) 功能分配

设 PT101 和 PT102 绝对压力变送器的量程是 $p_{1max}$ 和 $p_{2max}$，FT101 流量差压变送器的

量程为 $H_{max}$，流量防喘振控制器的设定值为

$$h_{SP}=\left(\frac{p_2}{p_1}\times\frac{p_{2max}}{p_{1max}}-a\right)\times\frac{1}{b}+\delta \tag{9-4}$$

则 SLPC 功能分配如图 9-6 所示。

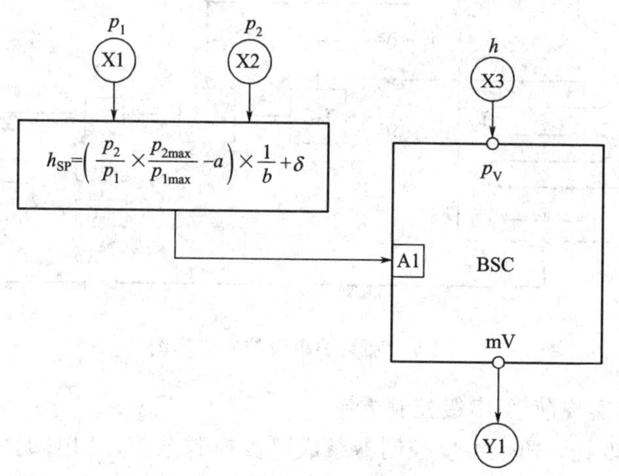


图 9-6　功能分配图

(2) SLPC 控制程序

SLPC 的控制程序如表 9-1 所示。

**表 9-1　SLPC 的控制程序**

| 步序 | 程序 | S1 | S2 | S3 | 说　明 |
|---|---|---|---|---|---|
| 1 | LD X2 | X2 | | | 读取出口压力信号 |
| 2 | LD X1 | X1 | X2 | | 读取入口压力信号 |
| 3 | ÷ | X2/X1 | | | 除法运算 |
| 4 | LD K01 | K01 | X2/X1 | | K01＝$p_{2max}/p_{1max}$ |
| 5 | * | K01X2/X1 | | | |
| 6 | LD K02 | $a$ | K01X2/X1 | | K02＝$a$ |
| 7 | － | K01X2/X1-$a$ | | | |
| 8 | LD K03 | 1/$b$ | K01X2/X1-$a$ | | K03＝1/$b$ |
| 9 | * | (K01X2/X1-$a$)/$b$ | | | |
| 10 | LD K04 | $\delta$ | (K01X2/X1-$a$)/$b$ | | K04＝$\delta$ |
| 11 | ＋ | $\delta$＋(K01X2/X1-$a$)/$b$ | | | |
| 12 | ST A1 | $\delta$＋(K01X2/X1-$a$)/$b$ | | | |
| 13 | LD X3 | X3 | $\delta$＋(K01X2/X1-$a$)/$b$ | | 读取入口差压信号 |
| 14 | BSC | | | | 进行基本控制运算 |
| 15 | ST Y1 | | | | 将操作量送到 Y1 |
| 16 | END | | | | 程序结束 |

需要说明的是，本程序运行时，要求：MODE2＝1；FL10＝1 和 FL11＝1。

## 9.3　KMM 可编程调节器在加热炉温度控制中的应用

加热炉是工业生产中常用的设备之一，工艺要求被加热物料的温度为某一定值，采用物料出炉温度为被控参数，以燃料量为控制参数的单回路控制，虽然理论上可以克服各种干扰的影响，但实际控制并不能满足工艺的要求。由于炉膛温度是影响物料出炉温度的直接因素，于是人们选取物料出炉温度为主被控制参数，以炉膛温度为副被控参数，把物料出炉温

度调节器的输出作为炉膛温度调节器的给定值，从而构成加热炉串级控制系统。考虑燃料流量的变化会引影响炉膛温度的变化，最终必然引起物料出炉温度的改变，故采取超前控制措施（前馈控制），进一步提高系统的控制精度。其控制流程图如图 9-7 所示。

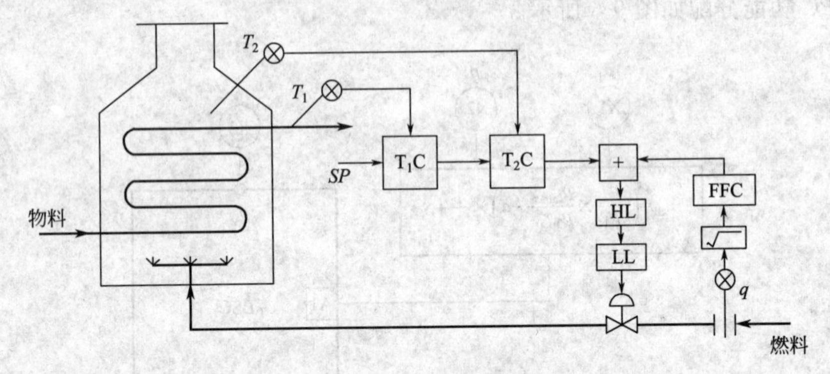


图 9-7 加热炉串级控制流程图

图 9-7 用 KMM 实现前馈-串级控制方案

图 9-7 中 $T_1C$ 和 $T_2C$ 两个温度控制器组成串级控制系统，FFC 是针对燃料流量的变化采取的前馈控制。整个系统控制组态图如图 9-8 所示。

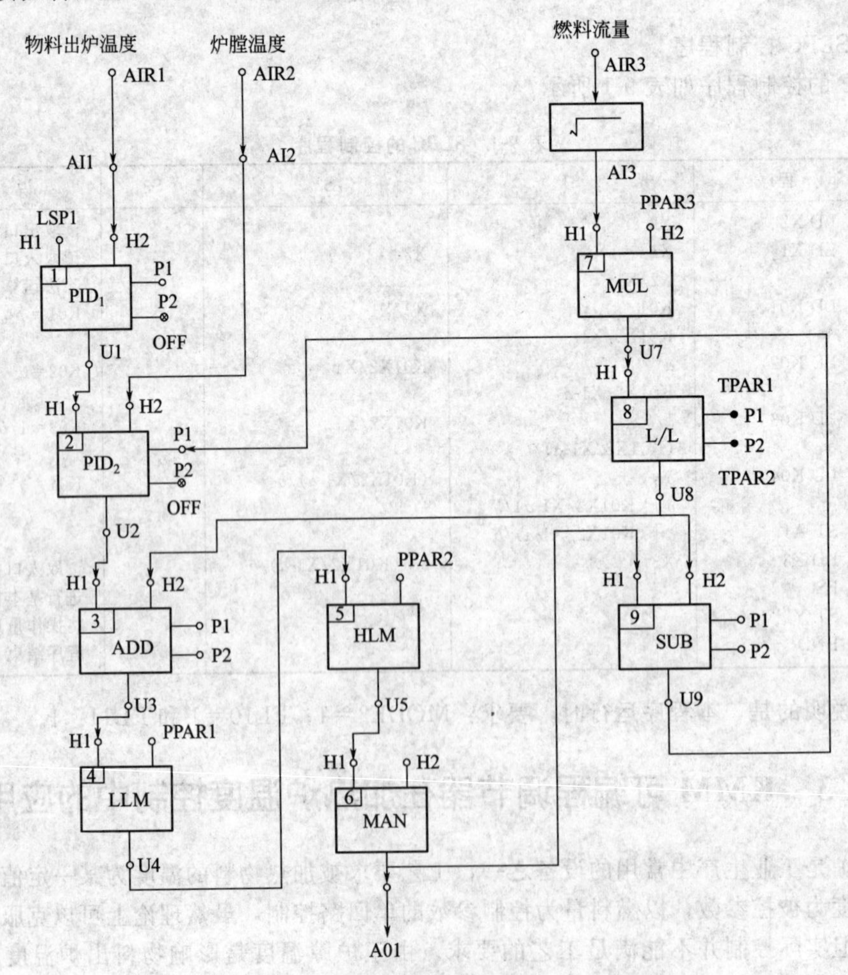


图 9-8 加热炉前馈-串级控制系统组态图

由图可知，燃料流量先开平方处理，然后由乘法模块 MUL 和超前滞后模块进行动态前馈补偿运算后和串级控制的输出信号一起经高、低值限幅和手操模块去控制燃料的流量；减法模块的作用是从调节器的输出中减去前馈作用，以实现运行方式之间的无扰动切换。

## 9.4　用 DCS 实现结晶器钢水液位的控制

某炼钢厂大极坯连铸机的自动控制装置采用 YOKOGAWA 的 CENTUM 大规模分散系统。在该系统中，结晶器钢水液位的控制是极坯连铸生成过程的重要环节，它的控制效果直接影响极坯连铸的质量和安全运行，本节介绍用 DCS 实现典型的间隙过程工业自动化。

### 9.4.1　结晶器钢水液位控制系统原理

结晶器钢水液位控制原理如图 9-9 所示。

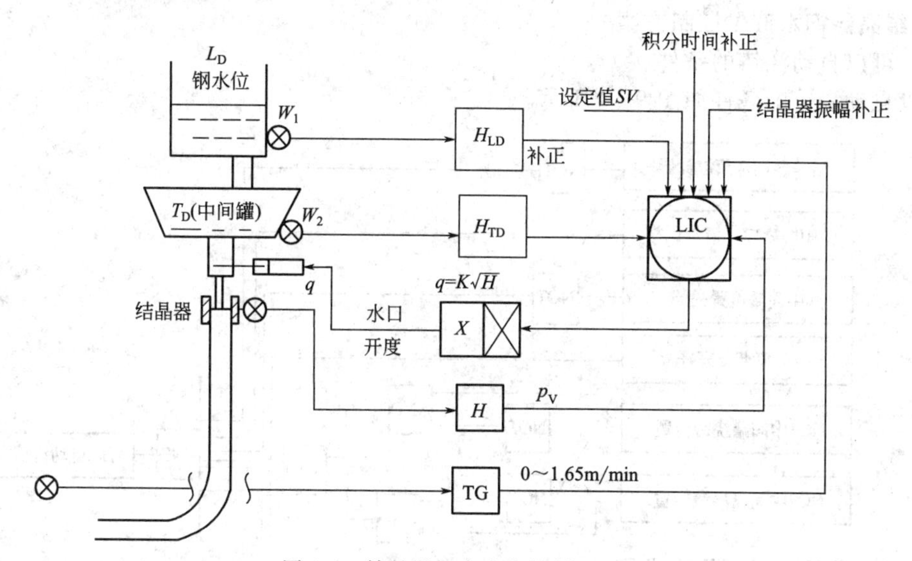


图 9-9　结晶器钢水液位控制原理图

（1）结晶器浇铸液位的测量

测量浇铸液位是控制结晶器液位的一个先决条件。这里采用的是电涡流式液位计，它根据钢水液位距测试头的不同高度而反映出涡流大小，并经过转换单元统一变为 4～20mA DC，它对应的测量范围是－150～0mm。

结晶器液位距液位计测试头在 100mm±5mm 时，液位控制方能由手动切为自动。在投入自动后，其液位控制的稳定度在±2mm。

（2）钢水静压力的影响

盛钢桶液位在浇铸时不断下降，因而钢水对中间罐水口的静压力也不断下降。控制系统要考虑到回路放大系数的下降。当熔池温度下降或品种改变时也会出现相同的情况。另外，在流进和流出中间罐的钢水的动力、液位变化时钢水的惯性力，都会使液位测量的过程增加困难。为此，在系统中又增加了积分时间的补偿。

（3）液位控制回路的相互关系及其他干扰参数

控制结晶器液位和中间罐液位有紧密的关联，而中间罐液位的调节参数是从盛钢桶中流出的钢水量 $q_{LD}$、从中间罐流进结晶器中的钢水量 $q_1$ 和 $q_2$ 的累加量 $q_{LD}-(q_1+q_2)$。而参数 $q_1$ 和 $q_2$ 在两个结晶器液位调节系统中又是调节参数，因此这三个参数是相互关联的。

其他干扰参数如下。

① 结晶器振动：采用结晶器振幅补偿。

② 拉坯速度的改变：采用速度反馈补偿。

③ 发生“铸坯停动”的故障时调节功能的适应性。

由结晶器钢水液位控制系统原理图及上述分析可以归纳出对调节的要求如下。

① 保持设定的液位，要求准确度为几毫米。

② 迅速地排除浇铸过程中产生的故障。

③ 稳定地控制浇铸过程。

④ 在调节系统中，为避免失误，要有冗余装置。

⑤ 在发生故障时要能及时改变拉坯速度。

上述这些要求，采用常规的仪表控制是难以实现的，而采用 DCS 的分散控制装置能满足这些要求。

### 9.4.2 结晶器钢水液位控制方案

(1) 可以自动浇铸的条件

可以自动浇铸的条件如图 9-10 所示。

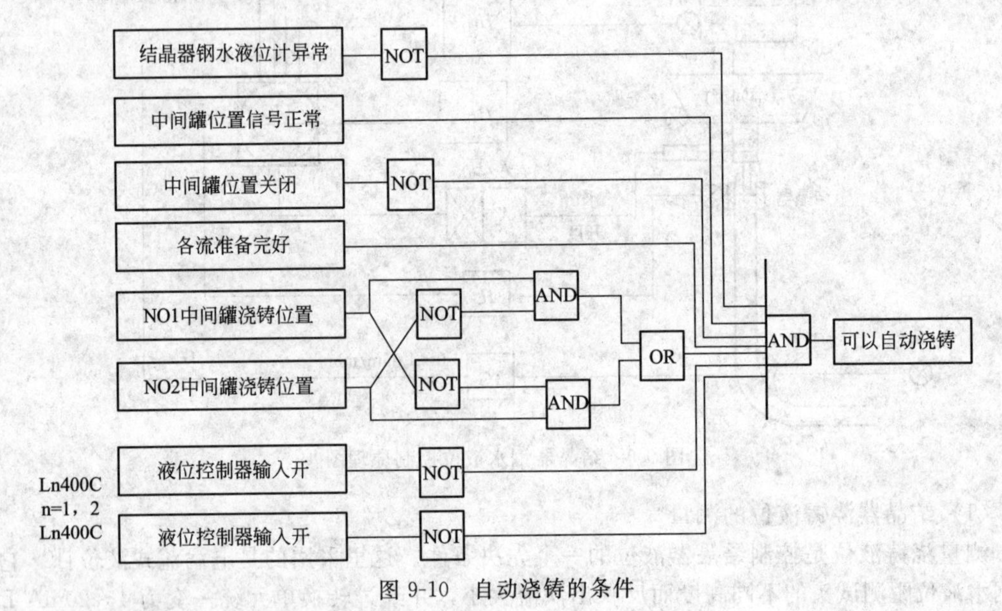


图 9-10 自动浇铸的条件

(2) 结晶器钢水液位控制方块图

结晶器钢水液位控制方块图如图 9-11 所示。

(3) 结晶器内钢水液位控制的自动方式

① 可以自动浇铸时，通过操作员投入自动方式，开始钢水液位控制。此时，液位计(Ln400C) 自动地投入 CAS 方式。

② 中间罐滑动水口的位置信号被变换成开度。

③ 液位控制器进行间歇 PID 控制的条件为 $|PV-SV|\leqslant 2\%$，此时可平缓地进行非线性间歇控制。

④ 为了补偿由于浇铸速度急剧变化而引起的结晶器内液位控制的扰动，根据拉坯的速度对液位控制器进行前馈控制。前馈控制只在浇铸速度变化率超过设定值时进行。

⑤ 为了补偿由于中间罐钢水重量的急剧变化而引起的结晶器钢水液位控制的扰动，根据中间罐钢水重量对液位控制器进行前馈控制。前馈控制只在中间罐钢水重量变化率超过设定值时进行。

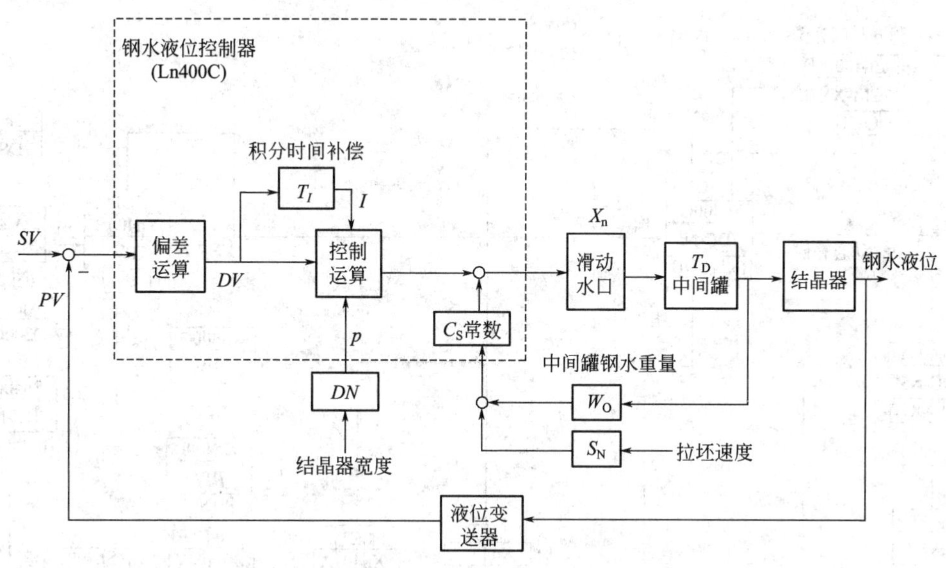


图 9-11　结晶器钢水液位控制方块图

⑥ 为了修正结晶器宽度变更过程而对液位控制器进行增益补偿。

⑦ 在自动方式的液位控制中，操作者不能进行液位设定值的变更，钢水液位控制器为CAS方式。液位控制器的手动方式不能运转。

⑧ 在前述的可以自动浇铸的条件不成立时，或中间罐滑动水口控制盘以自动方式关闭时，液位控制计可自动地投入手动方式。在中间罐浇铸位置NO1、NO2信号都打开时，中间罐滑动水口全封闭信号便会出现。

⑨ 钢水液位的控制用高速扫描进行（0.2s）。

(4) 结晶器内钢水液位控制的手动方式

① 在中间罐滑动水口控制盘上，使中间罐滑动水口以自动方式关闭，再用悬吊式按钮进行手动方式操作，使液位控制器的设定值和测量值一致、输出值和中间罐滑动水口的位置指示值一致。此时，用液位控制器手动方式不能进行操作。

② 通过中间罐滑动水口事故封闭信号的打开，液位控制器投入手动方式，进行全封闭输出。

(5) 液位报警位置

① 当钢水液位高时，报警盘进行重故障显示；当钢水液位低或液位计异常时，进行报警指示。

② 当偏差异常时，则向上位机发出信息程序；当偏差恢复正常时，亦发出信息程序。

### 9.4.3　控制方案的DCS实现

钢水液位控制功能如图9-12所示。

现就图9-12中用到的CENTUM系统的插件和功能模块说明如下。

① 信号变换器插件CA1　用于将4～20mA DC的电流信号转换为1～5V DC的电压信号。CAO：用于将1～5V DC电压信号转换为4～20mA DC的电流信号。CCO：用于控制输出隔离。

② 输入输出插件　MAC2（多点控制用模拟输入输出插件）：8回路控制用隔离输入输出，输入1～5V DC，输出4～20mA DC。VM2（多点模拟输入输出插件）：8点1～5V DC隔离输入，8点1～5V DC非隔离输出。

③ 功能模块7PV　输入指示单元。7DC-N5：带低增益区的PID控制单元。7ML-SW：

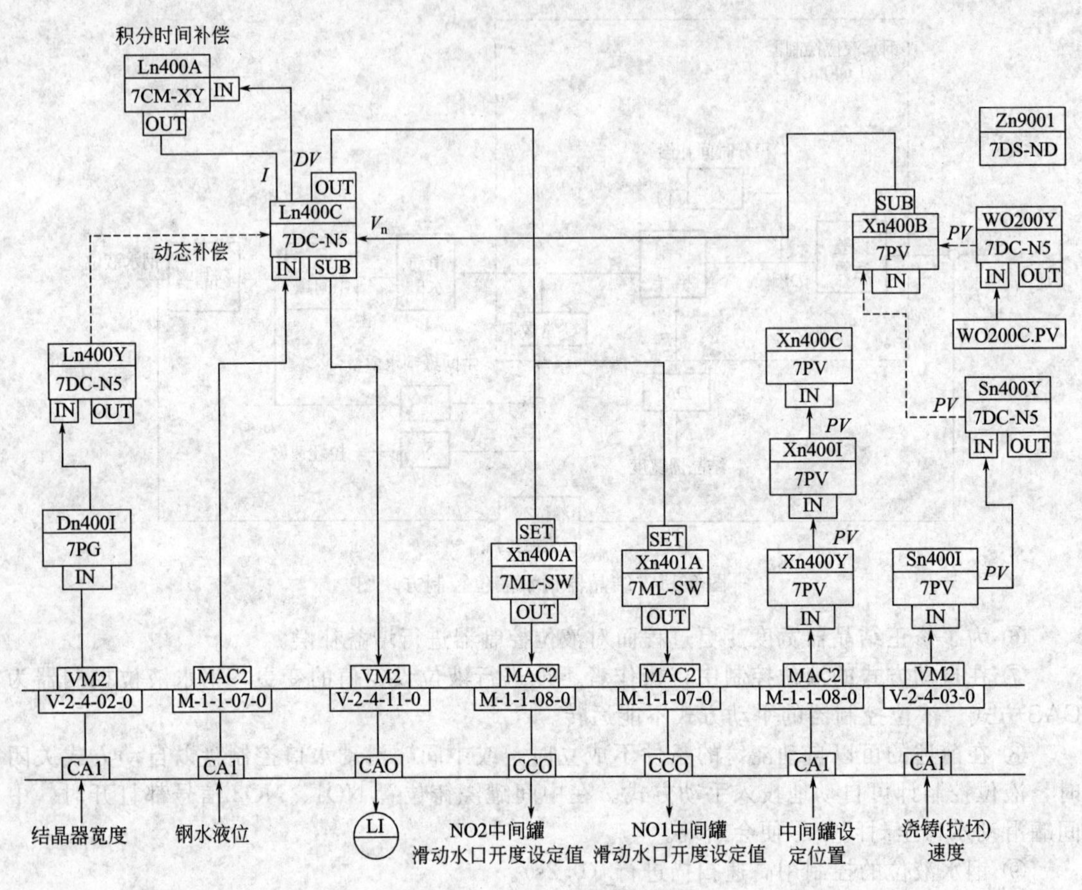


图 9-12　钢水液位控制功能图

附输出切换开关的手动操作单元。7CM-XY：不等分折线函数单元。7DS-ND：常数设定单元。7PG：程序设定单元。

下面仅以钢水液位控制器（Ln400C）功能实现为例，说明内部功能的动作。钢水液位控制器（Ln400C）的内部功能如图 9-13 所示。

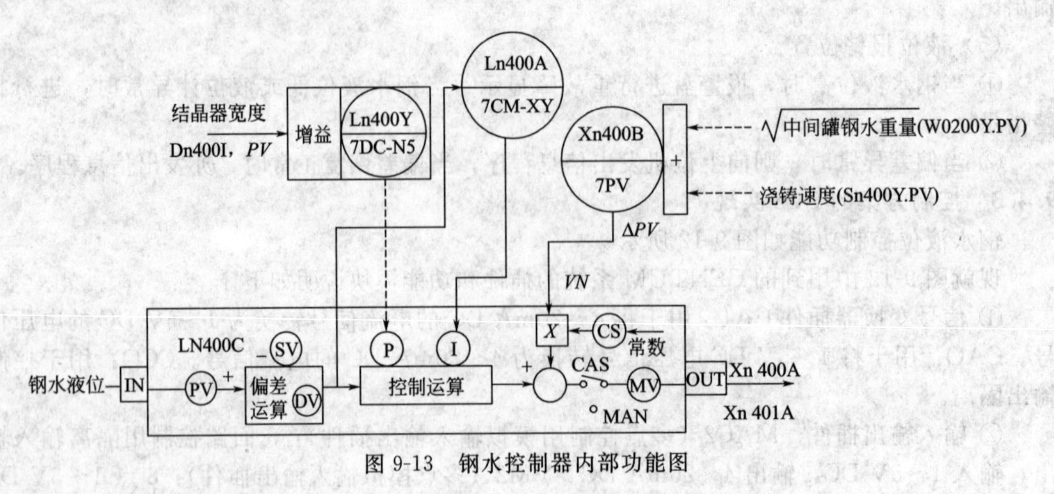


图 9-13　钢水控制器内部功能图

其他功能说明如下。

① 放大补偿　根据结晶器宽度的信息，对钢水液位计进行放大补偿。

$$G=G_o[1+k(d-1200)] \tag{9-5}$$

式中　$G$——补偿后的放大系数；

$G_o$——基准值（$d=1200$mm 宽度）；

$k$——补偿系数；

$d$——结晶器宽度。

增益放大值和比例的关系为

$$G=\frac{100}{P} \tag{9-6}$$

式中　$P$——比例带

$$P=\frac{100}{G}=\frac{100}{G_o}\times\frac{1}{1+k(d-1200)}=P_o\times\frac{1}{1+k(d-1200)}=P_o\times\frac{1}{1+k'\left(\frac{d-1200}{3250}\right)} \tag{9-7}$$

式中　$P_o$——$d=1200$mm 时的比例带，即 $P_o=\frac{100}{G_o}$。

当 $d$ 在 900～1550mm 区间变化时，其 $\frac{d-1200}{3250}$ 变化为 −0.092～0.108，放大补偿的范围设定值如表 9-2 所示。

表 9-2　放大补偿数据的设定值表

| $d$ | Ln400Y. PV | 900～1550mm |
|---|---|---|
| $k'$ | Ln400Y. CS | 0.000～1.000 可变 |
| $P_o$ | Ln400Y. P | 6.3～999.9 可变 |
| $P$ | Ln400I. P | 6.3～999.9 根据上述计算求出 |

② 非线性间歇控制　非线性间歇动作如图 9-14 所示，在间歇宽度在 2%（Ln400CBS）内，使等值偏差放大从 0、0.25、0.5 中选择。

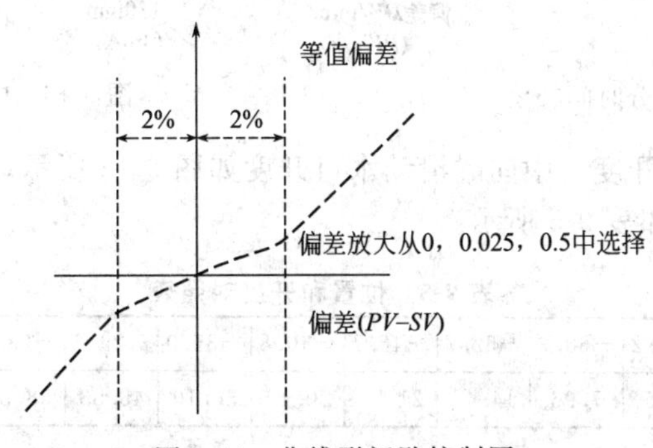


图 9-14　非线形间歇控制图

③ 前馈补偿作用

• 当中间罐钢水质量（$\sqrt{中间罐钢水质量}$）的变化率超过设定值时，要进行液位控制器的输出值的前馈补偿。当 $\sqrt{W_{m-1}}-\sqrt{W_m}\geqslant W_T$（在 1s 内的变化量）时，其补偿值为 $k_1(\sqrt{W_{m-1}}-\sqrt{W_m})$；当（$\sqrt{W_{m-1}}-\sqrt{W_m}$）$<W_T$（在 1s 内的变化量）时，其补偿值为 $0(\sqrt{W_{m-1}}-\sqrt{W_m})$。数据设定如表 9-3 所示。

• 当浇铸速度的变化率超过设定值时，要进行液位控制器的输出值的前馈补偿（即要超前调节）。其补偿值为 $k_2$（$V_m-V_{m-1}$）（在 200ms 内的变化量），数据设定如表 9-4

所示。

**表 9-3　前馈补偿数据的设定值表**

| $\sqrt{W_m}$ | W0200Y・PV(1ST)<br>W0200Y・PV(2ST) | $\sqrt{中间罐钢质量}$:0.0～8.37(＝$\sqrt{70}$) |
|---|---|---|
| $k_1$ | W0200Y・CS(1ST)<br>W0200Y・CS(2ST) | 补偿系数:－1.000～1.000 |
| $W_T$ | W0200Y・VL(1ST)<br>W0200Y・VL(2ST) | 变化率的设定值:0.00～8.370 |

注：PV—测量值；CS—控制信号；VL—变化率设定值。

**表 9-4　前馈补偿数据的设定值表**

| $V_m$ | Sn400Y・PV | 浇铸速度:0.0～1.8m/min |
|---|---|---|
| $k_2$ | Sn400Y・CS | 补偿系数:－1.000～1.000 |
| $V_T$ | Sn400Y・VL | 变化率设定值:0.0～1.8 |

④ 积分时间补偿　为克服钢水静压力而引起液位扰动的因素，根据偏差而变更积分时间 $T_I$（变化率为 10 折线形式），积分时间补偿如图 9-15 所示。

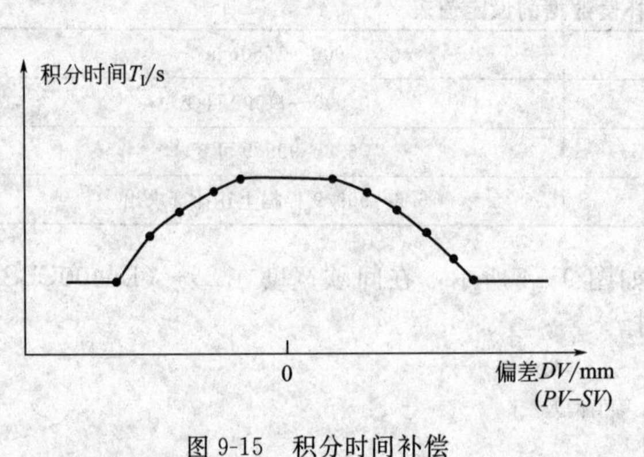


图 9-15　积分时间补偿

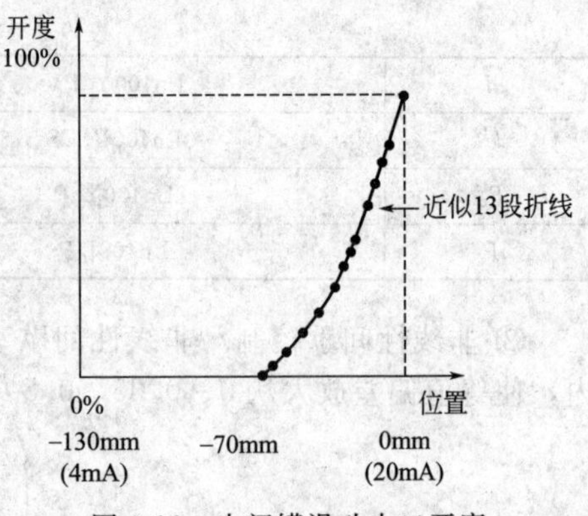


图 9-16　中间罐滑动水口开度

⑤ 中间罐滑动水口开度　中间罐滑动水口开度如图 9-16 所示。

位置和开度对照表如表 9-5 所示。

**表 9-5　位置和开度对照表**

| 位置/mm | －130 | －70 | －64.2 | －58.3 | －52.7 | －46.7 | －40.8 | －35.0 | －29.2 | －23.3 | －17.5 | －11.7 | －5.8 | 0.0 |
|---|---|---|---|---|---|---|---|---|---|---|---|---|---|---|
| 开度/% | 0.00 | 0.00 | 2.85 | 7.96 | 14.43 | 21.91 | 30.19 | 30.10 | 48.53 | 58.36 | 68.50 | 78.88 | 89.40 | 100.0 |

## 9.5　现场总线功能块的应用

### 9.5.1　概述

现场总线技术的三大特点是：信号传输数字化、控制功能分散化、开放与可互操作。基金会现场总线标准（FF）在通常开放性系统互联（OSI）的基层模型外又增加了“使用层”，其主要内容是指定标准的“功能块”。FF 标准已不简单地是信号标准或通信标准，它是新一代控制系统（现场控制系统 FCS）标准。

FF 目前已指定了标准功能块，一般功能块是：模拟输入——AI；开关量输出——DO；

手动——ML；偏值/增益——BG；控制选择——CS；开关量输入——DI；模拟输出——AO；比率——RA；P、PD 控制——PD；PID、PI、I 控制——PID。先进功能块是：脉冲输入；复杂模拟量输出；复杂开关量输出；算术运算分离器；超前滞后补偿；死区；步进输出；设备控制；模拟报警；开关量报警；设定值程序发生；计算；积算；信号特征；模拟接口；选择；定时；开关量接口。

功能块可以理解为“软件集成电路”，使用者不必十分清楚其内部构造细节，只要理解其外特性就可以了。用基本简单的功能块还可以构成复杂的功能块。FF 功能块支持国际可编程控制器编程标准 IEC 1131-3。

功能块的典型结构是有一系列输入和输出，内部有一套算法，还有一套对功能块进行控制管理的信息。这些输入和输出及控制管理的信息亦称“参数”。

下面以 Smar 公司 302 现场总线系统仪表为例，介绍如何用功能块构筑系统的控制策略，Smar 功能块如表 9-6 所示，功能块在现场总线仪表中的分布如表 9-7 所示。

**表 9-6　Smar 功能块**

| AI | 模拟输入 | SPLT | 分程输出选择 |
|---|---|---|---|
| PID | PID 控制 | SPG | 设定值程序发生器 |
| AO | 模拟输出 | CIDD | 通信输入数字数据 |
| ISS | 模拟输入选择 | CODD | 通信输出数字数据 |
| AALM | 模拟报警 | CIAD | 通信输入模拟数据 |
| CHAR | 特征曲线 | COAD | 通信输出模拟数据 |
| INT | 积分器 | ABR | 模拟桥 |
| ARTH | 计算 | DENS | 密度 |
| DBR | 数字桥 | | |

**表 9-7　功能块在现场总线仪表中的分布**

| 现场总线压力差压变送控制器 | LD302 | AI,PID,CHAR,ARTH,ISS,INT |
|---|---|---|
| 现场总线温度变送控制器 | TT302 | AI×2,PID,ISS,CHAR,ARTH,SPG |
| 现场总线电流接口 | FI302 | AO×3,PID,ARTH,ISS,SPLT |
| 电流现场总线接口 | IF302 | AI×3,CHAR,ARTH,ISS,INT |
| 现场总线阀位输出控制器 | FP302 | AO,PID,ISS,SPLT,ARTH |
| 现场总线阀门定位控制器 | FY302 | AO,PID,ISS,SPLT,ARTH |
| 现场总线过程接口卡 | PIC | PID×16,ARTH×16,SPG×16,TOT×24,DENS×24,CHAR×16,AALM×24,,DBR×16,ABR×16 |
| 带现场总线接口 PLC | LC700 | COAD,CIAD,CODD,CIDD |

### 9.5.2　温压补正流量测量（FF-H1 协议）

温压补正流量测量如图 9-17 所示。

参数设定：

AI 功能块（LD302-1）
TAG=PT-100
MODE-BLK. TARGET=AUTOLOCAL
L-TYPE=DIRECT
OUT-SCALE. UNIT=Pa

AI 功能块（LD302-2）

ARTH 功能块（LD302-3）
TAG=FY-100
MODE-BLK. TARGET=AUTOCAS
PV-UNIT=GAL/min
OUT-UNIT=GAL/min
A-TYPE=0
K1=1

TAG＝FT-100A
MODE-BLK. TARGET＝AUTOLOCAL
PV-SCALE＝0～20inHO
OUT-SCALE＝0～156Cutf/min
L-TYPE＝SQR ROOT

AI 功能块（LD302-3）
TAG＝FT-100B
MODE-BLK. TARGET＝AUTOLOCAL
PV-SCALE＝0～200in $H_2O$
OUT-SCALE＝0～495Cutf/min
L-TYPE＝SQR ROOT

K2＝K3＝K4＝K5＝0
K6＝0.01726
RANGE-LO＝400
RANGE-H1＝600

INT 功能块（LD302-3）
TAG＝FQ-100
MODE-BLK. TARGET＝AUTOCAS
OUT-UNIT＝GAL/min

AI 功能块（TT302）
TAG＝TT-100
MODE-BLK. TARGET＝AUTOLOCAL
OUT-SCALE. UNIT＝K

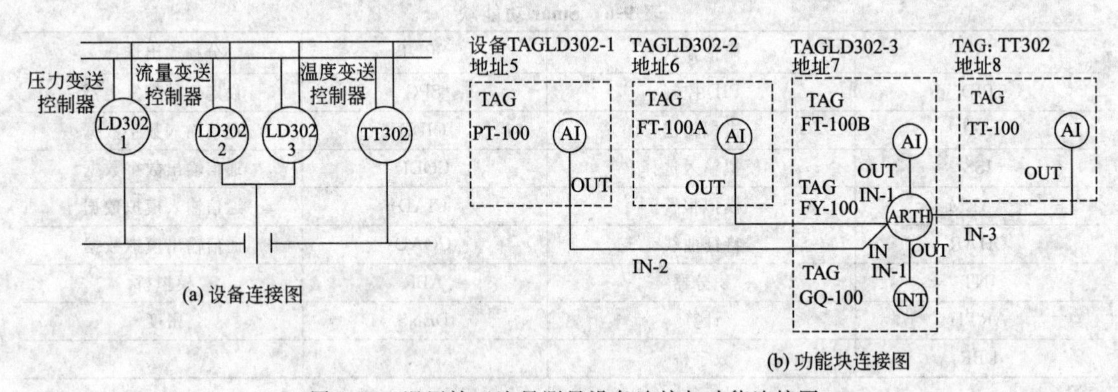


图 9-17 温压补正流量测量设备连接与功能连接图

说明：气体压力信号 PT-100、温度信号 TT-100、流量低段信号 FT-100A 送进变送控制器 LD302-3 与其内流量高段信号 FT-100B，由计算功能块 ARTH 计算温压补正后的气体质量流量，同时积算其累计量。ARTH 所选择的公式为 $Q=Q^* K\sqrt{P/TZ}$。

### 9.5.3 串级控制系统

串级控制系统实现如图 9-18 所示。

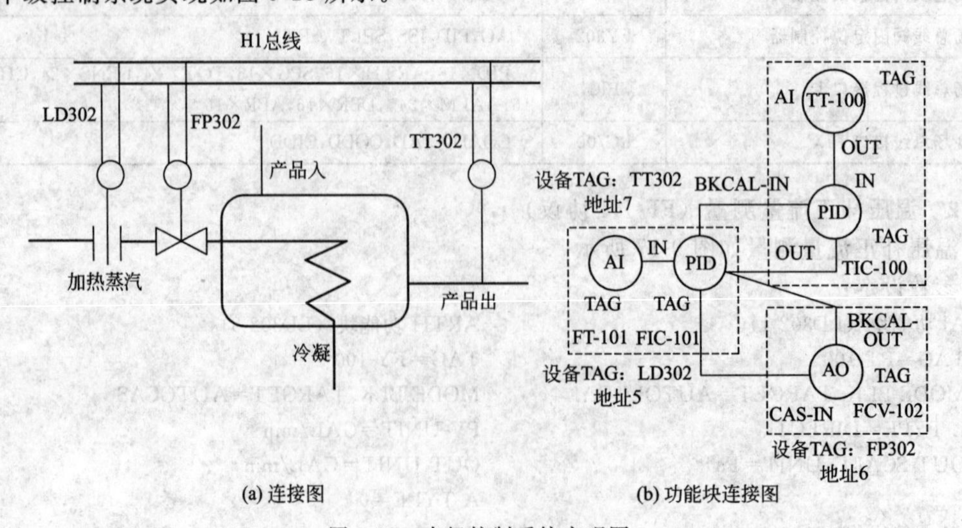


图 9-18 串级控制系统实现图

参数设定略。

### 9.5.4　锅炉三冲量水位控制

锅炉三冲量水位控制实现如图 9-19 所示。

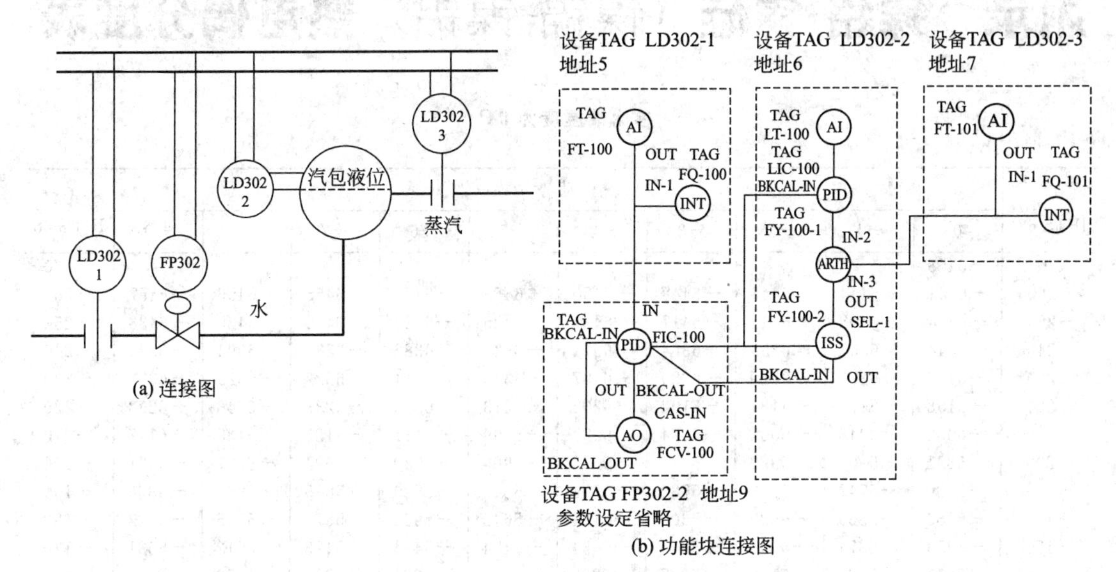


图 9-19　锅炉三冲量水位控制

参数设定略。

通过以上例子可以形象理解现场控制系统是如何把基本控制功能彻底分散到现场设备之中去，这种高度分散与自治的结构模式彻底解决了 DCS 控制站中仍然存在的风险集中问题，减少设备层次与数量，加入自诊断功能，控制室监控管理机与现场设备直接通信，提高了可靠性，降低了系统成本。可以想象，分布在现场的智能设备要完成控制运算、通信、网络管理、系统管理，其技术是十分复杂的，不过这些都在后台，面对设计与用户的则是友好的界面。

# 附录　镍铬-镍硅（镍镉-镍铝）热电偶分度表

**参比端温度为 0℃**

分度号:K

| ℃ IPTS-68 | 热电动势/μV | | | | | | | | | | ℃ IPTS-68 |
|---|---|---|---|---|---|---|---|---|---|---|---|
| | 0 | −1 | −2 | −3 | −4 | −5 | −6 | −7 | −8 | −9 | |
| 270 | −6458 | | | | | | | | | | −270 |
| −260 | −6441 | −6444 | −6446 | −6448 | −6450 | −6452 | −6453 | −6455 | −6456 | −6457 | −260 |
| −250 | −6404 | −6408 | −6413 | −6417 | −6421 | −6425 | −6429 | −6432 | −6435 | −6438 | −250 |
| −240 | −6344 | −6351 | −6358 | −6364 | −6371 | −6377 | −6382 | −6388 | −6394 | −6399 | −240 |
| −230 | −6262 | −6271 | −6280 | −6289 | −6297 | −6306 | −6314 | −6322 | −6329 | −6337 | −230 |
| −220 | −6158 | −6170 | −6181 | −6192 | −6202 | −6213 | −6223 | −6233 | −6243 | −6253 | −220 |
| −210 | −6035 | −6048 | −6061 | −6074 | −6087 | −6099 | −6111 | −6123 | −6135 | −6147 | −210 |
| −200 | −5891 | −5907 | −5922 | −5936 | −5951 | −5965 | −5980 | −5994 | −6007 | −6021 | −200 |
| −190 | −5730 | −5747 | −5763 | −5780 | −5796 | −5813 | −5829 | −5845 | −5860 | −5876 | −190 |
| −180 | −5550 | −5569 | −5587 | −5606 | −5624 | −5642 | −5660 | −5678 | −5695 | −5712 | −180 |
| −170 | −5354 | −5374 | −5394 | −5414 | −5434 | −5454 | −5474 | −5493 | −5512 | −5531 | −170 |
| −160 | −5141 | −5163 | −5185 | −5207 | −5228 | −5249 | −5271 | −5292 | −5353 | −5333 | −160 |
| −150 | −4912 | −4936 | −4959 | −4983 | −5006 | −5029 | −5051 | −5074 | −5097 | −5119 | −150 |
| −140 | −4669 | −4694 | −4719 | −4743 | −4768 | −4792 | −4817 | −4841 | −4865 | −4889 | −140 |
| −130 | −4410 | −4437 | −4463 | −4489 | −4515 | −4541 | −4567 | −4593 | −4618 | −4644 | −130 |
| −120 | −4138 | −4166 | −4193 | −4221 | −4248 | −4276 | −4303 | −4330 | −4357 | −1334 | −120 |
| −110 | −3852 | −3881 | −3910 | −3939 | −3968 | −3997 | −4025 | −4053 | −4082 | −4110 | −110 |
| −100 | −3553 | −3584 | −3614 | −3644 | −3674 | −3704 | −3734 | −3764 | −3793 | −3823 | −100 |
| −90 | −3242 | −3274 | −3305 | −3337 | −3368 | −3399 | −3430 | −3461 | −3492 | −3523 | −90 |
| −80 | −2920 | −2953 | −2985 | −3018 | −3050 | −3082 | −3115 | −3147 | −3179 | −3211 | −80 |
| −70 | −2586 | −2620 | −2654 | −2687 | −2721 | −2754 | −2788 | −2821 | −2854 | −2887 | −70 |
| −60 | −2243 | −2277 | −2312 | −2347 | −2381 | −2416 | −2450 | −2484 | −2518 | −2552 | −60 |
| −50 | −1889 | −1925 | −1961 | −1996 | −2032 | −2067 | −2102 | −2137 | −2173 | −2208 | −50 |
| −40 | −1527 | −1563 | −1600 | −1636 | −1673 | −1709 | −1745 | 1781 | −1817 | −1853 | −40 |
| −30 | −1156 | −1193 | 1231 | −1268 | −1305 | −1342 | −1379 | −1416 | −1453 | −1490 | −30 |
| −20 | −777 | −816 | −854 | −892 | −930 | −968 | −1005 | −1043 | −1081 | −1118 | −20 |
| −10 | −392 | −431 | −469 | −508 | −547 | −586 | −624 | −662 | −701 | −739 | −10 |
| 0 | 0 | −39 | −79 | −118 | −157 | −197 | −236 | −275 | −314 | −353 | 0 |

| ℃ IPTS-68 | 热电动势/μV | | | | | | | | | | ℃ IPTS-68 |
|---|---|---|---|---|---|---|---|---|---|---|---|
| | 0 | 1 | 2 | 3 | 4 | 5 | 6 | 7 | 8 | 9 | |
| 0 | 0 | 39 | 79 | 119 | 158 | 198 | 238 | 277 | 317 | 357 | 0 |
| 10 | 397 | 437 | 477 | 517 | 557 | 597 | 637 | 677 | 718 | 758 | 10 |
| 20 | 798 | 838 | 879 | 919 | 960 | 1000 | 1041 | 1081 | 1122 | 1182 | 20 |
| 30 | 1203 | 1244 | 1285 | 1325 | 1366 | 1407 | 1448 | 1489 | 1529 | 1570 | 30 |
| 40 | 1611 | 1652 | 1693 | 1734 | 1776 | 1817 | 1858 | 1899 | 1940 | 1981 | 40 |
| 50 | 2022 | 2064 | 2105 | 2146 | 2188 | 2229 | 2270 | 2312 | 2353 | 2394 | 50 |
| 60 | 2436 | 2477 | 2519 | 2560 | 2601 | 2643 | 2684 | 2726 | 2767 | 2809 | 60 |
| 70 | 2850 | 2892 | 2933 | 2975 | 3016 | 3058 | 3100 | 3141 | 3183 | 3224 | 70 |
| 80 | 3266 | 3307 | 3349 | 3390 | 3432 | 3473 | 3515 | 3556 | 3598 | 3639 | 80 |
| 90 | 3681 | 3722 | 3764 | 3805 | 3847 | 3888 | 3930 | 3971 | 4012 | 4054 | 90 |
| 100 | 4095 | 4137 | 4178 | 4219 | 4261 | 4302 | 4343 | 4384 | 4426 | 4467 | 100 |
| 110 | 4508 | 4549 | 4590 | 4632 | 4673 | 4714 | 4755 | 4796 | 4837 | 4878 | 110 |
| 120 | 4919 | 4960 | 5001 | 5042 | 5083 | 5124 | 5164 | 5205 | 5246 | 5287 | 120 |
| 130 | 5327 | 5368 | 5409 | 5450 | 5490 | 5531 | 5571 | 5612 | 5652 | 5693 | 130 |
| 140 | 5733 | 5774 | 5814 | 5855 | 5895 | 5936 | 5976 | 6016 | 6057 | 6097 | 140 |

续表

| ℃ IPTS-68 | 热电动势/μV | | | | | | | | | | ℃ IPTS-68 |
|---|---|---|---|---|---|---|---|---|---|---|---|
| | 0 | 1 | 2 | 3 | 4 | 5 | 6 | 7 | 8 | 9 | |
| 150 | 6137 | 6177 | 6218 | 6258 | 6298 | 6338 | 6378 | 6419 | 6459 | 6499 | 150 |
| 160 | 6539 | 6579 | 6619 | 6659 | 6699 | 6739 | 6779 | 6819 | 6859 | 6899 | 160 |
| 170 | 6939 | 6979 | 7019 | 7059 | 7099 | 7139 | 7179 | 7219 | 7259 | 7299 | 170 |
| 180 | 7338 | 7378 | 7418 | 7458 | 7498 | 7538 | 7578 | 7618 | 7658 | 7697 | 180 |
| 190 | 7737 | 7777 | 7817 | 7857 | 7897 | 7937 | 7977 | 8017 | 8057 | 8097 | 190 |
| 200 | 8137 | 8177 | 8216 | 8256 | 8296 | 8336 | 8376 | 8416 | 8456 | 8497 | 200 |
| 210 | 8537 | 8577 | 8617 | 8657 | 8697 | 8737 | 8777 | 8817 | 8353 | 8898 | 210 |
| 220 | 8938 | 8978 | 9018 | 9058 | 9099 | 9139 | 9179 | 9220 | 9260 | 9300 | 220 |
| 230 | 9341 | 9381 | 9421 | 9462 | 9502 | 9543 | 9583 | 9624 | 9664 | 9705 | 230 |
| 240 | 9745 | 9786 | 9826 | 9867 | 9907 | 9948 | 9989 | 10029 | 10070 | 10111 | 240 |
| 250 | 10151 | 10192 | 10233 | 10274 | 10315 | 10355 | 10396 | 10437 | 10478 | 10519 | 250 |
| 260 | 10560 | 10600 | 10641 | 10682 | 10723 | 10764 | 10805 | 10846 | 10887 | 10928 | 260 |
| 270 | 10969 | 11010 | 11051 | 11093 | 11134 | 11175 | 11216 | 11257 | 11298 | 11339 | 270 |
| 280 | 11381 | 11422 | 11463 | 11504 | 11546 | 11587 | 11628 | 11669 | 11711 | 12752 | 280 |
| 290 | 11793 | 11835 | 11876 | 11918 | 11959 | 12000 | 12042 | 12083 | 12125 | 12166 | 290 |
| 300 | 12207 | 12249 | 12290 | 12332 | 12373 | 12415 | 12456 | 12498 | 12539 | 12581 | 300 |
| 310 | 12623 | 12664 | 12706 | 12747 | 12789 | 12831 | 12872 | 12914 | 12955 | 12997 | 310 |
| 320 | 13039 | 13080 | 13122 | 13164 | 13205 | 13247 | 13289 | 13331 | 13372 | 13414 | 320 |
| 330 | 13456 | 13497 | 13539 | 13581 | 13623 | 13665 | 13706 | 13748 | 13790 | 13832 | 330 |
| 340 | 13874 | 13915 | 13957 | 13999 | 14041 | 14083 | 14125 | 14167 | 14208 | 14250 | 340 |
| 350 | 14292 | 14334 | 14376 | 14418 | 14460 | 14502 | 14544 | 14586 | 14628 | 14670 | 350 |
| 360 | 14712 | 14754 | 14796 | 14838 | 14880 | 14922 | 14964 | 15006 | 15048 | 15090 | 360 |
| 370 | 15132 | 15174 | 15216 | 15258 | 15300 | 15342 | 15384 | 15426 | 15468 | 15510 | 370 |
| 380 | 15552 | 15594 | 15636 | 15679 | 15721 | 15763 | 15805 | 15847 | 15889 | 15931 | 380 |
| 390 | 15974 | 16016 | 16058 | 16100 | 16142 | 16184 | 16227 | 16269 | 16311 | 16353 | 390 |
| 400 | 16395 | 16438 | 16480 | 16522 | 16564 | 16607 | 16649 | 16691 | 16733 | 16776 | 400 |
| 410 | 16818 | 16860 | 16902 | 16945 | 16987 | 17029 | 17072 | 17114 | 17156 | 17199 | 410 |
| 420 | 17241 | 17283 | 17326 | 17368 | 17410 | 17453 | 17495 | 17537 | 17580 | 17622 | 420 |
| 430 | 17664 | 17707 | 17749 | 17792 | 17834 | 17876 | 17919 | 17961 | 18004 | 18046 | 430 |
| 440 | 18088 | 18131 | 18173 | 18216 | 18258 | 18301 | 18343 | 18385 | 18428 | 18470 | 440 |
| 450 | 18513 | 18555 | 18598 | 18640 | 18683 | 18725 | 18768 | 18810 | 18853 | 18895 | 450 |
| 460 | 18938 | 13980 | 19023 | 19065 | 19108 | 19150 | 19193 | 19235 | 19278 | 19320 | 460 |
| 470 | 19363 | 19405 | 19448 | 19490 | 19533 | 19576 | 19618 | 19661 | 19703 | 19746 | 470 |
| 480 | 19788 | 19831 | 19873 | 19910 | 19959 | 20001 | 20044 | 20086 | 20129 | 20172 | 480 |
| 490 | 20214 | 20257 | 20299 | 20342 | 20385 | 20427 | 20470 | 20512 | 20555 | 20598 | 490 |
| 500 | 20640 | 20683 | 20725 | 20768 | 20811 | 20853 | 20896 | 20038 | 20981 | 21024 | 500 |
| 510 | 21066 | 21109 | 21152 | 21194 | 21237 | 21280 | 21322 | 21365 | 21407 | 21450 | 510 |
| 520 | 21493 | 21535 | 21578 | 21621 | 21663 | 21706 | 21749 | 21791 | 21334 | 21876 | 520 |
| 530 | 21919 | 21962 | 22004 | 22047 | 22090 | 22132 | 22175 | 22218 | 22260 | 22303 | 530 |
| 540 | 22346 | 22388 | 22431 | 22473 | 22516 | 22559 | 22601 | 22644 | 22687 | 22729 | 540 |
| 550 | 22772 | 22815 | 22857 | 22900 | 22942 | 22985 | 23028 | 23070 | 23113 | 23156 | 550 |
| 560 | 23198 | 23241 | 23284 | 23326 | 23369 | 23411 | 23454 | 23497 | 23539 | 23582 | 560 |
| 570 | 23624 | 23667 | 23710 | 23752 | 23795 | 23837 | 28880 | 23923 | 23965 | 24008 | 570 |
| 580 | 24050 | 24093 | 24136 | 24178 | 24221 | 24263 | 24306 | 24348 | 24391 | 24434 | 580 |
| 590 | 24476 | 24519 | 24561 | 24604 | 24646 | 24689 | 24731 | 24774 | 24817 | 24859 | 590 |
| 600 | 24902 | 24944 | 24987 | 25029 | 25072 | 25114 | 25157 | 25199 | 25242 | 25284 | 600 |
| 610 | 25327 | 25369 | 25412 | 25454 | 25497 | 25539 | 25582 | 25624 | 25666 | 25709 | 610 |
| 620 | 25751 | 25794 | 25836 | 25879 | 25921 | 25964 | 26006 | 26048 | 26091 | 26133 | 620 |
| 630 | 26176 | 26218 | 26260 | 26303 | 26345 | 26387 | 26430 | 26472 | 26515 | 26557 | 630 |
| 640 | 26599 | 26642 | 26084 | 26726 | 26769 | 26811 | 26853 | 26896 | 26938 | 26980 | 640 |
| 650 | 27022 | 27065 | 27107 | 27149 | 27192 | 27234 | 27276 | 27318 | 27361 | 27403 | 650 |
| 660 | 27445 | 27487 | 27529 | 27572 | 27614 | 27656 | 27698 | 27740 | 27783 | 27825 | 660 |
| 670 | 27867 | 27909 | 27951 | 27993 | 28035 | 28078 | 28120 | 28162 | 28204 | 28246 | 670 |
| 680 | 28288 | 28330 | 28372 | 28414 | 28455 | 28498 | 28540 | 28583 | 28625 | 28667 | 680 |
| 690 | 28709 | 28751 | 28793 | 28835 | 28877 | 28919 | 28961 | 29002 | 29044 | 29086 | 690 |

续表

| ℃ IPTS-68 | 热电动势/μV | | | | | | | | | | ℃ IPTS-68 |
|---|---|---|---|---|---|---|---|---|---|---|---|
| | 0 | 1 | 2 | 3 | 4 | 5 | 6 | 7 | 8 | 9 | |
| 700 | 29128 | 29170 | 29212 | 29254 | 29296 | 29338 | 29380 | 29422 | 29464 | 29505 | 700 |
| 710 | 29547 | 29589 | 29631 | 29673 | 29715 | 29756 | 29798 | 29840 | 29882 | 29924 | 710 |
| 720 | 29965 | 30007 | 30049 | 30091 | 30132 | 30174 | 30216 | 30257 | 30299 | 30341 | 720 |
| 730 | 30383 | 30424 | 30466 | 30508 | 30549 | 30591 | 30632 | 30674 | 30716 | 30757 | 730 |
| 740 | 30799 | 30840 | 30882 | 30924 | 30965 | 31007 | 31048 | 31090 | 31131 | 31173 | 740 |
| 750 | 31214 | 31256 | 31297 | 31339 | 31380 | 31422 | 31463 | 31504 | 31546 | 31587 | 750 |
| 760 | 31629 | 31670 | 31712 | 31753 | 31794 | 31836 | 31877 | 31918 | 31960 | 32001 | 760 |
| 770 | 32042 | 32084 | 32125 | 32166 | 32207 | 32249 | 32290 | 32331 | 32372 | 32414 | 770 |
| 780 | 32455 | 32496 | 32537 | 32578 | 32619 | 32661 | 32702 | 32743 | 32784 | 32825 | 780 |
| 790 | 32866 | 32907 | 32948 | 32990 | 33031 | 33072 | 33113 | 33154 | 33195 | 33236 | 790 |
| 800 | 33277 | 33318 | 33359 | 33400 | 33441 | 33482 | 33523 | 33564 | 33604 | 33645 | 800 |
| 810 | 33686 | 33727 | 33768 | 33809 | 33850 | 33891 | 33931 | 33972 | 34013 | 34054 | 810 |
| 820 | 34095 | 34136 | 34176 | 34217 | 34258 | 34299 | 34339 | 34380 | 34421 | 34461 | 820 |
| 830 | 34502 | 34543 | 34583 | 34624 | 34665 | 34705 | 34746 | 34787 | 34827 | 34868 | 830 |
| 840 | 34909 | 34949 | 34990 | 35030 | 35071 | 35111 | 35152 | 35192 | 35233 | 35273 | 840 |
| 850 | 35314 | 35354 | 35395 | 35435 | 35476 | 35516 | 35557 | 35597 | 35637 | 35678 | 850 |
| 860 | 35718 | 35758 | 35799 | 35839 | 35880 | 35920 | 35960 | 36000 | 36041 | 36081 | 860 |
| 870 | 36121 | 36162 | 36202 | 36242 | 36282 | 36323 | 36363 | 36403 | 36443 | 36483 | 870 |
| 880 | 36524 | 36564 | 36604 | 36644 | 36684 | 36724 | 36764 | 36804 | 36844 | 36885 | 880 |
| 890 | 36925 | 36965 | 37005 | 37045 | 37085 | 37125 | 37165 | 37205 | 37245 | 37285 | 890 |
| 900 | 37325 | 37365 | 37405 | 37445 | 37484 | 37524 | 37564 | 57604 | 37644 | 37684 | 900 |
| 910 | 37724 | 37764 | 37803 | 37843 | 37883 | 37923 | 37963 | 38002 | 38042 | 38082 | 910 |
| 920 | 38122 | 38162 | 38201 | 38241 | 38281 | 38320 | 38360 | 38400 | 38439 | 38479 | 920 |
| 930 | 38519 | 38558 | 38598 | 38638 | 38677 | 38717 | 38756 | 38796 | 38836 | 38875 | 930 |
| 940 | 38915 | 38954 | 38994 | 39033 | 39073 | 39112 | 39152 | 39191 | 39231 | 39270 | 940 |
| 950 | 39310 | 39349 | 39388 | 39428 | 39467 | 39507 | 39546 | 39585 | 39625 | 39664 | 950 |
| 960 | 39703 | 39743 | 39782 | 39821 | 39861 | 39900 | 39939 | 39979 | 40018 | 40057 | 960 |
| 970 | 40096 | 40136 | 40175 | 40214 | 40253 | 40292 | 40332 | 40371 | 40410 | 40449 | 970 |
| 980 | 40488 | 40527 | 40566 | 40605 | 40645 | 40684 | 40723 | 40762 | 40801 | 40840 | 980 |
| 990 | 40879 | 40918 | 40957 | 40996 | 41035 | 41074 | 41113 | 41152 | 41191 | 41230 | 990 |
| 1000 | 41269 | 41308 | 41347 | 41385 | 41424 | 41463 | 41502 | 41541 | 41580 | 41619 | 1000 |
| 1010 | 41657 | 41696 | 41735 | 41774 | 41813 | 41851 | 41890 | 41929 | 41968 | 42006 | 1010 |
| 1020 | 42045 | 42084 | 42123 | 42161 | 42200 | 42239 | 42277 | 42316 | 42355 | 42393 | 1020 |
| 1030 | 42432 | 42470 | 42509 | 42548 | 42586 | 42625 | 42663 | 42702 | 42740 | 42779 | 1030 |
| 1040 | 42817 | 42856 | 42894 | 42933 | 42971 | 43010 | 43048 | 43087 | 43125 | 43164 | 1040 |
| 1050 | 43202 | 43240 | 43279 | 43317 | 43356 | 43394 | 43432 | 43471 | 43509 | 43547 | 1050 |
| 1060 | 43585 | 43624 | 43662 | 43700 | 43739 | 43777 | 43815 | 43853 | 43891 | 43930 | 1060 |
| 1070 | 43968 | 44006 | 44044 | 44082 | 44121 | 44159 | 44197 | 44235 | 44273 | 44311 | 1070 |
| 1080 | 44349 | 44387 | 44425 | 44463 | 44501 | 44539 | 44577 | 44615 | 44653 | 44691 | 1080 |
| 1090 | 44729 | 44767 | 44805 | 44843 | 44881 | 44919 | 44957 | 44995 | 45033 | 45070 | 1090 |
| 1100 | 45108 | 45146 | 43184 | 45222 | 45260 | 45297 | 45335 | 45373 | 45411 | 45448 | 1100 |
| 1110 | 45486 | 45524 | 45561 | 45599 | 45637 | 45675 | 45712 | 45750 | 45787 | 45825 | 1110 |
| 1120 | 45863 | 45900 | 45938 | 45975 | 46013 | 46051 | 46088 | 46126 | 46163 | 46201 | 1120 |
| 1130 | 46238 | 46275 | 46313 | 46350 | 46388 | 46425 | 46463 | 46500 | 46537 | 46575 | 1130 |
| 1140 | 46612 | 46649 | 46687 | 46724 | 46761 | 46799 | 46836 | 46873 | 46910 | 46948 | 1140 |
| 1150 | 46985 | 47022 | 47059 | 47096 | 47013 | 47171 | 47208 | 47245 | 47282 | 47319 | 1150 |
| 1160 | 47356 | 47393 | 47430 | 47468 | 47505 | 47542 | 47579 | 47616 | 47653 | 47689 | 1160 |
| 1170 | 47726 | 47763 | 47800 | 47837 | 47874 | 47911 | 47948 | 47985 | 48021 | 48058 | 1170 |
| 1180 | 48095 | 48132 | 48169 | 48205 | 48242 | 48279 | 48316 | 48352 | 48389 | 48426 | 1180 |
| 1190 | 48462 | 48499 | 48536 | 48572 | 48609 | 48645 | 48682 | 48718 | 48755 | 48792 | 1190 |
| 1200 | 48828 | 48865 | 48901 | 48937 | 48974 | 49010 | 49047 | 49083 | 49120 | 49156 | 1200 |
| 1210 | 49192 | 49229 | 49265 | 49301 | 49338 | 49374 | 49410 | 49446 | 49483 | 49519 | 1210 |
| 1220 | 49555 | 49591 | 49627 | 49663 | 49700 | 49736 | 49772 | 49808 | 49844 | 49880 | 1220 |

续表

| ℃ IPTS-68 | 热电动势/μV | | | | | | | | | | ℃ IPTS-68 |
|---|---|---|---|---|---|---|---|---|---|---|---|
| | 0 | 1 | 2 | 3 | 4 | 5 | 6 | 7 | 8 | 9 | |
| 1230 | 49916 | 49952 | 49988 | 50024 | 50060 | 50096 | 50132 | 50168 | 50204 | 50240 | 1230 |
| 1240 | 50276 | 50311 | 50347 | 50383 | 50419 | 50455 | 50491 | 50526 | 50562 | 50598 | 1240 |
| 1250 | 50633 | 50669 | 50705 | 50741 | 50776 | 50812 | 50847 | 50883 | 50919 | 50954 | 1250 |
| 1260 | 50990 | 51025 | 51061 | 51096 | 51132 | 51167 | 51203 | 51238 | 51274 | 51309 | 1260 |
| 1270 | 51344 | 51380 | 51415 | 51450 | 51486 | 51521 | 51556 | 51592 | 51627 | 51662 | 1270 |
| 1280 | 51697 | 51733 | 51768 | 51803 | 51838 | 51873 | 51908 | 51943 | 51979 | 52014 | 1280 |
| 1290 | 52049 | 52084 | 52119 | 52154 | 52189 | 52224 | 52259 | 52294 | 52329 | 52364 | 1290 |
| 1300 | 52398 | 52433 | 52468 | 52503 | 52538 | 52573 | 52608 | 52642 | 52677 | 52712 | 1300 |
| 1310 | 52747 | 52781 | 52816 | 52851 | 52886 | 52920 | 52955 | 52989 | 53024 | 53059 | 1310 |
| 1320 | 53093 | 53128 | 53162 | 53197 | 53232 | 53266 | 53301 | 53335 | 53370 | 53404 | 1320 |
| 1330 | 53439 | 53473 | 53501 | 53542 | 53576 | 53611 | 53645 | 53679 | 53714 | 53748 | 1330 |
| 1340 | 53782 | 53817 | 53851 | 53885 | 53920 | 53954 | 53988 | 54022 | 54057 | 54091 | 1340 |
| 1350 | 54125 | 54159 | 54193 | 54228 | 54262 | 54296 | 54330 | 54364 | 54398 | 54432 | 1350 |
| 1360 | 54466 | 54501 | 54535 | 54569 | 54603 | 54637 | 54671 | 54705 | 54739 | 54773 | 1360 |
| 1370 | 54807 | 54841 | 54875 | | | | | | | | |

注：上述镍铬-镍硅热电偶分度表是由下列多项式算出来的：

| 温度范围 | 多项式 |
|---|---|
| −270～0℃ | $E=\sum_{i=0}^{10}a_i t_{68}^i\ (\mu V)$ |

其中：$a_0=0$

$a_1=3.9475433139\times10^{+1}$

$a_2=2.7465251138\times10^{-2}$

$a_3=-1.6565406716\times10^{-4}$

$a_4=-1.5190912392\times10^{-6}$

$a_5=-2.4581670924\times10^{-8}$

$a_6=-2.4757917816\times10^{-10}$

$a_7=-1.5585276173\times10^{-12}$

$a_8=-5.9729921255\times10^{-15}$

$a_9=-1.2688801216\times10^{-17}$

$a_{10}=-1.1382797374\times10^{-20}$

0～1372℃

$$E=\sum_{i=0}^{0}b_i i_{68}^i+125\exp\left[-\frac{1}{2}\left(\frac{t_{68}-127}{65}\right)\right]\ (\mu V)$$

其中：$b_0=-1.8533063273\times10^{+1}$

$b_1=3.8918344612\times10^{+1}$

$b_2=1.6645154356\times10^{-2}$

$b_3=-7.8702374448\times10^{-5}$

$b_4=2.2835785557\times10^{-7}$

$b_5=-3.5700231258\times10^{-10}$

$b_6=2.9932909136\times10^{-13}$

$b_7=-1.2849848798\times10^{-16}$

$b_8=2.2239974336\times10^{-20}$

# 参 考 文 献


[1] 陈忧先．化工测量及仪表．北京：化学工业出版社，2010.

[2] 王化祥．自动检测技术．北京：化学工业出版社，2009.

[3] 张建宏，蒙建波．自动检测技术与装置．北京：化学工业出版社，2009.

[4] 蔡武昌，孙淮清，纪刚．流量测量方法和仪表的选用．北京：化学工业出版社，2001.

[5] 王永红，刘玉梅．自动检测技术与控制装置．北京：化学工业出版社，2006.

[6] 历玉鸣．化工仪表及自动化．北京：化学工业出版社，2009.

[7] 刘巨良．过程控制仪表（第二版）．北京：化学工业出版社，2008.